해양수산부 주관
한국산업인력공단 시행

최신판

2 수산물품질관리사

자격증series : 사마만의 證시리즈
證; [증거 증],
밝히다, 깨닫다.
최고의 실력을 證명하다.

품질관리실무와 등급판정

김봉호 편저

- 수산물품질관리실무와 수산물등급판정실무
- 2단편집(포인트 TIP으로 쪽집게 적중!)
- 총 4단계별 실전예상문제 380제
- 기출문제 적용!

사마출판
booksama.com

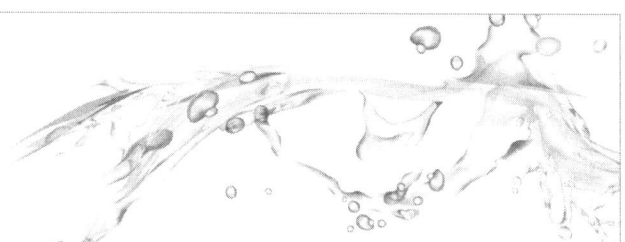

　21세기는 해양주권의 시대이다. 유사 이래 바다로 나아갈 때 세계사에 큰 족적을 남긴 민족들이 많다. 우리나라는 대륙을 등에 업고 바다를 향해 가슴을 펼친 지정학적인 위치로 하여 운명적으로 해양국가일수 밖에 없다. 1990년대 이후 참치를 중심으로 세계 어업의 중심국가로 성장해온 우리나라가 그에 걸맞은 해양수산입국의 정책과 비전을 가지고 있는 지 반문할 때이다.

　더욱이 1982년 유엔해양법협약에서 타결된 200해리 배타적경제수역에 대한 연안국의 배타적 주권이 인정됨으로써 타국 어선이 배타적 경제수역(EEZ) 안에서 조업을 하기 위해서는 연안국의 허가를 받아야 하게 되었고, 자국의 어업자원을 보호하고 국력의 자원으로 삼으려는 국제적 움직임이 활발해지고 있다.

　2015년 새롭게 발족하게 된 해양수산부는 그 정체성을 확보했는지도 아직은 의구심이 드는 이때 제1회 수산물품질관리사 시험이 시작되었다.

　식량자원은 농업분야 뿐만 아니라 어업분야에서도 그 중요성이 높으며, 자원의 고갈이라는 지구의 문제와 맞서면서도 자국 이익의 보호를 우선시하는 국제적 흐름을 어떻게 하면 슬기롭게 헤쳐 나갈 것인가가 당면의 과제로 떠올랐다.

　본 편저사는 새롭게 닻을 올린 수산물품질관리사 제도가 우리나라의 어업발전에 기여하고, 국제간 힘의 싸움에서 슬기롭게 대처할 수 있는 인력의 양성이라는 측면에서 꼭 성공하는 제도가 되어주길 기대해 마지 않는다.

　아직 수산물 분야의 학문적 성과나 그 결과가 사회 곳곳에서 나타나고 있지 못한 현실 앞에서, 나름대로 본서를 사용하는 학습자들에게 최선의 지침서가 되도록 심혈을 기울이긴 했지만 나름 아쉬운 부분이 한 두가지가 아니다. 향후 본서에 대한 여러 고언을 받아들여 더 향상된 교재가 될 수 있도록 최선을 다해 나갈 것을 약속드리면서 본서를 사용하는 모든 이에게 행운이 있기를 바랍니다.

편저자 일동

차 례

✔ 제 1편 | 수산물품질관리실무

제1장 농수산물품질관리법령
01 수산물의 표준규격 및 품질인증 / 11
02 지리적표시 / 33
03 유전자변형수산물의 표시 / 47
04 수산물의 안전성조사 등 / 50
05 지정해역의 지정 및 생산·가공시설의 등록·관리 / 55
06 수산물 등의 검사 및 검정 / 63
07 보칙 / 70
08 벌칙 / 75

제2장 원산지표시에 관한 법률
01 총칙 / 81
02 원산지 표시 등 / 84
03 보칙 / 108
04 벌칙 / 110

제3장 수산물 품질관리 기술
01 어획(수확) 전 관리의 기술 / 117
02 어획(수확) 후 관리의 기술 / 161
03 수산물의 특성 / 162
04 수산물의 사후변화와 선도 / 167
05 수산물의 저장 / 179
06 냉동장치와 설비 / 196
07 선별과 포장 / 200
08 수산물의 저온유통 및 수송 / 215
09 수산물의 가공 / 221
10 안전성 / 263

제4장 수산물 유통관리
01 수산물 유통관리의 개요 / 269

　　02 수산물 유통시장 / 270
　　03 수산물 유통경로 / 273
　　04 유통단계별 유통비용 / 276
　　05 수산물 마케팅 및 거래 / 277
　　06 유통정보 / 302
　　07 전자상거래 / 305

✔ 제 2편 | 수산물등급판정실무

　제1장 수산물 표준규격
　　01 수산물표준규격 / 311
　　02 수산물 검사기준 / 333
　제2장 품질 검사
　　01 수산물 및 수산가공품에 대한 검사의 종류 및 방법 / 353
　　02 식품공전 중 수산물에 대한 규격 / 355

✔ 부록1 |

　실전 예상 문제
　　1단계 문제 Excercise / 371
　　2단계 문제 [확인학습] / 423
　　3단계 문제 [표준규격/검사] / 431
　　4단계 실전모의고사 / 443

✔ 부록2 |

　제1회 기출문제 / 451
　제2회 기출문제 / 459

시험정보

수산물품질관리사 시험시행 안내

✔ 자격정보

- **자 격 명** : 수산물품질관리사(Fishery Products Quality Manager)
- **자격개요** : 수산물의 적절한 품질관리를 통하여 안정성을 확보하고, 상품성을 향상하며 공정하고 투명한 거래를 유도하기 위한 전문인력을 확보하기 위함
- **수행직무**
  - 수산물의 등급판정
  - 수산물의 생산 및 수확 후 품질관리 기술지도
  - 수산물의 출하 시기 조절 및 품질관리 기술지도
  - 수산물의 선별 저장 및 포장시설 등의 운영관리
- **검정절차**

  ① 시험시행공고 → ② 1차 원서접수 → ③ 1차 시험 → ④ 1차시험 발표

  ⑤ 2차시험원서접수 → ⑥ 2차시험 시행 → ⑦ 2차 발표 → ⑧ 자격증발급

- **소관부처** : 해양수산부 수출가공진흥과
- **시행기관** : 한국산업인력공단
- **관계법령** : 농수산물품질관리법

① 시험일정

자격명	제1차 원서접수	제1차 시행일	제1차 합격자발표	제2차 원서접수	제2차 시행일	제2차 합격자발표
수산물 품질관리사	17.6.5 ~ 17.6.14	17.7.8 (토)	17.8.2	17.9.4 ~ 17.9.13	17.11.4 (토)	17.12.13

※ 시행지역은 수산물품질관리사 자격시험 시행공고 시 안내

❷ 시험과목 및 시험시간

구 분	시험과목	문항수	시험시간	시험방법
제1차 시험	① 수산품질관리 관련법령* ② 수산물유통론 ③ 수확후 품질관리론 ④ 수산일반	100문항	120분	객관식 4지 택일형
제2차 시험	① 수산물품질관리실무 ② 수산물등급판정실무	30문항	100분	단답형, 서술형

※ 주1) 수산물품질관리 관련법령은 농수산물품질관리법령, 농수산물유통 및 가격안정에 관한 법령, 농수산물의 원산지 표시에 관한 법령, 친환경농어업 육성 및 유기식품 등의 관리·지원에 관한 법령이 포함됨

❸ 출제영역

° 수산물품질관리사 1차 시험 출제영역

시험과목	주요영역
수산물품질관리 관련법령	1. 농수산물품질관리 법령 2. 농수산물 유통 및 가격안정에 관한 법령 3. 농수산물의 원산시 표시에 관한 법령 4. 친환경농어업 육성 및 유기식품 등의 관리·지원에 관한 법률
수산물유통론	수산물유통 개요 2. 수산물 유통기구 및 유통경로 3. 주요 수산물 유통경로 4. 수산물 거래 5. 수산물 유통경제 6. 수산물 마케팅 7. 수산물 유통정보와 정책
수확 후 품질관리론	원료 품질관리 개요 2. 저장 3. 선별 및 포장 4. 가공 5. 위생관리
수산일반	수산업 개요 2. 수산자원 및 어업 3. 선박운항 4. 수산 양식관리 5. 수산업 관리제도

∘ 수산물품질관리사 2차 시험 출제영역

시험과목	주요영역
수산물품질관리실무	1. 농수산물품질관리 법령
	2. 수확 후 품질관리 기술
	3. 수산물 유통관리
수산물등급판정실무	1. 수산물 표준규격
	2. 품질검사

④ 응시자격

∘ 응시자격 : 제한 없음[농수산물품질관리법시행령 제40조의4]
- 단, 수산물품질관리사의 자격이 취소된 날부터 2년이 지나지 아니한 자는 응시할 수 없음[농수산물품질관리법 제107조]

⑤ 합격자 결정

∘ 제1차 시험[농수산물품질관리법시행령 제40조의4]
- 각 과목 100점을 만점으로 하여 각 과목 40점 이상의 점수를 획득한 사람 중 평균점수가 60점 이상인 사람을 합격자로 결정
∘ 제2차 시험[농수산물품질관리법시행령 제40조의4]
- 제1차 시험에 합격한 사람을 대상으로 100점을 만점으로 하여 60점 이상인 사람을 합격자로 결정

⑥ 응시수수료 및 접수방법

■ 응시수수료[농수산물품질관리법시행규칙 제136조의2]
∘ 제1차 시험 : 20,000원
∘ 제2차 시험 : 33,000원
■ 접수방법
∘ 인터넷 온라인접수만 가능하며 전자결재(신용카드, 계좌이체, 가상계좌)이용

❼ 합격자발표 및 자격증발급

- 합격자발표
  - 한국산업인력공단 큐넷 수산물품질관리사 홈페이지와 자동안내전화로 합격자 발표
- 자격증 발급
  - 국립수산물품질관리원에서 자격증 신청 및 발급업무 수행

★ 기타 시험세부사항은 추후 공지되는 『수산물품질관리사 자격시험공고문』을 참고하시기 바라며, 궁금하신 사항은 한국산업인력공단 HRD고객만족센터(☎1644-8000)으로 문의하시기 바랍니다.

MEMO

PERFECT!! 수산물품질관리사대비

제1편
수산물품질관리실무

MEMO

제1장 | 농수산물품질관리법령

01 수산물의 표준규격 및 품질인증

① 수산물의 표준규격

(1) 표준규격

① 해양수산부장관은 수산물의 상품성을 높이고 유통 능률을 향상시키며 공정한 거래를 실현하기 위하여 농수산물의 포장규격과 등급규격(이하 "표준규격")을 정할 수 있다.
② 표준규격에 맞는 수산물(이하 "표준규격품")을 출하하는 자는 포장 겉면에 표준규격품의 표시를 할 수 있다.
③ 표준규격의 제정기준, 제정절차 및 표시방법 등에 필요한 사항은 해양수산부령으로 정한다.

(2) 표준규격의 제정기준, 제정절차 및 표시방법

1. 포장규격

   포장규격은 「산업표준화법」 제12조에 따른 한국산업표준(이하 "한국산업표준"이라 한다)에 따른다. 다만, 한국산업표준이 제정되어 있지 아니하거나 한국산업표준과 다르게 정할 필요가 있다고 인정되는 경우에는 <u>보관·수송 등 유통 과정의 편리성, 폐기물 처리문제를 고려</u>하여 다음 각 호의 항목에 대하여 그 규격을 따로 정할 수 있다.
   ① 거래단위
   ② 포장치수
   ③ 포장재료 및 포장재료의 시험방법
   ④ 포장방법
   ⑤ 포장설계
   ⑥ 표시사항
   ⑦ 그 밖에 품목의 특성에 따라 필요한 사항

> **2회 기출문제**
>
> 수산물 표준규격의 정의이다. 괄호 안에 올바른 용어를 답란에 쓰시오.
>
> • (①)이란 거래단위, 포장치수, 포장재료, 포장방법, 포장설계 및 표시사항 등을 말한다.
> • (②)이란 수산물의 품종별 특성에 따라 형태, 크기, 색택, 신선도, 건조도 또는 선별상태 등 품질구분에 필요한 항목을 설정하여 특, 상, 보통으로 정한 것을 말한다.
>
> ▶ ① 포장규격 ② 등급규격

2. 등급규격
등급규격은 품목 또는 품종별로 그 특성에 따라 고르기, 크기, 형태, 색깔, 신선도, 건조도, 결점, 숙도(熟度) 및 선별 상태 등에 따라 정한다.

* 수산물의 등급규격(부령)
 "등급규격"이란 수산물의 품종별 특성에 따라 <u>형태, 크기, 색택, 신선도, 건조도 또는 선별상태 등</u> 품질구분에 필요한 항목을 설정하여 특, 상, 보통으로 정한 것을 말한다.

3. 시험의 의뢰
국립수산물품질관리원장은 표준규격의 제정 또는 개정을 위하여 필요하면 전문연구기관 또는 대학 등에 시험을 의뢰할 수 있다.

4. 표준규격의 고시
국립수산물품질관리원장은 표준규격을 제정, 개정 또는 폐지하는 경우에는 그 사실을 고시하여야 한다.

5. 표준규격품의 출하 및 표시방법 등
해양수산부장관, 특별시장·광역시장·도지사·특별자치도지사(이하 "시·도지사")는 수산물을 생산, 출하, 유통 또는 판매하는 자에게 표준규격에 따라 생산, 출하, 유통 또는 판매하도록 권장할 수 있다.

6. 표시사항
표준규격품을 출하하는 자가 표준규격품임을 표시하려면 해당 물품의 포장 겉면에 "표준규격품"이라는 문구와 함께 다음 각 호의 사항을 표시하여야 한다.
① 품목
② 산지
③ 품종. 다만, 품종을 표시하기 어려운 품목은 국립수산물품질관리원장이 정하여 고시하는 바에 따라 품종의 표시를 생략할 수 있다.
④ 생산 연도(곡류만 해당한다)
⑤ 등급
⑥ 무게(실중량). 다만, 품목 특성상 무게를 표시하기 어려운 품목은 국립수산물품질관리원장이 정하여 고시하는 바에 따라 개수(마릿수) 등의 표시를 단일하게 할 수 있다.
⑦ 생산자 또는 생산자단체의 명칭 및 전화번호

표준규격품의 표시사항

① 품목
② 산지
③ 품종
④ 생산 연도(곡류만 해당한다)
⑤ 등급
⑥ 무게
⑦ 생산자 또는 생산자단체의 명칭 및 전화번호

7. 표시방법

① 표시양식(예시)

표준규격품	표 시 사 항			
	품 목		생산지역	
	생 산 자		출 하 자	
	무게(마릿수)	kg(마리)	연 락 처	

※ 무게는 반드시 표기하여야 하며 필요시 마릿수를 병기할 수 있다.

② 일반적인 표시방법

㉠ 표시사항은 가급적 한 곳에 일괄표시 하여야 한다.

㉡ 품목의 특성, 포장재의 종류 및 크기 등에 따라 양식의 크기와 글자의 크기는 임의로 조정할 수 있다.

㉢ 위 표시사항 외에 추가 표시사항이 있는 경우에는 추가할 수 있다.

㉣ 원양산의 생산지 표시는 수산물품질관리법시행령 제18조제2항에서 정하는 바에 따른다.

❷ 수산물 등에 대한 품질인증

(1) 수산물 등의 품질인증

1) 수산물 등의 품질인증

① 해양수산부장관은 수산물과 수산특산물의 품질을 향상시키고 소비자를 보호하기 위하여 품질인증제도를 실시한다.

② 품질인증(이하 "품질인증"이라 한다)을 받으려는 자는 해양수산부령으로 정하는 바에 따라 해양수산부장관에게 신청하여야 한다.

③ 품질인증을 받은 자는 품질인증을 받은 수산물과 수산특산물(이하 "품질인증품")의 포장·용기 등에 해양수산부령으로 정하는 바에 따라 품질인증품임을 표시할 수 있다.

④ 품질인증의 기준·절차·표시방법 및 대상품목의 선정 등에 필요한 사항은 해양수산부령으로 정한다.

2) 품질인증의 기준·절차·표시방법 및 대상품목의 선정 등

수산물 등에 대한 품질인증

1. 수산물 등의 품질인증 대상품목
품질인증 대상품목은 식용을 목적으로 생산한 수산물 및 수산특산물로 한다.

2. 품질인증의 기준
① 해당 수산물·수산특산물이 그 산지의 유명도가 높거나 상품으로서의 차별화가 인정되는 것일 것
② 해당 수산물·수산특산물의 품질 수준 확보 및 유지를 위한 생산기술과 시설·자재를 갖추고 있을 것
③ 해당 수산물·수산특산물의 생산·출하 과정에서의 자체 품질관리체제와 유통과정에서의 사후관리체제를 갖추고 있을 것
④ 품질인증기준의 세부적인 사항은 국립수산물품질관리원장이 정하여 고시한다.
 * 수산물 등의 품질인증세부기준은 품목별 품질기준과 공장심사기준으로 한다.
 * 공장심사결과 다음 각 호의 기준에 적합하여야 한다.
   가. 전체 항목중 "수"로 평가된 항목이 5개 이상이어야 한다.
   나. 전체 항목중 "미"로 평가된 항목이 2개 이하이어야 한다.
   다. 전체 항목중 "양"으로 평가된 항목이 없어야 한다.

3. 품질인증의 기준을 정하기 위한 자료 조사 및 그 시안(試案)의 작성을 위한 의뢰

4. 품질인증의 신청
수산물·수산특산물 품질인증 (연장)신청서에 다음 각 호의 서류를 첨부하여 국립수산물품질관리원장 또는 품질인증기관으로 지정받은 기관(이하 "품질인증기관")의 장에게 제출하여야 한다.
 ① 신청 품목의 생산계획서
 ② 신청 품목의 제조공정 개요서 및 단계별 설명서

5. 품질인증 심사 절차
 ① 심사일정의 통보
   국립수산물품질관리원장 또는 품질인증기관의 장은 제30조에 따른 품질인증의 신청을 받은 경우에는 심사일정을 정하여 그 신

청인에게 통보하여야 한다.
② 심사반의 구성
국립수산물품질관리원장 또는 품질인증기관의 장은 필요한 경우 그 소속 심사담당자와 신청인의 업체 소재지를 관할하는 특별자치도지사·시장·군수·구청장이 추천하는 공무원으로 심사반을 구성하여 품질인증의 심사를 하게 할 수 있다.
③ 전수조사 또는 표본조사
생산자집단이 수산물 또는 수산특산물의 품질인증을 신청한 경우에는 생산자집단 구성원 전원에 대하여 각각 심사를 하여야 한다. 다만, 국립수산물품질관리원장이 필요하다고 인정하여 고시하는 경우에는 국립수산물품질관리원장이 정하는 방법에 따라 일부 구성원을 선정하여 심사할 수 있다.
④ 국립수산물품질관리원장 또는 품질인증기관의 장은 제29조에 따른 품질인증의 기준에 적합한지를 심사한 후 적합한 경우에는 품질인증을 하여야 한다.
⑤ 부적합 판정
국립수산물품질관리원장 또는 품질인증기관의 장은 제4항에 따른 심사를 한 결과 부적합한 것으로 판정된 경우에는 지체 없이 그 사유를 분명히 밝혀 신청인에게 알려주어야 한다. 다만, 그 부적합한 사항이 10일 이내에 보완할 수 있다고 인정되는 경우에는 보완기간을 정하여 신청인으로 하여금 보완하도록 한 후 품질인증을 할 수 있다.
⑥ 품질인증의 심사를 위한 세부적인 절차 및 방법 등에 관하여 필요한 사항은 국립수산물품질관리원장이 정하여 고시한다.

6. 품질인증품의 표시사항 등

수산물 및 수산특산물 품질인증 표시(제32조제1항 관련)

1. 표지도형

인증기관명:
인증번호:

Name of Certifying Body:
Certificate Number:

2. 제도법
가. 도형표시
  1) 표지도형의 가로의 길이(사각형의 왼쪽 끝과 오른쪽 끝의 폭: W)를 기준으로 세로의 길이는 0.95×W의 비율로 한다.
  2) 표지도형의 흰색모양과 바깥 테두리(좌·우 및 상단부만 해당한다)의 간격은 0.1×W로 한다.
  3) 표지도형의 흰색모양 하단부 좌측 태극의 시작점은 상단부에서 0.55×W 아래가 되는 지점으로 하고, 우측 태극의 끝점은 상단부에서 0.75×W 아래가 되는 지점으로 한다.
나. 표지도형의 한글 및 영문 글자는 고딕체로 하고, 글자 크기는 표지도형의 크기에 따라 조정한다.
다. 표지도형의 색상은 녹색을 기본색상으로 하고, 포장재의 색깔 등을 고려하여 파란색 또는 빨간색으로 할 수 있다.
라. 표지도형 내부의 "품질인증", "(QUALITY SEAFOOD)" 및 "QUALITY SEAFOOD"의 글자 색상은 표지도형 색상과 동일하게 하고, 하단의 "해양수산부"와 "MOF KOREA"의 글자는 흰색으로 한다.
마. 배색 비율은 녹색 C80+Y100, 파란색 C100+M70, 빨간색 M100+Y100+K10으로 한다.
바. 표지도형의 크기는 포장재의 크기에 따라 조정한다.
사. 표지도형 밑에 인증기관명과 인증번호를 표시한다.
아. 표지도형의 위치는 포장재 주 표시면의 옆면에 표시하되, 포장재 구조상 옆면에 표시하기 어려울 경우에는 표시위치를 변경할 수 있다.

7. 품질인증의 표시항목별 인증방법
① 산지 : 해당 품목이 생산되는 시·군·구(자치구의 구를 말한다. 이하 같다)의 행정구역 명칭으로 인증하되, 신청인이 강·해역 등 특정지역의 명칭으로 인증받기를 희망하는 경우에는 그 명칭으로 인증할 수 있다.
② 품명 : 표준어로 인증하되, 그 명칭이 명확하지 아니한 경우 또는 소비자가 식별하는 데 지장이 없다고 인정되는 경우에는 해당 품목의 생태·형태·용도 등에 따라 산지에서 관행적으로 사용되는 명칭으로 인증할 수 있다.
③ 생산자 또는 생산자집단 : 명칭(법인의 경우에는 명칭과 그 대표자의 성명을 포함한다)·주소 및 전화번호
④ 생산조건 : <u>자연산과 양식산</u>으로 인증한다.

8. 품질인증의 표시

품질인증의 표시를 하려는 자는 품질인증을 받은 수산물의 포장·용기의 겉면에 소비자가 알아보기 쉽도록 표시하여야 한다. 다만, 포장하지 아니하고 판매하는 경우에는 해당 물품에 꼬리표를 부착하여 표시할 수 있다.

9. 품질인증서의 발급

10. 품질인증의 유효기간 법 제15조제1항 단서에서 "품목의 특성상 달리 적용할 필요가 있는 경우"란 생산에서 출하될 때까지의 기간이 1년 이상인 경우를 말한다. 이 경우 유효기간은 3년 또는 4년으로 하되 생산에 필요한 기간을 고려하여 국립수산물품질관리원장이 정하여 고시한다.

3) 품질인증의 유효기간 등

① 품질인증의 유효기간

품질인증의 유효기간은 품질인증을 받은 날부터 2년으로 한다. 다만, 품목의 특성상 달리 적용할 필요가 있는 경우에는 4년의 범위에서 해양수산부령으로 유효기간을 달리 정할 수 있다.

규칙제34조(품질인증의 유효기간)

법 제15조제1항 단서에서 "품목의 특성상 달리 적용할 필요가 있는 경우"란 생산에서 출하될 때까지의 기간이 1년 이상인 경우를 말한다. 이 경우 유효기간은 3년 또는 4년으로 하되 생산에 필요한 기간을 고려하여 국립수산물품질관리원장이 정하여 고시한다.

② 유효기간의 연장신청 등

㉠ 품질인증의 유효기간을 연장받으려는 자는 유효기간이 끝나기 전에 해양수산부령으로 정하는 바에 따라 해양수산부장관에게 연장신청을 하여야 한다.

㉡ 수산물 및 수산특산물의 품질인증 유효기간을 연장받으려는 자는 해당 품질인증을 한 기관의 장에게 별지 제

12호서식의 수산물·수산특산물 품질인증 (연장)신청서에 품질인증서 원본을 첨부하여 그 유효기간이 끝나기 1개월 전까지 제출하여야 한다.

ⓒ 유효기간이 끝나기 전 6개월 이내에 법 제30조제1항에 따라 조사한 결과 품질인증기준에 적합하다고 인정된 경우에는 관련 서류만 확인하여 유효기간을 연장할 수 있다.

㉣ 품질인증기관이 지정 취소 등의 처분을 받아 품질인증 업무를 수행할 수 없는 경우에는 국립수산물품질관리원장에게 수산물·수산특산물 품질인증 (연장)신청서를 제출할 수 있다.

㉤ 국립수산물품질관리원장 또는 품질인증기관의 장은 신청인에게 연장절차와 연장신청 기간을 유효기간이 끝나기 2개월 전까지 미리 알려야 한다. 이 경우 통지는 휴대전화 문자메세지, 전자우편, 팩스, 전화 또는 문서 등으로 할 수 있다.

4) 품질인증의 취소

해양수산부장관은 품질인증을 받은 자가 다음 각 호의 어느 하나에 해당하면 품질인증을 취소할 수 있다. 다만, 제①호에 해당하면 품질인증을 취소하여야 한다.

① 거짓이나 그 밖의 부정한 방법으로 인증을 받은 경우
② 제14조제4항에 따른 품질인증의 기준에 현저하게 맞지 아니한 경우
③ 정당한 사유 없이 제31조제1항에 따른 품질인증품 표시의 시정명령, 해당 품목의 판매금지 또는 표시정지 조치에 따르지 아니한 경우
④ 전업·폐업 등으로 인하여 품질인증품을 생산하기 어렵다고 판단되는 경우

(2) 수산물의 품질인증기관

1) 품질인증기관의 지정 등
① 해양수산부장관은 수산물의 생산조건, 품질 및 안전성에 대한 심사·인증을 업무로 하는 법인 또는 단체로서 해양수

산부장관의 지정을 받은 자(이하 "품질인증기관")로 하여금 제14조부터 제16조까지의 규정에 따른 품질인증에 관한 업무를 대행하게 할 수 있다.

② 자금의 지원

해양수산부장관, 특별시장·광역시장·도지사·특별자치도지사(이하 "시·도지사") 또는 시장·군수·구청장(자치구의 구청장을 말한다. 이하 같다)은 어업인 스스로 수산물의 품질을 향상시키고 체계적으로 품질관리를 할 수 있도록 하기 위하여 제1항에 따라 품질인증기관으로 지정받은 다음 각 호의 단체 등에 대하여 자금을 지원할 수 있다.

가. 수산물 생산자단체(어업인 단체만을 말한다)

나. 수산가공품을 생산하는 사업과 관련된 법인(「민법」 제32조에 따른 법인만을 말한다)

③ 품질인증기관의 지정 신청

품질인증기관으로 지정을 받으려는 자는 품질인증 업무에 필요한 시설과 인력을 갖추어 해양수산부장관에게 신청하여야 하며, 품질인증기관으로 지정받은 후 해양수산부령으로 정하는 중요 사항이 변경되었을 때에는 변경신고를 하여야 한다. 다만, 제18조에 따라 품질인증기관이 지정이 취소된 후 2년이 지나지 아니한 경우에는 신청할 수 없다.

④ 품질인증기관의 지정 기준, 절차 및 품질인증 업무의 범위 등에 필요한 사항은 해양수산부령으로 정한다.

품질인증기관의 지정기준(제36조 관련)

1. 조직 및 인력

    가. 조직

    품질인증 업무의 원활한 수행을 위하여 수산물의 생산조건, 품질 및 안전성에 대한 심사·인증을 업무로 하는 법인 또는 단체로서 품질인증 관리부서를 갖춘 법인 또는 단체일 것

    나. 인력

    1) 품질인증의 심사업무 및 품질인증의 사후관리를 위한 품질인증심사원(이하 "심사원"이라 한다) 2명 이상을 포함하여 품질인증 업무를 원활히 수행하기 위한 인력을 갖출 것

    2) 심사원의 자격

가) 2년제 전문대학 졸업자 또는 이와 같은 수준 이상의 학력이 있는 사람으로서 품질인증 심사업무를 원활히 수행할 수 있는 사람
나) 「국가기술자격법」 제10조에 따른 수산 또는 식품가공 분야의 산업기사 이상의 자격증을 소지한 사람
다) 수산물·수산가공품 또는 식품 관련 기업체·연구소·기관 및 단체에서 수산물 및 수산가공품의 품질관리업무를 5년 이상 담당한 경력이 있는 사람

2. 시설
품질인증품의 계측 및 분석 등을 위하여 시·도 단위로 10㎡ 이상의 검정실(檢定室)을 설치할 것. 다만, 품질인증의 업무범위에 따라 국립수산물품질관리원장과 협의하여 검정실의 수(數)와 면적을 조정할 수 있다.

3. 장비
검정실별로 다음 표의 장비를 갖출 것. 다만, 장비는 품질인증의 업무범위에 따라 품질인증관리기관의 장과 협의하여 일부 조정할 수 있으며, 국립수산물품질관리원장이 품질인증의 업무범위에 따라 별도의 장비가 필요하다고 인정하여 정하는 경우에는 그에 따른다.

품질인증기관의 지정절차

품질인증기관으로 지정받으려는 자는 별지 제15호서식의 품질인증기관 지정신청서에 다음 각 호의 서류를 첨부하여 국립수산물품질관리원장에게 제출하여야 한다.
1. 정관
2. 품질인증의 업무 범위 등을 적은 사업계획서
3. 품질인증기관의 지정기준을 갖추었음을 증명하는 서류

품질인증기관의 지정내용 변경신고

① 법 제17조제3항 본문에서 "해양수산부령으로 정하는 중요 사항"이란 다음 각 호의 사항을 말한다.
1. 품질인증기관의 명칭·대표자·정관
2. 품질인증기관의 사업계획서
3. 품질인증 심사원

4. 품질인증 업무규정

② 품질인증기관으로 지정을 받은 자는 품질인증기관으로 지정받은 후 제1항 각 호의 사항이 변경되었을 때에는 그 사유가 발생한 날부터 1개월 이내에 별지 제17호서식의 품질인증기관 지정내용 변경신고서에 지정서 원본과 변경 내용을 증명하는 서류를 첨부하여 국립수산물품질관리원장에게 제출하여야 한다.

2) 품질인증기관의 지정 취소 등

해양수산부장관은 품질인증기관이 다음 각 호의 어느 하나에 해당하면 그 지정을 취소하거나 6개월 이내의 기간을 정하여 품질인증 업무의 전부 또는 일부의 정지를 명할 수 있다. 다만, 제1호부터 제4호까지 및 제6호 중 어느 하나에 해당하면 품질인증기관의 지정을 취소하여야 한다.

1. 거짓이나 그 밖의 부정한 방법으로 품질인증기관으로 지정받은 경우
2. 업무정지 기간 중 품질인증 업무를 한 경우
3. 최근 3년간 2회 이상 업무정지처분을 받은 경우
4. 품질인증기관의 폐업이나 해산·부도로 인하여 품질인증 업무를 할 수 없는 경우
5. 제17조제3항 본문에 따른 변경신고를 하지 아니하고 품질인증 업무를 계속한 경우
6. 제17조제4항의 지정기준에 미치지 못하여 시정을 명하였으나 그 명령을 받은 날부터 1개월 이내에 이행하지 아니한 경우
7. 제17조제4항의 업무범위를 위반하여 품질인증 업무를 한 경우
8. 다른 사람에게 자기의 성명이나 상호를 사용하여 품질인증 업무를 하게 하거나 품질인증기관지정서를 빌려준 경우
9. 품질인증 업무를 성실하게 수행하지 아니하여 공중에 위해를 끼치거나 품질인증을 위한 조사 결과를 조작한 경우
10. 정당한 사유 없이 1년 이상 품질인증 실적이 없는 경우

> **2회 기출문제**
>
> 농수산물품질관리법령상 해양수산부장관이 품질인증기관의 지정취소를 반드시 해야 하는 3가지 경우를 서술하시오.
>
> ➡ 1. 거짓·부정한 방법으로 기관지정
> 2. 업무정지기간 중에 인증 업무
> 3. 최근 3년간 2회 이상 업무정지처분 받은 경우
> 4. 폐업·해산·부도로 인한 인증업무 불가능

❸ 이력추적관리

(1) 수산물이력추적관리의 등록

1) 다음 각 호의 어느 하나에 해당하는 자 중 수산물의 생산·수입부터 판매까지 각 유통단계별로 정보를 기록·관리하는 이력추적관리(이하 "이력추적관리")를 받으려는 자는 해양수산부장관에게 등록하여야 한다.
   ① 수산물을 생산하는 자
   ② 수산물을 유통 또는 판매하는 자(표시·포장을 변경하지 아니한 유통·판매자는 제외한다. 이하 같다)

2) 제1항에도 불구하고 대통령령으로 정하는 수산물을 생산하거나 유통 또는 판매하는 자는 해양수산부장관에게 이력추적관리의 등록을 하여야 한다.

이력추적관리 의무 등록 대상 수산물(대통령령)

법 제27조제2항에서 "대통령령으로 정하는 수산물"이란 다음 각 호의 어느 하나에 해당하는 수산물 중에서 해양수산부장관이 정하여 고시하는 것을 말한다.
1. 국민 건강에 위해(危害)가 발생할 우려가 있는 수산물로서 위해 발생의 원인규명 및 신속한 조치가 필요한 수산물
2. 소비량이 많은 수산물로서 국민 식생활에 미치는 영향이 큰 수산물
3. 그 밖에 취급 방법, 유통 경로 등을 고려하여 이력추적관리가 필요하다고 해양수산부장관이 인정하는 수산물

---

3) 등록사항 변경신고
   이력추적관리의 등록을 한 자는 해양수산부령으로 정하는 등록사항이 변경된 경우 변경 사유가 발생한 날부터 1개월 이내에 해양수산부장관에게 신고하여야 한다.

4) 이력추적관리의 표시
   이력추적관리의 등록을 한 자는 해당 수산물에 해양수산부령으로 정하는 바에 따라 이력추적관리의 표시를 할 수 있으며, 이력추적관리의 등록을 한 자(의무등록자)는 해당 수산물에 이력추적관리의 표시를 하여야 한다.

천일염을 제외한 수산물의 이력추적관리번호 부여방법

가. 관리번호는 다음의 번호를 연결한 13자리로 구성하며, 다목에 따른 이력추적관리번호 부여 예시와 같이 부여한다.
   1) 첫 네 자리는 국립수산물품질관리원장이 양식장, 어촌계 등에 부여한 등록번호
   2) 등록번호 다음 두 자리는 이력추적관리 등록을 한 자가 부여한 제품유형별 고유번호
   3) 제품유형별 고유번호 다음 두 자리는 연도번호로, 연도의 마지막 두 자리를 사용
   4) 마지막 다섯 자리는 이력추적관리 등록을 한 자가 부여한 식별단위(로트) 번호로 00001번부터 순차적으로 부여하되, 같은 날에 2개 이상의 로트가 발생한 경우에는 로트별로 다르게 부여한다. 수산물 생산 또는 가공, 유통 여건이 다를 경우 번호를 다르게 부여하는 것을 권장한다.
   ※ 이력추적관리번호를 부여한 이력추적관리의 등록을 한 자는 식별단위(로트) 번호 다섯 자리의 내역을 관리하고 있어야 한다.

나. 식별단위(로트)의 크기는 다음 사항을 참고하여 결정한다.
   1) 식별단위(로트)를 크게 하면 이력추적관리대상 수산물의 관리에 드는 비용 또는 노력이 감소할 수 있으나, 안전성 등 문제 발생 시 위험부담이 증가할 수 있다.
   2) 식별단위(로트)를 작게 하면 이력추적관리대상 수산물의 관리에 비용 또는 노력이 많이 들 수 있으나, 안전성 등 문제 발생 시 대처에 용이할 수 있다.

다. 이력추적관리번호 부여 예시
   예) 국립수산물품질관리원장이 "0012"의 등록번호를 부여한 A 어촌계 소속의 B가 활바지락(01-활바지락, 02-활고막) 500kg을 생산하여 2008년 8월 20일 C 유통회사(포장)에 출하하고, A 어촌계가 자율적으로 식별단위(로트) 번호를 00001로 부여한 경우 이력추적관리번호는
   「0012010800001」임.
   ※ A 어촌계 대표자는 00001의 아래의 정보를 기록·관리 하여야 한다.
   · 00001의 이력: 생산자(A어촌계 B), 품목(활 바지락), 출하날짜(2008년 8월 20일), 물량(500kg), 출하처(C 유통회사)

5) 입고·출고 및 관리 내용의 기록과 보관

등록된 수산물(이하 "이력추적관리수산물")을 생산하거나 유통 또는 판매하는 자는 해양수산부령으로 정하는 이력추적관리기준에 따라 이력추적관리에 필요한 입고·출고 및 관리 내용을 기록하여 보관하여야 한다.

다만, 이력추적관리수산물을 유통 또는 판매하는 자 중 행상·노점상 등 대통령령으로 정하는 자는 그러하지 아니하다.

- ◆ 행상·노점상 등 대통령령으로 정하는 자
  - 가. 「부가가치세법 시행령」 제71조제1항제1호에 따른 노점 또는 행상을 하는 사람
  - 나. 유통업체를 이용하지 아니하고 우편 등을 통하여 수산물을 소비자에게 직접 판매하는 생산자

6) 비용의 지원

해양수산부장관은 제1항 또는 제2항에 따라 이력추적관리의 등록을 한 자에 대하여 이력추적관리에 필요한 비용의 전부 또는 일부를 지원할 수 있다.

7) 그 밖에 이력추적관리의 대상품목, 등록절차, 등록사항, 그 밖에 등록에 필요한 사항은 해양수산부령으로 정한다.

이력추적관리의 대상품목 및 등록사항

① 대상품목
법 제27조제1항 및 제2항에 따라 수산물의 유통단계별로 정보를 기록·관리하는 이력추적관리(이하 "이력추적관리")의 등록을 하거나 할 수 있는 대상품목은 수산물 중 식용이나 식용으로 가공하기 위한 목적으로 생산·처리된 수산물로 한다.

② 등록사항
법 제27조제1항 및 제2항에 따라 이력추적관리를 받으려는 자는 다음 각 호의 구분에 따른 사항을 등록하여야 한다.
1. 생산자(염장, 건조 등 단순처리를 하는 자를 포함한다)
   - 가. 생산자의 성명, 주소 및 전화번호
   - 나. 이력추적관리 대상품목명
   - 다. 양식수산물의 경우 양식장 면적, 천일염의 경우 염전 면적
   - 라. 생산계획량
   - 마. 양식수산물 및 천일염의 경우 양식장 및 염전의 위치, 그 밖의 어획물의 경우 위판장의 주소 또는 어획장소

   2. 유통자
      가. 유통자의 명칭, 주소 및 전화번호
      나. 이력추적관리 대상품목명
   3. 판매자: 판매자의 명칭, 주소 및 전화번호

이력추적관리의 등록절차 등

① 등록첨부서류
수산물이력추적관리 등록신청서에 다음 각 호의 서류를 첨부하여 국립수산물품질관리원장에게 제출하여야 한다.
  1. 이력추적관리 등록을 한 수산물(이하 "이력추적관리수산물"이라 한다)의 생산·출하·입고·출고 계획 등을 적은 관리계획서
  2. 이력추적관리수산물에 이상이 있는 경우 회수 조치 등을 적은 사후관리계획서
② 심사일정의 통지
국립수산물품질관리원장은 제1항에 따른 등록신청을 접수하면 심사일정을 정하여 신청인에게 알려야 한다.
③ 심사
국립수산물품질관리원장은 제1항에 따른 이력추적관리의 등록신청을 접수한 경우 제29조에 따른 수산물 이력추적관리기준에 적합한지를 심사하여야 한다. 이 경우 국립수산물품질관리원장은 소속 심사담당자와 시·도지사 또는 시장·군수·구청장이 추천하는 공무원이나 민간전문가로 심사반을 구성하여 이력추적관리의 등록 여부를 심사할 수 있다.
④ 전수심사 또는 표본심사
⑤ 등록증의 발급 또는 부적합 통지

- 이력추적관리 등록을 하려는 자는 관리계획서와 사후관리계획서를 국립수산물품질관리원장에게 제출해야한다.
- 이력추적 관리 유효기간은 3년이고 품목의 특성상 달리 적용할 필요가 있는 경우에는 10년의 범위에서 해양수산부령으로 유효기간을 달리 정할 수 있다.

(2) 이력추적관리 등록의 유효기간 등

1) 등록유효기간

   이력추적관리 등록의 유효기간은 등록한 날부터 3년으로 한다. 다만, 품목의 특성상 달리 적용할 필요가 있는 경우에는 10년의 범위에서 해양수산부령으로 유효기간을 달리 정할 수 있다.

2) 등록의 갱신

다음 각 호의 어느 하나에 해당하는 자는 이력추적관리 등록의 유효기간이 끝나기 전에 이력추적관리의 등록을 갱신하여야 한다.

① 제27조제1항에 따라 이력추적관리의 등록을 한 자로서 그 유효기간이 끝난 후에도 계속하여 해당 수산물에 대하여 이력추적관리를 하려는 자

② 제27조제2항에 따라 이력추적관리의 등록을 한 자로서 그 유효기간이 끝난 후에도 계속하여 해당 수산물을 생산하거나 유통 또는 판매하려는 자

3) 등록의 연장 승인

등록 갱신을 하지 아니하려는 자가 등록 유효기간 내에 출하를 종료하지 아니한 제품이 있는 경우에는 해양수산부장관의 승인을 받아 그 제품에 대한 등록 유효기간을 1년의 범위에서 연장할 수 있다. 다만, 등록의 유효기간이 끝나기 전에 출하된 제품은 그 제품의 유통기한이 끝날 때까지 그 등록 표시를 유지할 수 있다.

4) 그 밖에 이력추적관리 등록의 갱신 및 유효기간 연장 절차 등에 필요한 사항은 해양수산부령으로 정한다.

이력추적관리 등록의 갱신

① 국립수산물품질관리원장은 이력추적관리 등록의 유효기간이 끝나기 2개월 전까지 해당 이력추적관리의 등록을 한 자에게 이력추적관리 등록의 갱신절차와 갱신신청 기간을 미리 알려야 한다. 이 경우 휴대전화 문자메시지, 전자우편, 팩스, 전화 또는 문서 등으로 통지할 수 있다.

② 제1항에 따른 통지를 받은 자가 법 제28조제2항에 따라 이력추적관리의 등록을 갱신하려는 경우에는 별지 제3호서식에 따른 이력추적관리 등록 갱신신청서에 제26조제1항 각 호에 따른 서류 중 변경사항이 있는 서류를 첨부하여 해당 등록의 유효기간이 끝나기 1개월 전까지 국립수산물품질관리원장에게 제출하여야 한다.

③ 제2항에 따른 신청을 받은 국립수산물품질관리원장은 등록 갱신 결정을 한 경우에는 이력추적관리 등록증을 다시 발급하여야 한다.

(3) 이력추적관리 등록의 취소 등

1) 해양수산부장관은 제27조에 따라 등록한 자가 다음 각 호의 어느 하나에 해당하면 그 등록을 취소하거나 6개월 이내의 기간을 정하여 이력추적관리 표시의 금지를 명할 수 있다. 다만, 제1호 또는 제2호에 해당하면 등록을 취소하여야 한다.
   ① 거짓이나 그 밖의 부정한 방법으로 등록을 받은 경우
   ② 이력추적관리 표시 금지명령을 위반하여 표시한 경우
   ③ 제27조제3항에 따른 등록변경신고를 하지 아니한 경우
   ④ 제27조제4항에 따른 표시방법을 위반한 경우
   ⑤ 제27조제5항에 따른 입고·출고 및 관리 내용의 기록 및 보관을 하지 아니한 경우
   ⑥ 제29조제2항을 위반하여 정당한 사유 없이 자료제출 요구를 거부한 경우
2) 제1항에 따른 등록취소 및 표시금지 등의 기준, 절차 등 세부적인 사항은 해양수산부령으로 정한다.

(4) 수입수산물 유통이력 관리

1) 외국 수산물을 수입하는 자와 수입수산물을 국내에서 거래하는 자는 국민보건을 해칠 우려가 있는 수산물로서 해양수산부장관이 지정하여 고시하는 수산물(이하 "유통이력수입수산물")에 대한 유통단계별 거래명세(이하 "수입유통이력")를 해양수산부장관에게 신고하여야 한다.
2) 수입유통이력자료의 보관
   수입유통이력 신고의 의무가 있는 자는 수입유통이력을 장부에 기록(전자적 기록방식을 포함한다)하고, 그 자료를 거래일부터 1년간 보관하여야 한다.

(5) 거짓표시 등의 금지

누구든지 이력추적관리수산물 및 유통이력수입수산물(이하 "이력표시수산물")에 다음 각 호의 행위를 하여서는 아니 된다.
   ① 이력표시수산물이 아닌 수산물에 이력표시수산물의 표시를

하거나 이와 비슷한 표시를 하는 행위
② 이력표시수산물에 이력추적관리의 등록을 하지 아니한 수산물이나 수입유통이력 신고를 하지 아니한 수산물을 혼합하여 판매하거나 혼합하여 판매할 목적으로 보관하거나 진열하는 행위
③ 이력표시수산물이 아닌 수산물을 이력표시수산물로 광고하거나 이력표시수산물로 잘못 인식할 수 있도록 광고하는 행위

(6) 이력표시 수산물의 사후관리

해양수산부장관은 이력표시수산물의 품질 제고와 소비자 보호를 위하여 필요한 경우에는 관계 공무원에게 다음 각 호의 조사 등을 하게 할 수 있다.
① 이력표시수산물의 표시에 대한 등록 또는 신고 기준에의 적합성 등의 조사
② 해당 표시를 한 자의 관계 장부 또는 서류의 열람
③ 이력표시수산물의 시료(試料) 수거

(7) 이력표시수산물에 대한 시정조치

이력추적관리의 등록취소 및 표시금지의 기준(제34조 관련)

1. 일반기준
 가. 위반행위가 둘 이상인 경우
  1) 각각의 처분기준이 시정명령 또는 등록취소인 경우에는 하나의 위반행위로 본다. 다만, 각각의 처분기준이 표시금지인 경우에는 각각의 처분기준을 합산하여 처분할 수 있다.
  2) 각각의 처분기준이 다른 경우에는 그 중 무거운 처분기준을 적용한다. 다만, 각각의 처분기준이 표시금지인 경우에는 무거운 처분기준의 2분의 1까지 가중할 수 있으며, 이 경우 각 처분기준을 합산한 기간을 초과할 수 없다.
 나. 위반행위의 횟수에 따른 행정처분의 기준은 최근 1년간 같은 위반행위로 행정처분을 받은 경우에 적용한다. 이 경우 행정처

분 기준의 적용일은 같은 위반행위에 대하여 최초로 행정처분을 한 날과 다시 같은 위반행위를 적발한 날을 기준으로 한다.
다. 생산자집단 또는 가공업자단체의 구성원의 위반행위에 대해서는 1차적으로 위반행위를 한 구성원에 대하여 행정처분을 하되, 그 구성원이 소속된 조직 또는 단체에 대해서는 그 구성원의 위반 정도를 고려하여 처분을 경감하거나 그 구성원에 대한 처분기준보다 한 단계 낮은 처분기준을 적용한다.
라. 위반행위의 내용으로 보아 고의성이 없거나 그 밖에 특별한 사유가 있다고 인정되는 경우에는 그 처분을 표시금지의 경우에는 2분의 1 범위에서 경감할 수 있고, 등록취소인 경우에는 6개월의 표시금지 처분으로 경감할 수 있다.

2. 개별기준

위반행위	위반횟수별 처분기준		
	1차 위반	2차 위반	3차 위반 이상
가. 거짓이나 그 밖의 부정한 방법으로 등록을 받은 경우	등록취소	-	-
나. 이력추적관리 표시 금지명령을 위반하여 계속 표시한 경우	등록취소	-	-
다. 법 제27조제3항에 따른 이력추적관리 등록변경신고를 하지 않은 경우	시정명령	표시금지 1개월	표시금지 3개월
라. 법 제27조제4항에 따른 표시방법을 위반한 경우	표시금지 1개월	표시금지 3개월	등록취소
마. 법 제27조제5항에 따른 입고·출고 및 관리 내용의 기록 및 보관을 하지 않은 경우	표시금지 1개월	표시금지 3개월	표시금지 6개월
바. 법 제29조제2항을 위반하여 정당한 사유 없이 자료 제출 요구를 거부한 경우	표시금지 1개월	표시금지 3개월	표시금지 6개월

④ 사후관리 등

(1) 지위의 승계 등

① 품질인증기관의 지정으로 발생한 권리·의무를 가진 자가 사망하거나 그 권리·의무를 양도하는 경우 또는 법인이 합병

한 경우에는 상속인, 양수인 또는 합병 후 존속하는 법인이나 합병으로 설립되는 법인이 그 지위를 승계할 수 있다.
② 지위를 승계하려는 자는 승계의 사유가 발생한 날부터 1개월 이내에 해양수산부령으로 정하는 바에 따라 각각 지정을 받은 기관에 신고하여야 한다.

(2) 거짓표시 등의 금지

1) 누구든지 다음 각 호의 표시·광고 행위를 하여서는 아니 된다.
   ① 표준규격품, 품질인증품, 이력추적관리농산물(이하 "우수표시품"이라 한다)이 아닌 수산물 또는 수산가공품에 우수표시품의 표시를 하거나 이와 비슷한 표시를 하는 행위
   ② 우수표시품이 아닌 수산물 또는 수산가공품을 우수표시품으로 광고하거나 우수표시품으로 잘못 인식할 수 있도록 광고하는 행위
2) 누구든지 다음 각 호의 행위를 하여서는 아니 된다.
   ① 표준규격품의 표시를 한 수산물에 표준규격품이 아닌 수산물 또는 수산가공품을 혼합하여 판매하거나 혼합하여 판매할 목적으로 보관하거나 진열하는 행위
   ② 품질인증품의 표시를 한 수산물 또는 수산특산물에 품질인증품이 아닌 수산물 또는 수산가공품을 혼합하여 판매하거나 혼합하여 판매할 목적으로 보관 또는 진열하는 행위
   ③ 이력추적관리의 표시를 한 수산물에 이력추적관리의 등록을 하지 아니한 수산물 또는 수산가공품을 혼합하여 판매하거나 혼합하여 판매할 목적으로 보관하거나 진열하는 행위

(3) 우수표시품에 대한 시정조치

해양수산부장관은 표준규격품 또는 품질인증품이 다음 각 호의 어느 하나에 해당하면 대통령령으로 정하는 바에 따라 그 시정을 명하거나 해당 품목의 판매금지 또는 표시정지의 조치를 할 수 있다.
① 표시된 규격 또는 해당 인증·등록 기준에 미치지 못하는 경우
② 전업·폐업 등으로 해당 품목을 생산하기 어렵다고 판단되는

   경우
   ③ 해당 표시방법을 위반한 경우

02 지리적표시

❶ 등록

(1) 지리적표시의 등록

1) 해양수산부장관은 지리적 특성을 가진 수산물 또는 수산가공품의 품질 향상과 지역특화산업 육성 및 소비자 보호를 위하여 지리적표시의 등록 제도를 실시한다.
2) 등록신청 대상
   ① 지리적표시의 등록은 특정지역에서 지리적 특성을 가진 수산물 또는 수산가공품을 생산하거나 제조·가공하는 자로 구성된 법인만 신청할 수 있다.
   ② 다만, 지리적 특성을 가진 수산물 또는 수산가공품의 생산자 또는 가공업자가 1인인 경우에는 법인이 아니라도 등록신청을 할 수 있다.
3) 등록신청서류의 제출(등록신청 및 변경신청)

지리적표시의 등록 및 변경신청

① 등록신청시 수산물은 다음 각 서류를 국립수산물품질관리원장에게 각각 제출하여야 한다.
   1. 정관(법인인 경우만 해당한다)
   2. 생산계획서(법인의 경우 각 구성원별 생산계획을 포함한다)
   3. 대상품목·명칭 및 품질의 특성에 관한 설명서
   4. 유명 특산품임을 증명할 수 있는 자료
   5. 품질의 특성과 지리적 요인과 관계에 관한 설명서
   6. 지리적표시 대상지역의 범위
   7. 자체품질기준
   8. 품질관리계획서

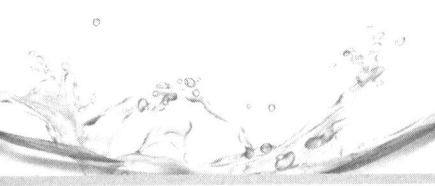

② 변경신청 서류
지리적표시로 등록한 사항 중 다음 각 호의 어느 하나의 사항을 변경하려는 자는 지리적표시 등록(변경)신청서에 변경사유 및 증거자료를 첨부하여 수산물은 국립수산물품질관리원장에게 각각 제출하여야 한다.
  1. 등록자
  2. 지리적표시 대상지역의 범위
  3. 자체품질기준 중 제품생산기준, 원료생산기준 또는 가공기준

④ 현지확인
지리적표시 등록심의 분과위원장은 심의를 위하여 필요한 경우에는 현지 확인을 할 수 있다.

4) 등록신청 공고

해양수산부장관은 등록 신청을 받으면 지리적표시 등록심의 분과위원회의 심의를 거쳐 등록거절 사유가 없는 경우 지리적표시 등록 신청 공고결정(이하 "공고결정")을 하여야 한다. 이 경우 해양수산부장관은 신청된 지리적표시가 「상표법」에 따른 타인의 상표(지리적 표시 단체표장을 포함한다.)에 저촉되는지에 대하여 미리 특허청장의 의견을 들어야 한다.

5) 공고와 열람

해양수산부장관은 공고결정을 할 때에는 그 결정 내용을 관보와 인터넷 홈페이지에 공고하고, 공고일부터 2개월간 지리적표시 등록 신청서류 및 그 부속서류를 일반인이 열람할 수 있도록 하여야 한다.

6) 이의신청

누구든지 공고일부터 2개월 이내에 이의 사유를 적은 서류와 증거를 첨부하여 해양수산부장관에게 이의신청을 할 수 있다.

- 지리적표시의 심의·공고·열람 및 이의신청 절차(대통령령)
  해양수산부장관은 지리적표시의 등록 또는 중요 사항의 변경등록 신청을 받으면 그 신청을 받은 날부터 30일 이내에 지리적표시 분과위원회에 심의를 요청하여야 한다.

7) 등록결정의 통지

해양수산부장관은 다음 각 호의 경우에는 지리적표시의 등록

을 결정하여 신청자에게 알려야 한다.
① 이의신청을 받았을 때에는 지리적표시 등록심의 분과위원회의 심의를 거쳐 등록을 거절할 정당한 사유가 없다고 판단되는 경우
② 이의신청이 없는 경우

8) 등록증 교부

해양수산부장관이 지리적표시의 등록을 한 때에는 지리적표시권자에게 지리적표시등록증을 교부하여야 한다.

9) 등록거절 사유

① 먼저 등록 신청되었거나, 등록된 타인의 지리적표시와 같거나 비슷한 경우
② 「상표법」에 따라 먼저 출원되었거나 등록된 타인의 상표와 같거나 비슷한 경우
③ 국내에서 널리 알려진 타인의 상표 또는 지리적표시와 같거나 비슷한 경우
④ 일반명칭[농수산물 또는 농수산가공품의 명칭이 기원적(起原的)으로 생산지나 판매장소와 관련이 있지만 오래 사용되어 보통명사화된 명칭을 말한다]에 해당되는 경우
⑤ 제2조제1항제8호에 따른 지리적표시 또는 같은 항 제9호에 따른 동음이의어 지리적표시의 정의에 맞지 아니하는 경우
⑥ 지리적표시의 등록을 신청한 자가 그 지리적표시를 사용할 수 있는 수산물 또는 수산가공품을 생산·제조 또는 가공하는 것을 업(業)으로 하는 자에 대하여 단체의 가입을 금지하거나 가입조건을 어렵게 정하여 실질적으로 허용하지 아니한 경우

10) 등록거절사유의 세부기준

제1항부터 제9항까지에 따른 지리적표시 등록 대상품목, 대상지역, 신청자격, 심의·공고의 절차, 이의신청 절차 및 등록거절 사유의 세부기준 등에 필요한 사항은 대통령령으로 정한다.

지리적표시의 대상지역

1. 해당 품목의 특성에 영향을 주는 지리적 특성이 동일한 행정구역, 산, 강 등에 따를 것
2. 해당 품목의 특성에 영향을 주는 지리적 특성, 서식지 및 어획·채취의 환경이 동일한 연안해역(「연안관리법」 제2조제2호에 따른 연안해역을 말한다.)에 따를 것. 이 경우 연안해역은 위도와 경도로 구분하여야 한다.

지리적표시의 등록법인 구성원의 가입·탈퇴

법 제32조제2항 본문에 따른 법인은 지리적표시의 등록 대상품목의 생산자 또는 가공업자의 가입이나 탈퇴를 정당한 사유 없이 거부하여서는 아니 된다.

지리적표시의 심의·공고·열람 및 이의신청 절차

해양수산부장관은 지리적표시의 등록 또는 중요 사항의 변경등록 신청을 받으면 그 신청을 받은 날부터 30일 이내에 지리적표시 분과위원회에 심의를 요청하여야 한다.

공고결정 사항

법 제32조제5항에 따른 공고결정에는 다음 각 호의 사항을 포함하여야 한다.
1. 신청인의 성명·주소 및 전화번호
2. 지리적표시 등록 대상품목 및 등록 명칭
3. 지리적표시 대상지역의 범위
4. 품질, 그 밖의 특징과 지리적 요인의 관계
5. 신청인의 자체 품질기준 및 품질관리계획서
6. 지리적표시 등록 신청서류 및 그 부속서류의 열람 장소

지리적표시의 등록거절 사유의 세부기준

1. 해당 품목이 수산물인 경우에는 지리적표시 대상지역에서만 생산된 것이 아닌 경우
1의2. 해당 품목이 수산가공품인 경우에는 지리적표시 대상지역에서만 생산된 수산물을 주원료로 하여 해당 지리적표시 대상지역에서 가공된 것이 아닌 경우
2. 해당 품목의 우수성이 국내 및 국외에서 모두 널리 알려지지 아

니한 경우
3. 해당 품목이 지리적표시 대상지역에서 생산된 역사가 깊지 않은 경우
4. 해당 품목의 명성·품질 또는 그 밖의 특성이 본질적으로 특정지역의 생산환경적 요인과 인적 요인 모두에 기인하지 아니한 경우
5. 그 밖에 해양수산부장관이 지리적표시 등록에 필요하다고 인정하여 고시하는 기준에 적합하지 않은 경우

(2) 지리적표시권

1) 지리적표시 등록을 받은 자(지리적표시권자)는 등록한 품목에 대하여 지리적표시권을 갖는다.
2) 지리적표시권의 효력제한

   지리적표시권은 다음 각 호의 어느 하나에 해당하면 각 호의 이해당사자 상호간에 대하여는 그 효력이 미치지 아니한다.

   ① 동음이의어 지리적표시. 다만, 해당 지리적표시가 특정지역의 상품을 표시하는 것이라고 수요자들이 뚜렷하게 인식하고 있어 해당 상품의 원산지와 다른 지역을 원산지인 것으로 혼동하게 하는 경우는 제외한다.
   ② 지리적표시 등록신청서 제출 전에 「상표법」에 따라 등록된 상표 또는 출원심사 중인 상표
   ③ 지리적표시 등록신청서 제출 전에 「종자산업법」 및 「식물신품종 보호법」에 따라 등록된 품종 명칭 또는 출원심사 중인 품종 명칭
   ④ 제32조제7항에 따라 지리적표시 등록을 받은 수산물 또는 수산가공품(지리적표시품)과 동일한 품목에 사용하는 지리적 명칭으로서 등록 대상지역에서 생산되는 수산물 또는 수산가공품에 사용하는 지리적 명칭

3) 지리적 표시품의 표시방법

   지리적표시권자가 그 표시를 하려면 지리적표시품의 포장·용기의 겉면 등에 등록 명칭을 표시하여야 하며, 별표 15에 따른 지리적표시품의 표시를 하여야 한다. 다만, 포장하지 아니하고 판매하거나 낱개로 판매하는 경우에는 대상품목에 스티커를 부착하거나 표지판 또는 푯말로 표시할 수 있다.

지리적표시품의 표시(제60조 관련)

1. 지리적표시품의 표지

2. 제도법
   가. 도형표시
      1) 표지도형의 가로의 길이(사각형의 왼쪽 끝과 오른쪽 끝의 폭: W)를 기준으로 세로의 길이는 0.95×W의 비율로 한다.
      2) 표지도형의 흰색모양과 바깥 테두리(좌·우 및 상단부만 해당한다)의 간격은 0.1×W로 한다.
      3) 표지도형의 흰색모양 하단부 좌측 태극의 시작점은 상단부에서 0.55×W 아래가 되는 지점으로 하고, 우측 태극의 끝점은 상단부에서 0.75×W 아래가 되는 지점으로 한다.
   나. 표지도형의 한글 및 영문 글자는 고딕체로 하고, 글자 크기는 표지도형의 크기에 따라 조정한다.
   다. 표지도형의 색상은 녹색을 기본색상으로 하고, 포장재의 색깔 등을 고려하여 파란색 또는 빨간색으로 할 수 있다.
   라. 표지도형 내부의 "지리적표시", "(PGI)" 및 "PGI"의 글자 색상은 표지도형 색상과 동일하게 하고, 하단의 "농림축산식품부"와 "MAFRA KOREA" 또는 "해양수산부"와 "MOF KOREA"의 글자는 흰색으로 한다.
   마. 배색 비율은 녹색 C80+Y100, 파란색 C100+M70, 빨간색 M100+Y100+K10으로 한다.
3. 표시사항

	등록 명칭: (영문등록 명칭)
	지리적표시관리기관 명칭, 지리적표시 등록 제 호
	생산자:
	주소(전화):
이 상품은 「농수산물 품질관리법」에 따라 지리적표시가 보호되는 제품입니다.	
지리적표시 (PGI) 해양수산부	등록 명칭: (영문등록 명칭)
	지리적표시관리기관 명칭, 지리적표시 등록 제 호
	생산자:
	주소(전화):
이 상품은 「농수산물 품질관리법」에 따라 지리적표시가 보호되는 제품입니다.	

4. 표시방법
  가. 크기: 포장재의 크기에 따라 표지의 크기를 키우거나 줄일 수 있다.
  나. 위치: 포장재 주 표시면의 옆면에 표시하되, 포장재 구조상 옆면에 표시하기 어려울 경우에는 표시위치를 변경할 수 있다.
  다. 표시내용은 소비자가 쉽게 알아볼 수 있도록 인쇄하거나 스티커로 포장재에서 떨어지지 않도록 부착하여야 한다.
  라. 포장하지 않고 낱개로 판매하는 경우나 소포장 등으로 지리적표시품의 표지를 인쇄하거나 부착하기에 부적합한 경우에는 표지도표와 등록 명칭만 표시할 수 있다.
  마. 글자의 크기(포장재 15kg 기준)
    1) 등록 명칭(한글, 영문) : 가로 2.0㎝(57pt.) × 세로 2.5㎝(71pt.)
    2) 등록번호, 생산자, 주소(전화) : 가로 1㎝(28pt.) × 세로 1.5㎝(43pt.)
    3) 그 밖의 문자 : 가로 0.8㎝(23pt.) × 세로 1㎝(28pt.)

4) 지리적표시권의 이전 및 승계

지리적표시권은 타인에게 이전하거나 승계할 수 없다. 다만, 다음 각 호의 어느 하나에 해당하면 해양수산부장관의 사전승인을 받아 이전하거나 승계할 수 있다.
  ① 법인 자격으로 등록한 지리적표시권자가 법인명을 개정하거나 합병하는 경우
  ② 개인 자격으로 등록한 지리적표시권자가 사망한 경우

5) 권리침해의 금지 청구권 등
  ① 지리적표시권자는 자신의 권리를 침해한 자 또는 침해할 우려가 있는 자에게 그 침해의 금지 또는 예방을 청구할 수 있다.
  ② 다음 각 호의 어느 하나에 해당하는 행위는 지리적표시권을 침해하는 것으로 본다.
    가. 유사표시의 사용
      지리적표시권이 없는 자가 등록된 지리적표시와 같거나 비슷한 표시(동음이의어 지리적표시의 경우에는 해당 지리적표시가 특정 지역의 상품을 표시하는 것이라고 수요자들이 뚜렷하게 인식하고 있어 해당 상품의 원산지와 다른 지역을 원산지인 것으로 수요자로

지리적표시권의 이전 및 승계
① 법인 자격으로 등록한 지리적표시권자가 법인명을 개정하거나 합병하는 경우
② 개인 자격으로 등록한 지리적표시권자가 사망한 경우

하여금 혼동하게 하는 지리적표시만 해당한다)를 등록 품목과 같거나 비슷한 품목의 제품·포장·용기·선전물 또는 관련 서류에 사용하는 행위
나. 등록된 지리적표시를 위조하거나 모조하는 행위
다. 등록된 지리적표시를 위조하거나 모조할 목적으로 교부·판매·소지하는 행위
라. 그 밖에 지리적표시의 명성을 침해하면서 등록된 지리적표시품과 같거나 비슷한 품목에 직접 또는 간접적인 방법으로 상업적으로 이용하는 행위

6) 손해배상청구권 등
① 지리적표시권자는 고의 또는 과실로 자신의 지리적표시에 관한 권리를 침해한 자에게 손해배상을 청구할 수 있다. 이 경우 지리적표시권자의 지리적표시권을 침해한 자에 대하여는 그 침해행위에 대하여 그 지리적표시가 이미 등록된 사실을 알았던 것으로 추정한다.
② 손해액의 추정 등에 관하여는 「상표법」 제110조 및 제114조를 준용한다.

7) 거짓표시 등의 금지
① 누구든지 지리적표시품이 아닌 수산물 또는 수산가공품의 포장·용기·선전물 및 관련 서류에 지리적표시나 이와 비슷한 표시를 하여서는 아니 된다.
② 누구든지 지리적표시품에 지리적표시품이 아닌 수산물 또는 수산가공품을 혼합하여 판매하거나 혼합하여 판매할 목적으로 보관 또는 진열하여서는 아니 된다.

8) 지리적표시품에 대한 공무원의 조사 등 사후관리
① 지리적표시품의 등록기준에의 적합성 조사
② 지리적표시품의 소유자·점유자 또는 관리인 등의 관계 장부 또는 서류의 열람
③ 지리적표시품의 시료를 수거하여 조사하거나 전문시험기관 등에 시험 의뢰

9) 등록제도의 활성화 사업
해양수산부장관은 지리적표시의 등록 제도의 활성화를 위하여 다음 각 호의 사업을 할 수 있다.
① 지리적표시의 등록 제도의 홍보 및 지리적표시품의 판로지

원에 관한 사항
② 지리적표시의 등록 제도의 운영에 필요한 교육·훈련에 관한 사항
③ 지리적표시 관련 실태조사에 관한 사항

10) 지리적표시품의 표시 시정 등

해양수산부장관은 지리적표시품이 다음 각 호의 어느 하나에 해당하면 대통령령으로 정하는 바에 따라 시정을 명하거나 판매의 금지, 표시의 정지 또는 등록의 취소를 할 수 있다.
① 제32조에 따른 등록기준에 미치지 못하게 된 경우
② 제34조제3항에 따른 표시방법을 위반한 경우
③ 해당 지리적표시품 생산량의 급감 등 지리적표시품 생산계획의 이행이 곤란하다고 인정되는 경우

시정명령 등의 처분기준(제11조 및 제16조 관련)

1. 일반기준

가. 위반행위가 둘 이상인 경우
  1) 각각의 처분기준이 시정명령, 인증취소 또는 등록취소인 경우에는 하나의 위반행위로 간주한다. 다만 각각의 처분기준이 표시정지인 경우에는 각각의 처분기준을 합산하여 처분할 수 있다.
  2) 각각의 처분기준이 다른 경우에는 그 중 무거운 처분기준을 적용한다. 다만, 각각의 처분기준이 표시정지인 경우에는 무거운 처분기준의 2분의 1까지 가중할 수 있으며, 이 경우 각 처분기준을 합산한 기간을 초과할 수 없다.
나. 위반행위의 횟수에 따른 행정처분의 기준은 최근 1년간 같은 위반행위로 행정처분을 받는 경우에 적용한다. 이 경우 행정처분 기준의 적용은 같은 위반행위에 대하여 최초로 행정처분을 한 날과 다시 같은 위반행위로 적발한 날을 기준으로 한다.
다. 생산자단체의 구성원의 위반행위에 대해서는 1차적으로 위반행위를 한 구성원에 대하여 행정처분을 하되, 그 구성원이 소속된 조직 또는 단체에 대해서는 그 구성원의 위반의 정도를 고려하여 처분을 경감하거나 그 구성원에 대한 처분기준보다 한 단계 낮은 처분기준을 적용한다.
라. 위반행위의 내용으로 보아 고의성이 없거나 특별한 사유가 있

다고 인정되는 경우에는 그 처분을 표시정지의 경우에는 2분의 1의 범위에서 경감할 수 있고, 인증취소·등록취소인 경우에는 6개월 이상의 표시정지 처분으로 경감할 수 있다.

2. 개별기준

가. 표준규격품

위반행위	행정처분 기준		
	1차 위반	2차 위반	3차 위반
1) 법 제5조제2항에 따른 표준규격품 의무표시사항이 누락된 경우	시정명령	표시정지 1개월	표시정지 3개월
2) 법 제5조제2항에 따른 표준규격이 아닌 포장재에 표준규격품의 표시를 한 경우	시정명령	표시정지 1개월	표시정지 3개월
3) 법 제5조제2항에 따른 표준규격품의 생산이 곤란한 사유가 발생한 경우	표시정지 6개월		
4) 법 제29조제1항을 위반하여 내용물과 다르게 거짓표시나 과장된 표시를 한 경우	표시정지 1개월	표시정지 3개월	표시정지 6개월

나. 우수관리인증농산물

다. 이력추적관리농산물

라. 품질인증품

위반행위	행정처분 기준		
	1차 위반	2차 위반	3차 위반
1) 법 제14조제3항을 위반하여 의무표시사항이 누락된 경우	시정명령	표시정지 1월	표시정지 3월
2) 법 제14조제3항에 따른 품질인증을 받지 아니한 제품을 품질인증품으로 표시한 경우	인증취소		
3) 법 제14조제4항에 따른 품질인증기준에 위반한 경우	표시정지 3월	표시정지 6월	
4) 법 제16조제4호에 따른 품질인증품의 생산이 곤란하다고 인정되는 사유가 발생한 경우	인증취소		
5) 법 제29조제1항을 위반하여 내용물과 다르게 거짓표시 또는 과장된 표시를 한 경우	표시정지 1월	표시정지 3월	인증취소

마. 삭제 〈2013.5.31〉

바. 지리적표시품

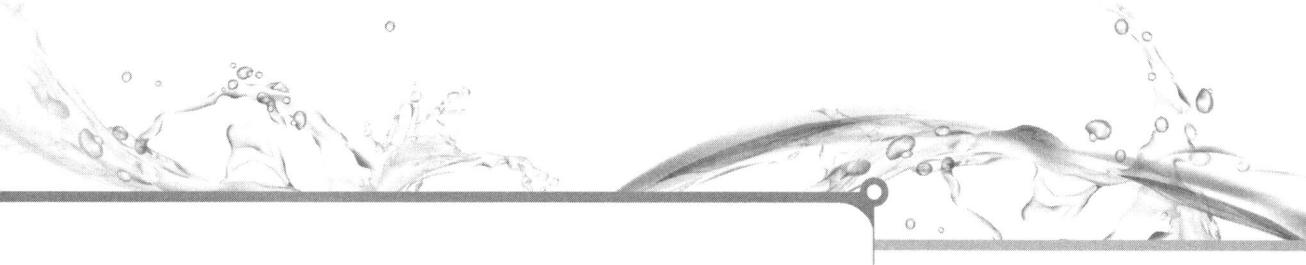

위반행위	행정처분 기준		
	1차 위반	2차 위반	3차 위반
1) 법 제32조제3항 및 제7항에 따른 지리적표시품 생산계획의 이행이 곤란하다고 인정되는 경우	등록 취소		
2) 법 제32조제7항에 따라 등록된 지리적표시품이 아닌 제품에 지리적표시를 한 경우	등록 취소		
3) 법 제32조제9항의 지리적표시품이 등록기준에 미치지 못하게 된 경우	표시정지 3개월	등록 취소	
4) 법 제34조제3항을 위반하여 의무표시사항이 누락된 경우	시정명령	표시정지 1개월	표시정지 3개월
5) 법 제34조제3항을 위반하여 내용물과 다르게 거짓표시나 과장된 표시를 한 경우	표시정지 1개월	표시정지 3개월	등록 취소

> **2회 기출문제**
>
> 농수산물품질관리법령상 지리적표시 등록을 받은 자가 1차 위반으로 지리적표시 등록취소에 해당하는 위반행위를 모두 서술하시오.(단, 경감사유가 없는 것으로 가정한다.)
>
> ➡ 1. 생산·계획의 이행곤란
>   2. 지리적표시품이 아닌 것에 지리적표시

② 지리적표시의 심판

(1) 지리적표시심판위원회

1) 농림축산식품부장관 또는 해양수산부장관은 다음 각 호의 사항을 심판하기 위하여 농림축산식품부장관 또는 해양수산부장관 소속으로 지리적표시심판위원회를 둔다.
   ① 지리적표시에 관한 심판 및 재심
   ② 제32조제9항에 따른 지리적표시 등록거절 또는 제40조에 따른 등록 취소에 대한 심판 및 재심
   ③ 그 밖에 지리적표시에 관한 사항 중 대통령령으로 정하는 사항
   ② 심판위원회는 위원장 1명을 포함한 10명 이내의 심판위원(이하 "심판위원")으로 구성한다.
   ③ 심판위원회의 위원장은 심판위원 중에서 농림축산식품부장관 또는 해양수산부장관이 정한다.
   ④ 심판위원은 관계 공무원과 지식재산권 분야나 지리적표시 분야의 학식과 경험이 풍부한 사람 중에서 농림축산식품

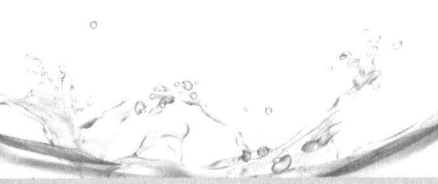

제 1편 | 수산물품질관리실무

부장관 또는 해양수산부장관이 위촉한다.
⑤ 심판위원의 임기는 3년으로 하며, 한 차례만 연임할 수 있다.
⑥ 심판위원회의 구성·운영에 관한 사항과 그 밖에 필요한 사항은 대통령령으로 정한다.

2) 지리적표시의 무효심판
① 무효심판의 청구권자
지리적표시에 관한 이해관계인 또는 제3조제6항에 따른 지리적표시 등록심의 분과위원회는 제32조의 청구사항에 대하여 무효심판을 청구할 수 있다.
② 무효심판의 청구사유
  가. 제32조제9항에 따른 등록거절 사유에 해당함에도 불구하고 등록된 경우
  나. 제32조에 따라 지리적표시 등록이 된 후에 그 지리적표시가 원산지 국가에서 보호가 중단되거나 사용되지 아니하게 된 경우
③ 청구기간
무효심판은 청구의 이익이 있으면 언제든지 청구할 수 있다.
④ 무효심결의 효력
  가. 등록거절 사유에 해당함에도 불구하고 등록된 경우 : 처음부터 무효
  나. 등록이 된 후에 그 지리적표시가 원산지 국가에서 보호가 중단되거나 사용되지 아니하게 된 경우 : 보호중단 또는 사용되지 아니한 시기부터 무효

3) 지리적표시의 취소심판
① 취소심판의 청구사유
  가. 단체가입의 금지(어려운 가입조건 포함) 또는 지리적표시의 사용불허자의 단체 가입

> 제44조 ①항 1
>
> 지리적표시 등록을 한 후 지리적표시의 등록을 한 자가 그 지리적표시를 사용할 수 있는 농수산물 또는 농수산가공품을 생산 또는 제조·가공하는 것을 업으로 하는 자에 대하여 단체의 가입을 금지하거나

지리적표시의 무효심판

- 지리적표시에 관한 이해관계인 또는 제3조제6항에 따른 지리적표시 등록심의 분과위원회는 제32조의 청구사항에 대하여 무효심판을 청구할 수 있다.

> 어려운 가입조건을 규정하는 등 단체의 가입을 실질적으로 허용하지 아니한 경우 또는 그 지리적표시를 사용할 수 없는 자에 대하여 등록 단체의 가입을 허용한 경우

　　나. 지리적 표시의 오용
　　　지리적표시 등록 단체 또는 그 소속 단체원이 지리적표시를 잘못 사용함으로써 수요자로 하여금 상품의 품질에 대하여 오인하게 하거나 지리적 출처에 대하여 혼동하게 한 경우
② 청구기간
　취소심판은 취소 사유에 해당하는 사실이 없어진 날부터 3년이 지난 후에는 청구할 수 없다.
③ 취소심판 청구의 효과
　취소심판을 청구한 경우에는 청구 후 그 심판청구 사유에 해당하는 사실이 없어진 경우에도 취소 사유에 영향을 미치지 아니한다.
④ 청구권자
　취소심판은 누구든지 청구할 수 있다.
⑤ 취소심판의 심결의 효과(불소급효)
　지리적표시 등록을 취소한다는 심결이 확정된 때에는 그 지리적표시권은 그때부터 소멸된다.

4) 등록거절 등에 대한 심판
　지리적표시 등록의 거절을 통보받은 자 또는 등록이 취소된 자는 이의가 있으면 등록거절 또는 등록취소를 통보받은 날부터 30일 이내에 심판을 청구할 수 있다.

5) 심판청구 방식
　지리적표시의 무효심판·취소심판 또는 지리적표시 등록의 취소·등록거절에 대한 심판을 청구하려는 자는 심판청구서에 신청자료를 첨부하여 심판위원회의 위원장에게 제출하여야 한다. 제출된 심판청구서를 보정(補正)하는 경우에는 그 요지를 변경할 수 없다. 다만, 제1항제6호(청구의 취지 및 그 이유)와 지리적표시 등록거절에 대한 심판을 청구의 이유는 변경할 수 있다.

6) 심판의 방법 등

① 심판위원은 직무상 독립하여 심판한다.
② 심판은 3명의 심판위원으로 구성되는 합의체가 한다.(과반수 찬성, 합의 비공개)

③ 재심 및 소송

1) 재심의 청구
   ① 심판의 당사자는 심판위원회에서 확정된 심결에 대하여 이의가 있으면 재심을 청구할 수 있다.
   ② 제1항의 재심청구에 관하여는 「민사소송법」 제451조 및 제453조제1항을 준용한다.
2) 사해심결에 대한 불복청구
   ① 심판의 당사자가 공모하여 제3자의 권리 또는 이익을 침해할 목적으로 심결을 하게 한 경우에 그 제3자는 그 확정된 심결에 대하여 재심을 청구할 수 있다.
   ② 제1항에 따른 재심청구의 경우에는 심판의 당사자를 공동피청구인으로 한다.
3) 재심에 의하여 회복된 지리적표시권의 효력제한
   다음 각 호의 어느 하나에 해당하는 경우 지리적표시권의 효력은 해당 심결이 확정된 후 재심청구의 등록 전에 선의로 한 행위에는 미치지 아니한다.
   ① 지리적표시권이 무효로 된 후 재심에 의하여 그 효력이 회복된 경우
   ② 등록거절에 대한 심판청구가 받아들여지지 아니한다는 심결이 있었던 지리적표시 등록에 대하여 재심에 의하여 지리적표시권의 설정등록이 있는 경우
4) 심결 등에 대한 소송
   ① 심결에 대한 소송은 특허법원의 전속관할로 한다.
   ② 소송의 제기권자
      제1항에 따른 소송은 당사자, 참가인 또는 해당 심판이나 재심에 참가신청을 하였으나 그 신청이 거부된 자만 제기할 수 있다.

③ 소송의 제기기간

제1항에 따른 소송은 심결 또는 결정의 등본을 송달받은 날부터 60일 이내에 제기하여야 한다. 그 기간은 불변기간으로 한다.

④ 소송의 제기사항의 제한

심판을 청구할 수 있는 사항에 관한 소송은 심결에 대한 것이 아니면 제기할 수 없다.

⑤ 특허법원의 판결에 대하여는 대법원에 상고할 수 있다.

03 유전자변형수산물의 표시

(1) 유전자변형수산물의 표시

1) 표시의무자

유전자변형수산물을 생산하여 출하하는 자, 판매하는 자, 또는 판매할 목적으로 보관·진열하는 자는 대통령령으로 정하는 바에 따라 해당 수산물에 유전자변형수산물임을 표시하여야 한다.

2) 유전자변형수산물의 표시대상품목, 표시기준 및 표시방법 등에 필요한 사항은 대통령령으로 정한다.

유전자변형수산물의 표시대상품목

법 제56조제1항에 따른 유전자변형수산물의 표시대상품목은 「식품위생법」 제18조에 따른 안전성 평가 결과 식품의약품안전처장이 식용으로 적합하다고 인정하여 고시한 품목(해당 품목을 싹틔워 기른 농산물을 포함한다)으로 한다.

유전자변형수산물의 표시기준 등

① 법 제56조제1항에 따라 유전자변형수산물에는 해당 수산물이 유전자변형수산물임을 표시하거나, 유전자변형수산물이 포함되어 있음

을 표시하거나, 유전자변형수산물이 포함되어 있을 가능성이 있음을 표시하여야 한다.
　　가. "유전자변형 ○○(수산물 품목명)"
　　나. "유전자변형 ○○(수산물 품목명) 포함"
　　다. "유전자변형 ○○(수산물 품목명) 포함가능성 있음"
　　라. 유전자변형생물체의 표시사항 중 명칭은 "유전자변형 ○○(생물체 품목명)"으로, 종류는 "유전자변형 ○○(수산물 등 생물체 종류)"로, 용도는 "식품용"으로 표시하고, 특성은 "제초제 내성, 해충저항성, 가뭄저항성, 지방산조성변화 등" 승인받은 해당 특성을 표시한다.

② 법 제56조제2항에 따라 유전자변형수산물의 표시는 해당 수산물의 포장·용기의 표면 또는 판매장소 등에 하여야 한다.

③ 제1항 및 제2항에 따른 유전자변형수산물의 표시기준 및 표시방법에 관한 세부사항은 식품의약품안전처장이 정하여 고시한다.

④ 식품의약품안전처장은 유전자변형수산물인지를 판정하기 위하여 필요한 경우 시료의 검정기관을 지정하여 고시하여야 한다.

(2) 거짓표시 등의 금지

제56조제1항에 따라 유전자변형수산물의 표시를 하여야 하는 자(이하 "유전자변형농수산물 표시의무자")는 다음 각 호의 행위를 하여서는 아니 된다.
　① 유전자변형수산물의 표시를 거짓으로 하거나 이를 혼동하게 할 우려가 있는 표시를 하는 행위
　② 유전자변형수산물의 표시를 혼동하게 할 목적으로 그 표시를 손상·변경하는 행위
　③ 유전자변형수산물의 표시를 한 수산물에 다른 수산물을 혼합하여 판매하거나 혼합하여 판매할 목적으로 보관 또는 진열하는 행위

3) 유전자변형수산물 표시의 조사

식품의약품안전처장은 제56조 및 제57조에 따른 유전자변형수산물의 표시 여부, 표시사항 및 표시방법 등의 적정성과 그 위반 여부를 확인하기 위하여 대통령령으로 정하는 바에 따라

관계 공무원에게 유전자변형표시 대상 농수산물을 수거하거나 조사하게 하여야 한다. 다만, 농수산물의 유통량이 현저하게 증가하는 시기 등 필요할 때에는 수시로 수거하거나 조사하게 할 수 있다.

4) 유전자변형수산물의 표시 위반에 대한 처분(식품의약품안전처장)
   ① 유전자변형수산물 표시의 이행·변경·삭제 등 시정명령
   ② 유전자변형 표시를 위반한 수산물의 판매 등 거래행위의 금지
   ③ 공표명령 등

공표명령의 기준 · 방법 등

① 공표명령의 대상자
  1. 표시위반물량이 수산물의 경우에는 10톤 이상인 경우

  2. 표시위반물량의 판매가격 환산금액이 수산물인 경우에는 5억원 이상인 경우

  3. 적발일을 기준으로 최근 1년 동안 처분을 받은 횟수가 2회 이상인 경우

② 법 제59조제2항에 따라 공표명령을 받은 자는 지체 없이 공표문을 「신문 등의 진흥에 관한 법률」 제9조제1항에 따라 등록한 전국을 보급지역으로 하는 1개 이상의 일반일간신문에 게재하여야 한다.

③ 식품의약품안전처장은 법 제59조제3항에 따라 지체 없이 식품의약품안전처의 인터넷 홈페이지에 게시하여야 한다.

④ 공표명령 전 해당 대상자에게 소명자료의 제출 또는 의견진술의 기회를 부여하여야 한다.

⑤ 공표문의 표시내용
법 제59조제2항에 따라 공표명령을 받은 자는 지체 없이 다음 각 호의 사항이 포함된 공표문을 「신문 등의 진흥에 관한 법률」 제9조제1항에 따라 등록한 전국을 보급지역으로 하는 1개 이상의 일반일간신문에 게재하여야 한다.
  1. "「농수산물 품질관리법」 위반사실의 공표"라는 내용의 표제

제 1편 | 수산물품질관리실무

2. 영업의 종류
3. 영업소의 명칭 및 주소
4. 농수산물의 명칭
5. 위반내용
6. 처분권자, 처분일 및 처분내용

2회 기출문제

농수산물품질관리법령상 '유전자변형수산물 표시의무자'가 유전자변형수산물 표시위반으로 공표명령을 받은 경우 지체없이 공표문을 전국을 보급지역으로 하는 1개 이상의 일반일간신문에 게재하여야 한다. 이 공표문의 내용에 포함되는 것을 보기에서 모두 골라 답란에 쓰시오.

수산물의 명칭, 수산물의 산지, 수산물의 가격, 위반내용, 영업의 종류

▶ 수산물의 명칭, 위반내용, 영업의 종류

04 수산물의 안전성조사 등

(1) 안전관리계획의 수립

1) 연간 계획의 수립 : 식품의약품안전처장
2) 세부추진계획의 수립 : 시·도지사 및 시장·군수·구청장
3) 안전관리계획 및 제2항에 따른 세부추진계획에는 제61조에 따른 안전성조사, 제68조에 따른 위험평가 및 잔류조사, 어업인에 대한 교육, 그 밖에 총리령으로 정하는 사항을 포함하여야 한다.

(2) 안전성조사

1) 식품의약품안전처장이나 시·도지사는 수산물의 안전관리를 위하여 수산물 또는 수산물의 생산에 이용·사용하는 농지·어장·용수(用水)·자재 등에 대하여 다음 각 호의 조사(이하 "안전성조사")를 하여야 한다.
   ① 생산단계: 총리령으로 정하는 안전기준에의 적합 여부
   ② 저장단계 및 출하되어 거래되기 이전 단계 : 「식품위생법」 등 관계 법령에 따른 잔류허용기준 등의 초과 여부
2) 식품의약품안전처장은 제1항제1호가목 및 제2호가목에 따른 생산단계 안전기준을 정할 때에는 관계 중앙행정기관의 장과 협의하여야 한다.
3) 안전성조사의 대상품목 선정, 대상지역 및 절차 등에 필요한 세부적인 사항은 총리령으로 정한다.

안전성조사의 대상품목

① 법 제61조제1항에 따른 안전성조사의 대상품목은 생산량과 소비량 등을 고려하여 법 제60조에 따라 수립·시행하는 안전관리계획으로 정한다.

② 제1항에 따른 대상품목의 구체적인 사항은 식품의약품안전처장이 정한다.

안전성조사의 대상지역 등

① 안전성조사의 대상지역은 수산물의 생산장소, 저장장소, 도매시장, 집하장, 위판장 및 공판장 등으로 하되, 유해물질의 오염이 우려되는 장소에 대하여 우선적으로 안전성조사를 하여야 한다.

② 수산물 안전성조사의 대상은 단계별 특성에 따라 다음 각 호와 같이 한다.
  1. 생산단계 조사 : 저장 과정을 거치지 아니하고 출하하는 수산물을 대상으로 할 것
  2. 저장단계 조사 : 저장 과정을 거치는 수산물 중 생산자가 저장하는 수산물을 대상으로 할 것
  3. 출하되어 거래되기 전 단계 조사 : 수산물의 도매시장, 집하장, 위판장 또는 공판장 등에 출하되어 거래되기 전 단계에 있는 수산물을 대상으로 할 것

④ 안전성조사는 제2항 및 제3항에 따른 각 조사의 단계별로 시료(試料)를 수거하여 조사하는 방법으로 한다.

⑤ 제1항부터 제4항까지에서 규정한 사항 외에 안전성조사에 필요한 사항은 식품의약품안전처장이 정하여 고시한다.

안전성조사의 절차 등

① 안전성조사의 대상 유해물질은 식품의약품안전처장이 매년 안전관리계획으로 정한다. 다만, 국립수산과학원장, 국립수산물품질관리원장 또는 특별시장·광역시장·특별자치시장·도지사·특별자치도

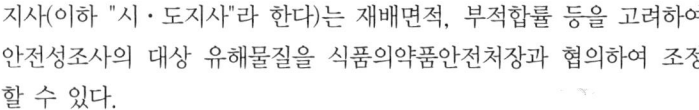

지사(이하 "시·도지사"라 한다)는 재배면적, 부적합률 등을 고려하여 안전성조사의 대상 유해물질을 식품의약품안전처장과 협의하여 조정할 수 있다.

② 안전성조사를 위한 시료 수거는 수산물 등의 생산량과 소비량 등을 고려하여 대상품목을 우선 선정한다.

③ 시료의 분석방법은 「식품위생법」 등 관계 법령에서 정한 분석방법을 준용한다. 다만, 분석능률의 향상을 위하여 국립수산과학원장 또는 국립수산물품질관리원장이 정하는 분석방법을 사용할 수 있다.

④ 제1항부터 제3항까지의 규정에 따른 안전성조사의 세부 사항은 식품의약품안전처장이 정하여 고시한다.

⑤ 법 제62조제1항 각 호 외의 부분 후단에 따라 무상으로 수거할 수 있는 수산물 등의 종류 및 수거량은 별표 1과 같다.

[별표1]
무상으로 수거할 수 있는 농수산물 등의 종류 및 수거량(제9조제5항 관련)

종류	수거량	비고
가. 농산물		1) "수거량"이란 시료의 개체별 무게 또는 용량을 모두 합한 것을 말한다. 2) 조사에 필요한 시료는 수거량의 범위에서 수거하여야 한다. 다만, 시료의 최소단위가 수거량을 초과하는 경우는 최소단위(시료, 포장 등 단위) 그대로 수거할 수 있다. 3) 채소류 4) 인삼류 5) 토양, 용수, 자재의 경우는 검사방법 등에서 요구하는 중량(용량)을 수거량으로 할 수 있다.
나. 수산물 ○ 자연산 ○ 양식산 ○ 가공품	식품공전(食品公典) 제9검체의 수거 및 취급방법에 따른다.	
다. 농지, 어장 용수, 자재	2 ~ 5kg (L)	

(3) 안전성조사 결과에 따른 조치

식품의약품안전처장이나 시·도지사는 생산과정에 있는 수산물 또는 수산물의 생산을 위하여 이용·사용하는 농지·어장·용수·자재 등에 대하여 안전성조사를 한 결과 생산단계 안전기준을 위반한 경우에

는 해당 수산물을 생산한 자 또는 소유한 자에게 다음 각 호의 조치를 하게 할 수 있다.
　① 해당 수산물의 폐기, 용도 전환, 출하 연기 등의 처리
　② 해당 수산물의 생산에 이용·사용한 농지·어장·용수·자재 등의 개량 또는 이용·사용의 금지
　③ 그 밖에 총리령으로 정하는 조치

안전성조사 결과에 대한 조치(총리령)

① 국립수산물품질관리원장 또는 시·도지사는 안전성조사 결과 생산단계 안전 기준에 위반된 경우에는 해당 농수산물을 생산한 자 또는 소유한 자에게 법 제63조제1항제1호에 따른 다음 각 호의 조치를 하도록 그 처리방법 및 처리기한을 정하여 알려 주어야 한다.
　1. 출하연기
　해당 수산물(생산자가 저장하고 있는 수산물을 포함한다. 이하 이 항에서 같다)의 유해물질이 시간이 지남에 따라 분해·소실되어 일정 기간이 지난 후에 식용으로 사용하는 데 문제가 없다고 판단되는 경우 : 해당 유해물질이 「식품위생법」 등에 따른 잔류허용기준 이하로 감소하는 기간까지 출하 연기
　2. 용도전환
　해당 수산물의 유해물질의 분해·소실 기간이 길어 국내에 식용으로 출하할 수 없으나, 사료·공업용 원료 및 수출용 등 다른 용도로 사용할 수 있다고 판단되는 경우
　3. 폐기
　제1호 또는 제2호에 따른 방법으로 처리할 수 없는 농수산물의 경우 : 일정한 기간을 정하여 폐기

② 생산단계의 조치
국립수산물품질관리원장 또는 시·도지사는 안정성조사 결과 생산단계 안전기준에 위반된 경우에는 해당 수산물을 생산하거나 해당 수산물 생산에 이용·사용되는 농지·어장·용수·자재 등을 소유한 자에게 법 제63조제1항제2호에 따른 다음 각 호의 조치를 하도록 그 처리방법 및 처리기한을 정하여 알려 주어야 한다.
　1. 개량
　객토(客土), 정화(淨化) 등의 방법으로 유해물질 제거가 가능하다고 판단되는 경우 : 해당 수산물 생산에 이용·사용되는 농지·어장·용수·

Tip

안전성조사 결과 생산단계 안전 기준에 위반된 경우 해당 농수산물을 생산한 자 또는 소유한 자에게 다음 각 호의 조치를 하도록 그 처리방법 및 처리기한을 정하여 알려 주어야 한다.
1. 출하연기
2. 용도전환
3. 폐기

자재 등의 개량

2. 이용·사용의 중지

유해물질이 시간이 지남에 따라 분해·소실되어 일정 기간이 지난 후에 이용·사용하는 데에 문제가 없다고 판단되는 경우: 해당 유해물질이 잔류허용기준 이하로 감소하는 기간까지 수산물의 생산에 해당 농지·어장·용수·자재 등의 이용·사용 중지

3. 이용·사용의 금지

제1호 또는 제2호에 따른 방법으로 조치할 수 없는 경우: 수산물의 생산에 해당 농지·어장·용수·자재 등의 이용·사용 금지

③ 법 제63조제1항제3호에서 "총리령으로 정하는 조치"란 해당 수산물의 생산자에 대하여 법 제66조에 따른 교육을 받게 하는 조치를 말한다.

④ 법 제63조제2항에 따른 통보를 받은 해당 행정기관의 장은 그에 따른 조치를 한 후 그 결과를 해당 통보를 한 국립수산물품질관리원장 또는 시·도지사에게 통보하여야 한다.

⑤ 제1항부터 제4항까지의 규정에 따른 조치에 필요한 세부 사항은 식품의약품안전처장이 정하여 고시한다.

(4) 안전성검사기관의 지정 등

1) 식품의약품안전처장은 안전성조사 업무의 일부와 시험분석 업무를 전문적·효율적으로 수행하기 위하여 안전성검사기관을 지정하고 안전성조사와 시험분석 업무를 대행하게 할 수 있다.
2) 안전성검사기관의 지정신청
   제1항에 따라 안전성검사기관으로 지정받으려는 자는 안전성조사와 시험분석에 필요한 시설과 인력을 갖추어 식품의약품안전처장에게 신청하여야 한다. 다만, 제65조에 따라 안전성검사기관 지정이 취소된 후 2년이 지나지 아니하면 안전성검사기관 지정을 신청할 수 없다.
3) 제1항 및 제2항에 따른 안전성검사기관의 지정 기준 및 절차와 업무 범위 등에 필요한 사항은 총리령으로 정한다.
4) 안전성검사기관의 지정 취소 등

식품의약품안전처장은 제64조제1항에 따른 안전성검사기관이 다음 각 호의 어느 하나에 해당하면 지정을 취소하거나 6개월 이내의 기간을 정하여 업무의 정지를 명할 수 있다. 다만, 제①호 또는 제②호에 해당하면 지정을 취소하여야 한다.
지정 취소 등의 세부 기준은 총리령으로 정한다.
① 거짓이나 그 밖의 부정한 방법으로 지정을 받은 경우
② 업무의 정지명령을 위반하여 계속 안전성조사 및 시험분석 업무를 한 경우
③ 검사성적서를 거짓으로 내준 경우
④ 그 밖에 총리령으로 정하는 안전성검사에 관한 규정을 위반한 경우

- 농수산물안전에 관한 교육 등

식품의약품안전처장이나 시·도지사는 안전한 수산물의 생산과 건전한 소비활동을 위하여 필요한 사항을 생산자, 유통종사자, 소비자 및 관계 공무원 등에게 교육·홍보하여야 한다.

05 지정해역의 지정 및 생산·가공시설의 등록·관리

(1) 위생관리기준

해양수산부장관은 외국과의 협약을 이행하거나 외국의 일정한 위생관리기준을 지키도록 하기 위하여 수출을 목적으로 하는 수산물의 생산·가공시설 및 수산물을 생산하는 해역의 위생관리기준(이하 "위생관리기준")을 정하여 고시한다.

- 생산·출하전단계수산물 중 위해요소중점관리기준 적용대상
    가. 수산업법 제 41조 및 동법 시행령 제 27조의 규정에 의하여 육상해수양식어업으로 허가한 양식업체
    나. 내수면어업법 제11조 및 동법시행령 제 9조의 규정에 의하여 육상양식어업으로 신고한 양식업체

(2) 위해요소중점관리기준

1) 위해요소 중점관리대상
   ① 외국과의 협약에 규정되어 있거나 수출 상대국에서 정하여 요청하는 경우에는 수출을 목적으로 하는 수산물 및 수산가공품에 유해물질이 섞여 들어오거나 남아 있는 것 또는 수산물 및 수산가공품이 오염되는 것을 방지
   ② 국내에서 생산되는 수산물의 품질 향상과 안전한 생산·공급을 위하여 생산단계, 저장단계(생산자가 저장하는 경우만 해당한다. 이하 같다) 및 출하되어 거래되기 이전 단계의 과정에서 유해물질이 섞여 들어오거나 남아 있는 것 또는 수산물이 오염되는 것을 방지
2) 해양수산부장관은 하는 것을 목적으로 하는 위해요소중점관리기준을 정하여 고시한다.

위해요소중점관리기준(고시)

1. "위해요소중점관리(Hazard Analysis Critical Control Point, 이하 "HACCP"라 한다)"라 함은 수산물에 위해물이 혼입 또는 잔류하거나 수산물이 오염되는 것을 방지하기 위하여 위해가 발생할 수 있는 생산과정 등을 중점적으로 관리하는 것을 말한다.

2. "HACCP계획(이하 "HACCP Plan"이라 한다)"이라 함은 HACCP 원칙에 기초하여 수행되는 절차를 기술한 서면으로 된 문서를 말한다.

3. "위해"라 함은 관리하지 아니할 때 인체에 질병 또는 해를 일으킬 수 있는 미생물학적, 화학적 또는 물리적인 요소를 말한다.

4. "중요관리점(Critical Control Point, 이하 "CCP"라 한다)"이라 함은 수산물에서 발생할 수 있는 위해를 방지 또는 제거하거나 허용할 수 있는 수준으로 감소시킬 수 있는 단계를 말한다.

5. "한계기준(Critical Limit)"이라 함은 위해의 발생을 방지하거나 제거 또는 허용할 수 있는 수준으로 감소시키기 위하여 관리하여야 하는 미생물학적, 화학적 또는 물리적인 요소의 최대값 또는 최소값을 말한다.

위해요소
관리하지 아니할 때 인체에 질병 또는 해를 일으킬 수 있는 미생물학적, 화학적 또는 물리적인 요소를 말한다.

6. "모니터링(Monitoring)"라 함은 CCP가 적정하게 관리되고 있는지 여부를 평가하기 위하여 계획적으로 실시하는 일련의 관찰 또는 측정을 말하며, 장차 검증에 사용되는 정확한 기록을 생산하는 것을 포함한다.

7. "시정조치(Corrective Action)"라 함은 CCP를 모니터링한 결과 한계기준을 벗어났을 때 행하는 조치를 말한다.

8. "검증(Verification)"이라 함은 HACCP plan의 적정성 및 그 이행 체계가 HACCP plan에 따라 정상적으로 운영되고 있는지 여부를 평가하는 행위를 말한다.

9. "HACCP팀(HACCP Team)"이라 함은 HACCP plan의 개발·이행 및 유지에 책임이 있는 사람들의 집단을 말한다.

10. "HACCP 이행시설"이라 함은 법 제74조에 따라 생산·출하전단계 수산물의 위해요소중점관리기준을 이행하는 시설을 말한다.

(3) 지정해역의 지정

해양수산부장관은 위생관리기준에 맞는 해역을 지정해역으로 지정하여 고시할 수 있다.

- 장관규칙으로 고시된 지정해역
  한산~거제만, 자란~사량해역, 산양해역, 가막만, 나로도해역, 창선해역
  강진만해역, 덕적.자월면해역

지정해역의 지정 등(부령)

① 지정해역의 지정
해양수산부장관이 법 제71조제1항에 따라 지정해역으로 지정할 수 있는 경우는 다음 각 호와 같다.
 1. 지정해역 지정을 위한 위생조사·점검계획을 수립한 후 해역에 대하여 조사·점검을 한 결과 법 제69조에 따라 해양수산부장관이 정하여 고시한 해역의 위생관리기준에 적합하다고 인정하는 경우
 2. 시·도지사가 요청한 해역이 지정해역위생관리기준에 적합하다고 인정하는 경우

② 지정해역 지정신청 서류
시·도지사는 제1항제2호에 따라 지정해역을 지정받으려는 경우에는 다음 각 호의 서류를 갖추어 해양수산부장관에게 요청하여야 한다.
 1. 지정받으려는 해역 및 그 부근의 도면
 2. 지정받으려는 해역의 위생조사 결과서 및 지정해역 지정의 타당성에 대한 국립수산과학원장의 의견서
 3. 지정받으려는 해역의 오염 방지 및 수질 보존을 위한 지정해역 위생관리계획서
③ 조사자료의 제출
시·도지사는 국립수산과학원장에게 제2항제2호에 따른 의견서를 요청할 때에는 해당 해역의 수산자원과 폐기물처리시설·분뇨시설·축산폐수·농업폐수·생활폐기물 및 그 밖의 오염원에 대한 조사자료를 제출하여야 한다.

④ 지정사실의 고시
해양수산부장관은 제1항에 따라 지정해역을 지정하는 경우 다음 각 호의 구분에 따라 지정할 수 있으며, 이를 지정한 경우에는 그 사실을 고시하여야 한다.
 1. 잠정지정해역 : 1년 이상의 기간 동안 매월 1회 이상 위생에 관한 조사를 하여 그 결과가 지정해역위생관리기준에 부합하는 경우
 2. 일반지정해역: 2년 6개월 이상의 기간 동안 매월 1회 이상 위생에 관한 조사를 하여 그 결과가 지정해역위생관리기준에 부합하는 경우
⑤ 지정해역의 관리 등
 1. 국립수산과학원장은 지정된 지정해역에 대하여 매월 1회 이상 위생에 관한 조사를 하여야 한다.
 2. 국립수산과학원장은 제1항에 따라 위생조사를 한 결과 지정해역이 지정해역위생관리기준에 부합하지 아니하게 된 경우에는 지체 없이 그 사실을 해양수산부장관, 국립수산물품질관리원장 및 시·도지사에게 보고하거나 통지하여야 한다.
 3. 보고·통지한 지정해역이 지정해역위생관리기준으로 회복된 경우에는 지체 없이 그 사실을 해양수산부장관, 국립수산물품질관리원장 및 시·도지사에게 보고하거나 통지하여야 한다.

(4) 지정해역 위생관리종합대책 사항
 ① 지정해역의 보존 및 관리(오염 방지에 관한 사항을 포함한

2회 기출문제

농수산물품질관리법령상 '지정해역의 지정'에 관한 설명이다. 괄호 안에 알맞은 용어를 답란에 쓰시오.

| 누구든지 지정해역 및 지정해역으로부터 (①)이내에 있는 해역에서 오염물질을 배출하는 행위를 하여서는 아니된다. |
| 해양수산부장관은 (②)이상의 기간 동안 매월 1회 이상 위생에 관한 조사를 하여 그 결과가 지정해역위생관리기준에 부합하는 경우 '일반지정해역'으로 지정할 수 있다. |
| 해양수산부장관은 1년 이상의 기간 동안 매월 1회 이상 위생에 관한 조사를 하여 그 결과가 지정해역위생관리기준에 부합하는 경우 (③)으로 지정할 수 있다. |
| 국립수산과학원장은 위생조사를 한 결과 지정해역이 지정해역위생관리기준에 부합하지 아니하게 된 경우에는 지체없이 그 사실을 해양수산부장관, (④) 및 특별시장·광역시장·도지사·특별자치도지사에게 보고하거나 통지하여야 한다. |

▶ ① 1km ② 2년6개월 ③ 잠정지정해역
④ 국립수산물품질관리원장

다. 이하 이 조에서 같다)에 관한 기본방향
② 지정해역의 보존 및 관리를 위한 구체적인 추진 대책
③ 그 밖에 해양수산부장관이 지정해역의 보존 및 관리에 필요하다고 인정하는 사항

(5) 지정해역 및 주변해역에서의 제한 또는 금지

1) 행위의 금지

누구든지 지정해역 및 지정해역으로부터 1킬로미터 이내에 있는 해역(이하 "주변해역")에서 다음 각 호의 어느 하나에 해당하는 행위를 하여서는 아니 된다.

① 「해양환경관리법」 제22조제1항제1호부터 제3호까지 및 같은 조 제2항에도 불구하고 같은 법 제2조제11호에 따른 오염물질을 배출하는 행위
② 「수산업법」 제8조제1항제4호에 따른 어류등양식어업(이하 "양식어업"이라 한다)을 하기 위하여 설치한 양식어장의 시설(이하 "양식시설"이라 한다)에서 「해양환경관리법」 제2조제11호에 따른 오염물질을 배출하는 행위
③ 양식어업을 히기 위하여 설치한 양식시실에서 「가축분뇨의 관리 및 이용에 관한 법률」 제2조제1호에 따른 가축(개와 고양이를 포함한다. 이하 같다)을 사육(가축을 방치하는 경우를 포함한다. 이하 같다)하는 행위
④ 지정해역 및 주변해역 안의 해당 양식시설에서 「약사법」 제85조에 따른 동물용 의약품을 사용하는 행위를 제한하거나 금지할 수 있다. 다만, 지정해역 및 주변해역에서 수산물의 질병 또는 전염병이 발생한 경우로서 「수산생물질병 관리법」 제2조제13호에 따른 수산질병관리사나 「수의사법」 제2조제1호에 따른 수의사의 진료에 따라 동물용 의약품을 사용하는 경우에는 예외로 한다.

2) 동물용 의약품을 사용하는 행위를 제한하거나 금지하기 위한 지정해역의 고시

동물용 의약품을 사용하는 행위를 제한하거나 금지하려면 지정해역에서 생산되는 수산물의 출하가 집중적으로 이루어지는 시기를 고려하여 3개월을 넘지 아니하는 범위에서 그 기간을

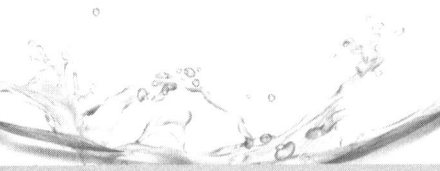

지정해역(주변해역을 포함한다)별로 정하여 고시하여야 한다.

(6) 생산·가공시설등의 등록 등

1) 위생관리기준에 맞는 수산물의 생산·가공시설과 제70조제1항 또는 제2항에 따른 위해요소중점관리기준을 이행하는 시설(이하 "생산·가공시설등"이라 한다)을 운영하는 자는 생산·가공시설등을 해양수산부장관에게 등록할 수 있다.
2) 제1항에 따라 등록을 한 자(이하 "생산·가공업자등"이라 한다)는 그 생산·가공시설 등에서 생산·가공·출하하는 수산물·수산물가공품이나 그 포장에 위생관리기준에 맞는다는 사실 또는 제70조제1항 및 제2항에 따른 위해요소중점관리기준을 이행한다는 사실을 표시하거나 그 사실을 광고할 수 있다.

수산물의 생산·가공시설 등의 등록신청 등(부령)

① 등록신청서류
법 제74조제1항에 따라 수산물의 생산·가공시설(이하 "생산·가공시설"이라 한다)을 등록하려는 자는 별지 제45호서식의 생산·가공시설 등록신청서에 다음 각 호의 서류를 첨부하여 국립수산물품질관리원장에게 제출하여야 한다. 다만, 양식시설의 경우에는 제7호의 서류만 제출한다.
 1. 생산·가공시설의 구조 및 설비에 관한 도면
 2. 생산·가공시설에서 생산·가공되는 제품의 제조공정도
 3. 생산·가공시설의 용수배관 배치도
 4. 위해요소중점관리기준의 이행계획서(외국과의 협약에 규정되어 있거나 수출상대국에서 정하여 요청하는 경우만 해당한다)
 5. 다음 각 목의 구분에 따른 생산·가공용수에 대한 수질검사성적서 (생산·가공시설 중 선박 또는 보관시설은 제외한다)
　　가. 유럽연합에 등록하게 되는 생산·가공시설: 법 제69조에 따른 수산물 생산·가공시설의 위생관리기준(이하 "시설위생관리기준"이라 한다)의 수질검사항목이 포함된 수질검사성적서
　　나. 그 밖의 생산·가공시설: 「먹는물수질기준 및 검사 등에 관한 규칙」 제3조제2항에 따른 수질검사성적서
 6. 선박의 시설배치도(유럽연합에 등록하게 되는 생산·가공시설 중

선박만 해당한다)
7. 어업의 면허·허가·신고, 수산물가공업의 등록·신고, 「식품위생법」에 따른 영업의 허가·신고, 공판장·도매시장 등의 개설 허가 등에 관한 증명서류(면허·허가·등록·신고의 대상이 아닌 생산·가공시설은 제외한다)

② 위해요소중점관리기준 이행시설의 등록
법 제74조제1항에 따른 위해요소중점관리기준을 이행하는 시설(이하 "위해요소중점관리기준 이행시설"이라 한다)을 등록하려는 자는 별지 제46호서식의 위해요소중점관리기준 이행시설 등록신청서에 다음 각 호의 서류를 첨부하여 국립수산물품질관리원장에게 제출하여야 한다.
1. 위해요소중점관리기준 이행시설의 구조 및 설비에 관한 도면
2. 위해요소중점관리기준 이행시설에서 생산·가공되는 수산물·수산가공품의 생산·가공 공정도
3. 위해요소중점관리기준 이행계획서
4. 어업의 면허·허가·신고, 수산물가공업의 등록·신고, 「식품위생법」에 따른 영업의 허가·신고, 공판장·도매시장 등의 개설허가 등에 관한 증명서류(면허·허가·등록·신고의 대상이 아닌 위해요소중점관리기준 이행시설은 제외한다)

3) 생산·가공입자 등은 내동령령으로 정하는 사항을 변경하려면 해양수산부장관에게 신고하여야 한다.

(7) 위생관리에 관한 사항 등의 보고

1) 해양수산부장관은 생산·가공업자 등으로 하여금 생산·가공시설 등의 위생관리에 관한 사항을 보고하게 할 수 있다.
2) 해양수산부장관은 제115조에 따라 권한을 위임받거나 위탁받은 기관의 장으로 하여금 지정해역의 위생조사에 관한 사항과 검사의 실시에 관한 사항을 보고하게 할 수 있다.

(8) 조사·점검

1) 해양수산부장관은 지정해역으로 지정하기 위한 해역과 지정해역으로 지정된 해역이 위생관리기준에 맞는지를 조사·점검하

여야 한다.
2) 해양수산부장관은 생산·가공시설 등이 위생관리기준과 제70조 제1항 또는 제2항에 따른 위해요소중점관리기준에 맞는지를 조사·점검하여야 한다. 이 경우 그 조사·점검의 주기는 대통령령으로 정한다.

- ◆ 조사점검의 주기(대통령령)
  법 제76조제2항에 따른 생산·가공시설 등에 대한 조사·점검주기는 2년에 1회 이상으로 한다. 다만, 위생관리기준에 맞추거나 또는 위해요소중점관리기준을 이행하여야 하는 생산·가공시설 등에 대한 조사·점검 주기는 외국과의 협약에 규정되어 있거나 수출 상대국에서 정하여 요청하는 경우 이를 반영할 수 있다.

(9) 생산·가공의 중지 등

해양수산부장관은 생산·가공시설 등이나 생산·가공업자 등이 다음 각 호의 어느 하나에 해당하면 대통령령으로 정하는 바에 따라 생산·가공·출하·운반의 시정·제한·중지 명령, 생산·가공시설 등의 개선·보수 명령 또는 등록취소를 할 수 있다. 다만, 제①호에 해당하면 그 등록을 취소하여야 한다.

① 거짓이나 그 밖의 부정한 방법으로 제74조에 따른 등록을 한 경우
② 위생관리기준에 맞지 아니한 경우
③ 제70조제1항 및 제2항에 따른 위해요소중점관리기준을 이행하지 아니하거나 불성실하게 이행하는 경우
④ 제76조제2항 및 제3항제1호(제2항에 해당하는 부분에 한정한다)에 따른 조사·점검 등을 거부·방해 또는 기피하는 경우
⑤ 생산·가공시설 등에서 생산된 수산물 및 수산가공품에서 유해물질이 검출된 경우
⑥ 생산·가공·출하·운반의 시정·제한·중지 명령이나 생산·가공시설 등의 개선·보수 명령을 받고 그 명령에 따르지 아니하는 경우

06 수산물 등의 검사 및 검정

❶ 수산물 및 수산가공품의 검사

1) 수산물 등에 대한 검사
   ① 다음 각 호의 어느 하나에 해당하는 수산물 및 수산가공품은 품질 및 규격이 맞는지와 유해물질이 섞여 들어오는지 등에 관하여 해양수산부장관의 검사를 받아야 한다.
   　가. 정부에서 수매·비축하는 수산물 및 수산가공품
   　나. 외국과의 협약이나 수출 상대국의 요청에 따라 검사가 필요한 경우로서 해양수산부장관이 정하여 고시하는 수산물 및 수산가공품
   ② 해양수산부장관은 제1항 외의 수산물 및 수산가공품에 대한 검사 신청이 있는 경우 검사를 하여야 한다. 다만, 검사기준이 없는 경우 등 해양수산부령으로 정하는 경우에는 그러하지 아니한다.
   ③ 제1항이나 제2항에 따라 검사를 받은 수산물 또는 수산가공품의 포장·용기나 내용물을 바꾸려면 다시 해양수산부장관의 검사를 받아야 한다.
   ④ 검사 일부의 생략
   해양수산부장관은 제1항부터 제3항까지의 규정에도 불구하고 다음 각 호의 어느 하나에 해당하는 경우에는 검사의 일부를 생략할 수 있다.
   　가. 지정해역에서 위생관리기준에 맞게 생산·가공된 수산물 및 수산가공품
   　나. 제74조제1항에 따라 등록한 생산·가공시설 등에서 위생관리기준 또는 위해요소 중점관리기준에 맞게 생산·가공된 수산물 및 수산가공품
   　다. 다음 각 목의 어느 하나에 해당하는 어선으로 해외수역에서 포획하거나 채취하여 현지에서 직접 수출하는 수산물 및 수산가공품(외국과의 협약을 이행하여야 하거나 외국의 일정한 위생관리기준·위해요소중점관리기준을 준수하여야 하는 경우는 제외한다)

㉠ 「원양산업발전법」 제6조제1항에 따른 원양어업허가를 받은 어선
㉡ 「식품산업진흥법」 제19조의5에 따라 수산물가공업(대통령령으로 정하는 업종에 한정한다)을 신고한 자가 직접 운영하는 어선

라. 검사의 일부를 생략하여도 검사목적을 달성할 수 있는 경우로서 대통령령으로 정하는 경우

2) 수산물검사기관의 지정 등

① 해양수산부장관은 제88조에 따른 검사 업무나 제96조에 따른 재검사 업무를 수행할 수 있는 생산자단체 또는 「과학기술분야 정부출연연구기관 등의 설립·운영 및 육성에 관한 법률」에 따라 설립된 식품위생 관련 기관을 수산물검사기관으로 지정하여 검사 또는 재검사 업무를 대행하게 할 수 있다.
② 제1항에 따른 수산물검사기관으로 지정받으려는 자는 검사에 필요한 시설과 인력을 갖추어 해양수산부장관에게 신청하여야 한다.
③ 제1항에 따른 수산물검사기관의 지정기준, 지정절차 및 검사 업무의 범위 등에 필요한 사항은 해양수산부령으로 정한다.

수산물검사기관의 지정기준(제116조 관련)

1. 조직 및 인력
 가. 검사의 통일성을 유지하고 업무수행을 원활하게 하기 위하여 검사관리 부서를 두어야 한다.
 나. 검사대상 종류별로 3명 이상의 검사인력을 확보하여야 한다.

2. 시설
검사관이 근무할 수 있는 적정한 넓이의 사무실과 검사대상품의 분석, 기술훈련, 검사용 장비관리 등을 위하여 검사 현장을 관할하는 사무소별로 10제곱미터 이상의 분석실이 설치되어야 한다.

3. 장비
검사에 필요한 기본 검사장비와 종류별 검사장비를 갖추어야 하며,

장비확보에 대한 세부 기준은 해양수산부장관이 정하여 고시한다.

4. 검사업무 규정

3) 수산물검사관의 자격 등
  ① 전형시험 응시자격
    제88조에 따른 수산물검사업무나 제96조에 따른 재검사 업무를 담당하는 사람(이하 "수산물검사관")은 다음 각 호의 어느 하나에 해당하는 사람으로서 대통령령으로 정하는 국가검역·검사기관(이하 "국가검역·검사기관")의 장이 실시하는 전형시험에 합격한 사람으로 한다. 다만, 대통령령으로 정하는 수산물 검사 관련 자격 또는 학위를 갖고 있는 사람에 대하여는 대통령령으로 정하는 바에 따라 전형시험의 전부 또는 일부를 면제할 수 있다.
    가. 국가검역·검사기관에서 수산물 검사 관련 업무에 6개월 이상 종사한 공무원
    나. 수산물 검사 관련 업무에 1년 이상 종사한 사람
  ② 제92조에 따라 수산물검사관의 자격이 취소된 사람은 자격이 취소된 날부터 1년이 지나지 아니하면 제1항에 따른 전형시험에 응시하거나 수산물검사관의 자격을 취득할 수 없다.

4) 검사 결과의 표시
  수산물검사관은 제88조에 따라 검사한 결과나 제96조에 따라 재검사한 결과 다음 각 호의 어느 하나에 해당하면 그 수산물 및 수산가공품에 검사 결과를 표시하여야 한다. 다만, 살아 있는 수산물 등 성질상 표시를 할 수 없는 경우에는 그러하지 아니하다.
    가. 검사를 신청한 자(이하 "검사신청인"이라 한다)가 요청하는 경우
    나. 정부에서 수매·비축하는 수산물 및 수산가공품인 경우
    다. 해양수산부장관이 검사 결과를 표시할 필요가 있다고 인정하는 경우
    라. 검사에 불합격된 수산물 및 수산가공품으로서 제95조제2

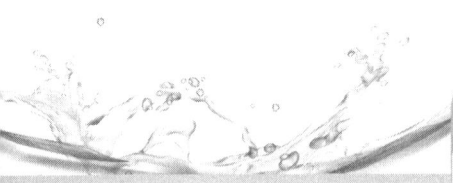

제1편 | 수산물품질관리실무

항에 따라 관계 기관에 폐기 또는 판매금지 등의 처분을 요청하여야 하는 경우

5) 재검사

제88조에 따라 검사한 결과에 불복하는 자는 그 결과를 통지받은 날부터 14일 이내에 해양수산부장관에게 재검사를 신청할 수 있다.

재검사는 다음 각 호의 어느 하나에 해당하는 경우에만 할 수 있다. 이 경우 수산물검사관의 부족 등 부득이한 경우 외에는 처음에 검사한 수산물검사관이 아닌 다른 수산물검사관이 검사하게 하여야 한다.

가. 수산물검사기관이 검사를 위한 시료 채취나 검사방법이 잘못되었다는 것을 인정하는 경우

나. 전문기관(해양수산부장관이 정하여 고시한 식품위생 관련 전문기관을 말한다)이 검사하여 수산물검사기관의 검사 결과와 다른 검사 결과를 제출하는 경우

◆ 재검사의 결과에 대하여는 같은 사유로 다시 재검사를 신청할 수 없다.

6) 검사판정의 취소

해양수산부장관은 제88조에 따른 검사나 제96조에 따른 재검사를 받은 수산물 또는 수산가공품이 다음 각 호의 어느 하나에 해당하면 검사판정을 취소할 수 있다. 다만, 제가호에 해당하면 검사판정을 취소하여야 한다.

가. 거짓이나 그 밖의 부정한 방법으로 검사를 받은 사실이 확인된 경우

나. 검사 또는 재검사 결과의 표시 또는 검사증명서를 위조하거나 변조한 사실이 확인된 경우

다. 검사 또는 재검사를 받은 수산물 또는 수산가공품의 포장이나 내용물을 바꾼 사실이 확인된 경우

2회 기출문제

농수산물품질관리법령상 검사나 재검사를 받은 수산물 또는 수산가공품에 대한 검사판정 취소에 관한 설명이다. 옳으면 ○, 틀리면 ×를 답란에 표시하시오.

- 검사 또는 재검사 결과의 표시를 위조하거나 변조한 사실이 확인된 경우에는 검사판정을 취소할 수 있다.
- 검사 또는 재검사의 검사증명서를 위조하거나 변조한 사실이 확인된 경우에는 검사판정을 취소할 수 있다.
- 검사 또는 재검사를 받은 수산물 또는 수산가공품의 포장이나 내용물을 바꾼 사실이 확인된 경우에는 검사판정을 취소하여야 한다.
- 거짓이나 그 밖의 부정한 방법으로 검사를 받은 사실이 확인된 경우에는 검사판정을 취소하여야 한다.

➡ ×, ○, ×, ○

❷ 검정

1) 검정

① 해양수산부장관은 수산물의 거래 및 수출·수입을 원활히 하기 위하여 다음 각 호의 검정을 실시할 수 있다.
   가. 수산물의 품질·규격·성분·잔류물질 등
   나. 수산물의 생산에 이용·사용하는 농지·어장·용수·자재 등의 품위·성분 및 유해물질 등
② 검정의 항목·신청절차 및 방법 등 필요한 사항은 농림축산식품부령 또는 해양수산부령으로 정한다.

검정절차 등(부령)

① 검정의 신청
검정을 신청하려는 자는 국립수산물품질관리원장 또는 지정검정기관의 장에게 별지 제73호서식의 검정신청서에 검정용 시료를 첨부하여 검정을 신청하여야 한다.

② 검정기간 : 7일 이내
7일 이내에 분석을 할 수 없다고 판단되는 경우에는 신청인과 협의하여 검정기간을 따로 정할 수 있다.

③ 신청인에 대한 협조요청
국립수산물품질관리원장 또는 검정기관의 장은 원활한 검정업무의 수행을 위하여 필요하다고 판단되는 경우에는 신청인에게 최소한의 범위에서 시설, 장비 및 인력 등의 제공을 요청할 수 있다.

구 분	수 산 물 검 정 항 목
일반성분 등	수분, 회분, 지방, 조섬유, 단백질, 염분, 산가, 전분, 토사, 휘발성 염기질소, 엑스분, 열탕불용해잔사물, 젤리강도(한천), 수소이온농도(pH), 당도, 히스타민, 트리메틸아민, 아미노질소, 전질소, 비타민 A, 이산화황(SO_2), 붕산, 일산화탄소
식품첨가물	인공감미료
중금속	수은, 카드뮴, 구리, 납, 아연 등
방사능	방사능
세균	대장균군, 생균수, 분변계대장균, 장염비브리오, 살모넬라, 리스테리아, 황색포도상구균
항생물질	옥시테트라사이클린, 옥소린산

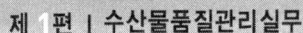

독소	복어독소, 패류독소
바이러스	노로바이러스

2) 검정결과에 따른 조치

① 해양수산부장관은 제98조제1항제1호 및 제2호에 따른 검정을 실시한 결과 유해물질이 검출되어 인체에 해를 끼칠 수 있다고 인정되는 수산물에 대하여 생산자 또는 소유자에게 폐기하거나 판매금지 등을 하도록 하여야 한다.

② 해양수산부장관은 생산자 또는 소유자가 제1항의 명령을 이행하지 아니하거나 수산물의 위생에 위해가 발생한 경우 해양수산부령으로 정하는 바에 따라 검정결과를 공개하여야 한다.

3) 검정기관의 지정 등

① 해양수산부장관은 검정에 필요한 인력과 시설을 갖춘 기관을 지정하여 제98조에 따른 검정을 대행하게 할 수 있다.

② 검정기관 지정이 취소된 후 1년이 지나지 아니하면 검정기관 지정을 신청할 수 없다.

4) 검정기관의 지정 취소 등

해양수산부장관은 검정기관이 다음 각 호의 어느 하나에 해당하면 지정을 취소하거나 6개월 이내의 기간을 정하여 해당 검정 업무의 정지를 명할 수 있다. 다만, 가 또는 나에 해당하면 지정을 취소하여야 한다.

가. 거짓이나 그 밖의 부정한 방법으로 지정을 받은 경우
나. 업무정지 기간 중에 검정 업무를 한 경우
다. 검정 결과를 거짓으로 내준 경우
라. 제99조제2항 후단의 변경신고를 하지 아니하고 검정 업무를 계속한 경우
마. 제99조제4항에 따른 지정기준에 맞지 아니하게 된 경우
바. 그 밖에 농림축산식품부령 또는 해양수산부령으로 정하는 검정에 관한 규정을 위반한 경우

③ 금지행위 및 확인·조사·점검 등

1) 부정행위의 금지 등

누구든지 제79조, 제85조, 제88조, 제96조 및 제98조에 따른 검사, 재검사 및 검정과 관련하여 다음 각 호의 행위를 하여서는 아니 된다.

가. 거짓이나 그 밖의 부정한 방법으로 검사·재검사 또는 검정을 받는 행위

나. 제79조 또는 제88조에 따라 검사를 받아야 하는 수산물 및 수산가공품에 대하여 검사를 받지 아니하는 행위

다. 검사 및 검정 결과의 표시, 검사증명서 및 검정증명서를 위조하거나 변조하는 행위

라. 제79조제2항 또는 제88조제3항을 위반하여 검사를 받지 아니하고 포장·용기나 내용물을 바꾸어 해당 수산물이나 수산가공품을 판매·수출하거나 판매·수출을 목적으로 보관 또는 진열하는 행위

마. 검정 결과에 대하여 거짓광고나 과대광고를 하는 행위

2) 확인 · 조사 · 점검 등

해양수산부장관은 정부가 수매하거나 수입한 수산물 및 수산가공품 등 대통령령으로 정하는 수산물 및 수산가공품의 보관창고, 가공시설, 항공기, 선박, 그 밖에 필요한 장소에 관계 공무원을 출입하게 하여 확인·조사·점검 등에 필요한 최소한의 시료를 무상으로 수거하거나 관련 장부 또는 서류를 열람하게 할 수 있다.

07 보 칙

(1) 정보제공 등

해양수산부장관 또는 식품의약품안전처장은 수산물의 안전성조사 등 수산물의 안전과 품질에 관련된 정보 중 국민이 알아야 할 필요가 있다고 인정되는 정보는 「공공기관의 정보공개에 관한 법률」에서 허용하는 범위에서 국민에게 제공하여야 한다.

(2) 수산물 명예감시원

해양수산부장관이나 시·도지사는 수산물의 공정한 유통질서를 확립하기 위하여 소비자단체 또는 생산자단체의 회원·직원 등을 수산물 명예감시원으로 위촉하여 수산물의 유통질서에 대한 감시·지도·계몽을 하게 할 수 있다.

수산물 명예감시원의 자격 및 위촉방법 등(부령)

① 국립수산물품질관리원장, 시·도지사는 법 제104조제1항에 따라 다음 각 호의 어느 하나에 해당하는 사람 중에서 수산물 명예감시원을 위촉한다.
 1. 생산자단체, 소비자단체 등의 회원이나 직원 중에서 해당 단체의 장이 추천하는 사람
 2. 수산물의 유통에 관심이 있고 명예감시원의 임무를 성실히 수행할 수 있는 사람

② 명예감시원의 임무
 1. 수산물의 표준규격화, 품질인증, 친환경수산물인증, 수산물 이력추적관리, 지리적표시, 원산지표시에 관한 지도·홍보 및 위반사항의 감시·신고
 2. 그 밖에 수산물의 유통질서 확립과 관련하여 국립수산물품질관리원장, 시·도지사가 부여하는 임무

③ 명예감시원의 운영에 관한 세부 사항은 국립수산물품질관리원장, 시·도지사가 정하여 고시한다.

(3) 수산물품질관리사

1) 해양수산부장관은 수산물의 품질 향상과 유통의 효율화를 촉진하기 위하여 수산물품질관리사 제도를 운영한다.
2) 수산물품질관리사의 직무
   ① 수산물의 등급 판정
   ② 수산물의 생산 및 수확 후 품질관리기술 지도
   ③ 수산물의 출하 시기 조절, 품질관리기술에 관한 조언
   ④ 그 밖에 수산물의 품질 향상과 유통 효율화에 필요한 업무로서 해양수산부령으로 정하는 업무

수산물품질관리사의 업무(부령)

법 제106조제2항제4호에서 "해양수산부령으로 정하는 업무"란 다음 각 호의 업무를 말한다.
1. 수산물의 생산 및 수확 후의 품질관리기술 지도
2. 수산물의 선별·저장 및 포장 시설 등의 운용·관리
3. 수산물의 선별·포장 및 브랜드 개발 등 상품성 향상 지도
4. 포장수산물의 표시사항 준수에 관한 지도
5. 수산물의 규격출하 지도

---

3) 수산물품질관리사의 시험·자격부여 등
   ① 수산물품질관리사가 되려는 사람은 해양수산부장관이 실시하는 수산물품질관리사 자격시험에 합격하여야 한다.
   ② 수산물품질관리사의 자격이 취소된 날부터 2년이 지나지 아니한 사람은 수산물품질관리사 자격시험에 응시하지 못한다.
   ③ 수산물품질관리사 자격시험의 실시계획, 응시자격, 시험과목, 시험방법, 합격기준 및 자격증 발급 등에 필요한 사항은 대통령령으로 정한다.
4) 수산물품질관리사의 교육
   ① 해양수산부령으로 정하는 수산물품질관리사는 업무 능력 및 자질의 향상을 위하여 필요한 교육을 받아야 한다.
   ② 교육의 방법 및 실시기관 등에 필요한 사항은 해양수산부령으로 정한다.
     ◆ 교육에 필요한 경비(교재비, 강사 수당 등을 포함한다)

는 교육을 받는 사람이 부담한다.

5) 수산물품질관리사의 준수사항

    수산물품질관리사는 수산물의 품질 향상과 유통의 효율화를 촉진하여 생산자와 소비자 모두에게 이익이 될 수 있도록 신의와 성실로써 그 직무를 수행하여야 한다.

    수산물품질관리사는 다른 사람에게 그 명의를 사용하게 하거나 그 자격증을 빌려주어서는 아니 된다.

6) 수산물품질관리사의 필수적 자격 취소 사유

    ① 농산물품질관리사 또는 수산물품질관리사의 자격을 거짓 또는 부정한 방법으로 취득한 사람
    ② 제108조제2항을 위반하여 다른 사람에게 수산물품질관리사의 명의를 사용하게 하거나 자격증을 빌려준 사람

(4) 자금 지원

정부는 수산물의 품질 향상 또는 수산물의 표준규격화 및 물류표준화의 촉진 등을 위하여 다음 각 호의 어느 하나에 해당하는 자에게 예산의 범위에서 포장자재, 시설 및 자동화장비 등의 매입 및 수산물품질관리사 운용 등에 필요한 자금을 지원할 수 있다.

   가. 어업인
   나. 생산자단체
   다. 이력추적관리 또는 지리적표시의 등록을 한 자
   라. 수산물품질관리사를 고용하는 등 수산물의 품질 향상을 위하여 노력하는 산지·소비지 유통시설의 사업자
   마. 안전성검사기관 또는 제68조에 따른 위험평가 수행기관
   바. 제80조, 제89조 및 제99조에 따른 수산물 검사 및 검정기관
   사. 그 밖에 해양수산부령으로 정하는 수산물 유통 관련 사업자 또는 단체

(5) 우선구매

1) 우선상장 또는 우선거래

    해양수산부장관은 수산물 및 수산가공품의 유통을 원활히 하

고 품질 향상을 촉진하기 위하여 필요하면 우수표시품, 지리적표시품 등을 「농수산물 유통 및 가격안정에 관한 법률」에 따른 농수산물도매시장이나 농수산물공판장에서 우선적으로 상장(上場)하거나 거래하게 할 수 있다.

2) 우선구매

국가·지방자치단체나 공공기관은 수산물 또는 수산가공품을 구매할 때에는 우수표시품, 지리적표시품 등을 우선적으로 구매할 수 있다.

(6) 포상금

식품의약품안전처장은 제56조 또는 제57조를 위반한 자를 주무관청 또는 수사기관에 신고하거나 고발한 자 등에게는 대통령령으로 정하는 바에 따라 예산의 범위에서 포상금을 지급할 수 있다.

포상금의 지급(재통령령)

① 법 제112조에 따른 포상금은 법 제56조 또는 제57조를 위반한 자를 주무관청이나 수사기관에 신고 또는 고발하거나 검거한 사람 및 검거에 협조한 사람에게 200만원의 범위에서 지급한다.

② 제1항에 따라 지급하는 포상금의 지급기준·방법 및 절차 등에 관하여는 식품의약품안전처장이 정하여 고시한다.

---

(7) 수수료

등록 또는 지정신청 등(검사 등)을 하는 경우 총리령, 농림축산식품부령 또는 해양수산부령으로 정하는 바에 따라 수수료를 내야 한다. 다만, 정부가 수매하거나 수출 또는 수입하는 농수산물 등에 대하여는 총리령, 농림축산식품부령 또는 해양수산부령으로 정하는 바에 따라 수수료를 감면할 수 있다.

(8) 청문 등

1) 해양수산부장관 또는 식품의약품안전처장은 다음 각 호의 어느 하나에 해당하는 처분을 하려면 청문을 하여야 한다.
   ① 제16조에 따른 해양수산부장관의 품질인증의 취소
   ② 제18조에 따른 품질인증기관의 지정 취소 또는 품질인증업무의 정지
   ③ 제27조에 따른 이력추적관리 등록의 취소
   ④ 제31조제1항에 따른 표준규격품·품질인증품 또는 이력추적관리수산물의 판매금지나 표시정지
   ⑤ 제40조에 따른 지리적표시품에 대한 판매의 금지, 표시의 정지 또는 등록의 취소
   ⑥ 제65조에 따른 안전성검사기관의 지정 취소
   ⑦ 제78조에 따른 생산·가공시설 등이나 생산·가공업자 등에 대한 생산·가공·출하·운반의 시정·제한·중지 명령, 생산·가공시설 등의 개선·보수 명령 또는 등록의 취소
   ⑧ 제97조에 따른 검사판정의 취소
   ⑨ 수산물검사기관의 지정 취소 또는 검사업무의 정지
   ⑩ 제100조에 따른 검정기관의 지정 취소
   ⑪ 제109조에 따른 수산물품질관리사 자격의 취소
   ⑫ 수산물검사관 자격의 취소
   ◆ 의견제출의 기회
     품질인증기관은 제16조에 따라 품질인증의 취소를 하려면 품질인증을 받은 자에게 의견 제출의 기회를 주어야 한다.

(9) 권한의 위임·위탁 등

1) 이 법에 따른 해양수산부장관 또는 식품의약품안전처장의 권한은 그 일부를 대통령령으로 정하는 바에 따라 소속 기관의 장, 시·도지사 또는 시장·군수·구청장에게 위임할 수 있다.
2) 이 법에 따른 해양수산부장관 또는 식품의약품안전처장의 업무는 그 일부를 대통령령으로 정하는 바에 따라 위탁할 수 있다.

08 벌 칙

(1) 7년 이하의 징역 또는 1억원 이하의 벌금(유전자변형수산물)

다음 각 호의 어느 하나에 해당하는 자는 7년 이하의 징역 또는 1억원 이하의 벌금에 처한다. 이 경우 징역과 벌금은 병과(倂科)할 수 있다.

① 제57조제1호를 위반하여 유전자변형수산물의 표시를 거짓으로 하거나 이를 혼동하게 할 우려가 있는 표시를 한 유전자변형수산물 표시의무자
② 제57조제2호를 위반하여 유전자변형수산물의 표시를 혼동하게 할 목적으로 그 표시를 손상·변경한 유전자변형수산물 표시의무자
③ 제57조제3호를 위반하여 유전자변형수산물의 표시를 한 수산물에 다른 수산물을 혼합하여 판매하거나 혼합하여 판매할 목적으로 보관 또는 진열한 유전자변형수산물 표시의무자

(2) 5년 이하의 징역 또는 5천만원 이하의 벌금

제73조제1항제1호 또는 제2호를 위반하여 「해양환경관리법」 제2조제5호에 따른 기름을 배출한 자

(3) 3년 이하의 징역 또는 3천만원 이하의 벌금

① 제29조제1항제1호를 위반하여 우수표시품이 아닌 수산물 또는 수산가공품에 우수표시품의 표시를 하거나 이와 비슷한 표시를 한 자
② 제29조제1항제2호를 위반하여 우수표시품이 아닌 수산물 또는 수산가공품을 우수표시품으로 광고하거나 우수표시품으로 잘못 인식할 수 있도록 광고한 자
③ 제29조제2항(거짓표시 등의 금지)을 위반하여 다음 각 목의 어느 하나에 해당하는 행위를 한 자
　가. 제5조제2항에 따라 표준규격품의 표시를 한 수산물에

　　　　표준규격품이 아닌 수산물 또는 수산가공품을 혼합하여 판매하거나 혼합하여 판매할 목적으로 보관하거나 진열하는 행위
　　나. 제14조제3항에 따라 품질인증품의 표시를 한 수산물 또는 수산특산물에 품질인증품이 아닌 수산물 또는 수산가공품을 혼합하여 판매하거나 혼합하여 판매할 목적으로 보관 또는 진열하는 행위
　　다. 제24조제4항에 따라 이력추적관리의 표시를 한 수산물에 이력추적관리의 등록을 하지 아니한 수산물 또는 수산가공품을 혼합하여 판매하거나 혼합하여 판매할 목적으로 보관하거나 진열하는 행위
　　라. 제38조제1항을 위반하여 지리적표시품이 아닌 수산물 또는 수산가공품의 포장·용기·선전물 및 관련 서류에 지리적표시나 이와 비슷한 표시를 한 자
　　마. 제38조제2항을 위반하여 지리적표시품에 지리적표시품이 아닌 수산물 또는 수산가공품을 혼합하여 판매하거나 혼합하여 판매할 목적으로 보관 또는 진열한 자
④ 제73조제1항제1호 또는 제2호를 위반하여 「해양환경관리법」 제2조제4호에 따른 폐기물, 같은 조 제7호에 따른 유해액체물질 또는 같은 조 제8호에 따른 포장유해물질을 배출한 자
⑤ 제101조제1호를 위반하여 거짓이나 그 밖의 부정한 방법으로 제88조에 따른 수산물 및 수산가공품의 검사, 제96조에 따른 수산물 및 수산가공품의 재검사 및 제98조에 따른 검정을 받은 자
⑥ 제101조제2호를 위반하여 검사를 받아야 하는 수산물 및 수산가공품에 대하여 검사를 받지 아니한 자
⑦ 제101조제3호를 위반하여 검사 및 검정 결과의 표시, 검사증명서 및 검정증명서를 위조하거나 변조한 자
⑧ 제101조제5호를 위반하여 검정 결과에 대하여 거짓광고나 과대광고를 한 자

(4) 1년 이하의 징역 또는 1천만원 이하의 벌금

① 이력추적관리의 등록을 하지 아니한 자
② 제31조제1항(우수표시품) 또는 제40조에 따른 시정명령(제31조제1항제3호 또는 제40조제2호에 따른 표시방법에 대한 시정명령은 제외한다), 판매금지 또는 표시정지 처분에 따르지 아니한 자(지리적표시품)
③ 제59조제1항에 따른 처분을 이행하지 아니한 자(유전자변형수산물)
④ 제59조제2항에 따른 공표명령을 이행하지 아니한 자
⑤ 제63조제1항에 안전성결관에 따른 조치를 이행하지 아니한 자
⑥ 제73조제2항에 따른 동물용 의약품을 사용하는 행위를 제한하거나 금지하는 조치에 따르지 아니한 자
⑦ 제77조에 따른 지정해역에서 수산물의 생산제한 조치에 따르지 아니한 자
⑧ 제78조에 따른 생산·가공·출하 및 운반의 시정·제한·중지 명령을 위반하거나 생산·가공시설 등의 개선·보수 명령을 이행하지 아니한 자
⑨ 제98조의2제1항에 검정결과에 따른 조치를 이행하지 아니한 자
⑩ 제101조제4호를 위반하여 검사를 받지 아니하고 해당 수산물이나 수산가공품을 판매·수출하거나 판매·수출을 목적으로 보관 또는 진열한 자
⑪ 제108조제2항을 위반하여 다른 사람에게 수산물품질관리사의 명의를 사용하게 하거나 그 자격증을 빌려준 자

(5) 과실범

과실로 제118조의 죄(지정해역에 기름을 배출한 자)를 범한 자는 3년 이하의 징역 또는 3천만원 이하의 벌금에 처한다.

(6) 양벌규정

법인의 대표자나 법인 또는 개인의 대리인, 사용인, 그 밖의 종업원이 그 법인 또는 개인의 업무에 관하여 제117조부터 제121조까지

의 어느 하나에 해당하는 위반행위를 하면 그 행위자를 벌하는 외에 그 법인 또는 개인에게도 해당 조문의 벌금형을 과(科)한다. 다만, 법인 또는 개인이 그 위반행위를 방지하기 위하여 해당 업무에 관하여 상당한 주의와 감독을 게을리하지 아니한 경우에는 그러하지 아니하다.

(7) 과태료

1) 1천만원 이하의 과태료
   ① 제13조제1항, 제19조제1항, 제30조제1항, 제39조제1항, 제58조제1항, 제62조제1항, 제76조제3항 및 제102조제1항에 따른 수거·조사·열람 등을 거부·방해 또는 기피한 자
   ② 이력추적관리를 등록한 자로서 변경신고를 하지 아니한 자
   ③ 이력추적관리의 표시를 하지 아니한 자
   ④ 이력추적관리기준을 지키지 아니한 자
   ⑤ 제31조제1항제3호 또는 제40조제2호에 따른 표시방법에 대한 시정명령에 따르지 아니한 자
   ⑥ 제56조제1항을 위반하여 유전자변형수산물의 표시를 하지 아니한 자
   ⑦ 제56조제2항에 따른 유전자변형수산물의 표시방법을 위반한 자

2) 100만원 이하의 과태료
   ① 제73조제1항제3호를 위반하여 양식시설에서 가축을 사육한 자
   ② 제75조제1항에 따른 보고를 하지 아니하거나 거짓으로 보고한 생산·가공업자 등

3) 제1항 및 제2항에 따른 과태료는 대통령령으로 정하는 바에 따라 해양수산부장관, 식품의약품안전처장 또는 시·도지사가 부과·징수한다.

과태료의 부과기준(제45조 관련 대통령령)

1. 일반기준
   가. 위반행위의 횟수에 따른 과태료의 기준(제2호바목 및 사목의

경우는 제외한다)은 최근 1년간 같은 유형의 위반행위로 행정처분을 받은 경우에 적용한다. 이 경우 과태료 부과처분 기준의 적용은 같은 유형의 위반행위에 대하여 최초로 처분을 한 날과 다시 같은 유형의 위반행위를 한 날을 기준으로 한다.

나. 위반행위가 둘 이상인 경우로서 그에 해당하는 각각의 처분기준이 다른 경우에는 그 중 무거운 처분기준에 따른다.

다. 부과권자는 다음의 어느 하나에 해당하는 경우에 제2호에 따른 과태료 금액을 2분의 1의 범위에서 감경할 수 있다. 다만, 과태료를 체납하고 있는 위반행위자의 경우에는 그러하지 아니하다.

    1) 위반행위자가 「질서위반행위규제법 시행령」 제2조의2제1항 각 호의 어느 하나에 해당하는 경우

    2) 위반행위자가 자연재해·화재 등으로 재산에 현저한 손실이 발생했거나 사업여건의 악화로 중대한 위기에 처하는 등의 사정이 있는 경우

    3) 위반행위가 고의나 중대한 과실이 아닌 사소한 부주의나 오류로 인한 것으로 인정되는 경우

    4) 그 밖에 위반행위의 정도, 위반행위의 동기와 그 결과 등을 고려하여 감경할 필요가 있다고 인정되는 경우

2. 개별기준

위반행위	과태료 금액		
	1차 위반	2차 위반	3차 이상 위반
가. 법 제13조제1항, 제19조제1항, 제30조제1항, 제39조제1항, 제58조제1항, 제62조제1항, 제76조제3항 및 제102조제1항에 따른 수거·조사·열람 등을 거부·방해 또는 기피한 경우	100 만원	200 만원	300 만원
나. 법 제24조제2항에 따라 등록한 자로서 같은 조 제3항을 위반하여 변경신고를 하지 않은 경우	100 만원	200 만원	300 만원
다. 법 제24조제2항에 따라 등록한 자로서 같은 조 제4항을 위반하여 이력추적관리의 표시를 하지 않은 경우	100 만원	200 만원	300 만원
라. 법 제24조제2항에 따라 등록한 자로서 같은 조 제5항을 위반하여 이력추적관리기준을 지키지 않은 경우	100 만원	200 만원	300 만원
마. 법 제31조제1항제3호, 같은 조 제2항(법 제31조제1항제3호의 경우에 한정한다) 또는 제40조제2호에 따른 표시방법에 대한 시정	100 만원	200 만원	300 만원

	명령에 따르지 않은 경우			
바.	법 제56조제1항을 위반하여 유전자변형농수산물의 표시를 하지 않은 경우	5만원 이상 1,000만원 이하		
사.	법 제56조제2항에 따른 유전자변형농수산물의 표시방법을 위반한 경우	5만원 이상 1,000만원 이하		
아.	법 제73조제1항제3호를 위반하여 양식시설에서 가축을 사육한 경우	7만원	15만원	30만원
자.	법 제74조제1항에 따라 생산·가공시설 등을 등록한 생산업자·가공업자가 법 제75조제1항에 따라 보고를 하지 않거나 거짓으로 보고한 경우	7만원	15만원	30만원

3. 제2호바목 및 사목의 과태료의 세부 부과기준

　가. 제2호바목에 해당하는 경우

　　1) 과태료 부과금액은 표시를 하지 아니한 물량(판매를 목적으로 보관 또는 진열하고 있는 물량을 포함한다)에 적발 당일 해당 영업소의 판매가격을 곱한 금액으로 한다.

　　2) 1)의 해당 영업소의 판매가격을 알 수 없는 경우에는 인근 2개 업소의 동일 품목 판매가격의 평균을 기준으로 한다. 다만, 평균가격을 산정할 수 없는 경우에는 해당 농산물의 매입가격에 30퍼센트를 가산한 금액을 기준으로 한다.

　　3) 과태료 부과금액의 최소단위는 5만원으로 하고, 5만원 이상은 천원 미만을 버리고 부과하되, 부과되는 총액은 1천만원을 초과할 수 없다.

　나. 제2호사목에 해당하는 경우

　　1) 가목의 기준에 따른 과태료 부과금액의 100분의 50을 부과한다.

　　2) 과태료 부과금액의 최소단위는 5만원으로 하고, 5만원 이상은 천원 미만을 버리고 부과한다.

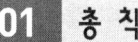

제 2장 | 원산지표시에 관한 법률

01 총칙

(1) 목적

이 법은 농산물·수산물이나 그 가공품 등에 대하여 적정하고 합리적인 원산지 표시를 하도록 하여 소비자의 알권리를 보장하고, 공정한 거래를 유도함으로써 생산자와 소비자를 보호하는 것을 목적으로 한다.

① 소비자의 알권리 보장
② 공정한 거래를 유도
③ 생산자와 소비자 보호

(2) 정의

1) 수산물

"수산물"이란 어업활동으로 생산되는 산물로서 대통령령으로 정하는 것

♦ '어업'의 정의
   수산동식물을 포획(捕獲)·채취(採取)하거나 양식하는 산업, 염전에서 바닷물을 자연 증발시켜 소금을 생산하는 산업

2) 농수산물

"농수산물"이란 농산물과 수산물을 말한다.

3) 원산지

"원산지"란 농산물이나 수산물이 생산·채취·포획된 국가·지역이나 해역을 말한다.

4) 식품접객업

"식품접객업"이란 「식품위생법」 제36조제1항제3호에 따른 식품접객업을 말한다.

식품접객업 - 「식품위생법」 제36조제1항제3호(대통령령)

가. 휴게음식점영업 : 주로 다류(茶類), 아이스크림류 등을 조리·판매하거나 패스트푸드점, 분식점 형태의 영업 등 음식류를 조리·판매하는 영업으로서 음주행위가 허용되지 아니하는 영업. 다만, 편의점, 슈퍼마켓, 휴게소, 그 밖에 음식류를 판매하는 장소(만화가게 및 「게임산업진흥에 관한 법률」 제2조제7호에 따른 인터넷컴퓨터게임시설제공업을 하는 영업소 등 음식류를 부수적으로 판매하는 장소를 포함한다)에서 컵라면, 일회용 다류 또는 그 밖의 음식류에 물을 부어 주는 경우는 제외한다.

나. 일반음식점영업 : 음식류를 조리·판매하는 영업으로서 식사와 함께 부수적으로 음주행위가 허용되는 영업

다. 단란주점영업 : 주로 주류를 조리·판매하는 영업으로서 손님이 노래를 부르는 행위가 허용되는 영업

라. 유흥주점영업 : 주로 주류를 조리·판매하는 영업으로서 유흥종사자를 두거나 유흥시설을 설치할 수 있고 손님이 노래를 부르거나 춤을 추는 행위가 허용되는 영업

마. 위탁급식영업 : 집단급식소를 설치·운영하는 자와의 계약에 따라 그 집단급식소에서 음식류를 조리하여 제공하는 영업

바. 제과점영업 : 주로 빵, 떡, 과자 등을 제조·판매하는 영업으로서 음주행위가 허용되지 아니하는 영업

5) 집단급식소

"집단급식소"란 「식품위생법」 제2조제12호에 따른 집단급식소를 말한다.

집단급식소

"집단급식소"란 영리를 목적으로 하지 아니하면서 특정 다수인에게 계속하여 음식물을 공급하는 다음 각 목의 어느 하나에 해당하는 곳의 급식시설로서 대통령령으로 정하는 시설을 말한다.(1회 50명이상 급식시설)

가. 기숙사
나. 학교
다. 병원
라. 「사회복지사업법」 제2조제4호의 사회복지시설
마. 산업체
바. 국가, 지방자치단체 및 「공공기관의 운영에 관한 법률」 제4조 제1항에 따른 공공기관
사. 그 밖의 후생기관 등

6) 통신판매

"통신판매"란 「전자상거래 등에서의 소비자보호에 관한 법률」 제2조제2호에 따른 통신판매(같은 법 제2조제1호의 전자상거래로 판매되는 경우를 포함한다. 이하 같다) 중 총리령으로 정하는 판매를 말한다.

◆ 총리령으로 정한 판매
1. 광고물·광고시설물·전단지·방송·신문 및 잡지 등을 이용하는 방법
2. 판매자와 직접 대면하지 아니하고 우편환·우편대체·지로 및 계좌이체 등을 이용하는 방법

(3) 다른 법률과의 관계

이 법에서 사용하는 용어의 뜻은 이 법에 특별한 규정이 있는 것을 제외하고는 「농수산물 품질관리법」, 「식품위생법」, 「대외무역법」이나 「축산물 위생관리법」에서 정하는 바에 따른다.

(4) 농수산물의 원산지 표시의 심의

이 법에 따른 농산물·수산물 및 그 가공품 또는 조리하여 판매하는 쌀·김치류, 축산물(「축산물 위생관리법」 제2조제2호에 따른 축산물을 말한다. 이하 같다) 및 수산물 등의 원산지 표시 등에 관한 사항은 「농수산물 품질관리법」 제3조에 따른 농수산물품질관리심의회(이하 "심의회"라 한다)에서 심의한다.

02 원산지 표시 등

① 원산지 표시

(1) 원산지 표시의무

대통령령으로 정하는 농수산물 또는 그 가공품을 수입하는 자, 생산·가공하여 출하하거나 판매(통신판매를 포함한다. 이하 같다)하는 자 또는 판매할 목적으로 보관·진열하는 자는 다음 각 호에 대하여 원산지를 표시하여야 한다.
① 농수산물
② 농수산물 가공품(국내에서 가공한 가공품은 제외한다)
③ 농수산물 가공품(국내에서 가공한 가공품에 한정한다)의 원료

(2) 원산지 표시 의제

다음 각 호의 어느 하나에 해당하는 때에는 (1)에 따라 원산지를 표시한 것으로 본다.
1. 「농수산물 품질관리법」 제5조 또는 「소금산업 진흥법」 제33조에 따른 표준규격품의 표시를 한 경우
2. 「농수산물 품질관리법」 제6조에 따른 우수관리인증의 표시, 같은 법 제14조에 따른 품질인증품의 표시 또는 「소금산업 진흥법」 제39조에 따른 우수천일염인증의 표시를 한 경우
2의2. 「소금산업 진흥법」 제40조에 따른 천일염생산방식인증의 표시를 한 경우
3. 「소금산업 진흥법」 제41조에 따른 친환경천일염인증의 표시를 한 경우
4. 「농수산물 품질관리법」 제24조에 따른 이력추적관리의 표시를 한 경우
5. 「농수산물 품질관리법」 제34조 또는 「소금산업 진흥법」 제38조에 따른 지리적 표시를 한 경우
5의2. 「식품산업진흥법」 제22조의2에 따른 원산지인증의 표시를 한 경우
5의3. 「대외무역법」 제33조에 따라 수출입 농수산물이나 수출

입 농수산물 가공품의 원산지를 표시한 경우
6. 다른 법률에 따라 농수산물의 원산지 또는 농수산물 가공품의 원료의 원산지를 표시한 경우

(3) 식품접객업 등의 원산지 표시

식품접객업 및 집단급식소 중 대통령령으로 정하는 영업소나 집단급식소를 설치·운영하는 자는 대통령령으로 정하는 농수산물이나 그 가공품을 조리하여 판매·제공하는 경우(조리하여 판매 또는 제공할 목적으로 보관·진열하는 경우를 포함한다. 이하 같다)에 그 농수산물이나 그 가공품의 원료에 대하여 원산지(쇠고기는 식육의 종류를 포함한다. 이하 같다)를 표시하여야 한다.
다만, 「식품산업진흥법」 제22조의2에 따른 원산지인증의 표시를 한 경우에는 원산지를 표시한 것으로 보며, 쇠고기의 경우에는 식육의 종류를 별도로 표시하여야 한다.

(4) 표시대상, 표시를 하여야 할 자, 표시기준 등

표시대상, 표시를 하여야 할 자, 표시기준은 대통령령으로 정하고, 표시방법과 그 밖에 필요한 사항은 농림축산식품부와 해양수산부의 공동 부령으로 정한다.

1) 표시대상

원산지의 표시대상(대통령령 제3조)

① 농수산물 또는 그 가공품에 대한 원산지 표시대상
법 제5조제1항 각 호 외의 부분에서 "대통령령으로 정하는 농수산물 또는 그 가공품"이란 다음 각 호의 농수산물 또는 그 가공품을 말한다.
 1. 유통질서의 확립과 소비자의 올바른 선택을 위하여 필요하다고 인정하여 농림축산식품부장관과 해양수산부장관이 공동으로 고시한 농수산물 또는 그 가공품
 2. 「대외무역법」 제33조에 따라 산업통상자원부장관이 공고한 수입 농수산물 또는 그 가공품

② 농수산물 가공품의 원료에 대한 원산지 표시대상
법 제5조제1항제2호에 따른 농수산물 가공품의 원료에 대한 원산지 표시대상은 다음 각 호와 같다. 다만, 물, 식품첨가물, 주정(酒精) 및 당류(당류를 주원료로 하여 가공한 당류가공품을 포함한다)는 배합 비율의 순위와 표시대상에서 제외한다.
 1. 원료 배합 비율에 따른 표시대상
    가. 사용된 원료의 배합 비율에서 한 가지 원료의 배합 비율이 98퍼센트 이상인 경우에는 그 원료
    나. 사용된 원료의 배합 비율에서 두 가지 원료의 배합 비율의 합이 98퍼센트 이상인 원료가 있는 경우에는 배합 비율이 높은 순서의 2순위까지의 원료
    다. 가목 및 나목 외의 경우에는 배합 비율이 높은 순서의 3순위까지의 원료
    라. 가목부터 다목까지의 규정에도 불구하고 김치류 중 고춧가루(고춧가루가 포함된 가공품을 사용하는 경우에는 그 가공품에 사용된 고춧가루를 포함한다. 이하 같다)를 사용하는 품목은 고춧가루를 제외한 원료 중 배합 비율이 가장 높은 순서의 2순위까지의 원료와 고춧가루
 2. 복합원재료를 사용한 경우
    제1호에 따른 표시대상 원료로서 「식품위생법」 제10조에 따른 식품 등의 표시기준 및 「축산물 위생관리법」 제6조에 따른 축산물의 표시기준에서 정한 복합원재료를 사용한 경우에는 농림축산식품부장관과 해양수산부장관이 공동으로 정하여 고시하는 기준에 따른 원료

③ 농수산물의 명칭을 제품명 또는 제품명의 일부로 사용하는 경우
제2항을 적용할 때 원료 농수산물의 명칭을 제품명 또는 제품명의 일부로 사용하는 경우로서 그 원료 농수산물이 같은 항에 따른 표시대상이 아닌 경우에는 그 원료 농수산물을 함께 표시대상으로 하여야 한다.

④ 삭제 〈2015.6.1.〉

⑤ 농수산물이나 그 가공품을 조리하여 판매·제공하는 경우 등
법 제5조제3항에서 "대통령령으로 정하는 농수산물이나 그 가공품을 조리하여 판매·제공하는 경우"란 다음 각 호의 것을 조리하여 판매·제공하는 경우를 말한다. 이 경우 조리에는 날 것의 상태로 조리하는 것을 포함하며, 판매·제공에는 배달을 통한 판매·제공을 포함한다.

- ◆ 수산물
1. 넙치, 조피볼락, 참돔, 미꾸라지, 뱀장어, 낙지, 명태(황태, 북어 등 건조한 것은 제외한다. 이하 같다), 고등어, 갈치, 오징어, 꽃게 및 참조기(해당 수산물가공품을 포함한다. 이하 같다)
2. 조리하여 판매·제공하기 위하여 수족관 등에 보관·진열하는 살아있는 수산물

⑥ 원산지의 임의표시

농수산물이나 그 가공품의 신뢰도를 높이기 위하여 필요한 경우에는 제1항부터 제3항까지 및 제5항에 따른 표시대상이 아닌 농수산물과 그 가공품의 원료에 대해서도 그 원산지를 표시할 수 있다. 이 경우 법 제5조제4항에 따른 표시기준과 표시방법을 준수하여야 한다.

2) 표시하여야 할 자

법 제5조제3항에서 "대통령령으로 정하는 영업소나 집단급식소를 설치·운영하는 자"란 「식품위생법 시행령」 제21조제8호가목의 휴게음식점영업, 같은 호 나목의 일반음식점영업 또는 같은 호 마목의 위탁급식영업을 하는 영업소나 같은 법 시행령 제2조의 집단급식소를 설치·운영하는 자를 말한다.

① 휴게음식점영업 설치·운영하는 자
② 일반음식점영업 설치·운영하는 자
③ 위탁급식영업을 하는 영업소
④ 집단급식소를 설치·운영하는 자

3) 표시기준

① 법 제5조제4항에 따른 원산지의 표시기준은 별표 1과 같다.
② 제1항에서 규정한 사항 외에 원산지의 표시기준에 관하여 필요한 사항은 농림축산식품부장관과 해양수산부장관이 공동으로 정하여 고시한다.

[대통령령 별표 1]

원산지의 표시기준(제5조제1항 관련)

1. 농수산물

가. 국산 농수산물
 1) 국산 농산물 : "국산"이나 "국내산" 또는 그 농산물을 생산·채취·사육한 지역의 시·도명이나 시·군·구명을 표시한다.
 2) 국산 수산물 : "국산"이나 "국내산" 또는 "연근해산"으로 표시한다. 다만, 양식 수산물이나 연안정착성 수산물 또는 내수면 수산물의 경우에는 해당 수산물을 생산·채취·양식·포획한 지역의 시·도명이나 시·군·구명을 표시할 수 있다.
나. 원양산 수산물
 1) 「원양산업발전법」 제6조제1항에 따라 원양어업의 허가를 받은 어선이 해외수역에서 어획하여 국내에 반입한 수산물은 "원양산"으로 표시하거나 "원양산" 표시와 함께 "태평양", "대서양", "인도양", "남빙양", "북빙양"의 해역명을 표시한다.
 2) 1)에 따른 표시 외에 연안국 법령에 따라 별도로 표시하여야 하는 사항이 있는 경우에는 1)에 따른 표시와 함께 표시할 수 있다.
다. 원산지가 다른 동일 품목을 혼합한 농수산물
 1) 국산 농수산물로서 그 생산 등을 한 지역이 각각 다른 동일 품목의 농수산물을 혼합한 경우에는 혼합 비율이 높은 순서로 3개 지역까지의 시·도명 또는 시·군·구명과 그 혼합 비율을 표시하거나 "국산", "국내산" 또는 "연근해산"으로 표시한다.
 2) 동일 품목의 국산 농수산물과 국산 외의 농수산물을 혼합한 경우에는 혼합비율이 높은 순서로 3개 국가(지역, 해역 등)까지의 원산지와 그 혼합비율을 표시한다.
라. 2개 이상의 품목을 포장한 수산물: 서로 다른 2개 이상의 품목을 용기에 담아 포장한 경우에는 혼합 비율이 높은 2개까지의 품목을 대상으로 가목2), 나목 및 제2호의 기준에 따라 표시한다.

2. 수입 농수산물과 그 가공품 및 반입 농수산물과 그 가공품
 가. 수입 농수산물과 그 가공품(이하 "수입농수산물등"이라 한다)은 「대외무역법」에 따른 통관 시의 원산지를 표시한다.
 나. 「남북교류협력에 관한 법률」에 따라 반입한 농수산물과 그 가공품(이하 "반입농수산물등"이라 한다)은 같은 법에 따른 반입 시의 원산지를 표시한다.

3. 농수산물 가공품(수입농수산물등 또는 반입농수산물등을 국내에서 가공한 것을 포함한다)
 가. 사용된 원료의 원산지를 제1호 및 제2호의 기준에 따라 표시한

다.
나. 원산지가 다른 동일 원료를 혼합하여 사용한 경우에는 혼합 비율이 높은 순서로 2개 국가(지역, 해역 등)까지의 원료 원산지와 그 혼합 비율을 각각 표시한다.
다. 원산지가 다른 동일 원료의 원산지별 혼합 비율이 변경된 경우로서 그 어느 하나의 변경의 폭이 최대 15퍼센트 이하이면 종전의 원산지별 혼합 비율이 표시된 포장재를 혼합 비율이 변경된 날부터 1년의 범위에서 사용할 수 있다.
라. 사용된 원료(물, 식품첨가물, 주정 및 당류는 제외한다)의 원산지가 모두 국산일 경우에는 원산지를 일괄하여 "국산"이나 "국내산" 또는 "연근해산"으로 표시할 수 있다.
마. 원료의 수급 사정으로 인하여 원료의 원산지 또는 혼합 비율이 자주 변경되는 경우로서 다음의 어느 하나에 해당하는 경우에는 농림축산식품부장관과 해양수산부장관이 공동으로 정하여 고시하는 바에 따라 원료의 원산지와 혼합 비율을 표시할 수 있다.
 1) 특정 원료의 원산지나 혼합 비율이 최근 3년 이내에 연평균 3개국(회) 이상 변경되거나 최근 1년 동안에 3개국(회) 이상 변경된 경우와 최초 생산일부터 1년 이내에 3개국 이상 원산지 변경이 예상되는 신제품인 경우
 2) 원산지가 다른 동일 원료를 사용하는 경우
 3) 정부가 농수산물 가공품의 원료로 공급하는 수입쌀을 사용하는 경우
 4) 그 밖에 농림축산식품부장관과 해양수산부장관이 공동으로 필요하다고 인정하여 고시하는 경우

4) 농림축산식품부장관과 해양수산부장관 공동고시 표시기준

[장관시행규칙 별표1]

농수산물 원산지의 표시방법

1. 적용대상
가. 영 별표 1 제1호에 따른 농수산물
나. 영 별표 1 제2호에 따른 수입 농수산물과 그 가공품 및 반입 농수산물과 그 가공품

2. 표시방법
  가. 포장재에 원산지를 표시할 수 있는 경우
    1) 위치 : 소비자가 쉽게 알아볼 수 있는 곳에 표시한다.
    2) 문자 : 한글로 하되, 필요한 경우에는 한글 옆에 한문 또는 영문 등으로 추가하여 표시할 수 있다.
    3) 글자 크기
      가) 포장 표면적이 3,000㎠ 이상인 경우: 20포인트 이상
      나) 포장 표면적이 50㎠ 이상 3,000㎠ 미만인 경우: 12포인트 이상
      다) 포장 표면적이 50㎠ 미만인 경우: 8포인트 이상. 다만, 8포인트 이상의 크기로 표시하기 곤란한 경우에는 다른 표시사항의 글자 크기와 같은 크기로 표시할 수 있다.
      라) 가), 나) 및 다)의 포장 표면적은 포장재의 외형면적을 말한다. 다만, 「식품위생법」 제10조에 따른 식품 등의 표시기준에 따른 통조림·병조림 및 병제품에 라벨이 인쇄된 경우에는 그 라벨의 면적으로 한다.
    4) 글자색 : 포장재의 바탕색 또는 내용물의 색깔과 다른 색깔로 선명하게 표시한다.
    5) 그 밖의 사항
      가) 포장재에 직접 인쇄하는 것을 원칙으로 하되, 지워지지 아니하는 잉크·각인·소인 등을 사용하여 표시하거나 스티커, 전자저울에 의한 라벨지 등으로도 표시할 수 있다.
      나) 그물망 포장을 사용하는 경우 또는 포장을 하지 않고 엮거나 묶은 상태인 경우에는 꼬리표, 내찰 등으로도 표시할 수 있다.
  나. 포장재에 원산지를 표시하기 어려운 경우(다목의 경우는 제외한다)
    1) 푯말, 안내표시판, 일괄 안내표시판, 상품에 붙이는 스티커 등을 이용하여 다음의 기준에 따라 소비자가 쉽게 알아볼 수 있도록 표시한다. 다만, 원산지가 다른 동일 품목이 있는 경우에는 해당 품목의 원산지는 일괄 안내표시판에 표시하는 방법 외의 방법으로 표시하여야 한다.
      가) 푯말: 가로 8cm × 세로 5cm × 높이 5cm 이상
      나) 안내표시판
        (1) 진열대: 가로 7cm × 세로 5cm 이상
        (2) 판매장소: 가로 14cm × 세로 10cm 이상
        (3) 「축산물 위생관리법 시행령」 제21조제7호가목에 따른 식육판매업 또는 같은 조 제8호에 따른 식육즉석판매가공업의 영

업자가 진열장에 진열하여 판매하는 식육에 대하여 식육판매 표지판을 이용하여 원산지를 표시하는 경우의 세부 표시방법은 식품의약품안전처장이 정하여 고시하는 바에 따른다.
  다) 일괄 안내표시판
   (1) 위치 : 소비자가 쉽게 알아볼 수 있는 곳에 설치하여야 한다.
   (2) 크기 : 나)(2)에 따른 기준 이상으로 하되, 글자 크기는 20포인트 이상으로 한다.
  라) 상품에 붙이는 스티커: 가로 3cm × 세로 2cm 이상 또는 직경 2.5cm 이상이어야 한다.
 2) 문자 : 한글로 하되, 필요한 경우에는 한글 옆에 한문 또는 영문 등으로 추가하여 표시할 수 있다.
다. 살아 있는 수산물의 경우
 1) 보관시설(수족관, 활어차량 등)에 원산지별로 섞이지 않도록 구획(동일 어종의 경우만 해당한다)하고, 푯말 또는 안내표시판 등으로 소비자가 쉽게 알아볼 수 있도록 표시한다.
 2) 글자 크기는 30포인트 이상으로 하되, 원산지가 같은 경우에는 일괄하여 표시할 수 있다.
 3) 문자는 한글로 하되, 필요한 경우에는 한글 옆에 한문 또는 영문 등으로 추가하여 표시할 수 있다.

[장관 시행규칙 별표 2] 〈개정 2016.2.3.〉

농수산물 가공품의 원산지 표시방법(제3조제1호 관련)

1. 적용대상: 영 별표 1 제3호에 따른 농수산물 가공품

2. 표시방법
 가. 포장재에 원산지를 표시할 수 있는 경우
  1) 위치 : 「식품위생법」 제10조 및 「축산물 위생관리법」 제6조의 표시기준에 따른 원재료명 표시란에 추가하여 표시한다. 다만, 원재료명 표시란에 표시하기 어려운 경우에는 소비자가 쉽게 알아볼 수 있는 위치에 표시할 수 있다.
  2) 문자 : 한글로 하되, 필요한 경우에는 한글 옆에 한문 또는 영문 등으로 추가하여 표시할 수 있다.
  3) 글자 크기
   가) 포장 표면적이 3,000㎠ 이상인 경우: 20포인트 이상

나) 포장 표면적이 50㎠ 이상 3,000㎠ 미만인 경우: 12포인트 이상

다) 포장 표면적이 50㎠ 미만인 경우: 8포인트 이상. 다만, 8포인트 이상의 크기로 표시하기 곤란한 경우에는 다른 표시사항의 글자 크기와 같은 크기로 표시할 수 있다.

라) 가), 나) 및 다)의 포장 표면적은 포장재의 외형면적을 말한다. 다만, 「식품위생법」 제10조에 따른 식품 등의 표시기준에 따른 통조림·병조림 및 병제품에 라벨이 인쇄된 경우에는 그 라벨의 면적으로 한다.

4) 글자색 : 포장재의 바탕색과 다른 단색으로 선명하게 표시한다.

5) 그 밖의 사항

가) 포장재에 직접 인쇄하는 것을 원칙으로 하되, 지워지지 아니하는 잉크·각인·소인 등을 사용하여 표시하거나 스티커, 전자저울에 의한 라벨지 등으로도 표시할 수 있다.

나) 그물망 포장을 사용하는 경우에는 꼬리표, 내찰 등으로도 표시할 수 있다.

나. 포장재에 원산지를 표시하기 어려운 경우 : 별표 1 제2호나목을 준용하여 표시한다.

[장관 시행규칙 별표 3] 〈개정 2016.2.3.〉

통신판매의 경우 원산지 표시방법(제3조제1호 및 제2호 관련)

1. 일반적인 표시방법

 가. 표시는 한글로 하되, 필요한 경우에는 한글 옆에 한문 또는 영문 등으로 추가하여 표시할 수 있다. 다만, 매체 특성상 문자로 표시할 수 없는 경우에는 말로 표시하여야 한다.

 나. 원산지를 표시할 때에는 소비자가 혼란을 일으키지 않도록 글자로 표시할 경우에는 글자의 위치·크기 및 색깔은 쉽게 알아 볼 수 있어야 하고, 말로 표시할 경우에는 말의 속도 및 소리의 크기는 제품을 설명하는 것과 같아야 한다.

 다. 원산지가 같은 경우에는 일괄하여 표시할 수 있다.

2. 개별적인 표시방법

 가. 전자매체 이용

  1) 글자로 표시할 수 있는 경우(인터넷, PC통신, 케이블TV, IPTV, TV 등)

　　　가) 표시 위치 : 제품명 또는 가격표시 주위에 표시하거나 매체의 특성에 따라 자막 또는 별도의 창을 이용할 수 있다.
　　　나) 표시 시기 : 원산지를 표시하여야 할 제품이 화면에 표시되는 시점부터 원산지를 알 수 있도록 표시해야 한다.
　　　다) 글자 크기 : 제품명 또는 가격표시와 같거나 그보다 커야 한다.
　　　라) 글자색 : 제품명 또는 가격표시와 같은 색으로 한다.
　　2) 글자로 표시할 수 없는 경우(라디오 등)
　　　1회당 원산지를 두 번 이상 말로 표시하여야 한다.
　나. 인쇄매체 이용(신문, 잡지 등)
　　1) 표시 위치 : 제품명 또는 가격표시 주위에 표시하거나, 제품명 또는 가격표시 주위에 원산지 표시 위치를 명시하고 그 장소에 표시할 수 있다.
　　2) 글자 크기 : 제품명 또는 가격표시 글자 크기의 1/2 이상으로 표시하거나, 광고 면적을 기준으로 별표 1 제2호가목3)의 기준을 준용하여 표시할 수 있다.
　　3) 글자색 : 제품명 또는 가격표시와 같은 색으로 한다.

[장관 시행규칙 별표 4] 〈개정 2016. 11. 28.〉

영업소 및 집단급식소의 원산지 표시방법(제3조제2호 관련)

1. 공통적 표시방법
　가. 음식명 바로 옆이나 밑에 표시대상 원료인 농수산물명과 그 원산지를 표시한다. 다만, 모든 음식에 사용된 특정 원료의 원산지가 같은 경우 그 원료에 대해서는 다음 예시와 같이 일괄하여 표시할 수 있다.
　　[예시]
　　우리 업소에서는 "국내산 넙치"만을 사용합니다.
　나. 원산지의 글자 크기는 메뉴판이나 게시판 등에 적힌 음식명 글자 크기와 같거나 그 보다 커야 한다.
　다. 원산지가 다른 2개 이상의 동일 품목을 섞은 경우에는 섞음 비율이 높은 순서대로 표시한다.
　　[예시 1] 국내산(국산)의 섞음 비율이 외국산보다 높은 경우
　　　- 넙치, 조피볼락 등: 조피볼락회(조피볼락: 국내산과 일본산을 섞음)
　　[예시 2] 국내산(국산)의 섞음 비율이 외국산보다 낮은 경우

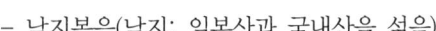

- 낙지볶음(낙지: 일본산과 국내산을 섞음)
라. 넙치, 조피볼락 및 참돔 등을 섞은 경우 각각의 원산지를 표시한다.
[예시] 모둠회(넙치: 국내산, 조피볼락: 중국산, 참돔: 일본산), 갈낙탕(쇠고기: 미국산, 낙지: 중국산)
마. 원산지가 국내산(국산)인 경우에는 "국산"이나 "국내산"으로 표시하거나 해당 농수산물이 생산된 특별시·광역시·특별자치시·도·특별자치도명이나 시·군·자치구명으로 표시할 수 있다.
바. 농수산물 가공품을 사용한 경우에는 그 가공품에 사용된 원료의 원산지를 표시하되, 다음 1) 및 2)에 따라 표시할 수 있다.
[예시] 부대찌개(햄(돼지고기: 국내산)), 샌드위치(햄(돼지고기: 독일산))
 1) 외국에서 가공한 농수산물 가공품 완제품을 구입하여 사용한 경우에는 그 포장재에 적힌 원산지를 표시할 수 있다.
  [예시] 소세지야채볶음(소세지: 미국산), 김치찌개(배추김치: 중국산)
 2) 국내에서 가공한 농수산물 가공품의 원료의 원산지가 영 별표 1 제3호마목에 따라 원료의 원산지가 자주 변경되어 "외국산"으로 표시된 경우에는 원료의 원산지를 "외국산"으로 표시할 수 있다.
  [예시] 피자(햄(돼지고기: 외국산)), 두부(콩: 외국산)
사. 농수산물과 그 가공품을 조리하여 판매 또는 제공할 목적으로 냉장고 등에 보관·진열하는 경우에는 제품 포장재에 표시하거나 냉장고 등 보관장소 또는 보관용기별 앞면에 일괄하여 표시한다.
아. 표시대상 농수산물이나 그 가공품을 조리하여 배달을 통하여 판매·제공하는 경우에는 해당 농수산물 또는 가공품의 원료의 원산지를 포장재에 표시한다. 다만, 포장재에 표시하기 어려운 경우에는 전단지, 스티커 또는 영수증 등에 표시할 수 있다.

2. 영업형태별 표시방법
 가. 휴게음식점영업 및 일반음식점영업을 하는 영업소
  1) 원산지는 소비자가 쉽게 알아볼 수 있도록 업소 내의 모든 메뉴판 및 게시판(메뉴판과 게시판 중 어느 한 종류만 사용하는 경우에는 그 메뉴판 또는 게시판을 말한다)에 표시하여야 한다. 다만, 아래의 기준에 따라 제작한 원산지 표시판을 아래 2)에 따라 부착하는 경우에는 메뉴판 및 게시판에는 원산지 표시를 생략할 수 있다.

　　가) 표제로 "원산지 표시판"을 사용할 것
　　나) 표시판 크기는 가로 × 세로(또는 세로 × 가로) 29cm × 42cm 이상일 것
　　다) 글자 크기는 60포인트 이상(음식명은 30포인트 이상)일 것
　　라) 제3호의 원산지 표시대상별 표시방법에 따라 원산지를 표시할 것
　　마) 글자색은 바탕색과 다른 색으로 선명하게 표시
　2) 원산지를 원산지 표시판에 표시할 때에는 업소 내에 부착되어 있는 가장 큰 게시판(크기가 모두 같은 경우 소비자가 가장 잘 볼 수 있는 게시판 1곳)의 옆 또는 아래에 소비자가 잘 볼 수 있도록 원산지 표시판을 부착하여야 한다. 게시판을 사용하지 않는 업소의 경우에는 업소의 주 출입구 입장 후 정면에서 소비자가 잘 볼 수 있는 곳에 원산지 표시판을 부착 또는 게시하여야 한다.
　3) 1) 및 2)에도 불구하고 취식(取食)장소가 벽(공간을 분리할 수 있는 칸막이 등을 포함한다)으로 구분된 경우 취식장소별로 원산지가 표시된 게시판 또는 원산지 표시판을 부착해야 한다. 다만, 부착이 어려울 경우 타 위치의 원산지 표시판 부착 여부에 상관없이 원산지 표시가 된 메뉴판을 반드시 제공하여야 한다.
　나. 위탁급식영업을 하는 영업소 및 집단급식소
　1) 식당이나 취식장소에 월간 메뉴표, 메뉴판, 게시판 또는 푯말 등을 사용하여 소비자(이용자를 포함한다)가 원산지를 쉽게 확인할 수 있도록 표시하여야 한다.
　2) 교육·보육시설 등 미성년자를 대상으로 하는 영업소 및 집단급식소의 경우에는 1)에 따른 표시 외에 원산지가 적힌 주간 또는 월간 메뉴표를 작성하여 가정통신문(전자적 형태의 가정통신문을 포함한다)으로 알려주거나 교육·보육시설 등의 인터넷 홈페이지에 추가로 공개하여야 한다.
　다. 장례식장, 예식장 또는 병원 등에 설치·운영되는 영업소나 집단급식소의 경우에는 가목 및 나목에도 불구하고 소비자(취식자를 포함한다)가 쉽게 볼 수 있는 장소에 푯말 또는 게시판 등을 사용하여 표시할 수 있다.

3. 원산지 표시대상별 표시방법
　가. 축산물의 원산지 표시방법: 축산물의 원산지는 국내산(국산)과 외국산으로 구분하고, 다음의 구분에 따라 표시한다.
　1) 쇠고기

가) 국내산(국산)의 경우 "국산"이나 "국내산"으로 표시하고, 식육의 종류를 한우, 젖소, 육우로 구분하여 표시한다. 다만, 수입한 소를 국내에서 6개월 이상 사육한 후 국내산(국산)으로 유통하는 경우에는 "국산"이나 "국내산"으로 표시하되, 괄호 안에 식육의 종류 및 출생국가명을 함께 표시한다.

　　[예시] 소갈비(쇠고기: 국내산 한우), 등심(쇠고기: 국내산 육우), 소갈비(쇠고기: 국내산 육우(출생국: 호주))

나) 외국산의 경우에는 해당 국가명을 표시한다.
　　[예시] 소갈비(쇠고기: 미국산)

2) 돼지고기, 닭고기, 오리고기 및 양고기(염소 등 산양 포함)

가) 국내산(국산)의 경우 "국산"이나 "국내산"으로 표시한다. 다만, 수입한 돼지 또는 양을 국내에서 2개월 이상 사육한 후 국내산(국산)으로 유통하거나, 수입한 닭 또는 오리를 국내에서 1개월 이상 사육한 후 국내산(국산)으로 유통하는 경우에는 "국산"이나 "국내산"으로 표시하되, 괄호 안에 출생국가명을 함께 표시한다.

　　[예시] 삼겹살(돼지고기: 국내산), 삼계탕(닭고기: 국내산), 훈제오리(오리고기: 국내산), 삼겹살(돼지고기: 국내산(출생국: 덴마크)), 삼계탕(닭고기: 국내산(출생국: 프랑스)), 훈제오리(오리고기: 국내산(출생국: 중국))

나) 외국산의 경우 해당 국가명을 표시한다.
　　[예시] 삼겹살(돼지고기: 덴마크산), 염소탕(염소고기: 호주산), 삼계탕(닭고기: 중국산), 훈제오리(오리고기: 중국산)

나. 쌀(찹쌀, 현미, 찐쌀을 포함한다. 이하 같다) 또는 그 가공품의 원산지 표시방법: 쌀 또는 그 가공품의 원산지는 국내산(국산)과 외국산으로 구분하고, 다음의 구분에 따라 표시한다.

1) 국내산(국산)의 경우 "밥(쌀: 국내산)", "누룽지(쌀: 국내산)"로 표시한다.

2) 외국산의 경우 쌀을 생산한 해당 국가명을 표시한다.
　　[예시] 밥(쌀: 미국산), 죽(쌀: 중국산)

다. 배추김치의 원산지 표시방법

1) 국내에서 배추김치를 조리하여 판매·제공하는 경우에는 "배추김치"로 표시하고, 그 옆에 괄호로 배추김치의 원료인 배추(절인 배추를 포함한다)의 원산지를 표시한다. 이 경우 고춧가루를 사용한 배추김치의 경우에는 고춧가루의 원산지를 함께 표시한다.

　　[예시]
　　- 배추김치(배추: 국내산, 고춧가루: 중국산), 배추김치(배추:

중국산, 고춧가루: 국내산)
- 고춧가루를 사용하지 않은 배추김치: 배추김치(배추: 국내산)
2) 외국에서 제조·가공한 배추김치를 수입하여 조리하여 판매·제공하는 경우에는 배추김치를 제조·가공한 해당 국가명을 표시한다.
[예시] 배추김치(중국산)

라. 콩(콩 또는 그 가공품을 원료로 사용한 두부류·콩비지·콩국수)의 원산지 표시방법: 두부류, 콩비지, 콩국수의 원료로 사용한 콩에 대하여 국내산(국산)과 외국산으로 구분하여 다음의 구분에 따라 표시한다.
1) 국내산(국산) 콩 또는 그 가공품을 원료로 사용한 경우 "국산"이나 "국내산"으로 표시한다.
[예시] 두부(콩: 국내산), 콩국수(콩: 국내산)
2) 외국산 콩 또는 그 가공품을 원료로 사용한 경우 해당 국가명을 표시한다.
[예시] 두부(콩: 중국산), 콩국수(콩: 미국산)

마. 넙치, 조피볼락, 참돔, 미꾸라지, 뱀장어, 낙지, 명태, 고등어, 갈치, 오징어, 꽃게 및 참조기의 원산지 표시방법: 원산지는 국내산(국산), 원양산 및 외국산으로 구분하고, 다음의 구분에 따라 표시한다.
1) 국내산(국산)의 경우 "국산"이나 "국내산" 또는 "연근해산"으로 표시한다.
[예시] 넙치회(넙치: 국내산), 참돔회(참돔: 연근해산)
2) 원양산의 경우 "원양산" 또는 "원양산, 해역명"으로 한다.
[예시] 참돔구이(참돔: 원양산), 넙치매운탕(넙치: 원양산, 태평양산)
3) 외국산의 경우 해당 국가명을 표시한다.
[예시] 참돔회(참돔: 일본산), 뱀장어구이(뱀장어: 영국산)

바. 살아있는 수산물의 원산지 표시방법은 별표 1 제2호다목에 따른다.

❷ 수산물의 이식·이동

구분	세부 원산지 표시기준
가. 원산지 변경	• 「수산자원관리법」 및 「내수면어업법」에 의한 이식절차를 거쳐 수정란, 김 사상체 등을 수입하여 국내에서 재생산된 수산물은 국내산으로 본다.
	ex1) 김 사상체를 수입하여 김을 양식 생산한 경우 ex2) 수입한 수정란으로부터 부화한 어류의 경우 ex3) 종묘생산용으로 수입한 친어, 모하, 모패 등으로부터 새롭게 생산된 어류, 새우, 패류 등의 경우
나. 원산지 미변경	• 「수산자원관리법」 및 「내수면어업법」에 의한 이식절차를 거치지 않고 성어 또는 제품을 수입하여 단순히 저장, 분포장, 보관, 단기 성육시키는 경우에는 원산지가 변경된 것으로 보지 않는다.
	ex1) 미꾸라지를 수입하여 물논, 저수지, 수조 등에 단기간 보관 후 판매하는 경우 ex2) 수산물을 수입하여 이물질을 제거하거나, 잘게 찢기, 분포장 등 단순가공 활동을 하여 HS 6단위 기준의 실질적 변형이 일어나지 않는 경우 ex3) 마른 해조류를 수입하여 잘게 부수거나 잘라 소포장하는 경우
다. 원산지 전환	• 수산물(활어, 산 갑각류, 산 연체동물 등)을 「수산자원관리법」 및 「내수면어업법」에 의한 이식절차를 거쳐 출생국으로부터 수입하여 국내에서 일정기간 양식한 경우 원산지가 전환되었다고 보며 다음과 같이 표시한다.
	ex1) 외국에서 출생한 어패류의 경우 미꾸라지는 3개월 이상, 흰다리새우와 해만가리비는 4개월 이상, 그 이외의 어패류는 6개월 이상 국내에서 양식된 때에는 "국산" 또는 "국내산"으로 표시한다. ex2) 국내에서 출생한 어패류의 경우 유통판매 전 최종 사육지를 기준으로 미꾸라지는 3개월 이상, 흰다리새우와 해만가리비는 4개월 이상, 그 이외의 어패류는 6개월 이상 사육·양식한 때에는 "국산", "국내산"의 표시 외에 해당 시·도명 또는 시·군·구명을 표시할 수 있다. 다만, 해당 조건이 충족되지 아니할 경우 "국산" 또는 "국내산"으로 표시해야 한다.

- 외국에서 출생한 어패류의 경우 미꾸라지는 3개월 이상, 흰다리새우와 해만가리비는 4개월 이상, 그 이외의 어패류는 6개월 이상 국내에서 양식된 때에는 "국산" 또는 "국내산"으로 표시한다.

③ 거짓표시 등의 금지

1) 누구든지 다음 각 호의 행위를 하여서는 아니 된다.
    ① 원산지 표시를 거짓으로 하거나 이를 혼동하게 할 우려가 있는 표시를 하는 행위
    ② 원산지 표시를 혼동하게 할 목적으로 그 표시를 손상·변경하는 행위
    ③ 원산지를 위장하여 판매하거나, 원산지 표시를 한 농수산물이나 그 가공품에 다른 농수산물이나 가공품을 혼합하여 판매하거나 판매할 목적으로 보관이나 진열하는 행위
2) 농수산물이나 그 가공품을 조리하여 판매·제공하는 자는 다음 각 호의 행위를 하여서는 아니 된다.
    ① 원산지 표시를 거짓으로 하거나 이를 혼동하게 할 우려가 있는 표시를 하는 행위
    ② 원산지를 위장하여 조리·판매·제공하거나, 조리하여 판매·제공할 목적으로 농수산물이나 그 가공품의 원산지 표시를 손상·변경하여 보관·진열하는 행위
    ③ 원산지 표시를 한 농수산물이나 그 가공품에 원산지가 다른 동일 농수산물이나 그 가공품을 혼합하여 조리·판매·제공하는 행위
3) 제1항이나 제2항을 위반하여 원산지를 혼동하게 할 우려가 있는 표시 및 위장판매의 범위 등 필요한 사항은 농림축산식품부와 해양수산부의 공동 부령으로 정한다.

[장관시행규칙 별표 5] 〈개정 2016.2.3.〉

원산지를 혼동하게 할 우려가 있는 표시 및 위장판매의 범위(제4조 관련)

1. 원산지를 혼동하게 할 우려가 있는 표시
 가. 원산지 표시란에는 원산지를 바르게 표시하였으나 포장재·푯말·홍보물 등 다른 곳에 이와 유사한 표시를 하여 원산지를 오인하게 하는 표시 등을 말한다.
 나. 가목에 따른 일반적인 예는 다음과 같으며 이와 유사한 사례 또는 그 밖의 방법으로 기망(欺罔)하여 판매하는 행위를 포함한

다.
1) 원산지 표시란에는 외국 국가명을 표시하고 인근에 설치된 현수막 등에는 "우리 농산물만 취급", "국산만 취급", "국내산 한우만 취급" 등의 표시·광고를 한 경우
2) 원산지 표시란에는 외국 국가명 또는 "국내산"으로 표시하고 포장재 앞면 등 소비자가 잘 보이는 위치에는 큰 글씨로 "국내생산", "경기특미" 등과 같이 국내 유명 특산물 생산지역명을 표시한 경우
3) 게시판 등에는 "국산 김치만 사용합니다"로 일괄 표시하고 원산지 표시란에는 외국 국가명을 표시하는 경우
4) 원산지 표시란에는 여러 국가명을 표시하고 실제로는 그 중 원료의 가격이 낮거나 소비자가 기피하는 국가산만을 판매하는 경우

2. 원산지 위장판매의 범위
 가. 원산지 표시를 잘 보이지 않도록 하거나, 표시를 하지 않고 판매하면서 사실과 다르게 원산지를 알리는 행위 등을 말한다.
 나. 가목에 따른 일반적인 예는 다음과 같으며 이와 유사한 사례 또는 그 밖의 방법으로 기망하여 판매하는 행위를 포함한다.
  1) 외국산과 국내산을 진열·판매하면서 외국 국가명 표시를 잘 보이지 않게 가리거나 대상 농수산물과 떨어진 위치에 표시하는 경우
  2) 외국산의 원산지를 표시하지 않고 판매하면서 원산지가 어디냐고 물을 때 국내산 또는 원양산이라고 대답하는 경우
  3) 진열장에는 국내산만 원산지를 표시하여 진열하고, 판매 시에는 냉장고에서 원산지 표시가 안 된 외국산을 꺼내 주는 경우

4) 「유통산업발전법」 제2조제3호에 따른 대규모점포를 개설한 자는 임대의 형태로 운영되는 점포(이하 "임대점포"라 한다)의 임차인 등 운영자가 제1항 각 호 또는 제2항 각 호의 어느 하나에 해당하는 행위를 하도록 방치하여서는 아니 된다.
5) 「방송법」 제9조제5항에 따른 승인을 받고 상품소개와 판매에 관한 전문편성을 행하는 방송채널사용사업자는 해당 방송채널 등에 물건 판매중개를 의뢰하는 자가 제1항 각 호 또는 제2항 각 호의 어느 하나에 해당하는 행위를 하도록 방치하여서는 아니 된다.

④ 과징금

1) 과징금의 부과 · 징수

   농림축산식품부장관, 해양수산부장관, 특별시장·광역시장·특별자치시장·도지사 또는 특별자치도지사(이하 "시·도지사"라 한다)는 제6조제1항 또는 제2항을 2년간 2회 이상 위반한 자에게 그 위반금액의 5배 이하에 해당하는 금액을 과징금으로 부과·징수할 수 있다. 이 경우 제6조제1항을 위반한 횟수와 같은 조 제2항을 위반한 횟수는 합산한다.

2) 위반금액 등

   ① 과징금의 위반금액은 제6조제1항 또는 제2항을 위반한 농수산물이나 그 가공품의 판매금액으로서 각 위반행위별 판매금액을 모두 더한 금액을 말한다.

   ② 제1항에 따른 과징금 부과·징수의 세부기준, 절차, 그 밖에 필요한 사항은 대통령령으로 정한다.

   ③ 농림축산식품부장관, 해양수산부장관, 시·도지사는 제1항에 따른 과징금을 내야 하는 자가 납부기한까지 내지 아니하면 국세 또는 지방세 체납처분의 예에 따라 징수한다.

과징금의 부과기준(제5조의2제1항 관련)

1. 일반기준

 가. 과징금 부과기준은 2년간 2회 이상 위반한 경우에 적용한다. 이 경우 위반행위로 적발된 날부터 다시 위반행위로 적발된 날을 각각 기준으로 하여 위반횟수를 계산하되, 1회 위반행위로 적발된 날부터 2년간 위반횟수를 합산하여 과징금을 부과한다.

 나. 법 제6조의2제2항에 따라 법 제6조제1항 위반 시 각 위반행위에 의한 판매금액은 해당 농수산물이나 농수산물 가공품의 판매량에 판매가격(해당 업소의 판매가격을 알 수 없는 경우에는 인근 2개 업소의 동일 품목 판매가격의 평균을 기준으로 한다. 다만, 평균가격을 산정할 수 없는 경우에는 해당 농수산물이나 농수산물 가공품의 매입가격에 30퍼센트를 가산한 금액을 기준으로 한다)을 곱한 금액으로 한다.

 다. 법 제6조의2제2항에 따라 법 제6조제2항 위반 시 각 위반행위에 의한 판매금액은 다음 1) 및 2)에 따라 산출한다.

  1) [음식 판매가격 × (음식에 사용된 원산지를 거짓표시한 해당 농

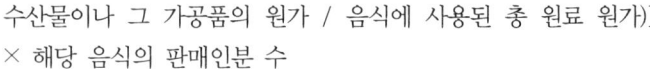

수산물이나 그 가공품의 원가 / 음식에 사용된 총 원료 원가)]
× 해당 음식의 판매인분 수

2) 1)에 따른 판매금액 산출이 곤란할 경우, 원산지를 거짓표시한 해당 농수산물이나 그 가공품(음식에 사용되어 판매한 것에 한정한다)의 매입가격에 3배를 곱한 금액으로 한다.

2. 개별기준

위반금액	과징금의 금액
100만원 이하	위반금액 × 0.5
100만원 초과 500만원 이하	위반금액 × 0.7
500만원 초과 1,000만원 이하	위반금액 × 1.0
1,000만원 초과 2,000만원 이하	위반금액 × 1.5
2,000만원 초과 3,000만원 이하	위반금액 × 2.0
3,000만원 초과 6,000만원 이하	위반금액 × 3.0
6,000만원 초과	위반금액 × 4.0(최고 3억원)

⑤ 원산지 표시 등의 조사

(1) 수거·조사 명령

농림축산식품부장관, 해양수산부장관이나 시·도지사는 제5조에 따른 원산지의 표시 여부·표시사항과 표시방법 등의 적정성을 확인하기 위하여 대통령령으로 정하는 바에 따라 관계 공무원으로 하여금 원산지 표시대상 농수산물이나 그 가공품을 수거하거나 조사하게 하여야 한다.

(2) 수거·조사 대상장소 및 열람

조사 시 필요한 경우 해당 영업장, 보관창고, 사무실 등에 출입하여 농수산물이나 그 가공품 등에 대하여 확인·조사 등을 할 수 있으며 영업과 관련된 장부나 서류의 열람을 할 수 있다.

(3) 거부·방해·기피의 금지

수거·조사·열람을 하는 때에는 원산지의 표시대상 농수산물이나 그 가공품을 판매하거나 가공하는 자 또는 조리하여 판매·제공하는 자는 정당한 사유 없이 이를 거부·방해하거나 기피하여서는 아니 된다.

(4) 공무원의 증표 제시 등

수거 또는 조사를 하는 관계 공무원은 그 권한을 표시하는 증표를 지니고 이를 관계인에게 내보여야 하며, 출입 시 성명·출입시간·출입목적 등이 표시된 문서를 관계인에게 교부하여야 한다.

❻ 영수증 등의 비치

제5조제3항에 따라 원산지를 표시하여야 하는 자는 「축산물 위생관리법」 제31조나 「가축 및 축산물 이력관리에 관한 법률」 제18조 등 다른 법률에 따라 발급받은 원산지 등이 기재된 영수증이나 거래명세서 등을 매입일부터 6개월간 비치·보관하여야 한다.

❼ 원산지 표시 등의 위반에 대한 처분 등

농림축산식품부장관, 해양수산부장관 또는 시·도지사는 제5조나 제6조를 위반한 자에 대하여 다음 각 호의 처분을 할 수 있다. 다만, 제5조제3항을 위반한 자에 대한 처분은 제①호에 한정한다.
　① 표시의 이행·변경·삭제 등 시정명령
　② 위반 농수산물이나 그 가공품의 판매 등 거래행위 금지

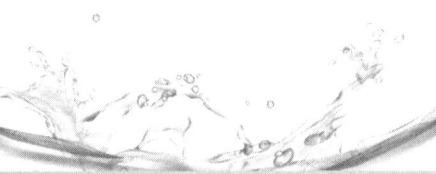

⑧ 처분사항의 공표

농림축산식품부장관, 해양수산부장관 또는 시·도지사는 다음 각 호의 자가 제5조 또는 제6조를 위반하여 농수산물이나 그 가공품 등의 원산지 등을 2회 이상 표시하지 아니하거나 거짓으로 표시함에 따라 제1항에 따른 처분이 확정된 경우 처분과 관련된 사항을 공표하여야 한다.

(1) 공표 대상자
① 제5조제1항에 따라 원산지의 표시를 하도록 한 농수산물이나 그 가공품을 생산·가공하여 출하하거나 판매 또는 판매할 목적으로 가공하는 자
② 제5조제3항에 따라 음식물을 조리하여 판매·제공하는 자

(2) 공표내용
① 제1항에 따른 처분 내용
② 해당 영업소의 명칭
③ 농수산물의 명칭
④ 제1항에 따른 처분을 받은 자가 입점하여 판매한 「방송법」 제9조제5항에 따른 방송채널사용사업자 또는 「전자상거래 등에서의 소비자보호에 관한 법률」 제20조에 따른 통신판매중개업자의 명칭
⑤ 그 밖에 처분과 관련된 사항으로서 대통령령으로 정하는 사항

(3) 기관 등 홈페이지 공표
① 농림축산식품부
② 해양수산부
③ 국립농산물품질관리원
④ 대통령령으로 정하는 국가검역·검사기관
⑤ 특별시·광역시·특별자치시·도·특별자치도, 시·군·구(자치구를

말한다)
⑥ 한국소비자원
⑦ 그 밖에 대통령령으로 정하는 주요 인터넷 정보제공 사업자

(4) 처분과 공표의 기준·방법 등에 관하여 필요한 사항은 대통령령으로 정한다.

대통령령 제9조

원산지 표시 등의 위반에 대한 처분 등

① 농림축산식품부장관, 해양수산부장관 또는 시·도지사는 제5조나 제6조를 위반한 자에 대하여 다음 각 호의 처분을 할 수 있다. 다만, 제5조제3항을 위반한 자에 대한 처분은 제1호에 한정한다.
 1. 표시의 이행·변경·삭제 등 시정명령
 2. 위반 농수산물이나 그 가공품의 판매 등 거래행위 금지

② 농림축산식품부장관, 해양수산부장관 또는 시·도지사는 다음 각 호의 자가 제5조 또는 제6조를 위반하여 농수산물이나 그 가공품 등의 원산지 등을 2회 이상 표시하지 아니하거나 거짓으로 표시함에 따라 제1항에 따른 처분이 확정된 경우 처분과 관련된 사항을 공표하여야 한다.
 1. 제5조제1항에 따라 원산지의 표시를 하도록 한 농수산물이나 그 가공품을 생산·가공하여 출하하거나 판매 또는 판매할 목적으로 가공하는 자
 2. 제5조제3항에 따라 음식물을 조리하여 판매·제공하는 자

③ 제2항에 따라 공표를 하여야 하는 사항은 다음 각 호와 같다.
 1. 제1항에 따른 처분 내용
 2. 해당 영업소의 명칭
 3. 농수산물의 명칭
 4. 제1항에 따른 처분을 받은 자가 입점하여 판매한 「방송법」 제9조제5항에 따른 방송채널사용사업자 또는 「전자상거래 등에서의 소비자보호에 관한 법률」 제20조에 따른 통신판매중개업자의 명칭
 5. 그 밖에 처분과 관련된 사항으로서 대통령령으로 정하는 사항

④ 제2항의 공표는 다음 각 호의 자의 홈페이지에 공표한다.
1. 농림축산식품부
2. 해양수산부
3. 국립농산물품질관리원
4. 대통령령으로 정하는 국가검역·검사기관
5. 특별시·광역시·특별자치시·도·특별자치도, 시·군·구(자치구를 말한다)
6. 한국소비자원
7. 그 밖에 대통령령으로 정하는 주요 인터넷 정보제공 사업자

⑤ 제1항에 따른 처분과 제2항에 따른 공표의 기준·방법 등에 관하여 필요한 사항은 대통령령으로 정한다

⑨ 원산지 표시 위반에 대한 교육

1) 농림축산식품부장관, 해양수산부장관 또는 시·도지사는 제9조제2항 각 호의 자가 제5조 또는 제6조를 위반하여 제9조제1항에 따른 처분이 확정된 경우에는 농수산물 원산지 표시제도 교육을 이수하도록 명하여야 한다.
2) 제1항에 따른 이수명령의 이행기간은 교육 이수명령을 통지받은 날부터 최대 3개월 이내로 정한다.
3) 농림축산식품부장관과 해양수산부장관은 제1항 및 제2항에 따른 농수산물 원산지 표시제도 교육을 위하여 교육시행지침을 마련하여 시행하여야 한다.
4) 제1항부터 제3항까지의 규정에 따른 교육내용, 교육대상, 교육기관, 교육기간 및 교육시행지침 등 필요한 사항은 대통령령으로 정한다.

대통령령 제9조의 2

원산지 표시 위반에 대한 교육

① 농림축산식품부장관, 해양수산부장관 또는 시·도지사는 제9조제2항 각 호의 자가 제5조 또는 제6조를 위반하여 제9조제1항에 따른

처분이 확정된 경우에는 농수산물 원산지 표시제도 교육을 이수하도록 명하여야 한다.

② 제1항에 따른 이수명령의 이행기간은 교육 이수명령을 통지받은 날부터 최대 3개월 이내로 정한다.

③ 농림축산식품부장관과 해양수산부장관은 제1항 및 제2항에 따른 농수산물 원산지 표시제도 교육을 위하여 교육시행지침을 마련하여 시행하여야 한다.

④ 제1항부터 제3항까지의 규정에 따른 교육내용, 교육대상, 교육기관, 교육기간 및 교육시행지침 등 필요한 사항은 대통령령으로 정한다.

⑩ 농수산물의 원산지 표시에 관한 정보제공

1) 농림축산식품부장관 또는 해양수산부장관은 농수산물의 원산지 표시와 관련된 정보 중 방사성물질이 유출된 국가 또는 지역 등 국민이 알아야 할 필요가 있다고 인정되는 정부에 대하여는 「공공기관의 정보공개에 관한 법률」에서 허용하는 범위에서 이를 국민에게 제공하도록 노력하여야 한다.
2) 제1항에 따라 정보를 제공하는 경우 제4조에 따른 심의회의 심의를 거칠 수 있다.
3) 농림축산식품부장관 또는 해양수산부장관은 제1항에 따라 국민에게 정보를 제공하고자 하는 경우 「농수산물 품질관리법」 제103조에 따른 농수산물안전정보시스템을 이용할 수 있다.

농수산물의 원산지 표시에 관한 정보제공

① 농림축산식품부장관 또는 해양수산부장관은 농수산물의 원산지 표시와 관련된 정보 중 방사성물질이 유출된 국가 또는 지역 등 국민이 알아야 할 필요가 있다고 인정되는 정보에 대하여는 「공공기관의 정보공개에 관한 법률」에서 허용하는 범위에서 이를 국민에게 제공하도록 노력하여야 한다.

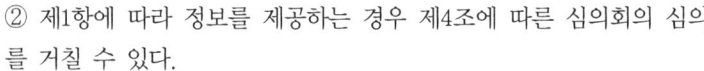

② 제1항에 따라 정보를 제공하는 경우 제4조에 따른 심의회의 심의를 거칠 수 있다.

③ 농림축산식품부장관 또는 해양수산부장관은 제1항에 따라 국민에게 정보를 제공하고자 하는 경우 「농수산물 품질관리법」 제103조에 따른 농수산물안전정보시스템을 이용할 수 있다.

03 보 칙

❶ 명예감시원

1) 농림축산식품부장관, 해양수산부장관 또는 시·도지사는 「농수산물 품질관리법」 제104조의 농수산물 명예감시원에게 농수산물이나 그 가공품의 원산지 표시를 지도·홍보·계몽과 위반사항의 신고를 하게 할 수 있다.
2) 농림축산식품부장관, 해양수산부장관 또는 시·도지사는 제1항에 따른 활동에 필요한 경비를 지급할 수 있다.

❷ 포상금 지급 등

1) 농림축산식품부장관, 해양수산부장관 또는 시·도지사는 제5조 및 제6조를 위반한 자를 주무관청이나 수사기관에 신고하거나 고발한 자에 대하여 대통령령으로 정하는 바에 따라 예산의 범위에서 포상금을 지급할 수 있다.
2) 농림축산식품부장관 또는 해양수산부장관은 농수산물 원산지 표시의 활성화를 모범적으로 시행하고 있는 지방자치단체, 개인, 기업 또는 단체에 대하여 우수사례로 발굴하거나 시상할 수 있다.

3) 제2항에 따른 시상의 내용 및 방법 등에 필요한 사항은 농림축산식품부와 해양수산부의 공동 부령으로 정한다.

③ 권한의 위임 및 위탁

이 법에 따른 농림축산식품부장관, 해양수산부장관 또는 시·도지사의 권한은 그 일부를 대통령령으로 정하는 바에 따라 소속 기관의 장, 관계 행정기관의 장 또는 시장·군수·구청장(자치구의 구청장을 말한다. 이하 같다)에게 위임 또는 위탁할 수 있다.

④ 행정기관 등의 업무협조

1) 국가 또는 지방자치단체, 그 밖에 법령 또는 조례에 따라 행정권한을 가지고 있거나 위임 또는 위탁받은 공공단체나 그 기관 또는 사인은 원산지 표시제의 효율적인 운영을 위하여 서로 협조하여야 한다.
2) 농림축산식품부장관 또는 해양수산부장관은 원산지 표시제의 효율적인 운영을 위하여 필요한 경우 국가 또는 지방자치단체의 전자정보처리 체계의 정보 이용 등에 대한 협조를 관계 중앙행정기관의 장, 시·도지사 또는 시장·군수·구청장에게 요청할 수 있다. 이 경우 협조를 요청받은 관계 중앙행정기관의 장, 시·도지사 또는 시장·군수·구청장은 특별한 사유가 없으면 이에 따라야 한다.
3) 제1항 및 제2항에 따른 협조의 절차 등은 대통령령으로 정한다.

04 벌 칙

❶ 징역 또는 벌금

(1) 7년 이하의 징역이나 1억원 이하의 벌금

제6조제1항 또는 제2항을 위반한 자는 7년 이하의 징역이나 1억원 이하의 벌금에 처하거나 이를 병과(倂科)할 수 있다.

(2) 7년 이하의 징역이나 1억원 이하의 벌금 선고자에 대한 상습범 처벌

제6조제1항 또는 제2항의 죄로 형을 선고받고 그 형이 확정된 후 5년 이내에 다시 제6조제1항 또는 제2항을 위반한 자는 1년 이상 10년 이하의 징역 또는 500만원 이상 1억5천만원 이하의 벌금에 처하거나 이를 병과할 수 있다.

> **대통령령 제6조 제1항 또는 제2항(거짓표시의 금지 등)**
>
> ① 누구든지 다음 각 호의 행위를 하여서는 아니 된다.
>   1. 원산지 표시를 거짓으로 하거나 이를 혼동하게 할 우려가 있는 표시를 하는 행위
>   2. 원산지 표시를 혼동하게 할 목적으로 그 표시를 손상·변경하는 행위
>   3. 원산지를 위장하여 판매하거나, 원산지 표시를 한 농수산물이나 그 가공품에 다른 농수산물이나 가공품을 혼합하여 판매하거나 판매할 목적으로 보관이나 진열하는 행위
>
> ② 농수산물이나 그 가공품을 조리하여 판매·제공하는 자는 다음 각 호의 행위를 하여서는 아니 된다.
>   1. 원산지 표시를 거짓으로 하거나 이를 혼동하게 할 우려가 있는 표시를 하는 행위
>   2. 원산지를 위장하여 조리·판매·제공하거나, 조리하여 판매·제공할 목적으로 농수산물이나 그 가공품의 원산지 표시를 손상·변경하여 보관·진열하는 행위

(3) 1년 이하의 징역이나 1천만원 이하의 벌금

제9조제1항에 따른 처분을 이행하지 아니한 자는 1년 이하의 징역이나 1천만원 이하의 벌금에 처한다.

> 제9조 제1항(원산지 표시 등의 위반에 대한 처분 등)
>
> 농림축산식품부장관, 해양수산부장관 또는 시·도지사는 제5조나 제6조를 위반한 자에 대하여 다음 각 호의 처분을 할 수 있다. 다만, 제5조제3항을 위반한 자에 대한 처분은 제1호에 한정한다.
>
> 1. 표시의 이행·변경·삭제 등 시정명령
> 2. 위반 농수산물이나 그 가공품의 판매 등 거래행위 금지

(4) 양벌규정

법인의 대표자나 법인 또는 개인의 대리인, 사용인, 그 밖의 종업원이 그 법인 또는 개인의 업무에 관하여 제14조부터 제16조까지의 어느 하나에 해당하는 위반행위를 하면 그 행위자를 벌하는 외에 그 법인이나 개인에게도 해당 조문의 벌금형을 과(科)한다.
다만, 법인 또는 개인이 그 위반행위를 방지하기 위하여 해당 업무에 관하여 상당한 주의와 감독을 게을리하지 아니한 경우에는 그러하지 아니하다.

❷ 과태료

(1) 1천만원 이하의 과태료

1. 제5조제1항·제3항을 위반하여 원산지 표시를 하지 아니한 자
2. 제5조제4항에 따른 원산지의 표시방법을 위반한 자
3. 제6조제4항을 위반하여 임대점포의 임차인 등 운영자가 같은 조 제1항 각 호 또는 제2항 각 호의 어느 하나에 해당하는 행위를 하는 것을 알았거나 알 수 있었음에도 방치한 자
3의2. 제6조제5항을 위반하여 해당 방송채널 등에 물건 판매중개를 의뢰한 자가 같은 조 제1항 각 호 또는 제2항 각

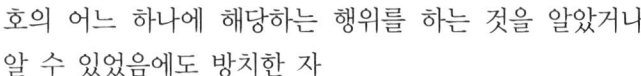

호의 어느 하나에 해당하는 행위를 하는 것을 알았거나 알 수 있었음에도 방치한 자
4. 제7조제3항을 위반하여 수거·조사·열람을 거부·방해하거나 기피한 자
5. 제8조를 위반하여 영수증이나 거래명세서 등을 비치·보관하지 아니한 자

(2) 500만원 이하의 과태료

제9조의2제1항에 따른 교육을 이수하지 아니한 자

- ◆ 제9조의2제1항
  제5조제1항에 따라 원산지의 표시를 하도록 한 농수산물이나 그 가공품을 생산·가공하여 출하하거나 판매 또는 판매할 목적으로 가공하는 자

(3) 과태료의 부과 · 징수

과태료는 대통령령으로 정하는 바에 따라 농림축산식품부장관, 해양수산부장관 또는 시·도지사가 부과·징수한다.

[별표 2] 〈개정 2016.2.3.〉

과태료의 부과기준(제10조 관련)

1. 일반기준
  가. 위반행위의 횟수에 따른 과태료의 기준은 최근 1년간 같은 유형(제2호 각목을 기준으로 구분한다)의 위반행위로 과태료 부과처분을 받은 경우에 적용한다. 이 경우 위반행위에 대하여 과태료 부과처분을 한 날과 다시 같은 유형의 위반행위를 적발한 날을 각각 기준으로 하여 위반 횟수를 계산한다.
  나. 부과권자는 다음의 어느 하나에 해당하는 경우에 제2호에 따른 과태료 금액을 100분의 50의 범위에서 감경할 수 있다. 다만 과태료를 체납하고 있는 위반행위자의 경우에는 그러하지 아니하다.
    1) 위반행위자가 「질서위반행위규제법 시행령」 제2조의2제1항 각

　　호의 어느 하나에 해당하는 경우
　2) 위반행위자가 자연재해·화재 등으로 재산에 현저한 손실이 발생했거나 사업여건의 악화로 중대한 위기에 처하는 등의 사정이 있는 경우
　3) 그 밖에 위반행위의 정도, 위반행위의 동기와 그 결과 등을 고려하여 과태료를 감경할 필요가 있다고 인정되는 경우

2. 개별기준

위반금액	근거 법조문	과징금의 금액		
		1차 위반	2차 위반	3차 위반
가. 법 제5조제1항을 위반하여 원산지 표시를 하지 않은 경우	법 제18조 제1항제1호	5만원 이상 1,000만원 이하		
나. 법 제5조제3항을 위반하여 원산지 표시를 하지 않은 경우	법 제18조 제1항제1호			
1) 넙치, 조피볼락, 참돔, 미꾸라지, 뱀장어, 낙지, 명태, 고등어, 갈치, 오징어, 꽃게 및 참조기의 원산지를 표시하지 않은 경우		품목별 30만원	품목별 60만원	품목별 100만원
2) 살아있는 수산물의 원산지를 표시하지 않은 경우		5만원 이상 1,000만원 이하		
다. 법 제5조제4항에 따른 원산지의 표시방법을 위반한 경우	법 제18조 제1항제2호	5만원 이상 1,000만원 이하		
라. 법 제6조제4항을 위반하여 임대점포의 임차인 등 운영자가 같은 조 제1항 각 호 또는 제2항 각 호의 어느 하나에 해당하는 행위를 하는 것을 알았거나 알 수 있었음에도 방치한 경우	법 제18조 제1항제3호	100만원	200만원	400만원
마. 법 제7조제3항을 위반하여 수거·조사·열람을 거부·방해하거나 기피한 경우	법 제18조 제1항제4호	100만원	300만원	500만원
바. 법 제8조를 위반하여 영수증이나 거래명세서 등을 비치·보관하지 않은 경우	법 제18조 제1항제5호	20만원	40만원	80만원

3. 제2호가목 및 나목1)의 원산지 표시를 하지 않은 경우의 세부 부과기준

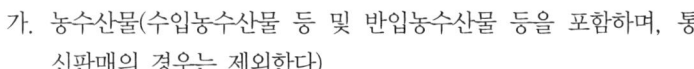

가. 농수산물(수입농수산물 등 및 반입농수산물 등을 포함하며, 통신판매의 경우는 제외한다)
1) 과태료 부과금액은 원산지 표시를 하지 않은 물량(판매를 목적으로 보관 또는 진열하고 있는 물량을 포함한다)에 적발 당일 해당 업소의 판매가격을 곱한 금액으로 한다.
2) 1)의 해당 업소의 판매가격을 알 수 없는 경우에는 인근 2개 업소의 동일 품목 판매가격의 평균을 기준으로 한다. 다만, 평균가격을 산정할 수 없는 경우에는 해당 농수산물의 매입가격에 30퍼센트를 가산한 금액을 기준으로 한다.
3) 과태료 부과금액의 최소단위는 5만원으로 하고, 5만원 이상은 천원 미만을 버리고 부과하되, 부과되는 총액은 1천만원을 초과할 수 없다.

나. 농수산물 가공품(수입농수산물등 또는 반입농수산물등을 국내에서 가공한 것을 포함하며, 통신판매의 경우는 제외한다)
1) 가공업자

기준액(연간 매출액)	과태료 부과금액(만원)		
	1차 위반	2차 위반	3차 위반
1억원 미만	20	30	60
1억원 이상 2억원 미만	30	50	100
2억원 이상 4억원 미만	50	100	200
4억원 이상 6억원 미만	100	200	400
6억원 이상 8억원 미만	150	300	600
8억원 이상 10억원 미만	200	400	800
10억원 이상 12억원 미만	250	500	1,000
12억원 이상 14억원 미만	400	600	1,000
14억원 이상 16억원 미만	500	700	1,000
16억원 이상 18억원 미만	600	800	1,000
18억원 이상 20억원 미만	700	900	1,000
20억원 이상	800	1,000	1,000

가) 연간 매출액은 처분 전년도의 해당 품목의 1년간 매출액을 기준으로 한다.
나) 신규영업·휴업 등 부득이한 사유로 처분 전년도의 1년간 매출액을 산출할 수 없거나 1년간 매출액을 기준으로 하는 것이 불합리한 것으로 인정되는 경우에는 전분기, 전월 또는 최근 1일 평균 매출액 중 가장 합리적인 기준에 따라 연간 매출액을 추계하여 산정한다.
다) 1개 업소에서 2개 품목 이상이 동시에 적발된 경우에는 각 품

목의 연간 매출액을 합산한 금액을 기준으로 부과한다.
  2) 판매업자: 가목의 기준을 준용하여 부과한다.
 다. 통신판매: 나목1)의 기준을 준용하여 부과한다.

4. 제2호다목의 원산지의 표시방법을 위반한 경우의 세부 부과기준
 가. 농수산물(수입농수산물등 및 반입농수산물등을 포함하며, 통신판매의 경우와 식품접객업을 하는 영업소 및 집단급식소에서 조리하여 판매·제공하는 경우는 제외한다)
  1) 제3호가목의 기준에 따른 과태료 부과금액의 100분의 50을 부과한다.
  2) 과태료 부과금액의 최소단위는 5만원으로 하고, 5만원 이상은 천원 미만을 버리고 부과한다.
 나. 농수산물 가공품(수입농수산물등 또는 반입농수산물등을 국내에서 가공한 것을 포함하며, 통신판매의 경우는 제외한다)
  1) 제3호나목의 기준에 따른 과태료 부과금액의 100분의 50을 부과한다.
  2) 과태료 부과금액의 최소단위는 5만원으로 하고, 5만원 이상은 천원 미만을 버리고 부과한다.
 다. 통신판매
  1) 제3호다목의 기준에 따른 과태료 부과금액의 100분의 50을 부과한다.
  2) 과태료 부과금액의 최소단위는 5만원으로 하고, 5만원 이상은 천원 미만은 버리고 부과한다.
 라. 식품접객업을 하는 영업소 및 집단급식소

위반행위	과태료 금액		
	1차 위반	2차 위반	3차 위반
11) 넙치, 조피볼락, 참돔, 미꾸라지, 뱀장어, 낙지, 명태, 고등어, 갈치, 오징어, 꽃게 및 참조기의 원산지 표시방법을 위반한 경우	품목별 15만원	품목별 30만원	품목별 50만원
12) 살아있는 수산물의 원산지 표시방법을 위반한 경우	제2호나목12) 및 제3호가목의 기준에 따른 부과금액의 100분의 50		

제3장 | 수산물 품질관리 기술

01 어획(수확) 전 관리의 기술

① 수산양식

(1) 수산양식의 방법

1) 수중생물에 따른 분류

① 유영동물의 양식

㉠ 못양식(지수식 양식, 止水式 養殖)

못양식(pond culture)에는 고정적 정수식(지수식) 못양식(still water pond culture)이 옛날부터 시행되어 왔으며 잉어, 메기, 가물치 등의 양식에 주로 이용되어 왔다. 물이 풍부한 곳에서는 많은 양의 물을 못 속으로 계속 흐르게 하는 유수식 못양식도 이용되는 일이 있으며, 이 방법은 송어류의 양식에 주로 이용되어 왔다.

우리나라에서는 일반적인 못양식의 경우 거의 대부분 산소 보충용 수차를 설치하고 있다. 일부 양식업자는 야외 노지를 그대로 쓰는 경우도 있지만 많은 경우 비닐하우스를 시설하여 추울 때도 수온을 높게 유지하면서 연중 어류의 성장을 도모하고 있다. 그 뿐만 아니라 보일러를 설치하여 겨울에도 수온을 보다 높게 올려서 뱀장어 등 온수성 어류는 물론 틸라피아 등 열대성 어류까지 양식하고 있다.

우리나라의 서해안에서 숭어, 농어, 감성돔, 새우류의 양식에 사용되는 축제식양식장은 그 규모가 크다.

ⓐ 바닥이나 못둑이 흙으로 된 상태를 쓰거나 콘크리트 등을 사용하여 못둑을 튼튼하게 하기도 한다.

ⓑ 못의 물이 줄어들지 않는 한 물을 더 보충하지는 않으며 인공적으로 산소를 보충하기도 한다.

ⓒ 먹이를 주는 경우와 주지 않는 경우가 있다.

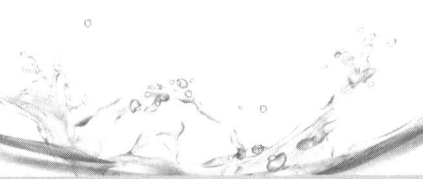

ⓓ 배설물 등의 정화능력 부족 등으로 수질오염이 문제가 되며 단위당 생산량이 낮다.

ⓒ 유수식 양식

유수식 양식은 사육지에 물을 연속적으로 통과하게 하는 방법으로 유입되는 물의 양에 비례하여 사육동물의 밀도를 높여서 수용, 성장시킬 수 있다. 무지개 송어 양식의 예를 들면 1분간 1L의 물을 통과시킬 때 연간 1kg 이상의 식용어를 생산할 수 있고, 많을 때에는 5kg까지 생산해 낼 수 있다.

유수식 양식은 고밀도 사육이 가능하지만 이를 위해서 막대한 양의 물이 사육지를 통과해야 한다. 또한 일정량의 양식생물을 생산하기 위해서 사용되는 물의 양은 다른 방법에 비교하여 대단히 많다.

ⓐ 유수식의 경우 물의 주입량에만 의존하지 않고 수차를 이용하여 인위적 에어레이션에 의한 산소 보충을 하면서 어류의 사육밀도를 높이도록 하는 경우가 많다.

ⓑ 못양식도 물을 간헐적으로 보충하는 경우 유수식이라고 할 수 있다.

ⓒ 단위 면적당 물고기의 양을 최대화할 수 있다.

ⓓ 연어, 송어 등 냉수성 어류에 주로 쓰이지만, 잉어, 은어 등 온수성 어류에 사용되기도 한다.

ⓒ 가두리 양식

가두리 양식은 파도가 심하지 않은 바닷가나 내륙의 인공호 및 자연 호소에 그물 등으로 울타리를 치고 그 안에 물고기를 가두어 기르는 방법을 말한다.

가두리에는 내만이나 내수면의 저수지 또는 호소에서 사용해온 일반 가두리와 최근 전 세계적으로 관심을 두고 있는 외해 가두리가 있다. 내수면과 내만의 환경문제가 제기되자 그 해결책으로 외해 가두리를 개발하는 노력을 기울이고 있으며 현재 여러나라에서 몇 가지 형태의 가두리를 이용하여 각종 어류를 양식하고 있다.

가두리 양식은 어류를 고밀도로 수용하고 사료를 많이

주게 됨으로써 노폐물을 다량 방출하기 때문에 가두리를 설치한 장소 근처는 부영양화가 심해져서 수질이 오염될 수 있다.

ⓐ 내만 또는 호소 가두리

내만 등을 양식에 이용하기 위해서는 둑이 필요했는데, 옛날에는 둑을 만들지 못해 양어를 할 수면을 마련할 수 없었으며, 둑을 만든다 해도 경비가 너무 많이 들어 실용적이지 못했다. 그러나 그물구획(net pen)이나 가두리(cage)를 만들어 그 속에 어류를 수용하여 기르면 경비가 적게 든다.

그물코를 통하여 가두리 안팎의 물이 자유로이 통과하므로 가두리 속에 많은 양의 어류를 수용하여 길러도 가두리 속의 수질이 나빠지지 않는다. 따라서 작은 시설에 많은 양의 어류를 기를 수 있어 시설 면에서는 매우 경제적이다.

우리나라에서는 저수지에서의 식용 잉어양식과 바다에서의 방어, 조피볼락, 돔류 등을 기르는 데 많이 이용되어 왔다. 또 연어와 송어도 가두리에서 양성되고 있다.

ⓑ 외해 가두리

가두리양식에 의하여 내만 또는 내수면의 오염이 심각한 사회문제로 부각됨에 따라 외해에 가두리를 설치하여 양식하려는 시도가 대두되고 일부 양식업자는 실행하는 단계에 이르렀다. 외해가두리는 내파성(內波性), 부침식(浮沈式) 및 침하식(沈下式) 가두리로 분류될 수 있다.

ⓒ 순환여과식 양식

수조 속의 같은 물을 계속 순환·여과시켜서 많은 수산동물을 양식하는 방법. 수중의 유해물질을 제거하면서 한편으로는 용존산소(溶存酸素)를 늘려 적은 수량으로 많은 수산동물을 양식하는 것을 목적으로 한다. 원래는 수족관이나 가정에서 관상용 어류를 기르는 데 많이 쓰였으나, 최근에는 이 방법으로 여러 종류의 수산동물을 양식하게 되었다.

물속의 먼지·배설물·먹이찌꺼기 등을 모래·자갈층으로 여과시키는 소규모의 경우와 이들을 침전·분리시켜서 뽑아내는 방법이 있다. 때때로 여과층이 막히므로 씻어서 여과능력을 개선해야 한다. 물속에 녹아 있는 암모니아나 다른 유기물은 여과층이나 별도의 시설에 있는 세균의 작용으로 무기물로 분해되어 독성이 강한 암모니아 등도 매우 약한 질산염으로 된다.

소규모의 것은 같은 수조 내에 여과장치를 할 수 있으나 규모가 큰 것은 별도로 여과시설을 만들어야 한다. 최종적으로 무기물의 제거는 수초를 재배하거나 또는 탈질소작용(脫窒素作用)으로 제거할 수 있다. 물의 순환은 펌프를 이용하며 유기물의 분해를 위해서는 산소를 공급해 주어야 하므로 펌프로 포기(曝氣)를 한다.

ⓜ 방류재포양식

ⓐ 연어와 같이 강한 회귀성을 가진 어류를 중심으로 사용하는 양식방법이다. 어린 종묘를 생산하여 공유수면에 방류하면 북태평양 같은 대양에서 성장하고 성숙한 후 산란하기 위하여 방류한 지점으로 다시 돌아오는데, 이것을 잡는 것이 방류재포양식이다.

ⓑ 다른 방법에 비하여 종묘 생산시설만 필요하므로 시설비나 사료대, 그 밖의 유지비가 적게 든다.

ⓒ 무척추동물에 속하는 전복 등은 암반지대에서 서식하고 멀리 이동하지 않으므로 일선 어민들이 그 종묘를 방류하여 성장 후 포획하는 일이 있는데 이것도 방류재포양식에 속한다.

② 저서생물양식(底棲生物,養殖)

저서생물이란 해양저에 사는 모든 생물들을 총칭한다. 저서표생동물(底棲表生動物 benthicepifauna)은 바다의 밑바닥에 서식하고, 내생동물(內生動物, infauna)은 해저의 퇴적물 내에서 산다. 저서생물의 양식에는 4가지가 있는데 다음과 같다.

㉠ 수하식(垂下式) 양식

굴·담치·우렁쉥이 등을 조가비 등의 부착기에 착생(着

生)시킨 다음 이 부착기를 다시 줄에 꿰어 뗏목이나 뜸에 매달아 수하하는 양식이다. 여기서 부착기를 꿴 줄을 수하연이라 하는데, 수하연(垂下延-코걸이 줄)을 매다는 방법에 따라 다시 뗏목식·말목식·로프식 등으로 나눈다.

ⓐ 뗏목식 : 뗏목식은 대나무·파이프 등의 뗏목 밑에 합성수지 뜸통을 덧달아 부력을 높인 것으로, 이 뗏목에 수하연을 매달아 늘어뜨린다.

ⓑ 말목식 : 말목식은 물이 얕은 연안에 말목을 박고 그 위에 다시 나무를 걸친 다음 수하연을 매다는 방식이다.

ⓒ 로프식 : 로프식은 연승식(連繩式)이라고도 하는데 바다에 로프를 넣어놓고 거기에 뜸통을 달아 부력을 준 다음 로프에 수하연을 매단다.

ⓒ 밧줄부착양식

수하연에 종묘가 채취된 줄을 같이 감아서 수면 아래 일정한 깊이에 설치하는 양식이다. 이때 뜸통에 수하연을 매달아 5~6m 간격을 유지하는데 미역·다시마 양식에 널리 이용된다.

ⓒ 발양식

대나무나 합성섬유로 만든 그물발을 바다에 치고 김의 종묘를 붙여 키우는 방법이다.

ⓔ 바닥양식

대합·전복·해삼·바지락 등은 인공적인 시설이 필요 없으며 생장할 수 있는 좋은 환경을 조성해주고 종묘를 양식·방류하면 된다.

ⓐ 대합, 바지락, 피조개, 꼬막, 전복, 해삼 등을 종묘를 투입하여 양식한다.

ⓑ 대합, 바지락, 피조개, 꼬막 등은 파도가 없는 내만 등에서 잘 자란다.

ⓒ 전복, 해삼 등은 인공어초를 만들어 주면 사육장소가 확대되고 성장을 도울 수 있다.

ⓓ 전복은 수하식양식 또는 가두리양식을 하거나 육상의 수조에서 기르기도 한다.

③ 해조류 양식
  ㉠ 말목식(지주식) 수하양식
    연안의 깊이가 얕은 곳(수심 10m 정도)에서 두 줄의 말목을 박고 말목 위에 옆으로 나무를 걸쳐서 이 나무에 수하연을 늘어뜨려 양식하는 방법. 간이수하식이라고도 한다. 나무의 높이는 간조(干潮) 때 물 위에 30 cm 가량 올라오도록 한다. 해수의 유통이 좋지 않아 저층부의 수확량이 많지 않다. 주로 굴의 종묘(種苗)생산과 양성이나 김발에 이용된다.
  ㉡ 부류식(뜬발식) 양식
    • 김양식의 부류식
      ⓐ 섶발 : 간석지 등에 단순히 대나무 등을 꽂아두면 김포자가 자연히 부착하여 성장한다.
      ⓑ 뜬발 : 대쪽으로 발을 엮어 수중에 수평으로 매달아 두는 방법
      ⓒ 흘림발 : 김발을 설치할 때 말목 대신에 뜸과 닻줄을 이용하는 방법
  ㉢ 밧줄식 양식
    밧줄부착 양식은 별도로 채묘(採苗)한 씨줄을 밧줄(어미줄)에 끼우거나 감아서 수면 아래 일정한 깊이에 설치하여 양식하는 방법이다. 밧줄부착 양식법은 밧줄에 5~6 m 간격으로 뜸통을 다는데, 뜸과 밧줄 사이는 뜸줄로 연결하고 뜸줄의 길이에 의하여 밧줄의 깊이를 수면 아래 1 m 정도 되게 조절한다.
    ⓐ 미역, 다시마, 톳, 모자반 양식에 이용
    ⓑ 바위에 살던 해조류를 밧줄에 붙어살도록 장소를 이동
    ⓒ 밧줄(어미줄-종묘가 붙어 있는 실) : 씨줄을 감아 붙이거나 씨줄을 짧게 끊어 일정한 간격으로 어미줄에 끼워서 싹이 자라도록 한다.
      • 밧줄의 설치방법
        - 5~6m 간격으로 뜸통 부착
        - 뜸과 밧줄 사이에 뜸줄을 끼운다.
        - 뜸줄의 길이로 어미줄이 잠기는 깊이를 조절한

다.
  - 씨줄에 배양한 종묘를 부착시켜 어미줄에 부착시킨다.
  - 밧줄은 외줄 설치 후 양끝을 닻으로 고정한다.

2) 환경조건에 따른 분류
   ① 개방식 양식(유수식·가두리식·바닥식·수하식·뗏목식·말목식·방류재포식 등)

   개방식 양식장은 바다나 큰 호수의 일부에서 굴이나 어류를 양식하는 것과 같이 양식장의 환경이 주위의 자연환경에 크게 지배되는 경우를 말하며 환경의 인공적인 관리가 불가능하다. 이러한 곳에는 이 환경에 알맞은 생물을 선택하여 기르고, 이 양식장의 환경을 오염시키거나 악화시키지 않도록 주의해야 한다.

   환경에 알맞은 생물을 택하기 위해서는 조개류와 같이 바닥에서 기르는 생물일 경우는 바닥의 지질에 대해 알아야 하고 수심, 간만(干滿)의 차, 물의 흐름, 수질, 수온 등을 잘 파악하여 거기에 알맞은 생물을 선택해야 한다.

   ② 폐쇄식 양식

   폐쇄식 양식장은 탱크나 비교적 작은 못을 만들어 외부 환경과는 완전히 분리시켜 환경을 인공적으로 조절하면서 양식하는 것인데, 이런 양식장의 수질환경은 주로 그 속에 사는 양식생물의 배설물과 같은 오물의 양에 지배된다.

   특히 생물의 밀도가 높고 먹이를 많이 줄 때는 그로 인해 생기는 배설물과 먹이찌꺼기의 양이 많아져서 수질을 빨리 악화시킨다. 순환 여과식 양식장은 폐쇄식 양식장 중 고도로 발달한 양식 방법의 한 예이다.

3) 관리정도에 따른 분류
   ① 집약적 양식

   일정한 수역에서 인공적인 힘을 들여 관리를 철저히 함으로써 많은 수확을 올리기 위한 고밀도 양식이다. 투입되는 사료에는 어류에 필요한 영양소가 포함된다.

   ② 조방적 양식

   사람의 힘으로 별도의 먹이를 투여하지 않고, 일정수역이 가지는 자연적인 생산력에 의존하는 생태계 이용양식이다.

조개류, 해조류 및 우렁쉥이 등의 양식에 활용된다.

② 양식장 환경

(1) 양식장 환경요인과 조절

1) 물리적 환경요소 및 조절
   ① 환경요인 : 해수의 유동, 간석의 정도, 수온, 물의 색깔, 물의 투명도, 지형, 위치, 지질 등
   ② 수온의 조절 시설 : 비닐하우스, 보일러, 냉각기 등
   ③ 빛의 조절 시설 : 인공조명시설, 차광장치 등
   ④ 수면의 유동 및 물의 순환시설 : 폭기시설, 순환펌프 등

2) 화학적 환경요소 및 조절
   ① 화학적 환경요인 : 염분, 용존산소, 수소이온농도, 영양염류, 이산화탄소, 암모니아, 황화수소, 비타민, 유기염류 등
   ② 양식장 환경의 유해요인 : 암모니아, 아질산염, 질산염, 황화수소 등
   ③ 유해요인의 조절 : 생물의 노폐물이나 먹이로 제공되는 유기물을 조절하기 위한 충분한 용존산소 공급장치나 여과장치가 필요하다.

3) 생물학적 환경요소 및 조절
   ① 생물학적 환경요인 : 플랑크톤, 유영동물, 저서 동식물, 세균 등
   ② 생물학적 요인의 상관성 : 생물학적 요인들은 수중에서 성장하는 과정에서 수중의 화학적 요인과 물리적 요인에 유기적 영향을 미친다.(이산화탄소의 배출, 광선의 방해 등)
   ③ 폐쇄양식장의 유해요소 조절 : 미생물이나 영양염류, 병원성 세균, 기생충 등의 제거가 필요하다.

(2) 양식장의 환경관리

1) 수질관리
   ① 개방적 양식장의 수질관리

개방적 양식장은 인위적으로 수질을 관리하기가 어렵기 때문에 수질환경이 악화되지 않도록 하는 것이 중요하다. 수질환경이 악화된 경우 수산생물의 활동을 감소시키거나 양식장을 휴식 또는 폐쇄시키는 조치가 필요하다. 외부로부터 유입되는 오염원(점오염원, 비점오염원)인 생활하수나 산업폐수가 양식장 안으로 유입되는 것을 통제하고 관리하는 것이 중요하다.

② 폐쇄적 양식장(순환여과식 양식장)의 수질관리
　㉠ 물리적 여과
　　모래 또는 자갈을 이용하여 고형물질을 제거하는 것으로 침수모래·자갈여과, 고압모래여과장치, 회전드럼필터가 사용된다.
　㉡ 생물학적 여과
　　물속에 부유하고 있는 세균이나 생물의 배설물 등을 세균 등을 이용하여 분해하여 제거하는 방법으로 다음 3단계로 이루어진다.
　　ⓐ 무기화 작용단계 : 물속에 들어 있는 유기물 찌꺼기를 분해하는 과정이다. 타가 영양세균은 질산유기화합물질을 에너지원으로 사용하여 생활하면서 이들 화합물을 암모니아와 같은 무기물질로 바꾸어 준다.
　　ⓑ 질산화 작용단계 : 무기화 단계에서 생성된 무기물질을 산화·분해하여 무해한 질산염으로 바꾸어 준다.
　　ⓒ 탈질화 작용단계 : 축적된 질산염을 환원·분해하여 대기중으로 방출하는 단계이다. 이때 자가 영양세균인 '슈도모나스(Pseudomonas)'는 질산염을 이용하여 생활하는데 질산염을 가스 상태인 질소로 환원시켜 대기중으로 방출한다.
　㉢ 소독
　　양식장의 용수 속의 병원성 미생물을 죽이기 위해 사용된다. 소독방법으로 자외선 조사법이나 오존처리를 한다.

폐쇄형 양식 시스템의 이해

가. 순환여과 시스템

1) 순환여과시스템의 특징

우리나라의 경우 겨울동안 저수온기가 길기 때문에 양식 어류의 생산력에 크게 제한을 받게 되는데, 온수성 어류일 경우에는 여기에 맞는 온도를 유지하기 위한 온도장치가 추가로 필요로 할 뿐만 아니라 지리적 여건상 양식에 필요한 내수면적의 확보가 어려운 실정이다.

장 점	단 점
○ 시설에 대한 지형적 제한이 없다.	○ 순환시설에 대한 시설비
○ 양식 어류의 질적 향상	○ 어류의 스트레스 및 질병
○ 질병 및 오염물질에 대한 조절	○ 산소공급 장치 필요
○ 상위포식자가 없음	○ 전력소비가 많다.
○ 배출수의 감소로 환경적인 양식	○ 초기 투자비가 크다.
○ 양식 환경 조절로 출하시기조절	○ 많은 노력과 실패 가능성

따라서 이와 같은 난관을 극복하여 장래 양식업의 발전을 꾀할 수 있는 방안으로서 순환여과식 사육시스템이 제시되고 있다. 어류를 고밀도로 사육하는 순환여과식 양식은 어류의 소비가 날로 늘어가고 있는 오늘날의 식생활문화와 잘 부합 될 수 있도록 그 생산력을 증대시킬 수 있을 뿐만 아니라 수질오염 문제로 인하여 야기되는 양식장에서의 각종 규제를 해결할 수 있는 장점을 지니고 있는 사육시스템이다.

2) 순환여과시스템의 종류

고밀도 순환여과식의 경우 사료 찌꺼기 등에 의해 유기물이 증가하게 된다. 유기물은 미생물 등에 의해서 분해됨에 따라 용존산소를 소비하여 어류에 악영향을 미치게 되므로 양어장 순환수내의 배설물을 신속하게 제거하기 위한 처리 시설이 요구된다. 시설에 많은 비용이 소요되므로 고밀도로 길어야 한다. 순환수의 수질관리를 위한 수 처리공법으로 사용되는 것으로 포말분리법을 이용한 양어장 순환수처리, 회전판식 순환여과를 이용한 생물학적 순환수 처리, 미세구슬 여과조, 드럼 필터 여과장치 등이 많이 이용되고 있으며, 최근에는 처리공법의 효율증대를 위하여 유동층공법에 의한 양어장 순환수 처리에 대한 연구와 함께 실제양식장에 활용이 되고 있다.

2) 저질관리

조개류와 같은 저서생물은 저질의 상태와 밀접한 관계를 가진다. 또한 프랑크톤과 같은 유영생물의 환경에도 지대한 영향을 미치므로 저질조사는 양식장의 환경조사와 더불어 중요하다.

① 저질채취방법
  ㉠ 드레지식 : 기기 자체의 무게에 의해 해저면을 일정하게 끌어서 시료를 채취
  ㉡ 그랩식 : 일정 면적의 해저면 저질을 집어 올리는 채취방법
  ㉢ 코어식 : 원통형의 파이프를 저질 속에 박아 퇴적된 층을 그대로 채취하는 방법

② 저질의 분석방법
  ㉠ 저질의 성상분석
  ㉡ 유기물 분석
  ㉢ 영양염류 분석
  ㉣ 생물화학적 분석

③ 저질의 개선방법
  ㉠ 객토 : 대상 지역의 토질과는 다른 토사를 해당 지역에 뿌려주는 방법으로 객토에는 주로 모래가 사용된다. 유해한 황화수소가 발생하는 저질에 황토나 산화철제를 살포하여 주는 곳은 주로 패류양식장으로 모래보다 펄의 성분이 많고 층이 깊은 곳 또는 유기질이 많이 함유된 저질에 사용된다.
  ㉡ 바닥갈이 : 불도저나 배를 이용하여 단단한 저질을 갈아 엎어주는 것. 딱딱하게 굳은 패류양식장의 저질을 연하게 해주고, 환원상태인 저질의 산화를 촉진시켜 준다. 김 양식장의 저질에 함유된 영양염류의 용출을 촉진시키고, 잡피류나 종밋 등의 유해생물을 제거할 수 있다. 또한 굴이나 양식어류의 바닥에 침전된 농도 높은 유기질 해감을 휘저어 산화를 촉진시켜 준다.
  ㉢ 준설 : 작업선을 이용하여 저질에 퇴적된 찌꺼기나 유해한 해감을 파내어 줌으로써 해수의 유동을 막는 토사를 제거하고, 유기물을 함유한 바닥의 펄을 제거한다.
  ㉣ 인공간석지 조성 : 자연 간석지나 모래터를 개량하여 저서생물의 생장에 알맞은 환경을 만들기 위해 인공간석지를 조성한다.

물고기의 양식시설

물고기의 양식시설은 양식하는 고기의 종류·목적·방법에 따라 시설의 구조·형태·크기가 달라진다.

양식지

못을 만든 경우 취수방법, 못의 크기와 수, 못의 배치와 수로의 설치방법, 주배수구(注排水口)의 구조, 수로의 크기와 부대시설, 물을 흘려 보내는 방법, 산소의 공급법, 못의 형태, 바닥의 물매, 관리상의 배려 등을 고려한다. 양식지는 용도에 따라 친어지(親魚池)·산란지·부화지·치어지(稚魚池)·양성지(養成池)로 나뉜다. 부대시설에는 가온(加溫)·산소공급·자가발전·정수(淨水) 등의 시설이 있고 그 밖에 해산생물의 양식에는 제방·그물·뗏목·로프 등 여러 가지가 사용된다.

물

양식에 사용되는 물은 바닷물과 민물이다. 민물로는 냇물이나 지하수가 사용되는데 미리 물 속의 부유물을 제거한 뒤 사용한다. 물의 3요소는 수온·수량·수질이다.

수온

생물은 각각 성숙·산란을 위한 적온과 생장적온을 가진다. 성숙·산란의 적온을 벗어나면 생식소의 성숙이 진행되지 않고, 좋은 수정란을 얻을 수 없으며, 부화율도 떨어진다. 또 생장적온을 벗어나면 먹이의 섭취량이 떨어져 생장이 늦어진다. 민물의 경우 냇물은 기온의 영향을 받지만, 지하수는 연중 거의 일정 온도를 유지한다. [수량] 물고기에는 산소소비량이 많은 종류와 적은 종류가 있다. 산소소비량이 많은 종류는 많은 물을 필요로 하지만, 적은 종류는 적은 물로도 사육할 수 있다. 무지개송어나 은어처럼 많은 물을 필요로 하는 어종의 양식에는 수량이 중요하다. 냇물을 수원(水源)으로 하는 경우는 계절에 따라 수량에 차이가 있으며 지하수의 이용은 지반침하의 원인이 되므로 사용에 신중을 기해야 한다.

수질

물 속에는 여러 가지 물질이 녹아 있으므로 생물에 해로운 것이 녹아 있지 않은 물을 택한다. 특히 냇물이나 연안의 바닷물을 사용하는 경우 농약의 유입, 가축사육장의 유무, 도시배수, 공장폐수 등에 주의하고, 지하수인 경우 용존산소량의 부족과 용존질소량의 과잉에 주의한다.

물의 염분

물은 얼마만큼의 염분을 함유하느냐에 따라 30-35% 염분을 함유하는 해수, 하천수나 호수와 같이 염분이 거의 없는 담수, 하구 지역에서 해수와 담수가 섞인 기수로 나눌 수 있다. 어류에는 해수에서만 사는 해산어류, 담수에만 사는 담수어류, 주로 기수에서도 사는 기수어류 등이 있고, 해수와 담수를 오가는 종류도 있다. 방어·참돔·조피볼락은 해산어류이고, 잉어·메기·송어·뱀장어·은어 등은 담수어류이며, 숭어는 해산어이나 기수에서 잘 자란다. 또 연어는 담수에서 산란하지만 바다에 내려가서 살며, 뱀장어는 바다에서 산란·부화하여 담수로 올라와서 자라고, 은어는 어릴 때 바다에 내려가서 겨울을 지내고 봄에 강으로 올라와 자라다. 잉어·메기 등 여러 담수어류는 해수가 어느 정도 섞인 기수(염분 10% 이하)에서는 산란·번식이 잘 안되나 성장은 잘 된다.

(위키백과)

3) 양식장의 오염원
   ① 유기물에 의한오염
      ㉠ 양식장의 유기물 원인으로 생활하수, 산업폐수, 축산폐수 등의 유입으로 축적된 유기물과 장기간 양식에 의한 먹이 찌꺼기 및 양식생물의 배설물 등이 있다.
      ㉡ 인과 질소 성분의 유입에 의하여 부영양화가 촉진되어 적조현상을 일으킨다.
         ◆ BOD와 COD
            ⓐ BOD(생화학적산소요구량, biochemical oxygen demand)
               생물분해가 가능한 유기물질의 강도를 뜻한다.

하천·호소·해역 등의 자연수역에 도시폐수·공장폐수가 방류되면 그중에 산화되기 쉬운 유기물질이 있어 수질이 오염된다. 이러한 유기물질은 수중의 호기성세균에 의해 산화되며, 이에 소요되는 용존산소의 양을 mg/L 또는 ppm으로 나타낸 것이 생화학적 산소요구량이다. 수질규제 항목 중 가장 일반적이다. 보통 호기성 미생물이 충분히 생육 가능한 상태에서 시료를 20℃에서 5일 동안 방치하였을 때 소비되는 산소량(BOD)을 말한다.

ⓑ COD(화학적산소요구량, Chemical Oxygen Demand)
오염된 물의 수질을 나타내는 한 지표(指標)로서 유기물질이 들어 있는 물에 산화제를 투입하여 산화시키는 데 소비된 산화제의 양에 상당하는 산소의 양을 나타낸 것이다.

하천·호소·해역 따위의 자연수역에 도시폐수나 공장폐수가 흘러들어오면 그 속에 산화되기 쉬운 유기물질이 있어서 수질이 오염된다. 이렇게 유기물질을 함유한 물에 과망가니즈산칼륨(KMnO4)·다이크로뮴산륨(K2Cr2O7) 따위의 수용액을 산화제로서 투입하면 유기물질이 산화된다. 이때 소비된 산화제의 양에 상당하는 산소의 양을 mg/L 또는 ppm으로 나타낸 것이 화학적 산소요구량이다.

② 농약에 의한 오염
제초제나 살균제 또는 살충제 등이 어패류에 급성독성을 일으키고, 절지동물의 생장을 방해한다.

③ 중금속 함유 유기물에 의한 오염
중금속은 자연 상태에서 소멸되지 않고 먹이사슬을 통하여 생물체 내에 농축된다. 오염원을 제거하는 일과 오염해역의 저질을 개선하는 것이 중요하다.

④ 기름유출에 의한 오염
해면에 유출된 기름은 해면에 엷은 기름막을 형성하고, 물과 혼합된 것은 고형물에 흡착되거나 덩어리 상태로 물속에 떠 있거나 바닥에 가라앉아 있게 된다. 해면에 떠 있는

기름은 수산생물의 호흡장해를 일으키거나 광선을 차단하고, 수산생물의 몸체에 부착된 기름 역시 호흡, 광합성, 먹이섭취 등에 장애를 일으킨다. 기름에 오염된 바다에서 채취된 고기에서는 기름 냄새가 배어 있어서 상품가치를 떨어뜨리고 인간의 섭취를 어렵게 한다.

부영영화와 적조

1. 부영양화

호수, 연안 해역, 하천 등의 정체된 수역에 오염된 유기물질(질소나 인)이 과도하게 유입되어 발생하는 수질의 악화현상을 의미한다. 폐쇄적 수역에 영양물질이 다량 유입되면 녹조류의 번식이 과다하게 일어나게 되고 이 녹조류가 수역을 부패시켜 썩게 만든다.

부영양화의 영양물질로는 암모니아, 아질산염, 질산염, 유기질소화합물, 무기인산염, 유기인산염, 규산염 등이 있는데, 주로 생활하수나 공장폐수 또는 비료나 유기물질 등에 의하여 유입된다. 이것은 미생물, 식물성 플랑크톤을 포함한 조류 및 뿌리를 가진 수생잡초 등에게는 좋은 영양분이 된다. 그러나 수중에 무기 영양물질이 다량 공급되면 조류나 수서식물(水棲植物)과 같은 1차 생산자의 생육이 왕성해지고 먹이연쇄에 의하여 2차 생물도 증가하며 이와 함께 조류나 수서식물이 죽어서 호수나 하천의 밑바닥에 퇴적되는 유기물의 양도 많아지게 된다. 퇴적된 유기물과 외부로부터 유입된 유기물을 미생물이 분해하면서 수중의 용존산소(溶存酸素)를 다량 소비하며, 유기물은 분해되면서 무기영양물질을 수중으로 다시 공급하게 된다. 만약 이러한 상태에서 외부로부터 영양물질이 계속해서 공급되면 이와 같은 현상들이 반복되면서 결국 호수나 하천에 용존산소 결핍증상이 나타난다. 부영양화가 극도로 진행되면 수중의 용존산소는 모두 고갈되어 산소를 이용하는 모든 수중의 생물은 죽게 되며, 용존산소가 없는 상태에서 모든 유기물의 잔재는 혐기성 세균에 의하여 부패되어 물은 썩고 악취가 나게 된다.

한편, 부영양화현상이 바다(정체수역)에서 일어나면 플랑크톤에 의하여 적색을 띠는데 이를 적조현상이라고 한다.

2. 적조

플랑크톤이 이상 증식하면서 바다나 강 등의 색이 바뀌는 현상.
생태계에 문제를 일으키며 인간의 생활에도 여러 가지 피해를 준다.
적조는 플랑크톤이 갑작스레 엄청난 수로 번식하여 바다나 강, 운하, 호수 등의 색깔이 바뀌는 현상을 말한다. 일반적으로 물이 붉게 바뀌는 경우가 많아서 붉은 물이라는 의미에서 적조(赤潮)라고 하지만 실제로 바뀌는 색은 원인이 되는 플랑크톤의 색깔에 따라서 다르다. 오렌지색이나 적갈색, 갈색 등이 되기도 하며 이는 적조를 일으키는 생물이 엽록소 이외에도 카로테노이드(carotenoid)류의 붉은색, 갈색 색소를 가지고 있기 때문이다.
적조를 일으키는 플랑크톤은 규조류(珪藻 : diatom), 편모조류(鞭毛藻 : dinoflagellate)같은 식물성 플랑크톤이 가장 일반적이며 한국에서의 적조 기준도 이 두 가지 플랑크톤의 양을 이용한다. 이외에도 남조류(藍藻 : cyanobacteria)나 원생생물인 야광충(noctiluca), 섬모충(mesodinium)에 의해서 적조가 일어나기도 한다.

❸ 종묘생산

(1) 종묘생산의 의의

1) 종묘의 의의

종묘는 양성하는 데 기본이 되는 수산생물이며, 이 종묘를 인간이 이용할 수 있도록 하는 과정을 양성이라고도 한다. 수산생물을 이식·방류하거나 양식하는 데 필요한 치나 치패 및 유체 등과 같은 어린 개체를 말한다.

천연의 바다에서 산란·부화하여 생장한 자어나 치어를 천연종묘라 하고, 인공적으로 친어(親魚)를 사육하여 이것으로부터 얻은 자어나 치어를 인공종묘라 한다. 은어·뱀장어·숭어·방어 등의 어류와 조개류의 대부분은 천연 종묘를 사용하고, 잉어·무지개송어·참돔·보리새우·전복 등은 인공종묘를 사용한다. 인공종묘의 생산은 친어·채란·수정·부화·치어사육의 순서로 이루어진다.

2) 종묘생산방법
   ① 인공종묘생산 : 고정적인 종묘생산시설을 이용하여 종묘를 생산하는 것을 말하는데, 그 대상종류에는 수산동물인 잉어·참돔·넙치·대하·보리새우·전복 등과 수산식물인 김·미역 등이 있다.
   ② 천연종묘생산 : 고정적인 종묘생산시설을 이용하지 않고 자연 상태의 수중에서 종묘를 생산하는 것을 말하며, 채묘에 의해 종묘를 생산하는 경우와 자연산을 수집하여 확보하는 방법이 있다. 채묘에 의해 종묘를 생산하는 대상종류에는 수산동물인 참굴, 담치류, 고막류 및 가리비류 등과 수산식물인 톳 등이 있다.

(2) 종묘의 채묘 및 생산과정

1) 자연종묘의 채묘시설
   ① 고정식 채묘시설(말목식 채묘시설) : 간석지에 말목을 세워 채묘상을 만들고 여기에 패각 채묘연을 수직으로 수하시켜 채묘하는 방법이다. 굴의 채묘에 이용하는 방법으로 유생 수나 부착 치패수는 적지만, 해수 유동범위가 상하로 넓어서 부착이 균일하고 채묘가 쉽다. 부착한 치패는 간출작용으로 환경변화에 대한 저항력이 강하다.
   ② 부동식 채묘시설(뗏목식 또는 밧줄식 채묘시설) : 수심이 깊은 곳에서 뗏목이나 밧줄을 설치한 다음 채묘하는 방법으로 패각 채묘연을 수직으로 수하시켜 채묘한다. 이것은 부착이 균일하지 않은 단점이 있어 채묘가 쉽지 않지만 정확한 조사를 한다면 많은 양을 균일하게 채묘할 수 있다. 굴의 채묘에 이용된다.
   ③ 침설 수하식 채묘시설 : 수심이 깊은 곳의 저층에 닻과 수중 뜸통 및 밧줄 등을 이용하여 채묘기를 설치하여 채묘하는 방법. 피조개의 채묘에 이용된다.
   ④ 침설 고정식 채묘시설 : 수심이 얕은 곳에서 저층에 대나무, 닻 및 밧줄 등을 이용하여 채묘기를 설치하여 채묘하는 방법. 피조개의 채묘에 이용된다.
   ⑤ 완류식 채묘시설 : 치패가 부착성 성질을 가진 바지락, 대합

등을 채묘할 때 상용된다. 간석지에 치패들이 쉽게 침강할 수 있도록 대나무, 나뭇가지 등을 세워주는 등의 방법으로 해수흐름을 완만하게 조절해 주는 방법이다.

2) 자연종묘의 양성방법

자연산을 수집하여 종묘를 확보하는 대상종류에는 인공종묘생산이나 채묘에 의해 종묘를 생산하기 힘든 뱀장어·방어·닭새우 등이 있다. 양성에는 집중관리양성과 방류재포양성이 있다.

① 집중관리양성 : 집중관리양성은 일정한 수역에서 종묘를 집중적으로 사육하거나 성장시켜 수확하는 것으로 종류에는 유영성 동물인 잉어·뱀장어·참돔·방어·넙치·문어 등, 유영성 저서 은신 동물인 대하·보리새우·꽃게 등, 포복성 저서 동물인 전복·소라·해삼·성게 등, 비부착성 잠입 동물인 대합·바지락·개량조개 등, 일시 부착성 동물인 고막·피조개·가리비 등, 부착동물인 굴·담치·진주조개·우렁쉥이 등, 부착식물인 김·미역 등이 있다.

② 방류재포양성 : 방류재포양성은 자연 상태의 넓은 수역이나 새로 지정된 수역에 종묘를 방류한 다음, 성장한 것을 다시 거두는 것으로 종류에는 유영성 동물인 연어·참돔·넙치 등, 유영성 저서은신 동물인 대하·보리새우·꽃게 등, 일시 부착성 동물인 가리비 등이 있다.

3) 인공종묘의 생산과정

인공종묘의 생산과정은 알의 채란, 부화, 유생기, 사육에 이르기까지 인위적인 관리를 통해 이루어진다.

① 먹이생물의 배양 : 식물부유생물인 클로렐라 등을 실험실에서 무균배양 하여 동물성 플랑크톤인 로티퍼(Rotifer)에게 먹이로 제공한다.

② 친어의 선정 및 관리
  ㉠ 충실한 어미를 고른다.
  ㉡ 성숙연령에 도달한 어미를 고른다.
  ㉢ 어미의 채포시 스트레스를 주지 않아야 한다.
  ㉣ 방란 직전의 어미를 고른다.(산란기의 전기 또는 중기의 어미)
  ㉤ 선정한 어미는 적합한 채란환경을 유지시켜 준다.

③ 채란
- ㉠ 자연 채란법 : 어미의 자연 방란에 의해 채란하는 방법
- ㉡ 인위적 채란법 : 어미의 복부를 절개하여 알을 꺼내거나 알을 짜내는 방법
- ㉢ 산란촉진법 : 간출이나 정자의 자극, 온도, 자외선 조사, 호르몬 주사 등을 통해 산란을 촉진한다. 패류의 인공종묘생산시 산란촉진법을 병행한다.

④ 부화

수산생물에 따라 적절한 부화시설을 사용하지만 무척추동물의 경우 특별한 부화시설이 없다.

부화율은 수온, 염분, 투명도, 산소 및 물리적인 충격 등에 따라 다르다.

⑤ 유생사육
- ㉠ 알에서 부화한 유생에게 먹이를 주어 생장시키는 단계로서 폐사하기 쉬운 위험기이다.
- ㉡ 무척추동물의 먹이선택성은 까다로와서 사육이 힘든 반면 패류 등은 부화 후 몇 일이 지나면 식물성플랑크톤을 먹기 때문에 사육이 편하다.
- ㉢ 어류의 경우 로티퍼나 알테미나(Artemina)를 먹일 때부터 배합사료를 보충해 주다가 일정기간이 지나면 배합사료만으로 치어까지 성장시킨다.
- ㉣ 패류의 경우 치패가 부착할 때까지 이소크라시스(Isochrysis), (Chaetoceros) 등의 식물성 플랑크톤을 주다가 바다에서 중간육성을 시킨다.
- ㉤ 사육시설의 먹이, 수온, 염분, 용존산소, 해수의 유동이 좋아야 하고. 환수를 알맞게 해주는 것이 중요하다.

(3) 우리나라의 종묘생산 현황

1971년 국립수산과학원 북제주수산종묘시험장 개설을 시작으로 현재까지 19개소의 국립·도립 수산종묘시험장이 시설되었다.

1,060백만 마리의 유용수산종묘를 생산하여 그 중 81백만 마리를 연안에 방류하였으며, 이와 별도로 민간에서 생산된 넙치·조피볼락·대하·전복 등 연안정착성 고부가가치 품종 424백만 마리를 매입·

방류하였으며, 수산종묘 85백만 마리(2,672백만 원)를 매입·방류하는 등 연안수산자원을 조성하였다.

④ 영양(營養)과 사료

(1) 영양의 의의

1) 영양의 의의

영양이란 생물체가 스스로의 생장에 필요한 영양소의 흡수, 이용 및 배설 등의 대사에 관한 것을 말한다. 생물체가 외부로부터 물질을 섭취하여 체성분을 만들고, 체내에서 에너지를 발생시켜 생명을 유지하는 일이다.

2) 영양소의 의의

체외(體外)에서 보급된 경우에 영양에 관여하는 화합물을 영양소라고 한다. 보통은 탄수화물(당질), 지방(지질), 단백질, 무기질(미네랄), 비타민으로 분류하고 이들을 5대 영양소라고 부른다. 영양소는 필수 영양소와 비필수 영양소로 구분한다.

① 필수영양소

동물체 내에서 합성이 안되거나 동물체의 요구량에 비해 합성속도가 극히 완만한 영양물질로, 외부에서 그 물질이 공급되지 않을 경우, 생존 및 성장에 현저한 장애를 주는 영양물질로서 탄수화물, 단백질, 지방, 무기질, 비타민, 물 등이 있다.

② 비필수영양소

음식물의 형태로 존재하지 않고 생물체가 직접 생산할 수 있는 영양소

◆ 배합사료의 영양소 : 단백질, 아미노산, 지방, 지방산, 탄수화물, 비타민, 무기물 등

(2) 사료의 주요성분 및 원료

1) 양식과 사료

수산생물을 양식함에 있어서 환경요인과 더불어 영양사료는 중요한 요소이다. 해조류나 패류의 경우 자연환경에서 제공되는 먹이로 양식이 가능하지만 어류나 새우류의 경우 먹이생물을 먹고 자라기 때문에 사료의 공급이 양식관리의 대부분을 차지한다.

① 배합사료

배합사료는 양식동물에 필요한 단백질, 탄수화물, 지방, 무기염류 및 비타민류 등과 필요 첨가제을 인위적으로 적정 비율로 혼합하여 만든다. 배합사료만으로 기르면 성장이 악화되는 경우가 있는데, 이때는 동물의 생간·생사료 등을 먹이면 다시 정상화된다.

배합사료는 단백질 사료의 비중이 가장 높은데, 단백질 사료로는 어분이 가장 널리 쓰이고 그 밖에 번데기·육분(肉粉)·생선류·깻묵·효모 등이 쓰인다. 탄수화물 원료로는 밀·보리 등의 곡류나 등겨가 주로 쓰이고, 지방 원료로는 각종 동식물의 유지(油脂)가 이용되는데, 산화되기 쉽기 때문에 항상 신선한 것을 주어야 하며, 원료의 산화를 막기 위하여 항산화제(抗酸化劑)를 첨가하여 진공상태로 보관한다.

- 영양성분별 기능
    ⓐ 단백질 : 양식어류의 몸을 구성하는 기본 물질
    ⓑ 탄수화물 : 에너지 공급
    ⓒ 지방 및 지방산 : 에너지원과 생리활성물질 공급
    ⓓ 무기염류 및 비타민 : 대사과정 중의 촉매 및 활성물질
- 배합사료의 종류
    ⓐ 미립자 사료 : 부유성 플랑크톤에 공급하는 직경이 작은 입자로 된 사료
    ⓑ 펠릿(Pellet) 사료 : 일정한 크기의 알갱이로 된 사료
    ⓒ 습사료(Moister Pellet) : 냉동고기를 분쇄기로 갈아 반죽으로 만든 후 어분과 기타 영양분을 섞어 만든 사료

② 생사료

생사료란 사료용 어류와 부화된 유생어류의 먹이 공급용으로 생산되는 클로렐라와 동, 식물성 플랑크톤을 말한다.

2) 사료의 원료

① 단백질 원료

배합사료에는 단백질 원료가 20% 이상 함유되어 있어야 한다.
  ㉠ 동물성 원료 : 어분(명태, 정어리, 고등어 등이 재료), 번데기, 육분 등
  ㉡ 식물성 원료 : 콩깻묵, 기름짠 찌꺼기, 효모 등
② 탄수화물 원료
  밀, 옥수수, 보리 등의 가루나 등겨
③ 지방의 원료
  어유, 간유, 가축기름, 식물유 등
④ 기타
  소금이나 무기물 등이 사료에 첨가되고, 첨가제로 점착제, 항산화제, 착색제, 먹이유인물질과 호르몬제 등이 있다.

(3) 사료계수와 사료공급

1) 사료계수와 사료효율

  ① 사료계수

  어류 또는 양식 동물이 한 단위 성장하는데 필요한 사료의 단위로 다음 식과 같이 구한다. 사료계수의 일반적 수치는 1.5~2.0 정도이며 사료계수가 낮을수록 양식 비용이 적게 들어갔다는 것을 의미한다.

  사료 계수 = 먹인 총사료량(건조중량) ÷ 체중순증가량(습중량)

  ② 사료효율

  어류 또는 양식 동물의 체중으로 전환된 사료의 비율로 다음 식과 같이 구한다.

  사료효율(%) = [체중순증가량(습중량) ÷ 먹인총사료량] × 100

2) 양식동물의 사료 섭취량

  ① 사료 섭취 영향 요소 : 양식동물의 종류, 크기, 수온, 용존산소, 암모니아 등

  ② 어류의 1일 사료 섭취량 : 몸무게의 1~5%가 보통이지만 뱀장어, 미꾸라지의 치어기에는 10~20%까지도 먹으며 조금씩 자주 준다.

③ 1회 공급량 : 포식하는 양의 70~80% 공급
④ 1일 공급횟수 : 송어, 뱀장어, 메기 등은 1일 1~2회, 잉어는 여러번 나누어 준다.

⑤ 양식어업의 양식종 선택

(1) 산란습성에 따른 종의 선택

1) 다회산란(多回産卵, iteroparity)
   일생을 통해 여러 번 산란을 하는 번식 형태로서 대부분의 이매패류나 복족류들, 포유동물, 조류 등이 이에 해당한다.
   어류 한마리가 한 번에 난소 안의 모든 알을 방출치 않고, 몇 번에 걸쳐 산란하는 것을 말하기도 한다.

2) 일회산란(一回産卵, semelparity)
   어류의 번식 형태로 일생을 통해 단 한 번만 산란하고 죽는 것으로서 연어, 뱀장어, 오징어 등이 대표적이다.

3) 방란(放卵, spawn)
   수중에서 수정이 일어나는 유형

4) 포란(抱卵, brooding)
   동물이 산란한 후 알이 부화될 때까지 자신의 몸체를 이용하여 알을 따뜻하게 하거나 보호하는 행위. 보통 조류에서 많이 발견되며, 게나 성게의 일부도 몸체로 알을 보호하지만 육자낭이나 입 속에서 알을 보호하는(구내보육, mouth brooding) 어류 종류가 있다. 단각류나 굴, 홍합 등

(2) 난과 유생의 조건

난과 유생이 환경에 대한 내성이 강할수록 양식하기 수월하다. 일반적으로 수적으로 적은 난을 생산하는 종의 유생이 성체로 자랄 확률이나 내성이 강하고, 해양의 이매패류와 같이 그 크기는 작고 양적으로 많은 난을 생산하는 종(예 : 굴, 홍합)의 유생은 그 크기가 작아서 성채로 자랄 확률이 상대적으로 낮다.

(3) 섭식습성(무척추동물의 경우)
① 수중의 부유물을 아가미를 통하여 걸러서 섭식하는 것
② 바닥을 긁어서 퇴적물과 먹이를 함께 먹고 먹이만을 섭취하는 것
③ 생물의 사체를 섭식하는 것
④ 다른 생물을 포식하는 것

(4) 밀식에 대한 적응성

자연 상태에서도 밀식정도에 따라 성장률이 다르다. 밀식에 대한 적응정도는 종의 특성에 따라 다르다. 밀식은 양식생물의 배설물, 음식물 찌꺼기 등에 의한 산소 고갈을 종종 유발하며, 질병의 확산 속도도 상대적으로 빠르다. 또 하나의 문제점은 종종 canabalism (유생시기에 나타나는 유생간의 공식)을 유발한다.

❻ 양식생물과 질병

(1) 수질환경에 의한 질병
1) 수온의 급격한 변화 : 어린 물고기의 경우 5~10℃의 온도차에도 스트레스를 받는다.
2) 용존산소의 변화
3) 질소화합물의 발생
   ① 암모니아, 아질산 등의 발생 : 어류의 배설물이나 먹이 찌꺼기가 원인으로 어류의 아가미를 상하게 하여 호흡곤란을 일으키게 한다.
   ② 중금속, 농약의 유입 : 어류의 사망이나 어류 몸체의 기형을 일으킨다.
   ③ 지하수의 질소가스 : 지하수에는 질소가스가 다량 함유되어 있어 어류의 기포병(가스병)을 일으키므로 기포를 제거하고 용수를 공급하여야 한다.

(2) 영양요인에 의한 질병

생사료에 사용되는 생선에 많이 들어 있는 지방산은 불포화지방산으로 산패로 인한 질병을 일으킨다. 또한 단백질, 지질, 비타민 등의 결핍으로 인해 어류에 나쁜 증상을 일으키기도 한다.

(3) 질병의 병원체

1) 바이러스
   ① 허피바이러스(Herpesvirus) : 양식동물의 표피에 작은 사마귀를 일으키는 바이러스
   ② 이리도바이러스(Iridovirus) : 이리도바이러스 감염증(Iridoviral Infection)은 1990년 일본의 양식 참돔에서 처음으로 발생된 이래 돔류뿐만 아니라 넙치, 조피볼락, 방어, 농어, 전갱이 등에도 감염되고 있다. 치어일수록 폐사가 높게 나타나며 심할 경우 전량 폐사하는 경우도 있다. 돔류뿐 아니라 조피볼락, 농어 등에서도 감염이 확인되었다. 증상은 채색흑화, 회색, 출혈, 안구돌출 등이다.
   ③ 랍도바이러스(Rhabdovirus) : 세포질 내에서 증식하는 바이러스
2) 세균
   수산생물에 가장 많이 나타나는 질병이다. 몸에 붉은 반점이 생기거나 피부가 벗겨지는 증상, 지느러미 끝부분이 흐트러지는 증상이 나타나며, 눈동자가 튀어나오거나 배가 부풀어 오르는 증상도 보인다.
3) 진균
   물곰팡이가 물고기에 기생하면 몸 표면에 솜뭉치가 붙어있는 것 같은 모양이 보인다.
4) 기생충
   수산생물에 나타나는 기생충으로는 물이, 닻벌레, 아가미흡충, 피부흡충, 백점충, 트리코티나충, 포자충 등이 있다. 이런 기생충이 발현하면 물고기의 몸 표면에 좁쌀만한 흰 점이 생기거나 광택이 사라지고 물고기가 양어지의 벽에 부비는 등의 증세가 나타난다.

❼ 양식어업의 위험

(1) 자연적 위험

자연적 위험, 즉 자연재해는 기상조건과 환경의 변화에 의하여 발생하는데, 돌발적이고 예측 불가능하며 그 변화가 불확실하기 때문에 피해에 대한 예방과 극복이 매우 어렵고 피해규모도 큰 편이다. 이러한 자연적 위험은 양식물의 수확을 감소시키고 생산수단인 양식장 관리선이나 양식시설물을 파괴·유실케 한다. 일반적으로 양식물 및 양식시설물에 피해를 주는 자연적 위험에는 태풍(폭풍 포함), 해일, 적조, 이상조류, 해적생물부착 등이 있다.

1) 태풍 · 폭풍 · 해일

우리나라의 여름철에 연례적으로 내습하는 태풍이나 고기압 전선이 통과할 때 발생하는 폭풍은 동서해안의 양식시설물을 파괴하는 등 막대한 손실을 미치며, 이들 재해발생 직후에는 수온과 염분농도가 급상승함으로써 양식물의 생육과 성장에 커다란 영향을 미친다. 태풍의 최다로 발생하는 월은 8월, 7월, 9월의 순으로 대부분이 이 기간에 내습하고 있다. 또한 일본의 서해안에서 발생하는 해일은 동해 및 서해안 양식어장에 피해를 주는데, 이들 재해는 돌발적으로 발생하기 때문에 사전조치를 취하기 어렵고 피해예방대책이 없어 피해가 크다.

2) 적조

적조현상은 하천, 호수, 바다 등의 부영양화로 수중의 식물성 플랑크톤의 개체가 돌발적으로 다량 증식하여 해수나 담수의 색깔을 변화시키는 현상이다.

적조의 발생원인이 되는 생물은 편모조류·규조류·야광충 등이나 적색균류·염조류·직모충류 등에 의해서 발생하는 경우도 있다. 적조는 대개 6~9월경에 가장 많이 발생하나 야광충에 의한 적조는 5월, 규조류에 의한 경우는 봄에 많이 발생한다.

◆ 적조에 의한 양식업의 피해
  ⓐ 어류의 호흡곤란 : 다량 발생한 플랑크톤이 어류의 호흡기를 폐쇄함으로써 호흡을 곤란하게 만든다.
  ⓑ 수질오염 : 막대한 적조생물이 죽은 후 사체들이 분해될 때 유독한 유해물질을 발생시켜 수질을 오염시킨다.

ⓒ 어패류의 질식사 : 사체들의 분해에 의해 용존산소량을 감소시키고 황화수소를 증가시켜 어패류를 질식케 한다.
3) 이상조류

이상조류는 자연현상에 의하여 수온·염분·용존산소 또는 영양염류가 변함으로써 바닷물의 질이 급변하는 현상 전체를 일컫는다.

4) 수온의 변화

① 이상냉수 : 겨울철에 북서계절풍이 강하게 일어난 뒤, 혹은 겨울철 한냉한 북서풍에 의해서 생성된 한류가 외해에서 급히 진입할 때 나타난다. 이러한 이상냉수는 양식물의 성장·발육을 억제하거나 심하면 양식물을 동사시킨다.

② 이상온수 : 영양염이 풍부한 냉수성 해류의 수역에 난류가 급격히 진입해 해수온도를 급상승시킴으로써 양식물의 폐사를 야기하고 있다.

5) 해적생물의 출현

해적생물이 양식물에 부착함으로써 생기는 피해는 주로 패류 혹은 해조류에서 많이 발생하며, 이로 인한 피해는 양식생물을 폐사시키는 직접적인 피해와 양식물의 품질을 저하시키는 간접적인 피해로 나누어진다.

(2) 경제적 위험(시장위험)

양식어업에 있어서 가장 중요한 경제적 위험은 양식물 및 양식시설자재의 가격변동에 따른 위험이다. 양식물의 가격변동에 따른 위험을 보면, 양식물의 생산은 환경조건으로 인하여 양식물 종류마다 비교적 일정한 시기에 집중됨으로써 가격차가 시기에 따라 크다. 뿐만 아니라 양식물에 대한 수요의 가격탄력성이 비교적 작아 생산량 증감에 대한 가격 진폭이 크다.

(3) 인위적 위험

① 육상오염원으로 인한 해양오염
② 매립 및 간척으로 인한 어장축소

③ 댐의 방수로 인한 담수의 다량유입
④ 발전소의 가동에 따른 온수의 배출
⑤ 양식어장 자체의 밀식에 의한 자가오염피해 등

⑧ 양식 종별 양식방법

(1) 유영동물의 양식방법

1) 넙치(광어)

우리 나라의 어류양식에서 차지하는 비율이 가장 높다

① 양식환경 : 육상수조나 연안의 가두리
  ㉠ 가두리의 크기 : 관찰과 취급이 쉬운 25~100㎡로 깊이는 2~5m 인 것이 알맞다.
  ㉡ 양성밀도 : 가두리 안의 해수 유통에 따라 다르나 정상적인 경우 ㎡당 5~15kg
  ㉢ 육상수조
    ⓐ 수조의 수심 : 40~80cm 깊이로 비교적 얕아도 되나 어체 탈출방지를 위하여 수면위로 30~50cm 정도 여유를 주어야 함
    ⓑ 수조의 크기 : 치어기엔 4~10㎡ 정도로 하고 성장함에 따라 점차 넓혀서 출하 전에는 30~100㎡ 정도

② 성장 적수온

15℃~26℃, 성장률과 생존율을 고려하면 21℃전후가 적합하고 먹이섭취의 한계수온은 10-27℃

③ 양성용 먹이
  ㉠ 어릴 때: 곤쟁이, 까나리 등을 잘게 끊어서 줌(먹을 수 있는 크기)
  ㉡ 성장함에 따라 까나리 또는 전갱이 새끼 등을 통째로 주거나 몇 개로 토막내어줌

2) 조피볼락

양볼락목 양볼락과에 속하는 난태생 어종으로 볼락류 중에서 가장 성장이 빠른 대형종이다. 비교적 낮은 수온에서 서식 가능한 북방형 어종으로 우리나라 동, 서, 남해 및 일본 북해도

이남, 중국 북부의 각 연안에 분포한다.

상품크기는 0.5~1kg이 일반적. 종묘크기에서 상품크기까지 성장하는데는 1년6개월~2년 정도 소요된다. 넙치보다 성장이 느리고 돔류보다는 빠르며, 양식 생산량은 넙치다음으로 많다.

① 양식환경 : 양식은 주로 해상가두리식을 쓰고 종묘생산은 육상수조식을 쓴다.
  ㉠ 해상가두리
    ⓐ 5×5, 6×6, 10×10m 크기에 깊이 5~7m 그물가두리 이용
    ⓑ 어릴때는 무결절망을 사용, 조금 성장하면 일반적으로 랏셀망을 사용
    ⓒ 양성밀도 : 해상가두리 사육시 일반적으로 4-5㎝의 종묘는 가두리 표면적㎡당 약 700~1000마리를 기준으로 하고 8㎝내외로 성장하면 300~500마리로 조정한다.
  ㉡ 육상수조
    ⓐ 수조는 50~100㎥크기로 수심은 1~2m를 이용하는 게 좋다.
    ⓑ 동일한 수온 및 사육밀도에서는 환수량이 많으면 성장이 빠르므로 양수시설 및 배관시설을 여유 있게 설치

② 성장 적수온
  ㉠ 15~20℃가 조피볼락의 적정수온, 12℃에서도 정상적인 사육이 가능(먹이공급)
  ㉡ 연중 12℃ 이상으로 조절하여 겨울철에도 성장시킬 수 있다.

③ 양성용 먹이
  생사료(냉동 전갱이)와 분말사료(넙치 육성용)를 1:1의 비율로 혼합하여 제조한 습사료(moist pellet) 공급
    ◆ 습사료를 공급하여 실험한 결과 500g 까지 성장하는데는 출산 후 약 2년 200g까지는 약 1년이 소요

3) 돔류
참돔, 감성돔, 돌돔 등이 있으며, 인공종묘양식으로 완전 양식이 가능하다. 다만, 다른 어종에 비하여 성장속도가 느리다

는 단점이 있으며 500g 기준 참돔은 2~3년, 감성돔은 4년 정도 걸린다.
① 양식환경 : 가두리양식을 주로 쓴다.
② 서식 적수온 : 13~28℃
③ 양성먹이 : 까나리나 정어리 등과 배합한 습사료 제공

4) 메기

메기는 전국의 강, 하천, 호수 등에 널리 분포되어 있다. 수온 20~27℃의 온수대 저질이 부드러운 수역에 서식하며, 야행성이며 경계심이 강하고 탐식성으로 소형동물을 주로 포식(공식현상)한다. 자연산 메기의 산란은 만 2년생이면 가능하다.(주산란기 5월 중순~7월 중순) 자연 서식장에서는 3~5일 만에 부화하며, 성장속도는 1년에 10~20cm, 2년에 20~40cm 성장 된다.

① 양식환경 : 양성지는 주·배수가 충분하고 사육관리가 용이해야 하며 못의 크기는 250~500㎡가 적당하고 수심이 1~1.5m가 유지될 수 있는 깊이면 좋다.

  ㉠ 지수식양식 : 양성지크기는 250~500㎡(가을 취양 또는 월동방양의 경우 1,000㎡ 전후도 무방)
    ◆ 방양 : 월동을 마친 전년도산 치어 및 당년에 조기 생산 종묘를 수온 15℃ 전후 방양이 좋으며 2~3일 후부터는 먹이를 먹기 시작함
  ㉡ 가두리양식 : 댐호 및 저수지에서의 가두리양식은 지수식양식방법 못지않게 생산성이 높다.
    ◆ 종묘 방양 밀도는 1칸(5×5m)당 3,000~5,000마리 정도가 적당하다.
  ㉢ 저수지 조방양식
    저수지 또는 낚시터에 메기를 방류하여 자연산 먹이로 하거나 인공배합먹이를 공급해서 생산하는 방법이다.
  ㉣ 순환여과양식
    시설은 600~1,000㎡(200~300평) 규모이면 연간 약 15톤 가량 생산이 가능하다.
    사육지의 개수와 면적은 될수록 소형으로 여러개 시설함이 관리에 편리하며 치어지와 채란, 부화지, 치어지 및 양성지의 구분이 필요하고 양성지는 치어지의 5배

　　이상의 면적이 필요하다.
　② 양성 적수온 : 20~27℃
　③ 양성먹이 : 어분이나 동물성 먹이를 제공

5) 은어

맛이 담백하고 특수한 수박향기를 함유하고 있다. 1959년 인공종묘생산에 성공한 다음 1963년 가두리식 양성, 1965년 원형 육상수조식 양성 등이 보급되었다.

우리나라에서 1970년부터 국립수산진흥원 내수면 연구소에서 시험양식 실시 후 보급되었으며 양성기간이 비교적 짧고 값이 비싸며 수요증가로 양식전망이 밝다.

은어는 은어과(Plecoglossidae)에 속한다. 전장 10-30㎝, 이 중 10㎝내외되는 것을 소은어라하고 30㎝내외는 대은어라고 한다.

우리나라에서는 두만강을 제외한 주요하천에 분포하며, 특히 낙동강, 섬진강, 강구오십천, 삼척오십천, 남대천 등에 많이 서식한다.

　① 양식환경 : 육상수조식과 가두리식으로 하지만, 우리나라에서는 주로 육상 수조식 양성을 한다.
　　◆ 육상수조
　　　ⓐ 장방형 : 넓이 400~500㎡, 수심 60~120㎝이고 바닥은 배수구를 향하여 1/20~1/30의 경사를 만들고 배수구에다 집수구역을 만들어 수확시 쉽게 수확할 수 있도록 한다.
　　　ⓑ 원형 : 지름 10~15m, 수심 100~150㎝이고, 배수구는 중앙에 설치하며 바닥은 중앙을 향하여 1/15-1/25로 경사지게 한다. 또한 사육용수가 잘 회전할 수 있게 주수하는 물이 수조 벽의 방향과 평행하게 주수하며 양성한다.
　　◆ 양성밀도 : 장방형에서 ㎡당 100~200마리, 원형수저에서 ㎡당 200~400마리
　② 양성 적수온 : 15~25℃가 성장 적수온이며, 10℃이하 28℃ 이상에서 먹이를 먹지 않는다.
　③ 양성먹이 : 먹이는 배합사료를 주로 사용(크럼블형의 입자)한다. 먹이는 일정한 먹이 터에다 주는데 그 먹이 터는 주

수구 부근이다. 먹이횟수는 하루 6~8회, 1/2은 아침과 해질무렵, 1/2는 낮에 나누어준다.

6) 뱀장어

우리나라에서는 뱀장어(Anguilla japonica)와 무태장어(Anguilla marmorata)의 2종이 있으나 양식대상종은 뱀장어 1종이다.

뱀장어는 강하성(降下性) 어류이며 하천으로 올라온 실뱀장어는 4~12년간 300~1,000g으로 성장하여 어미가 된다.

① 양식환경 : 지수식(하천수, 저수지물, 지하수)과 순환여과식(지하수, 용천수, 온천수)이 주로 사용되며, 수질은 pH 6.5~8.5 정도로 유지하고 수조가 위치하는 지형은 주배수가 편리하며 관리나 시설경비를 절약할 수 있는 곳과 기후가 온화하고 남향으로 바람이 심하게 일지 않는 곳이 좋다.

  ◆ 지수식 못의 구조

   못 바닥의 경사는 주수구 쪽이 50~80cm 정도 배수구 쪽이 1~1.5m 정도로 해줌

   못 벽은 콘크리트로 하고 수면에서 50cm 정도 높이로 해줌

② 양성 적수온 : 낮은 수온에서 먹이 섭취율이 떨어지므로 수온을 26~27℃로 올려 준다.

③ 양성먹이 : 실지렁이, 배합사료

  ◆ 먹이 길들이기(먹이부침)

   방양한 실뱀장어는 낮에는 넓게 퍼져 유영하나 일몰 후는 못의 벽면을 따라 유영하는데 일몰 후 급이장에 300W 정도의 전등을 켜주면 약 1시간 후에는 전등 가까이에 모여든다.

   그물상자에 실지렁이를 넣고 수면에 거의 닿을 정도로 매달아 두면 1주일 후에는 약 70%가 실지렁이 먹이에 길이 든다. 먹이상자 이외에서는 먹지 못하도록 습관을 들이고 야간에 먹이를 먹는 버릇이 들면 차차 점등시간을 당겨서 주간으로 전환한다.

   실지렁이 먹이에 충분히 길이 들면 본 먹이로 전환하고 실지렁이의 양을 줄여서 100% 배합사료를 먹이로 쓴다.

   실뱀장어 먹이 부침에 적정한 온도 : 24~27℃

(2) 부착 및 저서동물의 양식방법

1) 가리비

① 가리비의 종류

종 류	큰가리비	국자가리비	비단가리비
학 명	Patinopecten yessoensis	Peaten albicans	Chlamys farreri
서식 환경	사니질 30% 이하 모래, 자갈 수심 10~30m	모래, 사니질 수심 10~80m	암석, 사니질 수심 조간대~10m
분 포	영일만 이북 동해안	남해안 동부측	전국연안
산란기	3~6월	2~3월	5~7월
최대 크기	20cm	12cm	7~8cm

② 양식환경

　㉠ 수하식 양식 적지

　　ⓐ 파도의 영향이 적으며 수심 20~60m 되는 곳

　　ⓑ 여름철 고수온 (23℃) 기간이 2개월 이하로 가능한 짧은 곳

　　ⓒ 저질은 평탄하여 시설물 설치가 쉬운 모래 또는 사니질인 곳

　㉡ 바닥식 양식 적지

　　ⓐ 자연산 가리비가 서식하는 곳

　　ⓑ 해저경사가 완만하고 저질은 사력질 (모래와 자갈, 패각 부스러기)로 개펄의 함유가 30% 이하인 곳

　　ⓒ 수심 30m 이하로 오염의 우려가 없는 곳

③ 서식 수심 및 서식 적온 : 서식수심은 수m~50m이상이며, 주서식수심은 20m~40m 정도의 자갈이나 패각질이 많은 곳이다. 서식수온은 5~23℃

④ 양성밀도

치패크기 (cm)	채롱망목 (mm)	적정수요밀도 (마리/채롱)	비 고
1이하	5	100-400(치패 채취시)	채롱크기 35×35cm
2	10	50-70(1회 분산)	
3-5	20	20-25(2회 분산, 양성)	
5-7	30	10-15(3회 분산, 양성)	

2) 굴

우리나라의 양식굴은 참굴(난생형)이다. 간조선 및 천해의 고형물에 부착 서식하며, 먹이로는 식물성 플랑크톤, 유기세편 등이다.

채묘시기는 전기에는 6~7월(전남 고흥, 여천, 경남 남해, 하동 등)이며, 후기에는 8~9월(전남 여수, 여천, 경남 고성, 거제, 통영, 창원등)이다.

① 양식환경
  ㉠ 바닥식 : 간조선 수심 수m되는 천해의 바닥으로 지반의 변동이 없고 종패 살포, 양성시 매몰되지 않는 곳
  ㉡ 투석식 : 간, 만조선 사이 지반이 연약한 곳에 부착기물인 돌을 사용, 치패를 부착 양성하는 방법으로 이때 사용되는 돌로는 산석이 좋으나 시멘트 블럭을 제작하여 사용하는 것도 가능(수확 후에는 돌의 상하 위치 바꾸기 실시)
  ㉢ 송지식(나뭇가지식) : 간, 만조선 사이나 간조선 이심에 나뭇가지를 세워 치패를 부착 양성하는 방법으로 이때 사용되는 나뭇가지는 조류 방향과 병행하여 세움(길이 1.2~1.8m의 소나무, 참나무, 대나무등 사용)
  ㉣ 연승수하식 : 천해의 수심5m이상 해면에 뜸을 띄우고 로우프를 연결 양성하는 방법(뜸은 스티로폴제, 하이젝스제, PVC제 등 사용)
  ㉤ 뗏목수하식 : 뗏목에 뜸을 달아 수면에 뜨게한 후 수하연을 매달아 양성하는 방법(뗏목자재는 부력과 유연성이 있어서 내파성이 있는 대나무인 맹종죽 사용)
  ㉥ 기타수하식 : 간석지에 말목을 설치한 후 수하연을 매달아 양성하는 간이수하식이 여기에 속함(중앙에 말목을 박고 원형으로 수하연을 매달아 양성하는 우산식과 경남 사천 등 남해안 일부지역의 간이 수하식을 변형한 걸대식 등이 있음)
② 양성적온 : 5~30 ℃(적수온 : 23~25 ℃)
③ 단련종굴 : 참굴의 성장은 종굴의 단련 여부, 수하시기, 양성장의 조건 등에 따라 상이하다. 나쁜 환경에서 살아남은 단련종굴은 일반적으로 내병성이 강하고 폐사율도 낮으며

부착생물과의 경쟁에도 잘 견디어 비단련 종굴에 비하여 성장 양호하다.
④ 굴의 해적생물 등
　㉠ 식해성 해적생물 : 불가사리, 납작벌레, 대수리, 두드럭고둥, 뿔고둥, 피뿔고둥 등
　㉡ 부착성 경쟁생물 : 따개비, 진주담치, 미더덕, 우렁쉥이류, 해면류 등
　㉢ 기타 해적생물 : 폴리도라류 등

3) 전복

전복은 2월 수심 25m층의 12℃되는 등온선을 경계로 북쪽은 한류계(참전복), 남쪽은 난류계(말전복, 까막전복, 시볼트전복, 오분자기)가 분포한다. 상업적 가치가 있는 것은 참전복과 까막전목이다.

1cm 크기 종묘사육시 각장 7cm까지 성장하는데 2년반, 각장 9cm까지는 약 3년 소요된다.

① 전복의 종류

종류	학명	최대 크기	각고	호흡공	서식 수심
말전복	Haliotis giguntea	25cm	높다	심한 돌출 4~5개	15~30
까막전복	H. discus	20cm	높다	중간 3~6개	4~10
시볼트전복	H. sieboldi	17cm	낮다	약간 돌출 4~5개	12~15
참전복	H. discus hannai	14cm	중간	심한 돌출 3~5개	4~5
오분자기	H. diversicolor super-texta	8cm	-	6~9	0~4

② 양식환경
　㉠ 수하식 채롱양성
　　ⓐ 양성시설 : 뗏목식은 1대(8X6)당 채롱(0.6X0.5X1m) 40개 시설, 연승수하식은 1대(길이 100m)당 채롱 50개 정도를 수심 4-5m층에 수하
　　ⓑ 수용밀도 : 양성초기 치패는 7mm일 때 4,000마리/㎡, 수확시는 10-40kg/㎡정도 수용

ⓒ 먹이공급 : 먹이는 미역, 다시마, 대황, 감태, 갈파래, 구멍갈파래 등이 좋으며 여름철은 3-4일에 겨울철은 7-10일에 1회 공급(공급량은 섭식량의 2-3배)
  * 전복치패의 먹이 섭식량 : 다시마(30cm) 1,000미, 1일분
ⓒ 방류 양성
  ⓐ 전복초 조성 : 어린치패의 보호, 육성을 위하여 수심 1-3m내외의 전복초 설치
  ⓑ 종묘수송 : 봄, 가을 직사광선을 피하고 때때로 해수를 뿌려주면서 소송하되 먹이 투여는 금지
  ⓒ 종묘방류 : 생잔률 향상을 위하여 각장 3cm 이상 되는 종묘를 수심 2-3m 정도의 다소 깊은 곳에 방류함이 바람직 (방류용 상자로 침하 또는 잠수부에 의한 직접방류 방법 이용)
③ 양성 적수온 : 10~23℃ (적수온: 15~20℃)
④ 치패사육용 먹이
  ㉠ 저서초기 사육
    치패는 성패보다 산소 소비량을 훨씬 많다. 먹이는 부착성규조류와 감태, 미역 등의 포자 및 배우체 사용한다.
  ㉡ 저서후기 사육
    치패가 4-5mm 이상으로 성장하면 부착기에 한 규조류만으로는 충분한 먹이 공급이 곤란하다. 부착기로 부터 치패를 박리하여 채롱에 수용한 후 갈파래, 쇠미역, 미역 등의 부드러운 엽체를 공급하면서 사육한다.

4) 피조개

피조개는 남해안과 동해안의 내만이나 내해에 분포하며, 꼬막류 중 가장 깊은 곳까지 분포한다(내해의 조간대부터 수심 50m 사이의 펄 바닥에 서식). 저질은 개흙질로 된 연한 곳이 좋다.

① 종류

종류	학명	일명	최대 크기	방사 늑수	수직 분포

고막	Tegillarca granosa	Haigai	4.1cm	16~20(18)	조간대
새고막	Scapharca subcrenata	Sarubo	7.2cm	26~34(31)	조간대 ~10m
큰이랑피조개	S. satowi	Satogai	11.4cm	36~41(38)	수m~30m
피조개	S. brougtonii	Akagai	11.8cm	36~46(41)	수m~50m

② 양식환경
  ㉠ 바닥양성
    ⓐ 종패살포 : 각장 4cm 이상은 봄, 가을, 3cm 이하인 경우는 봄철 (3~5월)에 살포
    ⓑ 살포량 : 1ha당 50만마리 살포
    ⓒ 양성기간 및 채취방법 : 양성기간은 1~2년이며, 형망을 사용하여 채취한다.
  ㉡ 수하식양식
    ⓐ 입지 조건 : 풍파의 영향이 적은 내만성 어장 (간조 시 수심 5~20m)
    ⓑ 수하용 용기 : 그물, 플라스틱 바구니, PVC 바구니
    ⓒ 시설수심 및 시설시기 : 시설수심은 3m 이심층이 좋고, 시설시기는 봄철 3~5월 (각장 3cm 전후)이 좋다.
③ 양성 적수온 : 6~28℃(적수온 : 20~26℃)
     산란임계온도 : 23℃
④ 먹이생물 : 해산 크로렐라(Chrorella sp.), 모노크리시스(Monochrysis lutheri), 키토세라스(Chaetoceros calcitrans) 등

(3) 해조류의 양식방법

1) 김

해태(海苔)라고도 한다. 바다의 암초에 이끼처럼 붙어서 자란다. 길이 14~25cm, 나비 5~12cm이다. 몸은 긴 타원 모양 또는 줄처럼 생긴 달걀 모양이며 가장자리에 주름이 있다. 몸

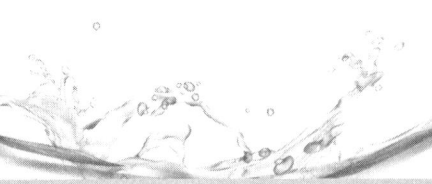

윗부분은 붉은 갈색이고 아랫부분은 파란빛을 띤 녹색이다. 우리나라에서는 참김과 방사무늬김을 주로 생산하였으나, 최근에는 병해에 강하고 생산성이 좋은 모무늬돌김, 둥근돌김 등이 선호종이다.

① 환경조건 및 생태

수온	– 채묘기 : 23℃ 이하 – 발아기 : 15~22℃ – 엽체성육기 : 5~8℃ – 종어기 : 12~23℃ 이상
영양 염류	– 질산염, 아질산염, 암모니아, 인산염 – 미량 원소(Fe, Mn, Cu, Co 등) – 양질의 김생산 : 질산염 0.1mg/l, 　　　　　　　　　인산염 0.03~0.95mg/l
광선	– 김의 수직분포, 즉 서식대를 결정짓는 요인 – 김의 보상점은 300~500Lux로서 약한 광선하에서도 광합성이 가능하다.
유속	– 20cm/sec – 부영양화 어장 10cm/sec, 빈영양화 어장 30cm/sec – 채묘기 7cm/sec, 발아기 7~25cm/sec

② 배양방식
　㉠ 수하식 : 180cm×360cm×80cm 수조에 패각 5,000~10,000개 배양
　㉡ 평면식 : 75cm×45cm×15cm 상자에 패각 50개 배양

③ 육묘(발아관리)
　㉠ 실내 인공채묘 : 포자부착 상태를 검결 확인하여, 적당수의 포자가 부착되었으면 그물발을 건져내어, 일정시간 음건시켰다가 어장에 설치
　㉡ 야외 인공채묘 : 5~10매 겹쳐 봉투식으로 3~5일간 부동식으로 관리한 후 포자의 부착상태를 확인하고 12~18일후 2~5매로 분산시킴
　　◆ 발의수위 : 조금(소조)때 15~20cm 올렸다가 원래의 기준 수위로 환원시킴

2) 미역

외형적으로는 뿌리·줄기·잎의 구분이 뚜렷한 엽상체(葉狀體) 식물이다. 우리나라 전 연안에 분포하나, 한·난류의 영향을 강하게 받는 지역에는 분포하지 않는다. 저조선 부근 바위에

서식하나 남부지방은 더 깊은 곳에, 북부지방에서는 더 얕은 곳에 서식하는 경향이 있다. 겨울에서 봄에 걸쳐서 주로 채취되며 이 시기에 가장 맛이 좋다. 봄에서 여름에 걸쳐 번식한다.

① 양식적지
  ㉠ 수온 : 15℃ 이하의 성장 기간이 긴 외양수역
  ㉡ 영양염 : 부영양상태의 내만수와 외양수가 혼합되는 곳
  ㉢ 조류 : 연안이나 내만에서의 유속이라면 빠른 편이 좋다.
  ㉣ 수심 및 저질 : 수심이 10m 이상 되는 곳 사니질 인 곳 (모래 뻘)

② 채묘시기 : 유주자 방출 시기는 수온이 14~22℃일 때이며, 수온 17℃전후로 될 때에 택하는 것이 좋다.

③ 종묘배양관리
  ㉠ 초기배양 : 이 기간은 종사에 착생한 유주자를 배우체까지 발아, 성장시키는 기간으로 채묘 후 약 10~20일에 해당되나 실제로는 약 30일 정도 소요되며 7월초, 중순경이다.
  ㉡ 중기배양 : 중기는 7월 중순~9월 초순경인 고수온기에 해당하며 23℃ 이상의 고수온에 견디어 생존율이 좋게 관리하는 기간
  ㉢ 종기배양 : 종묘의 휴면을 해제하고 난 뒤 배우체를 성숙, 아포체를 형성시켜 종묘를 가이식까지 또는 양성(이식)시설 할 수 있는 시기까지의 기간으로서 수온 상으로는 23℃ 이하로 하강하기 시작하여 19℃까지인 9~10월경에 해당된다.

④ 가이식

해수수온 20℃ 이하에서 틀에 잠긴 그대로 씨줄을 수면하 2~4m에 매단다.

가이식은 아포체가 규조류나 부니에 묻히지 않을 정도의 크기(0.5~1cm)까지 한다.

가이식을 하는 곳은 만의 안쪽 또는 외해쪽에서 하고 조류 소통이 좋은 곳을 택해야 싹녹음의 병해가 적다.

⑤ 성장 및 수확

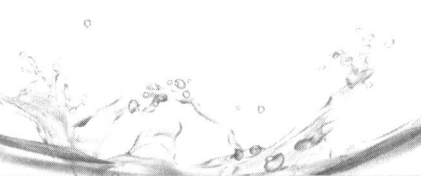

미역의 성장은 밝기(깊이), 어미줄에 붙어 있는 개체간 거리, 유엽체의 발아시기, 양성시설 시기에 따라 다르다. 즉, 유엽은 17~15℃에서 중록이 생긴 이후에는 약 13℃에서 성장이 빠르다.

- ⓐ 일제수확 : 생육수온이 비교적 높아서 15℃ 이하로 되는 기간이 짧은 곳에서는 미역이 일제히 자라므로 일시에 수확을 한다.
- ⓑ 솎음수확 : 수온이 15℃ 이하인 기간이 긴 곳(50일 이상)에서는 성장도가 차이가 있는 경우에는 일찍 자란 것부터 채취한다.

  너무 배게 발아했을 때에도 이것을 솎아 어미줄 10cm당 5~10개체 정도를 남기도록 하면 성장이 잘 된다.

- ⓒ 잎자르기수확 : 미역의 성장대는 줄기와 잎의 중간에 있으므로, 이 성장대의 위쪽을 잘라서 수확한다.

  이때 남은 부분에서는 재생을 하게 된다. 특히 발아수가 적을 때에는 이 방법이 유효하다.

3) 다시마

우리나라에서 양식 가능한 종류는 참 다시마와 애기다시마 2종이다. 원래는 원산 이북에만 분포했으나 지금은 실내에서 종묘 생산하여 제주도를 제외한 전 해역에서 양식 가능하다.

① 양식환경

- ⓐ 수온 : 11월에서 익년 7월사이에 수온 17~18℃ 이하이며, 기간이 약 6개월간 이상이 지속될 수 있는 해역, 2년생 다시마를 생산할 때는 여름철 7~9월의 수온이 22~23℃ 이하로 유지되는 곳이 좋다.
- ⓑ 적지 : 내만수나 육수와 외양수가 혼합되는 곳이 영양염류가 풍부하므로 성장이 잘 된다.
- ⓒ 수심 : 적정수심은 6~10m이다. 수심은 15~30m 범위이면 되나, 수심 20m 이상인 경우는 시설 경비가 많이 소요된다.
- ⓓ 저질 : 해저는 닻의 고정력이 충분히 미칠 수 있는 단단한 사니질이거나 자갈지대의 곳이 좋다.

② 양성시설

양성시설은 미역과 비슷한 수평 외줄식이 적당하며 어미

줄 1m당 20~30kg에 달하므로 장력이 크게 걸리며 양성기간도 길어서 태풍을 대비해 훨씬 튼튼해야 한다. 시설소는 조류가 다소 빠른 편이 생장에 좋다.

③ 시비

다시마는 50~60cm 이상으로 성장하게 되면 엽체의 성장도 빨라질 뿐만 아니라 영양염류의 소비량도 급진적으로 많아지게 되므로 이시기에 요소 또는 유안, 암모니아 등의 비료를 시비하여 주면 성장도 촉진되고 색체도 좋아진다.

시비방법은 소형주머니 수하법으로서 500~1,000g정도의 비료를 포리에치렌 봉지에 넣고 주머니의 윗부분에 바늘로서 구멍을 2~3개소 뚫어서 지승의 중간부분에 5~10m 정도의 간격으로 매달아 준다.

시비횟수는 5~6일마다 한번씩 계속 매달아 주되 적어도 5회(1개월)이상에 걸쳐 실시해야 효과를 볼 수 있다.

❾ 수산가공과 위생

(1) 수산식품 원료의 특성

1) 수산물의 특성

① 수산물의 긍정적 특성

㉠ 양질의 영양소 함유

ⓐ 동물성 어패류의 근육은 축육에 비해 지방함량이 낮으며 우수한 아미노산조성의 단백질로 구성되어 있다.

ⓑ 필수아미노산 조성으로 볼 때 어패류의 단백질은 축육과 비교하여 손색이 없으며 소화흡수성은 오히려 더 우수하다.

ⓒ 축육과 비교하여 볼 때 지방함량이 낮아 열량은 오히려 낮은 고단백 저지방의 다이어트 식품적 특성을 보유하고 있다.

㉡ 생리활성물질을 다량 함유

어육단백질의 분해로 얻을 수 있는 혈압저하물질 ACE

저해 펩타이드, 심장강화, 콜레스테롤 저하 및 세포활성 강화기능의 타우린, 동맥경화 예방 등 수많은 생리기능의 EPA 및 DHA, 성장호르몬 및 시력강화 기능의 비타민 A, 칼슘의 흡수촉진 기능의 비타민 D, 관절 및 시력관련 기능성 물질인 콘트로이친을 포함한 MPS, 혈압조절 및 중금속 체외배출, 면역활성 증강 등의 기능특성을 보인 알긴산, 퓨코이단, 포피란 등 해조류중의 산성 다당류, 항균 및 항산화 기능의 키토산 유도체 및 글리칸성분 및 카로티노이드, 생리적 기능성이 우수한 무기원소(칼슘, 철, 요드, 셀레늄, 아연, 마그네슘 등) 등은 지금까지 알려진 주요 생리활성 물질들로서 육상의 천연 동식물에 비해 월등히 많은 량이 수산동식물에 함유되어 있다.

ⓒ 우수한 맛과 기호특성

수산물은 종이 다양한 만큼 다양한 맛과 식감특성을 보유하고 있다. 어패류 근육중의 맛관련 성분들은 종에 따라 다르나 대체적으로 글루탐산, 글리신, 프로린, 아라닌 등의 좋은 맛을 내는 아미노산이 풍부할 뿐 아니라 각종 유기산, IMP 등 핵산과 상당량의 유리당 및 소량의 염을 함유하고 있으며 다양한 종류의 정미성 수용성분을 다량 함유하고 있어 대체적으로 맛이 좋으며 풍부하다. 이 때문에 수산물의 기호성은 그만큼 다양할 뿐 아니라 발전 가능성이 높다고 할 수 있다.

② 수산물의 부정적 특성

㉠ 어획이 불안정하다.

수산물은 농산물이나 축산물과 달리 어획이 극히 불안정하다. 일반 해면어업의 경우 언제, 어디서, 어떤 어종이, 얼마만큼 어획될 수 있을 지에 대한 정확한 예측이 어렵다. 수산업 자체가 해류, 기상조건 등 외적요인에 지배되는 부분이 크기 때문에 계획생산이 가장 어려운 1차 산업적 특성을 갖는다.

이와 같은 수산업은 인공 양식산업 기술의 발달로 상당 부문 해소되는 추세에 있으나 인공양식의 경우에도 수온의 경제적 관리는 아직까지 쉽지 않은 실정이다.

ⓒ 일시 다획성이다.

　수산동물은 낚시어업 등 소극적 어법으로 어획하는 경우도 있으나 그물을 사용하는 어업이 많으며 그물을 사용할 경우 어류자원이 풍부할 경우 일시 대량어획 되는 특성이 있다. 국내에서 선호되는 대중성 어류의 대부분은 선망, 자망, 저인망, 안강망 등의 적극적 그물을 사용하는 적극적 어업산물이며 대부분 어군밀도가 적정하였을 경우 대형그물을 사용하기 때문에 1회 양망시 대량의 어획물이 얻어지는 특성이 있다. 이러한 어획특성은 한정된 어획선상의 작업여건(처리작업장, 작업시간, 작업인력, 보관 및 수송여건 등)을 고려할 때 농산물이나 축산물과는 달리 어획물에 대한 체계적 초기 선도관리 및 처리가공을 어렵게 하는 요인으로 작용한다.

ⓒ 어종이 다양하며 계절적 특성이 강하다.

　수산자원은 서식환경에 따라 담수산과 해수산 및 기수역산으로 구분된다. 서식수온에 따라서 열대수역, 온대수역 및 한대수역 수산물로 구분될 수 있다. 생태특성에 따라 특정수역에 정착하는 정착성과 회유하면서 서식하는 회유성으로 구분될 수 있으며 서식 수심에 따라 표층어종, 중층어종, 저서어종으로도 구분된다. 육지와의 거리에 따라 연안어종과 원양어종으로도 구분되며 생물학적 특성에 따라 어류, 갑각류, 연채류, 패류, 복족류, 두족류, 극피류,등 다양한 종으로 구분된다. 이처럼 다양한 요인에 영향을 받은 수산물은 종류가 극도로 다양한 특성이 있으며 종마다 나름대로의 생태특성을 갖는 만큼 주 어획시기가 따로 있는 특성이 있다.

ⓒ 성분조성의 차이가 심하다.

　수산물은 주요 영양성분 조성은 비교적 큰 것으로 알려지고 있다. 어종에 따라서도 일반성분의 차이가 상당하지만 동일 어종이라도 암수성별, 크기(비만도)와 연령, 어장과 어획시기에 따라 상당한 성분차이가 있을 뿐 아니라 동일 개체라도 부위에 따른 성분차이가 심하다. 동일 어종의 경우 대체적으로 단백질과 회분의 차이는 크지 않은 반면 수분과 지방함량은 계절적 차이가 심한 경향이 있는데 청어나 정어리 같은 다지방 적색육 어류의 경우 산란 직전과 산란 후 체지방 함량차이가 30%를 상회하였다는 보고도 있다. 또한 동물성 다당류인 글리코겐을 다량 함유한 패류의 경우도 산란 전후 극심한 변화를 보이는 특성이 있으며 해조류의 경우도 어린 유엽과 성실엽의 다당류 함량차이가 매우 심한 것으로 알려져 있다.

ⓜ 쉽게 부패되는 특성이 있다.

어패류는 근육이 연약할 뿐 아니라 근육 중에 육성분 분해효소(Cathepsin류)를 함유하고 있으며 아가미 및 표피점액에는 다종다양한 부패성 미생물을 다량 함유하고 있어 일단 질식사 후 혐기적 대사과정에 이르면 쉽게 육성분이 분해되는 특성이 있다. 이는 축육류는 육조직이 어육보다 강인할 뿐 아니라 도살후 내장 및 혈액을 분리하여 위생적으로 세정하고 급냉처리하는 등의 위생적 처리를 하지만 어육의 경우 어획 후 내장분리나 위생세정 또는 급냉처리 등의 과정을 거치기 어려운 원료적 특성이 있기 때문이다.

ⓑ 취급이 불편하며 비린내가 난다.

수산물은 축육과 달리 비늘, 뼈, 내장, 혈액 등의 비가식 부위를 위생적으로 분리하기가 어려운 문제가 있어 대부분 전어체 또는 부분 조리된 상태로 취급 유통된다. 또한 신선도가 저하됨에 따라 미생물 증식에 의한 육성분 분해 및 산화작용에 의해 비린내 등 불쾌한 냄새가 발생하여 식품으로서 기호성을 떨어트리는 경우가 많다.

ⓢ 식중독을 일으키기 쉽다.

수산물은 신선한 상태라도 다양한 천연독성분을 함유하는 경우가 있으며 세균증식에 의한 세균성 식중독을 일으키는 경우가 많아 보편적 식품으로서 외면 받는 경우가 많다. 신경마비독, 복어독, 하리성 패류독, 고등어류의 히스타민 중독, Clostridium botulinum에 의한 맹독성 식중독, 베네루핀, Staphylococcus aurius, Vibrio parahaemoriticus, 콜레라, Vibrio 패혈증,

O-157 세균중독 등은 흔히 접하는 대표적 식중독 사례라고 할 수 있다.

02 어획(수확) 후 관리의 기술

(1) 어획 후 품질관리의 의의
어획 후 품질관리란 어획한 수산물이 최종 소비자에게 도달하기까지 신선도 유지, 부패방지 등을 통하여 품질을 유지하기 위한 모든 조치를 말한다.

(2) 어획 후 품질관리의 필요성
① 생산된 수산물의 변화 및 특성과 원리에 대하여 이해함으로써 어획 후의 손실을 최소화하고 품질을 유지하기 위함이다.
② 수산물 유통의 국내외 환경 변화에 능동적으로 대처하여 가격 및 품질 등의 경쟁력을 높이기 위함이다.
③ 다양·다종의 수산물의 유통경로를 이해함으로써 유통효율을 높이기 위함이다.
④ 소비자의 기호변화에 능동적으로 대응하기 위함이다.

(3) 수산물 유통의 특징
① 부패성
② 복잡한 유통경로와 높은 유통마진
③ 용도의 다양성
④ 계절의 편재성
⑤ 규격화 및 표준화의 어려움
⑥ 가격의 변동성

(4) 어획 후 품질관리 기술

1) 수산물 품질결정의 요소

구 분	생물적 특성	품질관리기술
① 소비자 기호 ② 소비자 유형 ③ 시장성	① 어종 ② 어획방법 ③ 어획시기 ④ 저장성 ⑤ 가공성 ⑥ 수송성	① 선도유지 기술 ② 안전성 확보 기술 ③ 상품차별화 ④ 부가가치 창출 ⑤ 시설.장비의 운용기술

2) 어획 후 품질관리 기술의 개념

부패성	유통환경	품질관리기술	시스템화 기술
① 사후변화 ② 수분증발 ③ 장해	① 온도 ② 상대 습도	① 품질안전성 유지기술 - 냉장 및 냉동 - 포장 - HACCP 운용 ② 상품화 기술 - 선별 - 상품포장 - 가공	① 유통경로 구획 ② 물류시스템

03 수산물의 특성

❶ 수산물의 특성

1) 종류 및 생태적 특성의 다양성
2) 어획량의 불확실성
    수산물의 생육환경조건(온도, 염도, 해수의 유동 등)에 따라 생산량의 차이가 크다.
3) 장소와 시기의 편재성
    ① 해수의 조건 등에 따라 생육환경이 다양하고 특정지역(어장)에서 어획된다.

　　② 수산물은 어종별로 수확기가 계절적으로 편재되어 있다.
4) 변질 및 부패로 인한 보존성이 약하다.
　　① 해양세균오염으로 인한 변질 및 부패
　　② 어류의 생물학적 요인(체조직의 연약함, 효소분해, 미생물 침입의 용이)에 의한 변질 및 부패
　　③ 자가소화효소의 활성이 높아 변질이 빠르다.
　　④ 어류는 어획 후 형태유지를 통한 상품성을 높이는데 내장 및 아가미에서 부패가 빠르게 일어난다.
　　⑤ 어획과정에서 발생한 상처로 인한 부패가 일어난다.
5) 다양한 생리활성물질의 존재
　　인간에게 유익한 생리활성물질이 풍부하다.
　　① peptide(단백질) : 혈압강화 및 혈중콜레스테롤 저하
　　② EPA : 생선에 많이 포함된 불포화지방산, 필수지방산으로 정어리, 고등어에 많이 포함, 혈중 중성지방을 감소하고 좋은 콜레스테롤을 만든다.
　　③ DHA : 생선의 기름에 많이 함유되어 있는 지방산의 일종. 도코사헥사에노산(Docosahexaenoic acid)의 약칭이다. 고도 불포화지방산의 일종으로 두뇌작용을 활발하게 하고, 혈중 콜레스테롤을 낮추는 작용이 있다. DHA는 수산물에 많이 함유되어 있는데, 특히 참치·방어·고등어·꽁치·정어리 등에 많다.
　　④ 타우린 : 생체조절기능으로는 면역기능의 강화, 노화 억제, 질병의 예방과 회복, 체내의 리듬 조절 등을 들 수 있다. 기능성 식품의 주소재인 타우린은 해산물에 풍부하며, 문어·오징어·굴 등에 있다.

❷ 어류의 조직

구 분	조 직
껍질부	1. 어류 피부의 구성 : 표피와 진피 2. 표피 : 여러 층의 표피세포로 구성되어 있으며 점액샘에서 점액을 분비한다.

	3. 진피 : 여러 층의 결합조직으로 구성되어 있으며 비늘을 생성한다. 4. 색소세포층 ① 진피와 그 내부 근육층 사이에 존재 ② 어체의 빛깔과 광체를 발현한다.
근육부	1. 피하지방층 : 주로 지방이 축적되어 있고, 껍질부 색소세포층과 혈합육 사이에 존재한다. 2. 적색육(혈합육) ① 암갈색의 진한 근육부분 ② 백색육에 비해 수분, 총질소, 비단백질소는 적지만 지질이 많다. ③ 운동성이 강한 회유성 어종에 많다. ④ 고도의 불포화 지방산을 함유하고 있다. ⑤ 미오글로빈, 시토크롬 등 색소단백질 함유량이 많다. ⑥ 결합조직, 비타민류, 각종 효소군이 풍부하다. ⑦ 가공시 비린내가 많이 난다. ⑧ 고등어, 정어리, 가다랑어, 방어 등은 근육의 일정부분이 적색육으로 구성되어 있다. 3. 백색육(보통육) ① 밝은 색을 띄는 백색근으로 구성 ② 운동성이 약한 정착성 어종에 많다. ③ 도미, 넙치, 가자미, 조기, 대구 등은 근육의 대부분이 백색육으로 구성되어 있다.
근육의 분류	1. 존재 부위에 따른 분류 ① 골격근 : 뼈에 부착된 식육부분 ② 심근 : 심장을 형성하는 근육 ③ 평활근 : 내장과 혈관을 구성하는 근육 2. 형태에 따른 분류 ① 평활근 : 가로무늬가 없는 근육(내장근육) ② 횡문근 : 가로무늬가 존재하는 근육(심근, 골격근) 3. 기능에 따른 분류 ① 수의근 : 의사적으로 운동이 가능한 근육(골격근) ② 불수의근 : 의사적으로 운동이 불가능한 근육(심근, 평활근) 4. 육색에 따른 분류 ① 적색육 ② 백색육

③ 수산물의 주요성분

어류는 어종 등에 따라 다르나 일반적으로 수분 60~85%, 단백질 15~25%, 지질 1~10%, 탄수화물 0.1~1.5%, 무기질 1!2%로 구성되어 있다.

구분	조직
수분	1. 수분함량 : 일반적으로 60~85% 2. 수분효용 : 가공성, 저장성, 조직감, 맛, 색택에 영향
단백질	1. 근형질 단백질 : 효소 단백질과 색소 단백질을 포함한다. <table><tr><th>조성비</th><th>용해도</th><th>모양</th><th>종류</th></tr><tr><td>20~50%</td><td>수용성</td><td>구상(球狀)</td><td>① myogen(60%함유) ② globulin X ③ myoalbumin</td></tr></table>2. 근원섬유 단백질 : 근육 수축운동에 관여, ATP 분해 효소작용 <table><tr><th>조성비</th><th>용해도</th><th>모양</th><th>종류</th></tr><tr><td>50~70%</td><td>염용성</td><td>사상(絲狀)</td><td>① actin ② actomyosin ③ tropomyosin</td></tr></table>3. 기질 단백질 : 뼈, 껍질, 비늘을 구성하는 단백질 <table><tr><th>조성비</th><th>용해도</th><th>모양</th><th>종류</th></tr><tr><td>10% 이하</td><td>불용성</td><td>사상(絲狀)</td><td>① collagen ② elastin</td></tr></table>

지질	1. 수분과 지질의 함량은 반비례한다.
	2. 상온에서는 액상으로 존재한다.
	3. 회유성 적색육 어류는 근육에 다량 함유한다.
	4. 백색육 어류는 간장에 지질을 축적하며 조직지질로 사용된다.
	5. 산란기 직전에 지질 함유량이 높다.
	6. 근육조직에서의 지질의 함량
	   배육〉등육, 적생육〉백색육, 머리〉꼬리, 표층〉내부
	7. 어패류 지방의 특성
	   영양가는 높지만 산화되기 쉽고 저장조건이 나쁘면 산패하여 독성을 나타내기도 한다.

탄수화물	1. 근육 중에 소량의 유리당과 다당류인 글리코겐이 존재 2. 패류 : 글리코겐 함량이 많다. 3. 해조류 : 식이섬유를 포함한 다량의 탄수화물 함유 4. 사후변화 : 혐기적 해당반응으로 젖산으로 변하며 글리

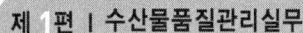

	코겐이 많은 어종일수록 사후 젖산 생성량이 많고 pH가 낮아진다. 5. 어패류의 탄수화물 	조개류(굴)	갑각류	어패류	판새류(상어.가오리)
---	---	---	---
근육의 글리코겐	키틴, 키토산	근육의 포도당	물렁뼈의 콘드로이틴 황산		

엑스성분	1. 엑스성분 : 저분자 펩타이드, 아미노산
	              APT관련물질(질소화합물, 저분자탄수화물)
	2. 기능 : 어패류의 맛과 변질 등에 관여
	3. 함량 : 갑각류〉연체류〉적색육〉백색육, 연골어〉경골어
	4. 주요종류
	  ① 유리아미노산계(glytine, alanine, hiatidine, glutamine 산 등)
	    단맛, 쓴맛, 감칠맛 등 맛에 영향(적색육 어류〉백색육 어류)
	  ② ATP관련물질 : 근육운동에 관여하고 이노신산(IMP)이 많다.
	  ③ TMAO(트리메틸아민산화물) : 약간의 단 맛
	    생체 내 암모니아 해독물질, 삼투압조절물질
	    해상동물〉담수산동물, 백색육〉적색육
	  ④ betaine : 오징어, 문어, 새우 등 연체동물이나 갑각류에 함유
	    상쾌한 단 맛
	  ⑤ 숙신산 : 패류에 함유, 시원한 맛
	  ⑥ 당류 : 유리당(glyeogen), glucose, ribose가 주성분		

냄새성분	1. 관여성분 : 암모니아, TMA, 인돌, 저급 지방산 등 * TMA는 해수어에 많고 담수어에는 극히 적다 2. TMAO와 요소 : 홍어, 상어 등의 근육에서 TMA와 암모니아 생성 3. 피페리딘(piperidine) : 민물고기의 비린내 원인		
색 소		구분	특성
근육색소	myoglobin	선홍색
	carotinoid	연어, 송어의 특유색 발현
	cytochrome	적색육 어류의 육색결정
피부색소	멜라닌	갈색, 흑색 발현
	carotinoid	적색, 황색 발현
	기타	비늘(prerin), 갈치비늘(guanin)
혈액색소	헤모글로빈	기본원자단(철)
	헤모시아닌	기본원자단(구리)-게, 새우, 오징어, 문어
내장색소	carotinoid	지용성 carotinoid, 어류의 간장
	담즙색소	황갈색(bilrubin), 녹색(bilberdin)
	멜라민	노징어류의 먹물색소		

해조류	1. 지방과 단백질 함유량이 많다. 2. 탄수화물 : 함량이 25~60%로 높으나 소화흡수가 어렵다. 　① 한천 : 홍조류인 우뭇가사리, 꼬시래기 　② 알긴산 : 갈조류인 다시마, 미역, 감태 　③ 3. 요오드, 마그네슘, 망간 등의 무기질 다량 함유
유독성분	1. 독의 분류 : 자연독, 공해독, 세균독, 부패독 2. 독의 종류 | 구분	특성 및 내용
tetrotoxin	복어독(수용성, 내열성) : 내장, 간장, 난소에 많다
saxitoxin mytilotoxin	이매패류 : 섭조개, 가리비 등에 많다.
ciguatera toxin	적조생물에 의한 독(마비, 구토, 복통, 신경과민 등)
기타	ichthyotoxin : 뱀장어 혈액 holothurin : 해삼 내장 tyraminine : 문어의 타액 saponin : 불가사리 위 venerupin : 굴, 바지락 내장 mytilo toxin(진주 담치독) : 담치조개 간장	

04 수산물의 사후변화와 선도

❶ 수산물 수확 후 처리의 특성

1) 수산동물은 어획 후 공기에 노출되면 생리호흡이 불가능하여 일정시간 후 질식사하게 하게 된다. 질식사 한 후 시간이 경과됨에 따라 어류의 근육은 대부분 사후강직현상(Rigor mortis)을 거친 후 다시 근육의 강도가 이완되는 해경(Post mortis) 과정을 거치고 이어서 미생물 작용에 의한 육성분의 분해 및 부패과정을 거치게 된다.

2) 어획 후 선상에서 전처리과정을 거치면서 선도유지관리가 중시된다.

3) 선도유지를 위한 냉동, 저온, 염수처리 등 수산물 특유의 저

장과정이 필요하다.
4) 수송에 있어서 냉동탑차가 이용되거나 저온유통과정을 거친다.
5) 산지에서는 포장은 대포장 중심이며 선별 후 소포장으로 전환한다.
6) 활어의 경우 수송과정에서 질식사하지 않도록 수차를 이용하며 산소공급에 유의하여야 한다.
7) 가공품의 경우 농산물과는 다른 특유의 과정이 필요하다.
8) 어패류 등 수산물 특유의 독성물질을 처리하는 과정이 필요하다.

❷ 수산물의 사후변화

생물수확 → 사 → 해당작용 →
사후경직 → 해경 → 자가소화 → 부패

수산물의 사후변화
- 해당작용이란 수산물에 함유된 글리코겐이 분해되면서 에너지 물질인 ATP와 젖산을 만드는 과정을 말한다.
- 젖산의 축적과 ATP의 분해되면 사후경직이 시작된다.

1) 해당작용
   ① 해당작용이란 수산물에 함유된 글리코겐이 분해되면서 에너지 물질인 ATP와 젖산을 만드는 과정을 말한다.
   ② 젖산의 양이 많아지면 근육의 pH가 낮아지고, 근육의 ATP도 분해된다.
   ③ 젖산의 축적과 ATP의 분해되면 사후경직이 시작된다.
2) 사후경직
   ① 어류의 사후경직은 죽은 뒤 1~7시간에 시작하여 5~22시간 동안 지속된다.
   ② 어육의 pH는 죽은 직후에는 7.0~7.5이지만 경직이 되면 6.0~6.6로 낮아진다.
   ③ 붉은 살 생선은 흰 살 생선보다 사후경직이 빨리 시작되고 지속시간도 짧다.
   ④ 어류의 수확 후 신선도를 유지하면 사후경직 지속시간을 늘일 수 있다.

⑤ 어류는 조직의 글리코겐 함량이 높으면 사후경직시간이 길다.

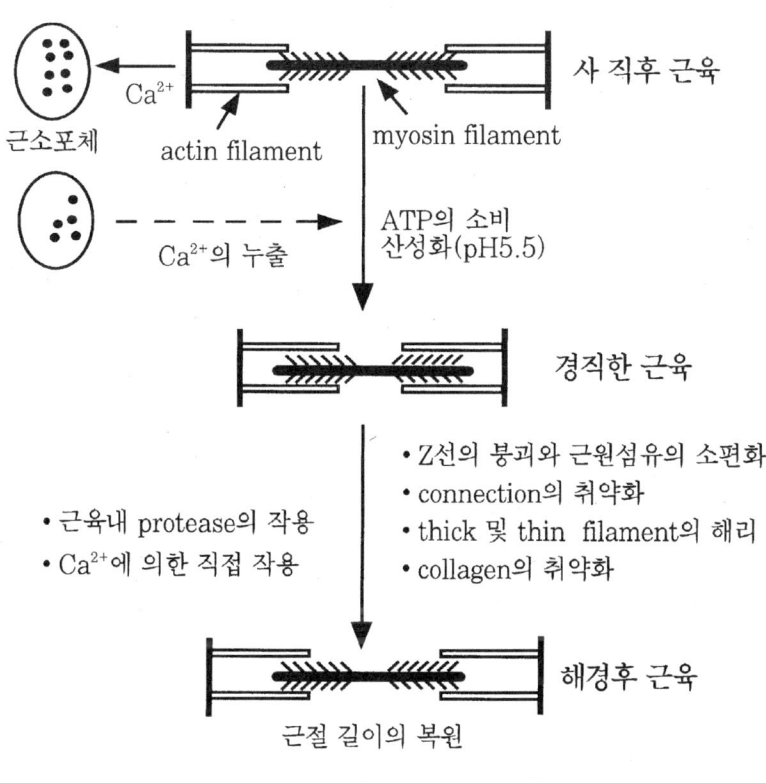

어류 근절 길이의 사후변화

3) 해경

사후경직이 지난 뒤 수축된 근육이 풀어지는 현상으로 그 시간은 짧다.

4) 자가소화

① 근육조직 내의 자가소화 효소작용으로 근육 단백질이 부드러워지는 현상
② 자가소화에 영향을 주는 주요 요소는 어종, 온도, pH이다.
③ 해상에서 잡은 어류의 자가소화가 가장 왕성하게 일어날 수 있는 pH값은 8~9이다.
④ 자가소화가 진행되면 조직이 연해지고 풍미도 떨어진다.
⑤ 자가소화가 진행되면서 부패로 이어진다.
⑥ 자가소화를 이용한 식품으로 젓갈, 액젓, 시혜 등이 있다.

Tip

아미노산은 분해되어 아민류, 지방산, 암모니아 등을 생성해서 매운맛과 부패 냄새의 원인이 된다. 유독성 아민류인 히스타민을 생성한다.

5) 부패
   ① 유기물이 미생물에 의하여 불완전 분해를 하여 악취가 나고 유독성 물질이 생기는 과정. 또는 그런 현상으로 독성물질이나 악취를 발생하게 된다.
   ② 비린내의 주요성분인 트리메탈아민(TMA)은 트리메탈아민옥시드(TMAO)가 세균 또는 효소작용에 의하여 환원되어 발생된다.
   ③ 아미노산은 분해되어 아민류, 지방산, 암모니아 등을 생성해서 매운맛과 부패 냄새의 원인이 된다.
   ④ 유독성 아민류인 히스타민을 생성한다.

③ 어패류의 선도

(1) 선도저하
① 선도의 변화는 어패류 자체가 갖고 있는 효소에 의한 변화(근육 및 내장효소에 의한 자가소화)와 생선에 부착해 잇는 세균의 작용에 의한 변화(세균효소에 의한 부패)의 2종류로 나눌 수 있다.
② K값은 신선도의 지표의 대표적인 것이며, 부패의 지표로서는 생균수, VBN(휘발성염기질소), TMA 등이 사용된다.
③ K값은 사후초기의 신선도를 나타내는데 적당한 반면에 부패의 지표로는 부적당하고, 반대로 TMA는 세균의 부패산물로서 부패의 정도를 나타낼 수 있지만 신선도의 지표로는 부적당하다.

(2) 선도와 풍미
① 어류의 사후변화과정에서 근육중의 ATP는 다음과 같이 분해되며, 이 반응은 관여하는 효소에 의존한다. 어류에서는 ①②③의 반응을 빠르게 진행되지만, ④의 반응은 느리므로, IMP(이노신산)가 축적되어서 어류의 감칠맛을 내는 원인물질이 된다.

$$\underset{①}{ATP} \to \underset{②}{ADP} \to \underset{③}{AMP} \to \underset{④}{IMP} \to \underset{⑤}{HxR} \to Hx$$

② ATP에서 IMP로의 분해가 진행하여 다량의 IMP가 축적되어서 근육중의 glutamic acid와 함께 상승효과를 일으켜서 맛이 상승한다. IMP는 글루타민산과의 상승효과로서 감칠맛을 강하게 하지만, 신선한 어육중의 글루타민산 함량은 적기 때문에, 감칠맛이 발현되기 위해서는 일정량 이상의 IMP가 생성되는 숙성기간이 필요하다.

③ 돔 및 넙치회는 풍미보다도 씹을 때에 육질의 쫄깃쫄깃함이 회의 맛에 더 큰 영향을 미치므로 조리방법은 육질을 단단하게 하는데에 초점이 맞추어져야 할 것이다. 그러나 참치 등 육질이 연한 어종은 정미가 요구된다.

(3) 어패류의 선도 판정방법

어패류의 사후 변화는 복잡하고, 또 여러 가지 요인에 따라 차이가 많으므로 한 가지의 지표 물질이나 특성을 측정하는 것만으로 선도를 판정한다는 것은 정확을 기하기 어렵다. 따라서 목적에 가장 적합한 2, 3종류의 방법을 병행하여 종합적으로 판정하는 것이 좋다. 선도 판정법에는 관능적 방법, 세균학적 방법, 물리적 방법, 화학적 방법 등이 있다.

1) 관능적 방법

관능적 방법은 경직의 상태, 피부의 광택, 안구의 상태, 복부의 연화도, 아가미 색도, 육의 투명감 및 점착성, 취기(臭氣) 등에 따라서 충분한 경험이 축적되면 전어종(全魚種)에 대하여 정확, 신속하게 판정이 가능하다. 그러나 관능적 판정 방법에는 통일된 기준이 없고 수치화가 곤란하며, 객관성 및 재현성이 결핍되는 점이 문제이다.

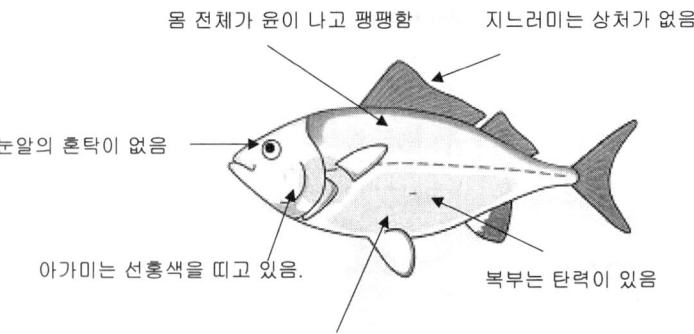

관능적 선도 판정
선도의 관능평가의 check point

항 목	부 위	평 가	
		신 선	초 기 부 패
외 관	체 표	윤이 나고 싱싱한 광택이 있다.	광택이 없어진다. 비늘의 탈락이 많다.
	눈 알	혼탁이 없다. 혈액의 침출이 없다.	희게 혼탁하며, 눈알이 안으로 들어감 혈액의 침출이 많다.
	아가미	신선한 선홍색을 띤다	주변부터 암색을 띠게 되며 차츰 암녹회색이 된다.
	복 부	복부가 갈라지지 않는다.	복부가 갈라져서 내장이 노출되거나, 항문으로부터 장내용물이 나옴
냄 새	전 체	이취를 느끼지 않는다.	불쾌한 비릿내가 난다.
	아가미	거의 냄새가 없다.	불쾌한 냄새가 난다.
단단함	등, 꼬리	손가락으로 누르면 탄력을 느낀다.	탄력이 약해진다.
	복 부	내장이 단단하여 탄력이 있다.	손가락으로 누르면 항문으로부터 장내용물이 나온다.
점질물	체 표	손으로 만져도 점질물에 거부감을 느끼지 않는다.	점액이 점착성을 증가시킨다.

2) 확학적 선도 판정법

화학적인 판정법은 선도의 저하에 따라서 어육 중에 증가하는 특정 성분을 측정하여 판정하는 방법으로, 암모니아, pH측정법, K값, 휘발성염기질소(VBN), 트리메탈아민(TMA) 측정법, 히스타민, 그리고 단백질 변성정도 측정법 등이 있다.

① pH 측정법
  ㉠ 활어의 pH는 7.2~7.4 정도지만, 사후 해당이 진행되면 pH가 5.6~6.0 정도까지 낮아진다. 이 후에 부패가 진행되면서 pH가 다시 증가한다.
  ㉡ pH측정법은 pH가 감소하다가 증가하는 시점을 부패시기로 잡아 초기 부패판정에 활용한다.
  ㉢ 적색어류는 pH 6.2~6.4, 백색어류는 pH6.7~6.8 정도를 부패초기로 잡는다.

② 휘발성염기질소(VBN) 측정법
  VBN이란 단백질, 아미노산, 요소, TMAO 등이 세균과 효소에 의해 분해되어 생성된 휘발성질소 화합물인데 이 VBN을 측정하는 방법
  ㉠ 신선어육 5~10mg/100g, 보통선도어육 15~20/100, 부패초기어육에는 30~40/100의 VBN이 들어 있다.
  ㉡ 상어, 홍어는 이 방법으로 선도를 판정할 수 없다.
  ㉢ 통조림과 같은 수산 가공품의 경우 15~20mg/100g 이하인 것을 사용하는 것이 좋다.

③ TMA 측정법
  TMAO로부터 환원된 TMA 생성량을 기준으로 선도를 측정하는 방법
  ㉠ 초기부패측정값 : 일반어류TMA 3~4mg/100g
     대구 4~6/100 청어 7/100 다랑어 1.5~2.0/100
  ㉡ 민물고기는 TMA방법으로 선도를 판정할 수 없다

④ K값 판정법
  근육 속의 ATP분해정도를 이용하여 판정. K값이 낮을수록 좋다. 횟감용 수산물에 사용한다.
  ㉠ 활어의 경우 K값이 10% 이하이고, 신선어는 20% 이하, 선어는 30% 정도이다.
  ㉡ K값 = $\dfrac{H \times R + HX}{ATP + ADP + AMP + IMP + H \times R + HX}$

3) 세균학적 선도 판별법

① 세균수를 측정하여 선도를 판정한다.

② 선도판정 기준

판 정	세균수
신선	10^5 CFU 이하/g
초기부패	$10^5 \sim 10^6$ CFU/g
부패	1.5×10^6 CFU 이상/g

③ 세균수가 어체 부위별로 달라 측정에 시간이 걸리고 오차가 많아 실용성이 떨어진다.

4) 물리적 판정법

판정결과를 신속히 얻을 수 있는 장점이 있으나 어종이나 개체에 따라 차이가 많아 일반화된 방법은 아니다.

항 목	신 선	선도저하
어육의 정도	높다	낮다
어체 전기저항	높다	낮다
안수 수정체의 혼탁	투명하다	혼탁하다

❹ 수산물의 변질

(1) 수산물의 보존성

① 수산물은 부패, 변질되기 쉬운 특징을 가지고 있다.

② 수산물은 수확 후 선별부터 가공, 최종 소비단계에까지 부패, 변질할 수 있다.

(2) 수산물의 변질

1) 미생물에 의한 변질

구 분	특 성		
미생물 오염	1. 1차 오염 : 미생물이 어체에 부착된 오염		
	껍질	아가미	소화관
	$10^2 \sim 10^5$/g	$10^3 \sim 10^7$/g	$10^3 \sim 10^8$/g
	2. 2차 오염 : 수산물의 유통단계에서 오염		

어패류의 부패균	1. 주요 세균류 슈도모나스, 플라보박테리움, 비브리오 아크로모박터속 ① 슈도모나스 : 증식속도가 빠르고 가장 일반적 ② 플라보박테리움 : 단백질분해활성이 강하고 저온 발육성이다. 2. 세균은 상온에서 잘 증식하지만 저온 또는 상당한 저온에서도 적응한다.		
식중독균	세균성 감염형	장염비브리오균, 살모넬라균		
	세균성 독소형	황색포도상구균 클로스트리듐 보툴리늄균		
	바이러스성	노로바이러스 등		
미생물 환경요인	1. 온도 <table><tr><th rowspan="2">종류</th><th colspan="3">온도(^{0}C)</th></tr><tr><th>최저</th><th>최적</th><th>최고</th></tr><tr><td>저온성</td><td>-7~5</td><td>15~20</td><td>25~30</td></tr><tr><td>중온성</td><td>10~15</td><td>30~35</td><td>35~40</td></tr><tr><td>고온성</td><td>45</td><td>50~65</td><td>75~80</td></tr></table> 2. 산소 호기성, 혐기성, 미호기성, 통성 혐기성 3. 산성 세균은 중성에 강하나 산성에는 약하다. pH4.6 이상의 저산성에서는 고온 살균한다.		

2) 미생물 생육에 영향을 미치는 요인

① 온도 : 생육 적온에 따라 저온균, 중온균, 고온균으로 분류한다.

종류	온도		
	최저	최적	최고
저온성 미생물	-7~5	15~20	25~30
중온성 미생물	10~15	30~35	35~40
고온성 미생물	45	50~65	75~80

미생물 발육에 필요한 온도

② 산소 : 산소 필요 유무에 따라 호기성, 혐기성, 미호기성, 통성혐기성으로 분류한다.

③ 산성 정도 : 세균의 내열성은 일반적으로 중성에 강하나 산성에서 약하므로 pH4.6 이상의 저산성에서는 고온 살균한다.

3) 효소에 의한 변질

효 소	1. 효소는 화학 반응 속도를 촉진하는 단백질로 이루어진 생체 촉매이다. 2. 생물의 체내 대사과정에서 일어나는 화학반응 활성화 에너지를 낮추어 반응속도를 증가시키며, 활성화 에너지의 화학반응은 반응물의 유효충돌이 필요하고 이를 위해 필요한 최소한의 에너지이다. 3. 효소는 하나의 기질 또는 유사기질에만 촉매 작용을 하는 기질 특이성이 있다.
효소 활성조절	1. 온도, 기질의 농도, pH에 따라 효소활성이 달라진다. 2. 효소의 활성은 온도의 증가에 따라 증가한다. 최적 온도를 지나면 활성이 감소하며 종국엔 불활성화 된다. 3. 최적 pH는 효소 활성이 가장 높을 때이며, 최적보다 높거나 낮으면 대부분 효소활성은 감소하거나 없어진다.
어패류와 효소	● 어패류의 효소에 의한 영향 1. 어체 각 조직의 효소 활성도는 강력하며 특히 내장 조직 중의 효소의 활성은 더욱 강하다. 2. 어체는 조직이 연약하여 사후 효소에 의해 쉽게 분해되어 세균의 침입이 용이해진다. 3. 변질 ① 자가 소화 : 단백질 분해효소에 의해 펩티드, 아미노산이 생성되며 결과로 조직이 연화되며 부패가 촉진된다. ② 지질 분해 : 지질 분해효소에 의해 지방산, 콜레스테롤이 생성되며 결과로 불쾌한 맛과 냄새 및 산패를 촉진한다.

4) 갈변에 의한 변질

갈 변	갈변이란 식품 색깔이 저장, 가공 및 유통과정 중에서 갈색 또는 흑갈색을 변화하는 것이다.
효소적 갈변	1. 흑변 : 새우 등 갑각류가 변질에 의해 외관이 검게 변색되는 현상 2. 흑변과정 ① 갑각류의 티로시나아제(tyrosinase)에 의해 아미노산인 티로신(tyrosine)이 멜라닌으로 변하여 일어난다. ② 단백질이 주성분인 효소는 가열, pH의 변화로 단백질이 변성되어 불활성화 된다.
비효소적 갈변	1. 비효소적 갈변 : 효소와는 무관하게 식품 성분 간 반응에 의해 갈색으로 변하는 반응

2. 비효소적 갈변 반응 : 메일러드 반응(Maillard 반응), 캐러멜 반응, 아스코르브산(ascorbic acid) 산화 반응 등
3. 메일러드 반응 = 아미노카르보닐(aminocarbonyl)반응
   ① 대부분 식품에서 자연 발생적으로 일어나는 갈변 반응
   ② 아미노산의 아미노기와 당질의 카르보닐기가 함께 존재할 때 일어나는 반응으로 자연적으로 쉽게 갈색의 멜라노이딘(melanoidin) 색소를 생성
   ③ 저온 저장으로 갈변 진행의 일부를 억제할 수 있다.
   ④ 좋은 향 등을 식품에 부여하기도 하지만 색의 변색과 아미노산의 감소로 품질을 저하시킨다.

5) 산화에 의한 변질

산 화	1. 산화 : 물질이 산소를 얻는 것을 의미하며 식품에서는 식품의 다양한 성분이 산소와 결합하면서 산화된다. 2. 지질의 산화는 식품 변질의 주요 원인 중 하나이다. 3. 어류는 불포화 지방산을 다량 함유하고 있어 산소나 빛, 열에 의해 쉽게 산화된다. 4. 지질 산화의 결과 변색, 불쾌한 냄새, 영양가 손실, 단백질 변성 등 품질변화에 관여할 뿐만 아니라 마론알데히드(malonaldehydo) 등과 같이 변이를 일으키는 원인으로 작용, 발암성을 가진 유해 산화분해생성물을 만드는 경우도 있어 안전성에도 나쁜 영향을 미친다.
지질의 변질 종류	1. 자동산화 : 자기촉매적 연쇄반응이며 수산 식품의 가장 일반적 산패이다. 2. 가열산화 : 기름을 고온에서 가열할 때 일어나는 산화 3. 감광체 산화 : 빛 또는 감광체에 의하여 산화되는 것
산패측정 방법	1. 자동산화반응 ① 산화 초기에는 거의 일정하게 산소를 흡수하나 일정 시간 경과 후 산소 흡수량은 급격히 증가한다. ② 유도기간 : 지질의 산소 흡수량이 일정하게 낮은 수준을 유지하는 단계로서 유도기간 후 산패는 급속도로 진행 2. 산패측정 ① AV(acid value, 산가) : 지질 산화로 생성된 유리 지방산 측정 ② POV(peroxide value, 과산화물가) : 산화 생성물인 과산화물가함량을 측정
산패억제	1. 산소의 차단이나 제거

구분	특성
방법	2. 불투명 용기를 이용하여 빛의 차단 3. 냉동, 냉장 등 저온관리 4. 산화방지제 첨가 ① 아스코르브산 ② 토코페롤 ③ BHA, BHT, 카테킨 등

6) 동결에 의한 변질

구 분	특 성
건 조	1. 어패류의 동결저장 중 표면건조에 의한 변질 2. 급속동결 중에는 변질이 완화된다. 3. 저장온도가 낮을수록 건조가 작고 완만동결 중에 건조되기 쉽다. 4. 저장 온도의 변화 : 건조 촉진 5. 건조의 심화 : 완관이 하얗게 소폰지 상태로 변화 6. 승화로 인한 얼음의 빈 공간 : 지질산화 촉진 7. 건조의 방지 : 포장, 글레이즈 처리
단백질의 변성	1. 지질가수분해 효소의 작용 2. 지질의 산화 작용
동결화상	1. 동결화상의 의의 어패류의 냉동 중 수분의 발산으로 인한 조직의 변화로 생긴 각종 카르보닐화합물과 질소화합물이 반응하여 황색, 오렌지색의 착색물을 만드는 현상 2. 동결화상의 영향 외관상 손실, 향미 저하, 영양가 저하, 단백질태질소 아미노산·리신의 감소 3. 동결화상의 방지 : 지질의 산화방지가 중요
미오글로빈의 메트(met)화	1. 의의 신선한 다랑어육이 산소와 접촉하면서 선홍색이 되고 방치하거나 냉동저장하면 서서히 갈색으로 변색 2. 원인 미오글로빈이 산화되어 갈색의 메트미오글로빈 생성 3. 억제 메트화는 -18^0C에서 진행되므로 동결저장온도를 낮춘다. 참치는 -40^0C에서 저장한다. 가다랑어, 참돔, 민물돔, 방어 등은 초전온 관리한다.

05 수산물의 저장

① 저장의 의의

(1) 저장

1) 식품의 저장

식품의 품질이 변질되지 않도록 하는 일. 식품의 저장은 변질 요인을 가능한 한 제거함으로써 식품의 양적 손실, 영양가 파손, 안전성과 기호성의 저하를 최소화하려는 수단이며 제품의 품질, 저장수명과 경비를 감안한 최적의 저장기술이 요구된다.

2) 식품의 품질적 보호 가지

영양학적 가치, 기호적 가치, 위생학적 가치

- ◆ 식품의 기호적적 가치에 영향을 미치는 요소
  화학성분, 물리적 성분, 조직적 상태

3) 식품저장의 환경 요인

온도, 공기순환, 상대습도, 대기조성 등

(2) 저장의 기능

1) 어획 후 선도유지
2) 수급조절
   홍수출하 방지와 계절적 편재성 극복
3) 수송거리의 확장
4) 수산물가공산업에 연중 원료 공급 지원

② 수산물의 저장

(1) 저장의 목적

수산물의 품질저하(미생물 증식, 지질의 산패, 갈변, 효소 반응 등) 억제

(2) 수분활성도(Aw, water actvity)의 조절

1) 수분활성도의 의의
   ① 식품 속 수분 중 미생물의 생육과 생화학반응에 이용될 수 있는 수분의 함량, 미생물이 이용 가능한 자유수를 나타내는 지표로서 대부분의 세균은 Aw 0.9이상에서만 세균번식이 가능하고 통상 곰팡이는 0.6 정도에서도 생육이 가능하다.
   ② 일정온도에서 순수한 물의 수증기압에 대한 식품의 수증기압의 비로 나타낸다.

   $$수분활성도(Aw) = \frac{P}{P_0}$$
   P : 주어진 온도에서 식품의 수증기압
   P_0 : 주어진 온도에서 순수한 물의 수증기압

2) 수분활성도에 따른 식품의 저장
   ① 미생물의 증식가능 수분활성도
      호염성 세균 0.75, 내건성 곰팡이 0.65, 내삼투압성 효모 0.62
   ② 지질의 산화속도는 수분활성도가 지나치게 낮아지면 오히려 빨라진다.
   ③ 수분활성도를 낮추는 방법을 이용한 저장
      수분조절제 첨가, 건조, 염장, 훈연 등

3) 식품 내 자유수와 결합수
   자유수는 용매로 작용하고 미생물의 증식이나 화학반응에 이용하는 반면 결합수는 식품성분이나 조직과 밀접하게 결합되어 용매로 작용하지 못하고 전조나 압착으로 제거할 수 없으며 미생물의 증식에 이용되지 못한다.
   자유수는 동결 초기단계에서 빙결정이 되지만 결합수는 동결 시 동결하지 않는다.

(3) 저온저장

1) 저온과 저장성
   식품의 저온저장은 식품의 시간경과에 따른 품질저하를 막기 위한 방법으로 미생물의 증식, 독소발생, 부패 등을 방지하거나 선도저하를 지연시키고 갈변 등 생화학적 반응속도를 감소시킨다.

2) 온도와 미생물의 생육

미생물은 최적 증식온도를 기준으로 온도변화에 따라 증식속도가 달라진다. 저온성 세균은 0^0C에서도 증식하며 0~-10^0C에서도 완만하게 증식하거나 동면상태로 존재한다.

3) 냉동

수산물을 -18^0C 이하로 동결 시키면 수산물 내 수분이 빙결정을 이루어 수분활성도를 낮게 함으로써 미생물증식을 억제시킨다. 또한 효소반응 등의 생화학적 반응속도가 감소되어 장기저장이 가능하다.

4) 냉장

0~10^0C 빙점 이상의 온도로 저장하는 방법으로 부패세균의 증식을 억제하고 효소활성도를 일부 억제시킨다. 이는 세균과 효소활성이 진행되므로 단기저장에 유효하다.

(4) 식품첨가물의 이용

1) 보존제 : 미생물 증식을 억제하는 기능
   소르브산, 소르브산 칼륨, 소르브산 칼슘 등
2) 산화방지제 : 산패가 시작되기 전 첨가하여 지질의 산패 방지 기능
   비타민 C, 비타민 E, BHA(부틸히드록시아니솔), BHT(디부틸히드록시톨루엔) 등

(5) 가열에 의한 저장

대부분의 미생물은 100^0C 가열로 사멸하지만 내열성 포자를 형성하는 바실러스속이나 클로스트리듐 속의 세균은 100^0C 가열로도 사멸하지 않으므로 레토르트 고온살균하여야 한다.

- 일반적으로 살균온도 10^0C 증가에 따라 살균시간은 1/10로 줄어든다.
- pH에 따른 내열성
  미생물은 pH가 낮을수록 내열성이 약하고 중성에 가까울수록

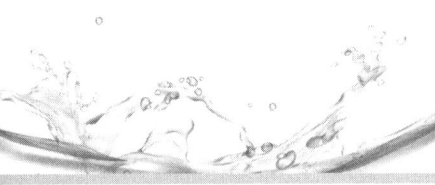

강하다.
대체로 pH 4.6 미만의 낮은 식품은 저온살균을 하고 그 이상의 식품은 레토르트 고온살균한다.

❸ 냉장

(1) 수산물의 냉장 중 변화와 억제

1) 수산물의 냉장
   ① 냉장 수산물은 냉동품에 비하여 저장기간은 짧지만 조직감은 우수하다.
   ② 식중독균의 억제 : 5^0C 이하 냉장에서 억제
   ③ -10^0C 이하의 냉장에서 호냉성 세균의 증식 및 지질의 산화가 억제된다.
   ④ 어획된 수산물은 상온에서 품질저하가 발생하지만 저온상태에서 억제된다.

2) 생물학적 요인에 의한 변질 억제
   미생물(세균, 곰팡이, 효모 등)과 효모 등에 의한 증식과 활성화를 억제시키며 pH 및 공기조성의 변화를 통하여 품질저하를 억제시킬 수 있다.

3) 화학적 요인에 의한 변질 억제
   효소반응(연화, 갈변, 향미저하 등)에 의한 변질 및 산화중합반응을 억제시킨다.
   온도가 10^0C 낮아질 때 그 반응을 1/2~1/3로 줄일 수 있으며, 이를 위하여 항산화제처리를 냉장시 병용하기도 한다.

4) 물리적 요인에 의한 변질 억제
   저온을 통하여 수분증발로 인한 건조를 막고 속포장이나 글레이징처리를 병행하면 그 효율을 증가시킬 수 있다.

5) 식품의 보존온도 영역의 구분
   ① 일반적인 칠드상태 온도 : $-5^0C \sim 10^0C$
   ② 빙점 : 대구(-1.5^0C), 고등어, 연어, 다랑어, 조개, 굴(-2.2^0C), 조갯살(-3.2^0C) 등으로 대략 -2^0C 이하
   ③ 동결식품의 온도대 : -18^0C

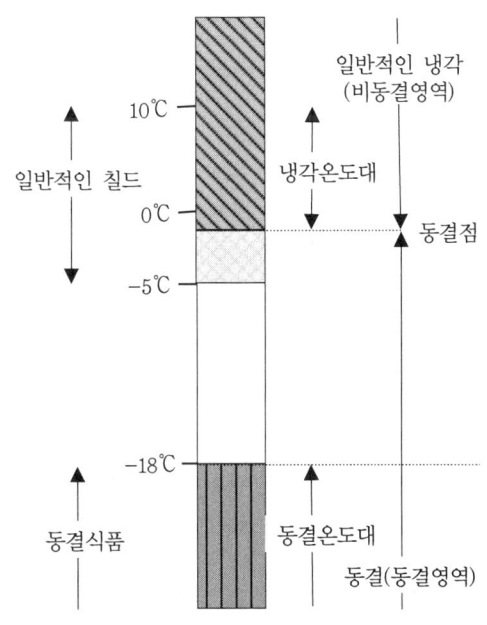

동결식품의 온도대

(2) 냉장방법

구분	내용		
빙장법	1. 빙장법의 개요 ① 얼음을 사용하여 얼지 않는 범위에서 실온보다 낮게 저장하는 방법으로 연한 어류의 선도유지에 이용된다. ② 어체 조직 내 수분이 빙결되지 않으므로 자가소화효소에 의한 분해 및 세균증식을 완전히 억제할 수는 없어서 단기저장목적으로 활용된다. 2. 방법		
	방법	내용	
	쇄빙법	1. 얼음조각 속에 이패류를 묻는 방법 2. 참치 등 대형어류는 내장을 제거하고 그 속에 얼음을 채운다. 3. 어선 내 및 육상 수송시 널리 이용된다.	
	수빙법	1. 쇄빙을 가한 냉수에 어체를 침지하는 방법 2. 해수어에 담수를 사용하면 어체가 광택을 잃고 안구가 백탁 되는 수가 있어 해수어는 해	

> **2회 기출문제**
>
> 다음은 수산물의 수확후 처리에 관련된 내용이다. 괄호 안에 알맞은 용어를 답란에 쓰시오.
>
> 냉동어류를 냉수 중에 수 초간 담그거나 냉수분무하면 냉동어체표면에 형성되는 얇은 얼음막을 입히는 처리를 (①)이라 하며, 이런 처리방법으로는 (②)와(과) (③)이(가) 있다.
>
> ▶ 글레이징, 쇄빙법, 수빙법

수를 담수어는 담수를 사용한다.
3. 어체 경직도가 높아 경직기간을 늘릴 수 있다.
4. 3% 싱염을 첨가 : 수온저하, 어체색택 유지
5. 장점 : 어체의 온도를 급속히 낮출 수 있다.
6. 단점 : 운반에 특수한 시설과 저온유지 장치가 필요하며 장시간 저장은 곤란하다.

얼음의 종류	종류	특성
	백빙	염류와 기포를 빙결정사이에 포착
	투명빙	염류와 기포를 제거, 완만 빙결
	결정빙	탈염, 탈기시켜 불순물 완전 제거
	해수빙	-2^0C 해수빙-저장기간의 연장
	약품빙	원료수에 살균방부제 첨가
	염수빙	식염, 염화마그네슘, 염화칼슘 등 수용액을 동결
	공용빙	포화식염수를 동결

3. 빙장법의 주의사항 및 특징

방법	내용
쇄빙법	1. 얼음을 충분히 사용한다. 2. 너무 높이 쌓지 않는다. 3. 얼음과 어체가 잘 밀착되도록 한다.
수빙법	1. 물을 미리 $-1\sim0^0C$로 냉각시킨다. 2. 수산물을 미리 세척한다. 3. 물을 잘 교반하여 온도를 균일하게 한다. 4. 어체중심부가 0^0C가 되면 쇄빙으로 옮긴다.

4. 쇄빙법과 수빙법의 비교

항목	쇄빙법	수빙법
작업	용이	어려움
냉각속도	완만	신속
산화	용이	일부억제
손상	있음	없음
건조	일부진행	진행 없음
퇴색	산화 변색	수용 퇴색

김진수 외3인, 2007, 도서출판 효일, 수산가공학의 기초와 응용 표 6-3

냉장법	냉각매체가 공기이며 0^0C 내외에서 단기저장한다.
빙온법	최대 빙결점 생성대인 -3^0C 구간에서 단기저장한다.

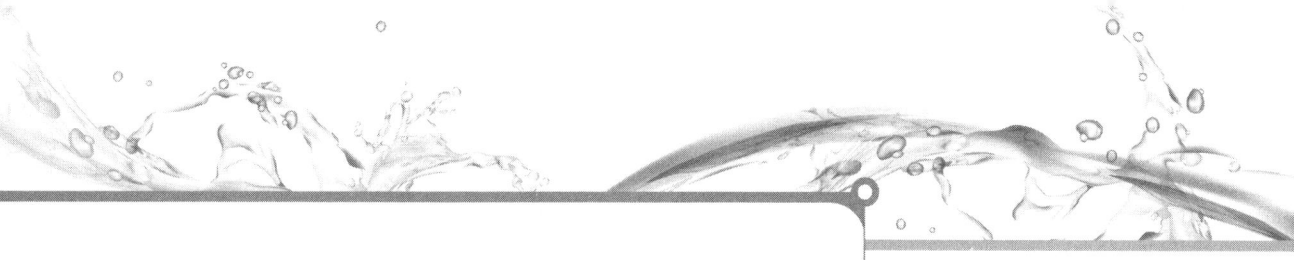

(3) 냉장 수산물의 제조

1) 수산물 제조과정
   ① 처리과정
      원료입하 → 선별 → 수세 및 탈수 → 어체 처리 → 재수세 및 탈수 → 선별 → 포장 → 냉각 → 저장
   ② 원물의 선별 : 크기, 신선도, 성처 등에 따라 선별
   ③ 얼음물로 수세 후 탈수
   ④ 어체를 목적에 따라 처리
   ⑤ 재수세 및 탈수 : 혈액 및 내장 등을 씻어내고 탈수
   ⑥ 선별 후 포장
   ⑦ 빙장 후 유통 또는 저장

2) 어류의 가공처리 형태

용 어	내 용
Round	두부, 내장을 포함한 원형 그대로의 것
Semi-dressed	Round 상태의 어체에서 아가미와 내장을 제거한 것
Dressed	두부와 내장을 제거한 것
Pan dressed	Dresse로 처리한 어체에서 지느러미와 꼬리를 자른 것
Fillet	Dressed 상태에서 척추골 부분을 제거하고 2개의 육편으로 처리한 것
Chunk	Dressed 또는 fillet을 일정한 크기의 가로로 절단한 것
Steak	Dressed 또는 fillet을 2cm의 두께로 절단한 것
Slice	Steak보다 더 얇게 절단한 것
Dice	어육을 2~3cm의 육면체형으로 절단한 것
Chop	어육 채취기로 채육한 것
Ground	고기갈이로 갈은 것
Shreded	잘게 채썰기를 한것
Loin	혈합육과 껍질을 제거한 것
Fish-block	어육을 일정한 형태의 틀에 넣고 눌러서 단단하게 한 것 (모서리의 각이 바르고 면이 편평함)
Stick	Fish-block을 세절하여 각봉형으로 만든 것

④ 냉동과 냉동식품

(1) 동결의 의의

① 동결 : 어체 내에 함유되어 있는 수분의 대부분을 빙결시키는 것으로 -18^0C 이하의 온도를 동결점으로 본다.
② 동결품은 해동과정을 거쳐 식용하므로 품질저하가 발생하고 가격이 낮다.
③ 동결장치의 적정 요구조건
　㉠ 급속동결과 심온동결이 가능할 것
　㉡ 가동률을 높이고 에너지 절약이 가능할 것
　㉢ 위생적 작업이 가능할 것
④ 냉장법과 동결법의 비교

항 목	냉장법	동결법
효소적, 비효소적 갈변	진행	억제
미생물의 발육	진행	억제
고품질 보존기간	단기	장기
원상태로의 복원	가능	불가능
동결변성 및 조직파괴	없음	있음
드립유출	없음	있음
에너지 소비	적음	많음

(2) 냉동관련 용어정리

① 온도중심점 : 냉동품의 냉각 또는 동결시 온도변화가 가장 느린 저점으로 품온측정 부분
② 빙결점(동결점) : 냉동품이 얼기 시작하는 온도
　㉠ 담수어 : -0.5^0C
　㉡ 회유성 어류 : -1.0^0C
　㉢ 저서성 어류 : -0.2^0C
③ 공정점 : 동결품 내 수분이 완전히 얼었을 때의 온도, $-55 \sim 60^0C$
④ 빙결율(동결율) : 동결품 내 수분이 빙결정으로 변한 비율

$$빙결율(\%) = (1 - \frac{식품의 빙결점}{식품의 품온}) \times 100$$

2회 기출문제

다음은 수산물의 저장과 관련된 내용이다. 괄호 안에 알맞은 용어를 답란에 쓰시오.

- 수산물을 저장하기 위하여 온도를 낮추어 동결시키면 수산물 중 수분은 얼게 되어 빙결정(얼음결정)이 발생하게 된다. 이 때 수산물 중에 빙결정이 생기기 시작하는 온도를 (①)이라 한다. 또한, 수산물 중의 모든 수분이 얼게 되어 동결을 완료하는 온도를 (②)이라 한다. 이처럼 수산물을 냉각동결시킬 때 시간의 경과에 따라 수산물의 품온 변화를 나타낸 곡선을 (③)이라 한다.

➡ ① 빙결점(동결점) ② 공정점 ③ 동결곡선

(3) 동결현상

구 분	내 용
동결곡선	1. 동결곡선: 동결 중 온도중심선의 시간대별 온도변화를 기록한 곡선으로 빙결점 이상의 냉각곡선(cooling curve)과 빙결점 이하의 냉동곡선(freezing curve)로 이루어졌다. 2. 냉각구역: 빙결점까지의 구역 3. 동결구역: 빙결점~-5℃ 범위로 최대 빙결정 생성대이다. 4. 온도 강하구역: 빙결점 미만의 저장 온도까지의 범위
최대빙결점 생성대	최대빙결점 생성대 ① 의의 : -1~-5℃의 빙결정이 가장 많이 만들어지는 온도구간 ② 대부분 최대빙결정생성대에서 60~90%의 수분이 빙결정으로 변한다. ③ 이 온도구간에서는 많은 빙결잠열의 방출로 식품 온도변화는 거의 일어나지 않고 동결이 이루어지면서 냉동곡선은 거의 평탄하다. ④ 빙결정의 수, 모양, 크기 위치 등이 이 온도구간에 머무는 시간에 따라 좌우되며 물질에 영향을 준다. ⑤ 냉동품의 조직 구조가 파괴되면서 ATP, 글리코겐 및 지질의 효소적 분해, 단백질의 동결변성 등이 최대로 발생한다. ⑥ 이 온도대에서 발육이 가능한 저온 미생물이 있으므로 신속히 -10℃까지 온도를 낮추어야 한다.
빙결정의 성장	1. 빙결정의 성장 : 저장 중 미세 빙결정은 수가 줄고 대형의 빙결정이 생성되는 것 2. 빙결정 성장의 방지 ① 급속 동결로 빙결정의 크기를 될 수 있는 대로 비슷하게 한다. ② 동결 종온을 낮추어 빙결율을 높여 잔존 액상의 적게 한다. ③ 저장 온도를 낮추어 증기압을 낮게 유지한다. ④ 저장 중 온도의 변화를 없게 한다.(±1℃)

(4) 급속동결과 완만동결

구 분	내 용
급속동결	① 급속동결 : 최대빙결정생성대(-1~-5℃)를 짧은 시간(30~50분 이내)에 통과하면서 빙결정의 크기를 작게 하여 고품질의 제품을 제조하는 동결법 ② 급속동결의 효과 : 조직 파괴 및 단백질 구조 파괴의 억

	제, 해동 중 drip 유출로 인한 영양성분의 손실 억제 등 ③ 냉동품의 품질은 최대빙결정생성대를 통과하는 시간이 짧을수록 좋아진다.
완만동결	① 완만동결 : 최대빙결정생성대(-1~-5℃)를 완만하게 통과하는 것 ② 냉동품 내에 생성되는 빙결정이 커서 조직 손상이 큰 동결법이다. ③ 조직 파괴, 식품 중 단백질 구조의 파괴, 염 농축에 의한 단백질 동결변성이 일어난다.

(5) 동결방법

구 분	내 용
공기동결법	1. 구조 : 냉각관을 선반모양으로 조립한 후 그 위에 식품을 얹어 동결실 내 정지한 공기 중에서 동결하는 방법 2. 장점은 동결장치가 간단하고 대량 처리가 가능하다. 3. 단점은 동결속도가 완만하다.
송풍동결법	1. 구조 : 동결실의 상부, 측면 또는 바닥면에 공기 냉각기를 설치하고 냉각한 공기를 동결실 한쪽방향에서 강제적으로 송풍하여 식품을 동결시키는 방법 2. 정어리, 전갱이, 고등어, 꽁치 등을 1시간에 대량동결 하는 경우에 이용한다. * 일반적으로 두께 15cm, 중량 15kg의 생선상자, 골판지상자 내의 생선을 -18℃ 이하까지 12시간 이내에 동결 3. 대부분 식품에 사용이 가능하다. 4. 구조가 간단하고 비교적 싸다. 5. 포크리프트 등에 의한 작업성이 좋다. 6. 동결속도는 1~5mm/h
관선반식 동결법 (반송풍식)	1. 구조 : 냉각관을 선반 모양으로 만들어 선반과 선반사이에 물건을 넣어 동결시키는 방식 2. 냉각관 접촉과 통풍공기에 의해 식품을 동결시킨다. 3. 다랑어 어선(-60~-70℃), 오징어 낚시배(-35~-40℃), 어항에서의 생선을 통째로 동결(-20~-30℃), 냉동식품 등 다용도로 널리 이용된다. 4. 구조 간단, 다량 수용, 동결속도 빠름(3~15mm/h) 5. 하역작업 등 일손이 많이 필요하다.
송풍터널식 동결법	1. 원리 : 송풍과 반송장치의 조합에 의한 동결방법 2. 고형식품을 컨베어로 반송해 터널 내를 통과하기까지 동결이 완료된다. 3. 두께 1~5cm 정도의 식품을 -18℃ 이하의 품온까지 0.5~2.5 시간에 동결한다.

	4. 가장 일반적인 동결방법이다. 5. 가리비, 튀김용 토막살 등 비교적 소형과 얇은 것의 개체를 연속적으로 동결하는데 적합하다. 6. 벨트 컨베어식이나 스파이럴식 등 냉동식품공장 등의 제조라인을 ILF(in-line freezing system)로서 널리 이용된다. 7. 동결속도는 15~30mm/h
접촉식 동결법	1. 원리 : 가운데 구멍이 있는 금속판(플랫탱크)에 -30~-40℃의 냉매를 흘려 냉각된 금속판 사이에 식품을 두어 동결하는 방법 2. 일반적으로 두께 75mm 정도의 10kg 용량의 동결 팬에 채운 생선을 -18℃까지 4~6시간에 동결한다. 3. 냉동어묵, 오징어 낚시배의 오징어, 고래고기, 작은 새우, 조갯살 등의 급속동결에 이용한다. 4. 두께가 얇은 균질의 식품에 적절하다. 5. 동결시간이 짧고 간단하여 취급이 쉽다. 6. 동결속도는 12~25mm/h
액체냉각식 동결법 (브리인식)	1. 원리 : 브라인(진한 염용액, 알콜류)을 냉각하여 식품을 직접 담구어 동결하는 방법 2. 식염수용액에서는 약 -20℃, 염화칼슘수용액-에탄올수용액에서는 약 -40℃의 브라인 온도에서 급속동결이 가능하다. 3. 각종형상, 크기의 식품도 동결이 가능하다. 4. 단점 : 어육의 분열이 발생하거나 식품 내부로의 브라인의 침투 등이 발생할 수 있다. 5. 원양 가다랑어 어업에 많이 사용된다. 6. 동결속도는 10~50mm/h
액체가스 동결법	1. 원리 : 액화질소나 액화탄산가스를 식품에 분무하여 급속동결시키는 방법 2. 장점 : 식품 조직의 손상이 적고 해동하더라도 원상태 회복이 매우 좋다. 3. 소형의 고급식품(고급생선, 새우 등), 바쁜 시기에 생산증가(어묵류 등)에 이용된다. 4. 단점 : 식품에 균열이 발생할 가능성이 있다. 5. 동결속도는 30~100mm/h
저온삼투압 탈수동결법	1. 원리 : 동결 처리 전 미리 빙결정 생성인자인 수분을 탈수한 후 동결하는 방법(저온 삼투압 탈수의 효과와 응용) 2. 장점 동결변성 적음, 드립량 적음, 육질개선효과, 에너지 절감 3. 단점 : 대량 처리가 곤란하다.

부분동결	1. 원리 : -3℃ 부근에서 반냉동 상태로 저장하는 방법 2. 일반적으로 -1~-5℃의 최대빙결정생성대에서 저장하는 경우 해당작용, 근원섬유 단백질의 변성, 지질산화 및 전분의 노화 등이 야기되기 쉽다. 3. 식품 성분의 품질저하는 야기되나 식품위생적으로는 안전하여 1주일에서 약 10일 간 저장에는 적절한 방법이다.

◆ 수산가공품의 기초화 응용

대상식품	원리	효과
냉동식품	* 자유수의 적당한 탈수 * 미세빙결정으로 세포막 파손억제	냉동내성의 향상
염장품 및 젓갈	* 탈수에 의한 세포막의 경고	저염 가공 가능
선어, 염장어 및 축육	* 정미성분 농축 * 어취 제거 * 조직감 향상	향미 향상
냉장식품 (chilled foods)	* 표층에 단백질 층의 생성으로 균의 침입 방지 * glutamic acid 등의 농도 증가로 인한 조직세포의 변성 억제 * 드립 감소로 조직세포의 변성 억제	품질수명의 연장
소고기, 돼지고기 및 양고기	* 칼슘 농도 증가로 조직 연화 촉진 * 칼슘에 의한 단백분해효소의 작용으로 정미성분 증가	숙성촉진
청어, 정어리 등	* 수분의 감소에 의한 산화 억제	산패취의 발생 억제
다랑어회	* 용존산소 감소 * 아미노산 농도 증가 * 염소이온 감소	변색 및 퇴색 억제
상어, 다랑어회	* 색소(철분 등) 농축	색의 농후
향신료 대용	* 어취제거에 의한 어육 및 축육 고유의 향미유지	고유의 향미유지
절임식품, 훈제품	* 세포 간 수분의 탈수	조미액의 침투성 향상

| 튀김 및 가열식품 | * 중심부의 여분 수분 제거
* 조리 중 여분의 수분 및 용해성분의 유출 감소 | 조리성 향상 |

김진수 외3인, 2007, 도서출판 효일, 수산가공학의 기초와 응용 표 6-11

⑤ 수산냉동식품의 일반적 제조공정

(1) 제조공정

원료입하 → 선별 → 수세 및 탈수 → 선별 → 특별 전처리(산화방지제 및 동결변성 방지제 처리) → 칭량 → (속포장) → 팬 채움 → 동결 → 팬 빼기 → (글레이징) → 겉포장 → 저장

(2) 전처리

① 원료 입하부터 동결 전까지의 공정을 의미한다.
② 전처리의 목적
  ㉠ 불가식부에 해당하는 운임 및 창고료를 절약할 수 있다.
  ㉡ 불가식부를 사전에 처리함으로써 조리가 편리해진다.
  ㉢ 비위생적인 불가식부를 신속하게 제거하여 위생성을 향상시킬 수 있다.
  ㉣ 품질저하를 억제할 수 있다.
③ 선별
  적절한 크기 및 선도를 가진 어체를 원료로 선별한다.
④ 수세 및 탈수
  ㉠ 대형어 : 개체별로 분무하여 수세 후 탈수한다.
  ㉡ 소형어 : 한번에 침지하여 혈액, 점액, 유지 및 기타 이물질을 잘 제거하고 탈수한다.
  ㉢ 수세수 : 담수어는 담수나 해수를 사용해도 좋으나 해수어는 해수를 사용하는 것이 좋다.
⑤ 어체처리
  용도, 수요자의 요구 등에 맞게 어체를 처리한다.

⑥ 재수세 및 탈수
  어체 처리 중 발생한 혈액, 내장, 뼈, 껍질, 비늘 등을 제거하기 위한 수세를 하고 탈수한다.
⑦ 선별
  크기, 손상 등에 따라 재선별한다.
⑧ 특별전처리
  염수처리, 가염처리, 가당처리, 산화방지제 및 동결변성방지제 처리 등과 같은 특별전처리를 한다.
⑨ 칭량 및 속포장
  선별된 것을 목적하는 중량으로 칭량하고 건조 및 지질산화방지를 위한 속포장을 한다. 속포장 하는 경우 글레이징을 생략한다.
⑩ 팬 채움(panning)
  ㉠ 대형어 및 중형어 : 팬 채움 과정을 생략하고 개체 동결할 수 있다.
  ㉡ 소형어 : 동결팬에 넣어 동결하고 머리가 외부로 노출되도록 하고 꼬리는 중앙으로 가도록 하여야 하며 표면은 기복이 없어야 하며 동결 팽창도 고려하여야 한다.

(3) 동결
대형어와 중형어는 개체 동결을 소형어는 동결팬에 넣어 동결방법을 선택하여 실시한다.

(4) 후처리
① 팬 빼기(depanning)
  표면에 냉수를 분무하거나 유수에 침지한 후 충격을 주어 냉동물을 팬으로부터 분리한다.
② 글레이징(glazing)
  건조 및 산화방지를 목적으로 빙의(氷衣)를 입힌다. 단 전처리 과정 중 속포장 한 경우 생략한다.
③ 겉포장

2회 기출문제

다음은 수산물의 수확후 처리에 관련된 내용이다. 괄호 안에 알맞은 용어를 답란에 쓰시오.

냉동어류를 냉수 중에 수 초간 담그거나 냉수분무하면 냉동어체표면에 형성되는 얇은 얼음막을 입히는 처리를 (①)이라 하며, 이런 처리방법으로는 (②)와(과) (③)이(가) 있다.

▶ 글레이징, 쇄빙법, 수빙법

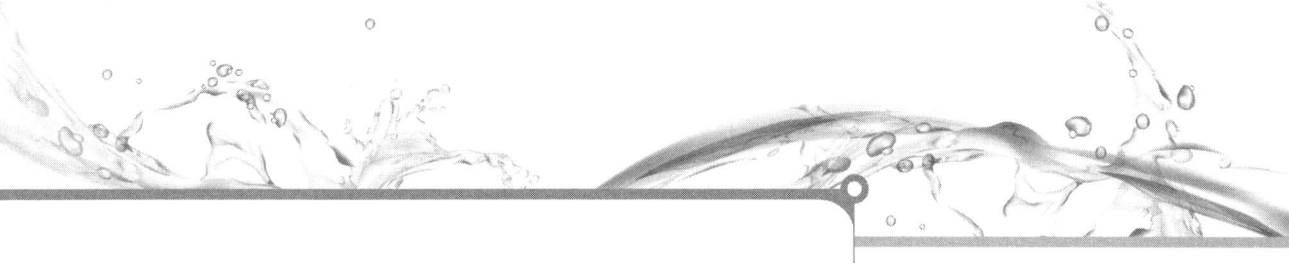

적절한 포장재를 활용하여 포장한다.

⑥ 냉동식품

(1) 냉동식품

정 의	냉동식품이란 가공 또는 조리한 식품을 장기 저장을 위해 동결처리 후 용기포장 한 것으로 냉동보관을 요구하는 식품을 의미한다.	
장 점	저장성	품온을 낮춰 신선도를 유지
	편리성	불가식부 제거 등 전처리로 편리하며 조리가 간편하다.
	안전성	-18℃ 이하의 저온에 저장이 1년 이상 가능하며 품질의 안전성이 인정된다.
	가격안정성	원료의 장기저장이 가능해져 가격 안정성을 꾀할 수 있다.
	유통합리성	연중 고른 유통이 가능해져 유통의 합리화가 가능하다.

(2) 냉동식품의 해동

① 개요
　㉠ 냉동품을 여러 해동매체를 통하여 녹이는 조작을 의미한다.
　㉡ drip 발생을 가능한 한 줄여야 한다.
　㉢ 해동속도, 해동환경, 해동종온 등은 냉동품의 종류 및 용도에 따라 결정된다.
② 해동품의 상태변화
　㉠ 육질의 연화
　㉡ 미생물과 효소의 활동이 용이해 진다.
　㉢ 산화되기 쉽다.
　㉣ 표면건조
　㉤ 맛 성분과 영양 성분의 손실

③ 해동품의 선도저하 및 부패
   ㉠ 조직의 변화로 인해 표면세균의 내부 침투로 부패하기 쉽다.
   ㉡ 연화된 조직으로 미생물의 침입과 증식이 쉬워진다.
   ㉢ drip이 미생물 등의 증식에 있어 영양원이 된다.

④ Drip

개요	1. 동결품 해동 시 녹은 빙결정에서 생성되는 수분이 육질에 흡수되지 못하고 분리되어 나오는 것을 말한다. 2. drip의 유출로 인하여 각종 수용성 성분과 풍미물질도 유출되면서 식품가치 저하 및 무게 감소가 발생한다.
Drip 발생원인	1. 빙결정에 의해 육질의 기계적 손상과 세포의 파괴 2. 체액의 빙결분리 3. 단백질 변성 4. 해동 경직에 따른 근육의 이상 강수축 등
Drip 발생정도	1. 표면적이 작고 동결속도가 빠르며 온도가 낮고 동결냉장 기간이 짧을수록 drip은 적어진다. 2. 식염, 당, 중합인산염을 첨가할수록 drip은 적어진다. 3. 절단 근육에 비해 비절단 근육이 drip이 적다. 4. 지방함량이 많고 수분함량이 적으면 drip이 적다. 5. 해동 후 품온이 상승하지 않도록 중심온도를 0~5℃를 유지한다.
발생억제조치	1. 선도가 높은 좋은 원료를 선택한다. 2. 급속동결을 실시한다. 3. 동결 후 냉장온도를 낮게하고 냉장기간을 짧게 한다. 4. 온도의 변동폭을 작게 한다.

⑤ 해동 정도에 따른 구분
   ㉠ 완전해동 : 냉동 고등어 등에 적용하며 해동 종온을 빙결점 이상의 온도로 해동하나 가능한 낮은 온도가 좋다.
   ㉡ 반해동 : 냉동 연육 등에 적용하며 해동 종온을 온도 중심점이 약 -3℃ 정도로 칼로 절단할 수 있는 정도로 해동한다.

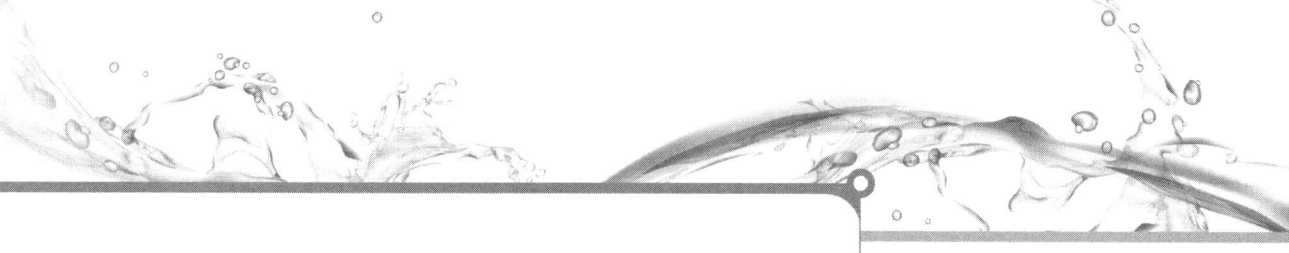

　　ⓒ 개체 동결식품 등은 별도의 해동이 불필요하다.
　　ⓓ 생선 패티나 스틱은 해동시켜서는 안된다.
⑥ 해동방법

공기해동법	1. 해동 매체로 공기를 이용하는 방법 2. 자연해동법(정지공기해동법)은 모든 해동에 이용이 가능하나 해동 시간이 길고 공간을 많이 필요로 한다. 3. 풍속해동법은 정지공기해동법에 비해 해동 시간이 짧다.
수중해동법	1. 해동매체로 물을 이용하고, 정지법, 유동법, 살포법이 있다. 2. 공기해동법에 비해 해동속도가 빠르다. 3. 수산 가공에 가장 많이 사용된다. 4. 원형 및 블록형 해동에 적합하다. 5. 해동수의 오염 가능성이 커서 해동수 관리가 필요하며 폐수 처리 비용이 많이 든다.
접촉해동법	1. 온수가 흐르는 금속판 사이에 냉동품을 끼워 넣어 해동시키는 방법 2. 동결 연육 해동에 많이 이용된다.
전기해동법	1. 고주파 또는 초단파를 이용하는 해동방법이다. 2. 냉동품의 내부에서 가열하는 방식으로 해동시간이 짧다.
조합해동법	여러 가지 해동법을 조합한 장치를 이용하여 해동하는 방법

❼ 저온에 따른 미생물

(1) 온도에 따른 미생물의 증식

호냉성 세균 (저온성)	1. 증식최적온도 : 20℃ 내외 2. 7℃ 이하에서도 증식을 잘하며 0℃에서도 증식한다. 3. 비브리오(Vibrio), 슈도모나스(Pseudomonas) 등
중온성 세균	1. 증식최적온도 : 37℃ 내외 (20~40℃에서 증식) 2. 0℃ 이하 및 50℃ 이상에서는 증식이 안된다. 3. 대부분의 병원성 세균
호열성 세균 (고온성)	1. 증식최적온도 : 50~60℃ 2. 중온성 세균이 사멸하는 75℃에서도 증식이 가능하다. 3. 최저 온도대는 40℃ 정도이다.

(2) 저온에 의한 미생물의 사멸

Cold Shock	1. Cold Shock : 식품을 급격히 냉각하면 빙결점 이상에서 일부 균이 사멸하는 현상 2. 식품을 급격히 냉각하면 세균의 세포막에 손상이 일어나 세포 내 성분이 유출되면서 증식 또는 대사활성 등이 저하된다. 3. Cold Shock의 발현 : 고온성 및 중온성 세균 〉 저온성 세균 GRAM 음성균 〉 GRAM 양성균
최대빙결정 생성대	1. 최대빙결정생성대 : 미생물의 증식은 정지하나 일부 효소계가 작용하고 있으며 점차 사멸한다. 2. 대장균 등 미생물은 대부분 빙결점 내외에서 사멸한다. 3. 최대빙결정생성대 보다 저온 : 생리적 기능이 완전 정지되면서 휴면상태로 된다.
동결	1. 동결은 미생물 세포 내에 빙결정이 생성되면서 여러 가지 장해가 일어난다. 2. 동결에 의한 세포 내 성분의 유출, 유해물질의 침입, 환경에 대한 감수성 증대 및 세포구조의 기계적 파괴로 사멸하게 된다. 3. 동결속도가 빠를수록 일반적으로 사멸율은 높아진다.

06 냉동장치와 설비

(1) 냉매선도

1) 종축에 절대압력p(MPa)와 횡축에 비엔탈피 h(kJ/kg)를 각각 로그 값과 등간격으로 나타낸 것이며 어떤 시점에서의 냉매상태를 선도에 나타낼 수 있다.

2) 냉매선도는 외부에서 알 수 있는 압력과 온도만으로 내부의 상태를 유추하고 냉동기의 현재 성능을 평가하기 위하여 사용한다.

냉매의 상변화와 p-h 선도

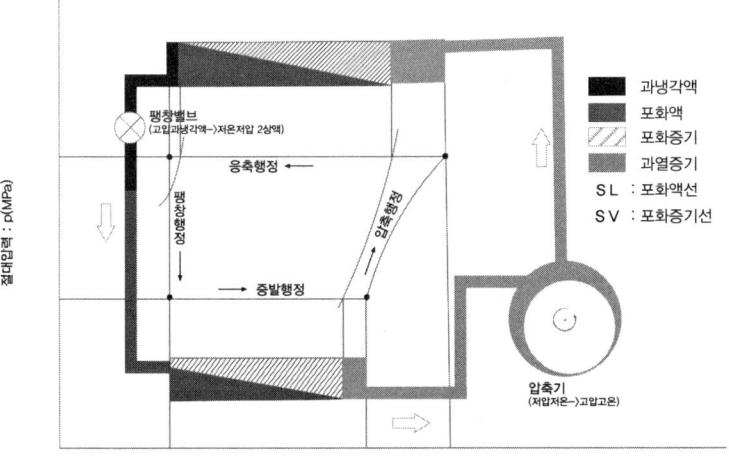

(오후규 외7인, 2012, 세종출판사, 신판식품냉동기술, 그림 11.1)

(2) 냉동사이클

1) 압축 → 응축 → 팽창 → 증발의 과정을 거친다.
2) 냉동사이클 과정 중의 냉매 상태 변화

압 축	1. 압축기에서 냉매 증기를 압축하는 과정 2. 상온의 물이나 공기에 의해 냉각되어 응축이 잘 될 수 있도록 압력을 높이는 역할을 하는 과정이다. 3. 압축 변화는 등엔트로피선을 따라 응축 압력에 도달하게 된다. 4. 압축일량 : 압축과정 동안 압축기가 한 일의 양을 의미하며 압축기 입, 출구의 엔탈피 차로 구할 수 있다.
응 축	1. 응축기 내에서 냉매가 응축되는 과정이다. 2. 냉매는 응축기 외부의 물 또는 공기에 의해 냉각되어 액체 상태로 변한다. 3. 압축기를 통과한 고압의 냉매 가스는 냉각수 또는 냉각 공기에 의해 쉽게 액화될 수 있는 상태가 된다. 4. 응축열량 : 냉각수 또는 냉각공기로 방출되는 열량
팽 창	1. 액체 상태의 냉매가 팽창밸브를 통과할 때 상태가 변하는 것을 말한다. 2. 응축기에서 응축된 액체 냉매가 증발기에서 쉽게 증발할 수 있도록 압력과 온도의 저하, 증발기로 유입되는 냉매의 양을 조절하는 역할을 한다. 3. 외부와 열의 출입이 없이 단열팽창으로 엔탈피의 변화

증발	는 없다. 1. 증발기 속의 액체 냉매가 열교환기 주변의 공기 등으로부터 증발에 필요한 증발잠열을 흡수하여 증발하는 과정을 말한다. 2. 팽창밸브를 통해 공급된 액체 냉매는 증발에 필요한 증발잠열을 외부로부터 빼앗아오면서 냉각작용을 하게 된다. 3. 액체 냉매의 증발에 의해 열을 빼앗긴 열교환기 주변의 공기 또는 물질은 냉각되어 저온이 된다. 4. 증발 시 냉매가 액체에서 기체로 증발하는 과정에서 냉매의 온도와 압력은 일정하게 유지된다.

(3) 냉동장치

1) 압축기(compressor)
   ① 증발기에서 증발된 기체 상태의 냉매를 흡입하여 필요한 응축 압력까지 압축시켜 응축기로 보내 압력을 높이는 장치로 냉동사이클에서 냉매 순환의 원동력이 된다.
   ② 압축방식에 따라 용적식, 원심식, 흡수식으로 분류한다.

2) 응축기(condenser)
   ① 압축기로부터 송출된 고온 고압의 냉매가스를 물이나 공기로 냉각시켜 응축시키는 장치
   ② 냉각 물질의 종류에 따라 수랭식, 공랭식, 증발식이 있다.

3) 팽창밸브
   ① 액화된 냉매가 증발하기 쉽도록 감압 및 냉매량을 조절하는 장치
   ② 팽창밸브에서 냉매의 공급량에 따라 부족한 경우는 증발온도를 유지하지 못해 압축기가 과열 운전되며 공급량이 지나칠 경우는 습압축이 되어 안정된 운행이 어렵게 된다.
   ③ 수동팽창밸브, 자동팽창밸브, 모세관으로 분류된다.

4) 증발기
   ① 액화된 냉매를 증발시키고 그 증발잠열을 이용하여 물 또는 브라인을 냉각하는 냉각장치이다.
   ② 팽창밸브를 통해 냉각에 필요한 액체 상태의 냉매액을 공급받고 증발된 기체 냉매는 압축기로 흡입된다.
   ③ 증발기의 종류는 냉매의 공급방식에 따라 건식증발기, 만

액식증발기, 액순환식증발기로 분류된다.
5) 기타 부속기기
    ① 수액기
        ㉠ 응축기에서 액화한 냉매를 팽창밸브로 보내기 전에 일시적으로 저장하는 용기로 증발기 부하변동에 따라 냉매 공급량을 조절한다.
        ㉡ 냉동장치 정지 또는 수리 시 냉매를 저장한다.
    ② 기름분리기
        압축기에서 송출된 냉매 기체에 혼입된 윤활유를 분리시키는 고압용기
    ③ 액분리기
        증발기에서 냉매가 완전히 증발되지 않은 상태로 압축기에 액체와 기체가 동시에 흡입되면 압축기의 파손 위험이 있으므로 이를 방지하기 위한 장치이다.
    ④ 불응축 가스분리기
        응축기에 부착하여 장치 내의 공기와 냉매를 분리하여 공기를 제거하는 장치이다.
    ⑤ 제상장치
        ㉠ 냉각기에 결로가 생겨 얼음층으로 덮이면 열교환이 일어나지 않아 저장고 온도유지가 어려워지며 심하면 온도가 상승하게 된다.
        ㉡ 고온가스 서리제거방식과 전열식 서리제거방법이 있다.
        ㉢ 서리 제거의 주기와 시간은 서리의 양에 따라 결정하고 제거가 끝나면 바로 냉장에 들어가야 불필요한 에너지 소모와 저장고 내 온도의 상승을 막을 수 있다.

07 선별과 포장

❶ 선별 및 입상

(1) 선별

1) 선별

수산물의 선별은 불필요한 물질이나 부패된 어획물의 분리 및 제거와 객관적인 품질평가기준에 따라 등급을 분류하고 분류된 등급에 상응하는 품질을 보증함으로써 수산물의 균일성으로 상품가치를 높이고 유통상의 상거래질서를 공정하게 유지하도록 한다.

2) 선별방법

어 류	1. 색택 : 어류 고유의 색채를 갖추고 눈알이 푸르고 맑으며 아가미가 선명하고 적홍색을 띠어야 한다. 2. 비늘 : 비늘이 어체에 밀착되어 있고 표피에 상처가 없어야 한다. 3. 냄새 : 불쾌한 냄새가 나지 않아야 한다. * 새우 : 껍질에 윤기가 있고 투명하며 머리가 달려 있는 것이 좋으며 머리 부분이 검게 되었거나 전체가 흰색으로 투명한 것은 피하며 껍질은 잘 벗겨지지 않아야 한다. * 게 : 발이 모두 붙어 있고 무거우며 입과 배 사이에 검은 반점이 없어야 한다. * 문어와 오징어 : 살이 두텁고 처지지 않으며 색체는 선명한 것이 좋고 하얗거나 붉은색 또는 변색된 것은 피하는 것이 좋다.
패 류	1. 종 특유의 색깔과 광택 및 탄력성이 있고 신선한 향기와 껍질에 윤기가 있어야 한다. 2. 반투명으로 생활력을 갖고 있어야 한다. * 대합 : 껍질이 두껍고 표면의 무늬가 엷어야 한다. * 굴 : 몸집이 통통하고 탄력이 있어야하며 손으로 눌렀을 때 탄력이 있고 바로 오그라드는 것이 좋다. * 바지락 : 껍질에 구멍이 없고 작은 것이 좋다.
해조류	1. 신선한 원료의 색과 향미, 중량 및 건조 상태를 보아야 한다. 2. 협잡물이 없고 고유의 색에 홍조는 띠는 것이 좋다. 3. 향미가 좋고 약간 비린내가 나며 바다냄새가 많이 날수록 좋다.

	4. 수분 함량이 15% 이하여야 한다. 　* 미역 : 줄기가 가늘고 흑갈색으로 검푸른 빛에 잎이 넓은 것이 좋다. 　* 다시마 : 국물용은 두꺼운 것이, 쌈용은 얇으면서 딱딱하게 건조되고 잡티가 없는 것이 좋다.
건어류	• 해조류와 동일하게 선별한다. 　* 마른멸치 : 맑은 은빛을 내고 기름이 피지 않으며 수분함량이 20~30% 이하인 것이 좋으나 국물용 봄멸치는 기름을 약간 띠고 만져서 딱딱하지 않으며 부드러운 것이 좋다. 　* 북어 채 : 연한 노란색에 육질이 부드럽고 수분과 가루가 적은 것이 좋다. 　* 마른오징어 : 선명하고 곰팡이와 적분이 피지 않고 다리부분이 검은색을 띄지 않는 것이 좋다.

3) 입상

① 어상자

　㉠ 종류 : 나무상자, 금속, 합성수지 고무 등이 있다.

　㉡ 금속제와 합성수지 상자의 장점 단점

　　ⓐ 장점 : 여러 번 사용해도 잘 파손되지 않으며 냉각 속도가 빠르고 오염이 적어 선노유지에 유리하다.

　　ⓑ 단점 : 가격이 비싸고 회수가 어렵다.

② 입상 방법

　㉠ 어상자는 깨끗하게 세척하고 내장을 제거한 어체는 복강 내 혈액과 내용물을 제거해야 한다.

　㉡ 입상 시 종류별, 크기별로 담고 혼합 입상을 피해야 한다.

　㉢ 어체의 길이가 어상자 보다 더 긴 것은 상자에 걸쳐 입상하지 않도록 해야 한다.

　㉣ 갈고리 사용은 가급적 피하고 던지거나 밟지 않아야 한다.

　㉤ 저장기간과 기온을 고려해 얼음과 고기의 양을 결정해야 한다.

　㉥ 얼음을 상자 바닥에도 깔고 입상하고 얼음 녹은 물은 쉽게 빠져 어체의 냉각이 잘 되도록 해야 한다.

　㉦ 상처 있는 고기나 선도가 안 좋은 것은 따로 선별 보

관하여야 한다.
◎ 어체를 깨끗이 잘 배열하고 어체 손상이 없도록 해야 한다.
③ 입상 배열
㉠ 배립형 : 등이 위로 오게 하는 배열
㉡ 복립형 : 복부가 위로 오게 하는 배열
㉢ 평힐형 : 옆으로 가지런히 배열
㉣ 산립형 : 잡어 같은 작은 어종을 아무렇게나 배열하는 방법
㉤ 환상형 : 장어, 갈치 같이 어체가 상자 보다 긴 경우 상자 안에 환상으로 배열하는 방법
㉥ 배열 방법의 선택은 어종, 용도 또는 저장기간을 고려하여 선택한다.
㉦ 저장 예정기간에 따른 배열
ⓐ 예정기간이 10일 이내인 경우는 배립형
ⓑ 예정기간이 10일을 넘기는 경우는 복립형

❷ 포장

(1) 의의와 기능

1) 포장의 의의

포장이란 수산물의 유통과정에 있어 그 보존성과 위생적 안전성을 높이고 편의성과 보호성을 부여하며 판매를 촉진하기 위하여 알맞은 재료나 용기를 사용하여 적절한 처리를 하는 기술을 의미한다.

2) 기능

어획에서부터 소비까지 이르는 과정에 있어 수송 중의 물리적 충격의 방지와 미생물에 의한 오염방지 및 빛, 온도, 수분 등에 의한 수산물의 변질을 방지한다.

3) 목적
① 편의성
상품의 수송, 하역, 보관과 유통상의 편의를 위해 필요성이

커지고 있다.
② 표준화 및 정보제공
  상품의 품질, 등급 및 생산정보의 표시 수단이 된다.
③ 소비자 구매욕구 증대
  브랜드 개념을 도입한 다양한 디자인을 통하여 소비자의 구매욕을 증대시키는 목적도 큰 비중을 차지한다.

(2) 포장의 분류

1) 소비, 유통측면의 포장분류

겉포장	속포장한 수산물의 운반과 수송 및 취급을 목적으로 큰 단위로 포장하는 것
속포장	상품을 몇 개씩 용기에 담아 유통 단위나 소비 단위로 만드는 것을 속포장이라 한다.
낱개포장	속포장의 일종이지만 특별히 상품을 하나씩 포장하는 방식이다.

2) 유통기능에 따른 분류

1차포장	제품을 직접 담는 용기 혹은 필름백
2차포징	안전성 향상을 위한 박스쏘상
3차포장	수송 및 저장의 안전성과 효율을 높이기 위한 대단위 포장(직송포장)

3) 포장재의 기본요건

겉포장재	1. 외부의 충격방지 2. 수송, 취급의 편리성 3. 부적절한 환경으로부터 내용물의 보호
속포장재	1. 적절한 공간확보와 충격의 흡수성 2. 유통 중 발생할 수 있는 부패 또는 오염의 확산을 막을 수 있는 재질

4) 포장재의 구비조건

위생성 및 안전성	1. 속포장재는 유해물질이 전이되지 않아야 한다. 2. 속포장재 없는 겉포장의 경우 위생성과 안전성을 확보해야 한다
보존성 보호성	1. 내용물의 보존성과 보호성에 적합하여야 하며 물리적 강도를 가져야 한다.

차단성	2. 차단성 ① 겉포장재 : 방습성.방수성 확보를 위한 물리적 강도 필요 ② 속포장재 : 냄새차단, 오염물질.휘발성 이취발생물질의 노출위험 차단, 유기용매 냄새의 오염차단 필요
작업성 (기계화)	1. 겉포장재 : 접은 상태로 보관하여 공간점유면적을 최소화하고 쉽게 펼쳐지고, 모양을 갖출 수 있어야 하며 봉합이 용이하도록 설계되어야 한다. 2. 속포장재 : 일정한 경탄성, 미끄럼성, 열접착성이 있어야 하고 정전기가 발생하지 않도록 대전성이 없어야 한다.
인쇄 적정성 및 정보성	1. 인쇄적정성, 광택, 투명성 등 외관은 물론 상품의 특성이 잘 나타나야 한다. 2. 속포장 필름의 경우는 상품의 품질이 쉽게 확인될 수 있도록 투명해야 소비자의 신뢰도를 높일 수 있다. 3. 인증표시 등 소비자가 요구하는 정보가 제대로 표시되어야 한다.
편리성	소비자 입장에서 해체구조 및 개봉이 편리해야 한다.
경제성	1. 포장재료의 생산비, 디자인 개발비 등은 모두 포장경비에 포함되므로 경제성을 갖추어야 한다. 2. 소비자 욕구에 부응하고 물류효율화에 적합한 포장설계가 필요하다.
환경 친화성	1. 분해성, 소각성이 좋아야 한다. 2. 재활용, 재사용 시스템 구축
예냉과 내열성	포장 후 예냉이 가능하고, 내열성을 갖추어야 한다.

5) 포장재의 종류 및 특성

골판지 상자	장점	1. 대량 생산품의 포장에 적합하다. 2. 대량 주문요구를 수용할 수 있다. 3. 가볍고 체적이 작아 보관이 편리, 운송 및 물류비 절감 4. 작업이 용이하고 기계화와 생력화(省力化)가 가능하다. 5. 조건에 맞는 강도 및 형태의 제작이 용이하다. 6. 외부충격을 완충하여 내용물의 손상을 방지한다.
	단점	1. 습기에 약하고 수분에 의한 강도가 저하된다. 2. 소단위 생산시 단위당 비용이 많이 든다. 3. 취급시 변형과 파손이 되기 쉽다.

방수 골판지 상자	발수골판지	단시간 물이 떨어졌을 경우에 물이 방울로 되어 흘러 물의 침투를 방지하도록 표면 가공한 골판지
	차수골판지	장시간 물과 접촉하여도 물을 거의 통과시키지 않도록 가공한 골판지
	내수골판지	장시간 침수시켰을 경우 그다지 강도가 떨어지지 않도록 골판지용 라이너, 골판지용 골심지, 접착제 또는 골판지에 가공한 골판지
	발 수 도	R0, R2, R4, R6, R7, R8, R9, R10로 나타내며 R값이 커질수록 방수성이 높다.
플라스틱 상자		1. 폴리프로필렌 성형수지에 규정된 2종 05500급 이상 또는 폴리에틸렌 성형재료의 3종 3~4류를 사용한다. 2. 낙하 충격 및 하중변형에 견디는 강도를 필요로 한다.
PE대		1. 폴리에틸렌 필름 봉투형태의 겉포장재로 내용물의 중량에 따라 적정한 두께가 정해져 있다. 2. 인장강도, 신장율, 인열강도 등은 KS M3509(포장용 폴리에틸렌 필름)에 따른다.
PP대		직물제 포대 포장용 폴리올레핀 연신사로 직조한 포대포장으로 인장강도, 직조 밀도 등을 규정한다.
그물망		고밀도 폴리에틸렌 모노필라멘트계 원단을 사용해 메리야스상으로 직조한 그물로서 포장단량에 따라 적당한 그물망의 강도를 무게로 정하고 있다.
PE PP PVC		1. PE(polyethylene) : 가격이 싸고 거의 대부분의 형상으로 성형이 가능하며 가스의 투과도가 높다. 2. PP(polypropylene) : 방습성, 내열성, 내한성, 투명성이 높아 투명포장 및 수축포장에 많이 이용된다. 3. PVC(염화비닐; polyvinyl chloride) : 연질과 경질로 나누며 경질은 내유성 및 산과 알칼리에 가하고 가스 차단성이 높아 유지식품의 산패방지에 많이 이용되고 있다.
기능성 포장	연신필름	1. 플라스틱 필름에 온도와 장력을 가하여 장력 방향으로 분자배열을 이루도록 만든 플라스틱 필름이다. 2. 인장강도, 내열성, 내한성, 충격강도가 좋다. 3. 수증기 및 기체의 투과도가 감소하여 차단성이 좋다. 4. 연신 온도 이상 가열하면 원래의 치수로 수축하는 성질을 이용하여 수축포장에 이용된다.
		1. 플라스틱 필름에 필름이 용융하지 않을 정도

	열수축 필름	의 열을 가하여 연신한 필름을 말하며 필름으로 포장하고 열을 가하여 수축시켜 밀착 포장하는 필름을 통틀어 수축 필름이라 한다. 2. 투명성, 광택성이 우수하여 상품 가치 및 보존성을 향상시킬 수 있다. 3. 비용이 저렴하다. 4. 복잡한 형상이나 여러 개의 상품을 한 번에 포장할 수 있다.
	도포필름	새로운 기능성 부여를 위하여 필름 표면에 여러 가지 물질을 도포하여 만든 필름을 말한다.
	적층필름	1. 다른 필름을 겹쳐 붙여서 가공한 필름을 말한다. 2. 레토르트 파우치 등에 이용된다. 3. 다른 두 종류 이상의 플라스틱 필름이나, 플라스틱과 알루미늄 박 또는 지류 등과 복합 가공된 필름으로 종류가 다양하다.

❸ 포장방법

(1) 진공포장

1) 포장 내부의 산소를 제거함으로써 주요 부패균인 호기성세균의 증식을 억제하고 지방산화를 지연시켜 저장성을 높이는데 목적이 있다.
2) 일반적으로 가스 투과도가 낮은 필름으로 포장하는 것이 미생물 증식을 더 억제시킨다.
3) 진공포장은 포장 내부 산소의 저하로 옥시미이오글로빈(oxymyoglobin)이 디옥시미오글로빈(deoxymyoglobin) 형태로 바뀌며 육색은 적자색으로 변한다.
4) 진공포장의 효과
   ① 호기성 부패균의 증식을 억제한다.
   ② 수분손실을 방지한다.
   ③ 제품의 부피를 줄여 수송 보관 등을 용이하게 한다.
   ④ 미오글로빈의 화학적 변성을 억제한다.

(2) 입체진공포장

1) form(형태)-fill(충전)-seal(접착)의 포장으로 폼(플라스틱 용기)에 필(내용물을 충전)하고 실(상부에 필름을 덮어 진공 후 밀봉)이 연속으로 이루어지는 포장이다.
2) 진공포장에 비해 제품의 입체감이 두드러져 소비자 선호도가 높아지고 생산성이 우수한 포장이다.
3) 고급 연제품, 육가공 프랑크 소시지 등에 사용된다.

(3) 가스치환포장(MA: Modified Atmosphere)

1) 포장 내부의 공기 조성을 N_2, CO_2, O_2 등의 불활성 가스로 치환하여 밀봉하는 포장방식이다.
2) 불활성 가스의 충전은 상품을 불활성 가스에 저장하는 것과 같은 효과를 얻게하여 변질이나 변패는 방지할 수 있다.
3) 진공포장에서의 수축과 변형 및 파손 등이 일어날 수 있는 문제를 해결할 수 있다.
4) 질소는 식품의 향, 색, 산화방지에, 이산화탄소는 곰팡이, 세균의 증식억제, 산소는 고기 색소의 발색에 이용된다.

(4) 무균포장

1) 식품을 살균한 후 살균 용기에 무균 상태로 포장하는 것이다.
2) 즉석 밥, 슬라이스 햄, 아이스크림, 과즙음료 등에 이용된다.

(5) 전자레인지 포장

1) 전자레인지를 이용하여 간단히 빨리 먹을 수 있는 식품의 제공을 목적으로 한다.
2) 장점
   ① 가열시간이 짧고 식품의 품질과 영양 성분의 파괴가 적다.
   ② 포장과 함께 가열조리가 가능하다.
3) 단점
   ① 식품 내부에서부터 가열되기 때문에 표면의 갈변이나 바삭

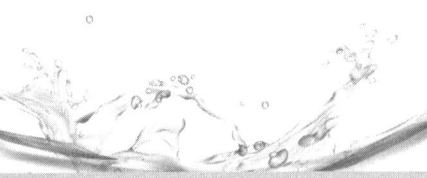

한 조직감을 만들지 못한다.
② 식품의 형태에 따라 균일한 가열이 어렵다.

(6) 탈산소제 첨가 포장

1) 산소 차단성이 우수한 포장재에 식품과 함께 탈산소제를 봉입한 후 밀봉하는 방법이다.
2) 곰팡이, 호기성 세균의 억제 등에 의한 부패방지와 지방의 산패방지, 색소 산화방지, 향기 또는 맛 보존 등을 목적으로 한다.

❹ 수산물 표준규격의 포장규격

국립수산물품질관리원고시 제2013-13호

「수산물 표준규격」(농림수산검역검사본부 고시 제2012-145호)을 다음과 같이 개정 고시합니다.

2013년 5월 3일
국립수산물품질관리원장

수산물 표준규격

제1조(목적) 이 고시는 「농수산물품질관리법」(이하 "법"이라 한다) 제5조, 같은 법 시행령(이하 "영"이라 한다) 제42조제5항제2호 및 같은 법 시행규칙(이하 "규칙"이라 한다) 제5조 내지 제7조에 따라 수산물의 포장규격과 등급규격에 관하여 필요한 세부사항을 규정함으로써 수산물의 상품성 제고와 유통능률 향상 및 공정한 거래 실현에 기여함을 목적으로 한다.

제2조(정의) 이 고시에서 사용하는 용어의 뜻은 다음과 같다.
1. "표준규격품"이란 이 고시에서 정한 포장규격 및 등급규격에 맞게 출하하는 수산물을 말한다. 다만, 등급규격이 제정되어 있지 않은 품목은 포장규격에 맞게 출하하는 수산물을 말한다.

2. "포장규격"이란 거래단위, 포장치수, 포장재료, 포장방법, 포장설계 및 표시사항 등을 말한다.
3. "등급규격"이란 수산물의 품종별 특성에 따라 형태, 크기, 색택, 신선도, 건조도 또는 선별상태 등 품질구분에 필요한 항목을 설정하여 특, 상, 보통으로 정한 것을 말한다.
4. "거래단위"란 수산물의 거래시 포장에 사용되는 각종 용기 등의 무게를 제외한 내용물의 무게 또는 마릿수를 말한다.
5. "포장치수"란 포장재 바깥쪽의 길이, 너비, 높이를 말한다.
6. "겉포장"이란 산물 또는 속포장한 수산물의 수송을 주목적으로 한 포장을 말한다.
7. "속포장"이란 소비자가 구매하기 편리하도록 겉포장 속에 들어있는 포장을 말한다.
8. "포장재료"란 수산물을 포장하는데 사용하는 재료로써 식품위생법 등 관계 법령에 적합한 골판지, 그물망, P.P, P.E, P.S, PPC 등을 말한다.

제3조(거래단위) ① 수산물의 표준거래단위는 3kg, 5kg, 10kg, 15kg 및 20kg을 기본으로 한다. 다만, 형태적 특성 및 시장 유통여건을 고려한 어종별 표준거래단위는 별표 1과 같다.
② 5kg 미만, 최대 거래단위 이상 등 표준거래단위 이외의 거래단위는 거래 당사자간의 협의 또는 시장 유통여건에 따라 사용할 수 있다.

제4조(포장치수) 수산물의 포장치수는 별표2에서 정하는 한국산업규격(KS M3808)에서 정한 발포폴리스틸렌(P.S) 상자의 포장규격 및 한국산업규격(KS A1002)에서 정한 수송포장계열치수 T-11형 파렛트(1,100×1,100㎜)의 평면 적재효율이 90%이상인 것을 우선 적용하고, 높이는 해당 수산물의 포장이 가능한 적정높이로 한다.

제5조(포장치수의 허용범위) ① 골판지상자 및 발포폴리스틸렌상자(P.S)의 포장치수 중 길이, 너비의 허용범위는 ±2.5%로 한다.
② 그물망, 직물제포대(P.P대), 폴리에틸렌대(P.E대)의 포장치수의 허용범위는 길이의 ±10%, 너비의 ±10㎜, 지대의 경우에는 각각 길이·너비의 ±5㎜로 한다.
③ 속포장의 규격은 사용자가 적정하게 정하여 사용할 수 있다.

제6조(포장재료 및 포장재료의 시험방법) 포장재료 및 포장재료의 시험방법은 별표 3에서 정하는 기준에 따른다.

제7조(포장방법) 포장은 내용물이 흘러나오지 않도록 하여야 하며, 내용물이 보이도록 개방형으로 포장하는 경우에는 적재하는데 용이하여야 한다. 다만, 별표5와 같이 포장방법이 달리 정해진 품목은 그 규정에 따른다.

제8조(포장설계) ① 골판지 상자의 포장설계는 KS A1003(골판지상자형식)에 따른다.
② 별표5에서 정한 품목의 포장설계는 별지 그림에서 정한 바에 따른다.

제9조(표시방법) 표준규격품의 표시방법은 별표4에 따른다.

제10조(등급규격) ① 수산물 종류별 등급규격은 별표 5와 같다.
② 등급규격이 정하여진 품목중 발포폴리스틸렌상자(P.S) 포장이 가능한 품목은 별표2에서 정한 포장규격을 사용할 수 있다.

제11조(표준규격의 특례) 포장규격 또는 등급규격이 제정되어 있지 않은 품목 또는 품종은 유사 품목 또는 품종의 포장규격 또는 등급규격을 적용할 수 있다.

[별표 1]

수산물의 표준거래 단위(제3조 관련)

종류	품 목	표 준 거 래 단 위
선어류	고등어	5kg, 8kg, 10kg, 15kg, 16kg, 20kg
	오징어	5kg, 8kg, 10kg, 15kg, 20kg
	삼치	5kg, 7kg, 10kg, 15kg, 20kg

종류	품 목	표 준 거 래 단 위
선어류	조기	10kg, 15kg, 20kg
	양태	3kg, 5kg, 10kg
	수조기	3kg, 5kg, 10kg
	병어	3kg, 5kg, 10kg, 15kg
	가자미	3kg, 5kg, 7kg, 10kg

	숭 어	3kg, 5kg, 10kg
	대 구	5kg, 8kg, 10kg, 15kg, 20kg
	멸 치	3kg, 4kg, 5kg, 10kg
	가 오 리	10kg, 15kg, 20kg
	곰 치	10kg, 15kg, 20kg
	넙 치	10kg, 15kg, 20kg
	뱀 장 어	5kg, 10kg
	전 어	3kg, 5kg, 10kg, 15kg, 20kg
	쥐 치	3kg, 5kg, 10kg
	가다랑어	15kg, 20kg
	놀 래 미	5kg, 10kg, 15kg
	명 태	5kg, 10kg, 15kg, 20kg
	조피볼락	3kg, 5kg, 10kg, 15kg
	화살오징어	3kg, 5kg, 10kg
	도 다 리	3kg, 5kg, 10kg
	참다랑어	10kg, 20kg
	갯 장 어	5kg, 10kg
	기타 다랑어	15kg, 25kg
	서 대	3kg, 5kg, 10kg, 15kg
	부 세	5kg, 7kg, 10kg
	백 조 기	5kg, 7kg, 10kg, 15kg, 20kg
	붕 장 어	4kg, 8kg
	민 어	8kg, 10kg, 15kg, 20kg
	문 어	3kg, 5kg, 10kg, 15kg, 20kg
패 류	생 굴	0.2kg, 1kg, 3kg, 10kg
	바 지 락	3kg, 5kg, 10kg, 20kg
	고 막	3kg, 5kg, 10kg
	피 조 개	3kg, 5kg, 10kg
	우렁쉥이	3kg, 5kg, 10kg

[별표 2]

수산물의 표준포장규격(제4조 관련)

1. 표준포장규격(거래단위별 공통규격)

구 분	거래단위 (kg)	포장규격				KS규격	
		길이 (mm)	너비 (mm)	높이(mm)		1단 적재 상자수	규격 번호
				낮은 상자	높은 상자		
전체 어종 공통 규격	5이하	488	305	135	150	2×4	11-31
		545	345			2×3	신규
	5~10	545	345	135	150	2×3	신규
		550	366			2×3	11-16
	10~15	550	366	135	150	2×3	11-10
		580	435			4	신규
	15~20	580	435	145	155	4	신규
		660	440			2	11-10
포장 재료	한국산업규격 KS M3808 발포폴리스틸렌 단열통 1호 내지 3호 규격에 준하여 밀도 0.025g/㎤ 이상의 것을 사용						

주 : 1. 포장규격 : 한국산업규격 수송포장계열치수(KS A1002) 또는 적재효율 90% 이상인 신규 규격을 우선 적용

    2. 1단적재상자수 : KS A1002의 T-11 표준파렛트(1.1m×1.1m)에 1단으로 적재시 상자 개수

    3. 규격번호 : T-11 표준파렛트(1.1m×1.1m) 69개 수송포장계열 치수의 일련번호

    4. 상자 두께 : 길이 및 너비 두께는 25mm, 바닥 두께는 44mm를 적용

    5. 뚜껑 높이 : 40mm 적용. ※ 단 굴, 오징어의 상자두께와 뚜껑높이는 도매시장에서 사용하는 어상자 규격을 그대로 적용

2. 어종별 예외포장규격

구 분	거래단위 (kg)	포장규격				KS규격	
		길이 (mm)	너비 (mm)	높이(mm)		1단 적재 상자수	규격 번호
				낮은 상자	높은 상자		
고등어	10~20	550	366	150		6	11-25
		620	400	143		4	신규
오징어	20	545	345	150		6	신규
삼치	5~20	590	360	120		4	신규
		628	435	120		4	신규
갈치	3	687	412	120		4	11-8
	10~15	830	366	130		3	신규
굴	5이하	260	260	220		16	신규
바지락	5이하	366	366	230	270	9	11-46
		488	305	240	260	8	11-31

포장 재료	한국산업규격 KS M3808 발포폴리스틸렌 단열통 1호 내지 3호 규격에 준하여 밀도 0.025g/㎤ 이상의 것을 사용

* 단, 표준포장규격(거래단위별 공통규격)에 맞게 출하한 경우에도 표준규격품으로 인정한다.

[별표 3]

포장재료 및 포장재료의 시험방법(제6조 관련)

포장재료는 식품위생법에 따른 용기·포장의 제조방법에 관한 기준과 그 원재료에 관한 규격에 적합하여야 한다.

1. 골판지 상자

  ① 표시단량별 골판지 종류

표시단량	5kg 미만	5kg 이상 10kg 미만	10kg 이상 15kg 미만	15kg 이상
골판지종류	양면골판지 1종	양면골판지 2종	이중양면 골판지1종	이중양면 골판지2종

  ② 골판지의 품질기준 및 시험방법은 KS A1059(상업포장용 골판지), KS A1502(외부포장용 골판지)에서 정하는 바에 따른다.

2. P.E대(폴리에틸렌대)

  ① 표시단량별 P.E 두께

표시단량	5kg 미만	5kg 이상 10kg 미만	10kg 이상 15kg 미만	15kg 이상
P.E 두께	0.03㎜이상	0.05㎜이상	0.07㎜이상	0.10㎜이상

  ② P.E 종류 및 두께에 대한 인장강도, 신장율, 인열강도 등은 KS M3509(포장용 폴리에틸렌 필름)에 따른다.

3. P.S대(폴리스틸렌대)

밀도 (g/㎤)	굴곡강도 (N/㎠)	흡수량	연소성
0.025 이상	20이상	두께 30mm 미만 2.0이하, 두께 30mm 이상 1.0이하	3초 이내에 꺼져서 찌꺼기가 없고 연소한계선을 초과하여 연소하지 않을 것

4. P.P대(직물제 포대)

섬도 (데니아)	인장강도 (kgf)	봉합실 인장강도(kgf)	적조밀도 (올/5cm)	기 타
900±10	3.0이상	4.0이상	20±2	원단의 위사 너비는 4~6㎜ 이내로 접혀진 원사로 제작한다.

※ 원단은 KS A1037(포대용 폴리올레핀 연신사)의 폴리프로필렌 연신사로 직조한다

5. 표시단량별 그물망의 무게

표시단량	5kg 미만	5kg 이상 10kg 미만	10kg 이상 15kg 미만	15kg 이상
포장재무게	15g이상	25g이상	35g이상	45g이상

※ 원단은 고밀도 폴리에틸렌 모노필라멘트계이며, 메리야스 상으로 직조한 것

[별표 4]

표준규격품의 표시방법(제9조 관련)

표준규격품을 출하하는 자는 규칙 제5조 제1항의 규정에 따라 "표준규격품" 문구와 함께 품목, 생산지역, 무게, 생산자의 성명 또는 생산자단체의 명칭, 출하자의 성명 및 전화번호를 포장 외면에 표시하여야 한다. 단, 품종을 표시하여야 하는 품목과 무게 또는 마릿수의 표시방법은 아래 2항과 같다.

① 표시양식(예시)

	표 시 사 항			
표준 규격품	품 목		생산지역	
	생 산 자		출 하 자	
	무게(마릿수)	kg(마리)	연 락 처	

※ 무게는 반드시 표기하여야 하며 필요시 마릿수를 병기할 수 있다.

② 일반적인 표시방법

㉠ 표시사항은 가급적 한 곳에 일괄표시 하여야 한다.

  ⓒ 품목의 특성, 포장재의 종류 및 크기 등에 따라 양식의 크기와 글자의 크기는 임의로 조정할 수 있다.
  ⓒ 위 표시사항 외에 추가 표시사항이 있는 경우에는 추가할 수 있다
  ㉣ 원양산의 생산지 표시는 수산물품질관리법시행령 제18조제2항에서 정하는 바에 따른다.

08 수산물의 저온유통 및 수송

1 콜드체인시스템(저온유통체계: cold chain system)

(1) 의의
1) 어획 즉시 품온을 낮춰 어획에서부터 판매까지 적정 저온이 유지되도록 관리하는 체계를 콜드체인시스템 또는 저온유통체계라 한다.
2) 수산물의 신선도 및 품질을 유지하기 위하여 알맞은 적정 저온으로 냉각시켜 저장·수송·판매에 걸쳐 적정온도를 일관성 있게 관리하는 것이다.

(2) 관리방법
1) 산지 : 출하되기 전까지 적정 저온에 저장할 수 있는 저온저장고가 필요하다.
2) 운송 : 냉장차량의 보급으로 저온을 유지하며 산지에서 소비지까지 운송되어야 한다.
3) 판매 : 적정 저온을 유지할 수 있는 냉장시설이 판매대에도 설치되어야 한다.

(3) 저온유통체계 필요성
1) 신선한 어패류의 공급이 가능해진다.

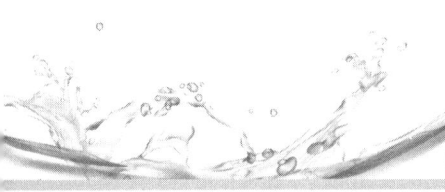

2회 기출문제

농수산물(선어·냉동품)을 저온유통체계 (Cold Chain System)로 유통하는 2가지 장점을 쓰시오.

▶ 변질방지, 부패방지

2) 생산에서 소비까지의 유통 전 과정에서 변질 및 부패에 의한 감모율이 줄어들어 유통비용이 줄어든다.
3) 어패류의 불가식부를 제거하여 유통하므로 수송 및 유통경비의 절감을 꾀할 수 있다.
4) 출하 시 품질을 유지할 수 있어 수취 가격을 높을 수 있다.
5) 상품의 표준화를 이룰 수 있는 기반이 조성된다.

(4) 저온유통의 설비

1) 냉동차

냉각장치의 유무에 따라 보냉차와 냉동차로 분류한다.

보냉차	드라이아이스식	드라이아이스의 승화열을 이용하여 냉각하는 방법으로 이동 중 수산물에 직접 접촉하지 않도록 하여야 한다.
	얼음식	얼음의 융해열을 이용하여 냉각하는 방법으로 0℃ 이하의 온도 유지는 불가능하다
냉동차	기계식	1. 냉동차에 이용되는 가장 대표적인 방법이다. 2. 냉동차 자체에 냉동기의 증발기가 있다. 3. 압축기 구동방식에 따라 보조 엔진식과 주 엔진식으로 구분한다. 4. 냉동장치의 형태에 따라 일체형 및 분리형으로 구분하기도 한다.
	액체질소식	1. 비점 -196℃인 액체질소의 기화 잠열을 이용 2. 급속냉각이 가능하다. 3. 소음이 없고 구조가 단순하여 고장이 적다. 4. 액체질소를 쉽게 구할 수 없으며 유지비가 비싸게 든다.
	냉동판식	1. 축냉제를 금속용기에 충진하여 냉매배관을 통해 냉각시킨 후 축냉제의 융해 잠열로 냉각하는 방법이다. 2. 고장이 적고 취급이 간단하며 유지비가 적게 든다. 3. 냉동판의 중량으로 인해 적재량이 감소한다. 4. 사용 온도 범위가 다양하지 못하다.

2) 냉동컨테이너
① 냉동기를 부착한 컨테이너를 이용하여 냉동화물을 수송하는 방법이다.

② 냉동기를 이용하여 전 수송과정에서 지정된 온도를 유지할 수 있도록 설계되어 있다.
③ 냉동기를 컨테이너에 설치하므로 냉동사이클의 반복으로 수송되는 화물을 적정 온도로 유지시킬 수 있다.

3) 쇼케이스
① 소비자를 상대로 상품의 진열 판매 시 상품의 온도유지를 목적으로 하는 냉장 또는 냉동장치를 의미한다.
② 용도별 구분
  ㉠ 냉장용 : 0~10℃의 온도로 식품을 보관하는 쇼케이스
  ㉡ 냉동용 : -18℃ 이하의 냉동식품의 보관을 목적으로 하는 쇼케이스
③ 형태별 구분
  ㉠ 오픈형
    ⓐ 문이 없이 내부가 오픈된 쇼케이스
    ⓑ 오픈으로 인한 외기 유입을 에어 커튼을 이용하여 막는다.
    ⓒ 현재 국내에서 가장 많이 사용되고 있다.
  ㉡ 세미 오픈형 쇼케이스
    ⓐ 오픈형 윗면에 유리문을 붙인 형태
    ⓑ 통상적으로 문을 닫은 상태로 유지하며 고객이 물건을 고를 때만 열리게 되므로 온도유지가 오픈형에 비해 쉽다.
  ㉢ 클로즈형
    ⓐ 쇼케이스에 유리문을 부착한 형태
    ⓑ 물건은 고객이 문을 열고 직접 꺼내므로 온도 유지에 유리하다.

(5) 저온유통체계 관련 기술
1) 저온유통체계에 요구되는 기술은 주 기술과 보조 기술로 구분할 수 있다.
2) 주 기술
① 예냉기술
② 저온 저장 기술

③ 저온 수송 및 배송 기술
④ 저온 판매시설 등이다.
3) 보조 기술
① 전처리 기술
② 포장 기술
③ 선도유지기술
④ 안전성 관련 기술
⑤ 선별, 규격 등 표준화 기술
⑥ 정보 및 환경 등이다.

❷ 저온유통에 따른 식품의 품질변화

(1) 시간-온도 허용한도(T.T.T: time-temperature tolerance)

1) 동결식품의 상품가치에 대한 허용(tolerance)되는 경과시간(time) 동안 유지되는 품온(temperature)의 관계를 숫자로 나타내는 개념이다.
2) 저장 시간과 유지되는 품온의 관계에 따라 식품별로 상호 허용성이 존재하는 관계를 숫자적으로 처리하는 방법으로 냉동식품의 품질저하의 정도를 알 수 있는 방법이다.
3) 동결품은 품온이 낮을수록 품질 보존 기간이 길어진다.
4) T.T.T는 동결식품의 유통과정 중 식품의 품질유지를 위한 온도 설정의 중요한 지침이 된다.
5) 냉동식품의 품질에 미치는 요인
① P.P.P : 원료(product), 냉동과 그 후 처리(processing), 포장(package)
② T.T.T : 저장시간(time), 품온(temperature), 허용한도(tolerance)
6) 시간-온도 허용한도의 계산 값이 1.0 이하이면 동결식품의 품질이 양호하며 1.0 이상이면 품질저하는 커진다.
7) T.T.T 계산
품질저하율 = [100/실용저장기간(일수)]
1일 당 품질저하율 × 실용저장기간일수

T.T.T 계산

- 품질저하율 = [100/실용저장기간(일수)]
1일 당 품질저하율 × 실용저장기간일수 = 각 단계 당 품질저하율(T.T.T)

= 각 단계 당 품질저하율(T.T.T)

(2) 품질저하의 누적
1) 일반적으로 온도별 저장기간에 따른 품질저하는 생산에서부터 소비까지 각 단계를 지나며 누적되며 증가한다.
2) 누적 합계는 단계적 순서가 바뀌어도 변화가 없다.

❸ 활어의 수송

(1) 개요
1) 어패류를 살아있는 상태로 수송하는 것을 의미한다.
2) 활어의 수송은 바다에서는 활어 어선이 이용되며 육지에서는 주로 활어차가 이용되고 있다.
3) 대부분의 어류는 물 밖에서는 생존이 불가능하므로 수조에 담아 수송한다.
4) 횟감용, 양식용 치어, 관상용 어류의 수송에 많이 이용된다.
5) 공기 중에서 장시간 살 수 있는 게, 새우, 조개, 뱀장어 등은 상자 또는 바구니에 담아 수송할 수도 있다.

(2) 활어수송의 유의사항

저온	1. 저온유지 : 수송 중 수온은 낮게 유지하여야 한다. 2. 수송 중 저온으로 생리대사의 억제
산소의 보충	산소공급장치의 이용
상처의 예방	1. 수조의 크기를 고려하여 적정량의 활어를 수송하여야 한다. 2. 수조의 크기에 비하여 많은 양의 활어는 마찰 등에 의한 상처를 입거나 비늘이 떨어질 수 있다.
오물의 제거	1. 여과장치를 이용한 배설물 등 오염물 제거 2. 수송을 위해 대량의 활어를 수조에 넣을 경우 배설물 또는 피부에서의 점질 물질 등에 의해 수질이 오염될 수 있다.
위생관리	1. 활어의 수송 전, 후 소독

	2. 균처리장치를 설치하여 병원균이나 식중독 균 관리

(3) 활어의 수송방법

활어차	1. 공기나 산소를 보충하는 수조에 활어를 넣고 수송하는 방법
	2. 대량의 활어를 수송할 수 있어 가장 많이 사용되는 방법이다.
	3. 단점
	  ① 수조 설비 비용
	  ② 어종에 따른 생리특성의 불확실성
	  ③ 수송 중 폐사 위험 등

마취	1. 약품 또는 냉각을 이용한 마취 수송 2. 마취는 대사기능을 저하시켜 취급이 쉽고 상처가 적다. 3. 약품을 이용하는 경우 안전성 여부와 소비자에게 혐오감을 줄 수 있다.
침술수면	1. 침술을 이용하여 어류의 활동력을 저하시키며 가수면 상태에 빠뜨려 수송하는 방법 2. 시간이 많이 걸리고 어체를 일일이 처리해야 하는 문제점이 있다.

(4) 활어차를 이용하여 수송하는 경우 산소의 보충

포기법	작동원리	수조안의 물과 공기 또는 산소를 접촉시켜 물 속에 산소가 녹아들어가게 하는 방법
	기체주입법	기체 분사기를 이용하여 산소 또는 공기를 수조안의 물에 미세한 기포로 불어 넣는 방법으로 가장 많이 사용되는 방법
	살수법	압력수를 수조 위에서 분사하여 산소가 녹아들어가는 것을 촉진시키는 방법이다.
	산소봉입법	수조의 물 일부를 산소로 치환하는 방법으로 치어 또는 고급어종의 소량 수송에 적합하다.
환수법		1. 작동원리 : 배의 측면 또는 바닥에 환수구를 만들어 외부의 신선한 물과 교류시키는 방법 2. 활어를 활어선을 이용하여 수송할 때 이용된다.

09 수산물의 가공

① 건제품

(1) 건제품의 가공 원리

1) 개요
   ① 어패류를 건조시켜 저장성을 향상시킨 제품으로 가장 오랜 역사를 지니고 있다.
   ② 건제품은 어패류 내 수분을 감소시킴으로 미생물 및 효소의 활성을 억제시켜 저장성을 높인 제품이다.
   ③ 최근 저온 또는 포장 등의 다른 저장 기술과 결합하여 제품의 맛, 조직감 등을 향상시키며 비교적 수분 함량이 많은 제품들이 소비자 기호를 고려하여 생산이 늘고 있다.

2) 가공원리
   ① 수산물의 수분을 제거하여 수분활성도를 낮춰 미생물의 발육을 억제시킴과 동시에 독특한 풍미 및 조직을 가지도록 하는 것이다.
   ② 수산물의 저장성은 미생물 이용이 가능한 수분의 양에 따라 결정된다.
   ③ 수분량이 많으면 수분활성도가 높고 수분량이 적으면 수분활성도가 낮다.
   ④ 수분의 제거 방법으로는 증발, 가압, 흡수제의 이용 등이 있다.
   ⑤ 건제품은 건조 과정 중 근섬유가 치밀하게 되고 알맞은 강도 및 탄력을 가지며 수분의 감소로 농축된 맛 성분을 함유하여 독특한 풍미와 감촉을 지니게 된다.

3) 건조 방법

천일건조법	1. 태양의 복사열 또는 바람 등과 같은 천연 자연 조건을 이용 2. 간편하며 비용이 적게 들어간다. 3. 넓은 공간이 필요하다. 4. 날씨의 영향을 많이 받는다. 5. 지방 함량이 높은 수산물은 건조 중 품질이 열화된다. 6. 바닷가에서 어패류 및 해조류 건조에 많이 이용된다.

동건법	1. 겨울철 일교차로 동결과 해동을 반복시켜 건조시키는 방법 2. 밤의 낮은 기온은 수산물 내 수분을 동결시키고 낮에 상승된 온도는 해동시키면서 수분이 외부로 나오는 과정이 반복되면서 수산물이 건조되는 원리이다. 3. 동결 시 생기는 얼음결정은 수산물의 세포를 파괴하고 해동 시에는 수용성 성분이 제거되는 과정이 반복되며 독특한 물성을 갖게 된다. 4. 동결 과정에서 생긴 빙결정이 녹으면서 조직에 구멍이 생기며 스펀지와 같은 조직이 된다. 5. 최근 자연상태가 아닌 냉동기를 이용하는 경우가 늘고 있다. 6. 한천과 황태의 건조에 많이 이용된다.
열풍건조법	1. 수산물을 건조기에 넣고 열풍을 이용하여 건조시키는 방법 2. 건조 속도가 빨라 천일건조법에 비해 비교적 일정한 품질의 제품을 생산할 수 있다. 3. 기후 조건의 영향을 받지 않는 건조법이다. 4. 어류 및 어분 등의 건조에 이용된다.
냉풍건조법	1. 건조한 냉풍을 이용하여 수산물을 건조하는 방법 2. 건조 온도가 낮아 효소반응과 지질 산화 및 변색 억제로 색깔이 좋은 제품의 생산이 가능하다. 3. 건조속도는 열풍건조법에 비해 느리고 설비비가 많이 든다. 4. 오징어, 멸치 등의 건조에 이용된다.
배건법	1. 나무 등을 태운 열로 구우면서 수분을 증발시켜 건조하는 방법 2. 나무 등을 태울 때 발생하는 훈연 성분 중 항균, 항산화 성분으로 인해 저장성이 향상된다. 3. 가다랑어를 삶은 후 배건한 가스오부시가 대표적이다.
감압건조법	1. 밀폐된 건조기에 수산물을 입고하고 일정온도에서 감압으로 압력을 낮추어 건조시키는 방법 2. 지방의 산화 및 단백질의 변성이 적고 소화율이 높은 제품을 생산할 수 있다. 3. 생산에 비용이 많이 들고 연속 작업이 안 된다.
동결건조법	1. 수산물을 동결시킨 상태로 낮은 압력에서 빙결정을 기체로 승화시켜 건조시키는 방법 2. 건조 중 품질변화가 가장 적은 건조법이다. 3. 물성의 변화가 최대한 억제되고 복원성이 좋은 제품을 생산할 수 있다. 4. 빙결정의 승화로 인해 다공성이며 부스러지기 쉽고 수분의 흡수와 지질 산패가 잘 일어난다.

	5. 북어, 건조 맛살, 전통국 등의 생산에 이용되고 있다.
분무건조법	1. 액체 상태의 원료를 열풍 속에 미립자 상태로 분산시켜 순간적으로 건조시키는 방법 2. 건조시간 짧음, 단백질 변성 적음, 대량의 제품을 연속적, 경제적으로 건조

(2) 건제품의 종류

건제품	건조방법	종류
소건품	수산물을 아무런 전처리 없이 그대로 건조한 제품	마른오징어, 마른대구, 마른김, 마른미역 등
자건품	자숙한 후 건조한 제품	마른멸치, 마른해삼, 마른새우, 마른패주 등
동건품	자연적 기후조건 또는 기계적으로 동결 및 해동을 반복하여 건조한 제품	황태, 한천, 과메기 등
염건품	소금에 절인 후 건조한 제품	굴비, 염건고등어 등
훈건품	훈연하면서 건조한 제품	훈연오징어, 훈연굴 등
조미건제품	조미 후 건조한 제품	조미오징어, 조미쥐치 등
배건품	불에 구워서 건조한 제품	가스오부시 등

1) 소건품
  ① 수산물을 그대로 또는 전처리하여 물로 씻은 후 건조한 제품으로 건제품 중 가장 먼저 개발된 방법이다.
  ② 어패류 보다는 해조류 품목의 생산이 많으며 저장성의 부여, 풍미 개선의 효과가 있다.
  ③ 주로 기온이 낮은 한랭한 지역에서 발전된 방법이다.
  ④ 건조 전 가열처리가 없기 때문에 고온다습한 계절에는 세균 또는 자가소화 효소의 작용으로 건조 중 육질이 연화될 수 있다.
  ⑤ 마른오징어, 마른명태, 마른대구, 마른상어지느러미, 마른김, 마른미역 등이 있다.
  ⑥ 제조시 유의사항
    ㉠ 선도가 좋은 원료를 사용하여야 한다.
    ㉡ 맑은 물을 이용하여 염분을 제거한 후 건조하여야 한다. 바닷물을 수세에 이용하면 흡습성이 강하게 되고

광택이 떨어진다.
　　ⓒ 음건 후 양건하여야 한다.
　⑦ 마른오징어
　　㉠ 내장 및 눈 등을 제거한 후 세척하여 건조한다.
　　㉡ 특유의 향미가 있다.
　　㉢ 황갈색 또는 황백색이다.
　　㉣ 다리나 흡반의 탈락이 적다.
　　㉤ 표면에 적당량의 흰 가루가 있으며 이는 베타인 및 타우린, 글루탐산, 히스티딘 등의 유리아미노산이 주성분이다.

2) 자건품
　① 원료를 삶은 후 건조한 제품을 말한다.
　② 원료를 미리 삶는 것은 조직 중 자가소화 효소를 파괴하고 미생물을 사멸시켜 부패를 막고 육단백질을 응고시켜 일부 수분과 피하지방을 제거함과 동시에 보다 쉽게 건조시키기 위한 것이다.
　③ 부패하기 쉬운 소형 어패류의 건조에 많이 이용된다.
　④ 대표적인 제품으로 마른멸치, 마른새우, 마른해삼, 마른전복, 마른패주 등이 있다.
　⑤ 마른멸치
　　㉠ 다른 원료와는 달리 멸치는 자가소화 효소가 강력하여 원료를 육상으로 수송하지 않고 어획 후 바로 어선에서 자숙처리 한다.
　　㉡ 채발에 얇게 펴 염도 5~6% 끓는 물에 넣어 어체가 떠오를 때까지 삶은 후 물을 뺀다.
　　㉢ 대부분 자숙한 멸치는 육상으로 이송하여 건조하나 최근 주로 냉풍건조를 한다.

3) 동건품
　① 수산물 조직 내 수분을 동결과 융해를 반복하여 탈수, 건조시켜 만든 제품이다.
　② 일반적으로 자연냉기를 이용하여 겨울철 밤에 동결시킨 후 낮에 녹이는 작업을 반복하지만 최근 기계적 조건에 의해 제조하기도 한다.
　③ 대표적으로 동건 명태, 과메기, 한천 등의 제품 등이 있

다.
④ 마른명태
  ㉠ 명태의 내장을 제거한 후 아가미나 코를 꿰어 묶는다.
  ㉡ 담수에 담가 수세 및 표백하고 어체에 물을 충분히 흡수시킨다.
  ㉢ 야외 건조대에 걸어 동결시킨다.
  ㉣ 야간에 동결된 어체는 낮에 얼음이 녹으면서 수분이 유출되고 밤에 다시 어는 과정이 반복되며 건조가 진행된다.

4) 염건품
  ① 수산물을 적당히 전처리한 후 소금에 절인 다음 말린 것이다.
  ② 염지는 조직에 적당한 짠맛을 부여하여 맛의 향상과 함께 조직 중의 수분의 일부를 탈수시켜 세균에 의한 변질을 막는 효과가 있다.
  ③ 최근 짠맛을 피하는 소비자가 많아 짠맛이 적고 수분 함량이 많은 염건품의 선호도가 높아 제조법도 변화되어 가고 있다.
  ④ 염지 방법으로는 물간법 또는 마른간법 등이 있다.
  ⑤ 대표적인 제품으로 굴비, 간대구포, 염건고등어, 염건 꽁치, 염건 숭어알 등이 있다.
  ⑥ 굴비
    ㉠ 아무런 전처리 없는 조기를 원형 그대로 물간 또는 마른간을 한 후 건조한 것
    ㉡ 염지방법은 물간의 경우 포화식염수에 7~10일간 침지, 마른간의 경우 원료 무게의 15~30%의 식염을 뿌려 약 7일간 염장한다.
    ㉢ 어체의 크기에 따라 선별 후 3~4회 세척하여 이물질을 제거한다.
    ㉣ 건조대에 걸어 2~3일 그늘에서 건조한다.
    ㉤ 최근 수분함량이 높고 염분의 농도가 낮은 제품도 만들어지는데 이런 제품은 저장성이 약하므로 저온에 보관, 유통하여야 한다.

5) 자배건품

① 원료 어육을 자숙 후 배건하여 나무 막대처럼 딱딱하게 건조한 제품이다.
② 대표적 제품으로 가스오부시가 있다.
③ 가스오부시는 가다랑어 같은 적색육 어류를 원료로 자숙 및 배건하여 제조한 제품을 말한다.

(3) 건제품의 가공 및 저장 중 품질변화

1) 건조 중 변화

단백질 변성	1. 수산물 건조 : 외관, 수분함량, 조직감, 맛 등이 달라지고 물에 담가도 원래 상태로 복원되지 않는 단백질 변성이 일어난다. 2. 어육 건조 : 건조도에 비례하여 육단백질의 불용화가 진행되며 불용화 되는 것은 대부분 myosin 단백질이다. 3. 동결건조법에 의한 건조품 : 수분을 다시 흡수하여 복원이 용이하다.(myosin 단백질의 용해성이 거의 변하지 않기 때문)
지질의 산화	1. 어체의 지방 : 건조 중 수분의 이동에 따라 표면으로 이동하게 되고 이는 공기나 빛의 영향으로 산화된다. 2. 어패류의 지방 : 불포화지방산이 많아 쉽게 산화, 분해되어 산패 및 갈변의 원인이 되기도 한다.
색소의 퇴색	1. 색소는 불포화 결합을 가지고 있어 산소나 광에 의해 쉽게 산화, 분해되어 퇴색하게 된다. 2. 새우의 적색 색소인 카로티노이드(carotenoid)계 아스타크산틴(astaxanthine)은 산화되면서 적색이 소실되면 상품 가치를 상실하게 된다.
엑스성분소실	1. 자건품 : 자숙 중 엑스 성분이 상당량 자숙수로 유실된다. 2. 소건품, 염건품 : 자건품에 비해 엑스성분의 손실이 적고 자가소화 효소가 불활성화 되지 않아 건조 중 효소작용으로 엑스성분의 양이 증가한다. 3. 엑스성분이 많은 수산물을 건조하면 흡습성이 커지고, 아미노산 또는 당류를 많이 함유한 수산물은 건조 중 갈변의 우려가 있다. 4. 건조는 수분의 탈수로 인해 상대적으로 엑스성분은 농축되므로 맛은 강해진다.
소화율 저하	1. 어육 건조 온도가 지나치게 높으면 소화율은 떨어진다. 2. 건조 온도가 높을수록 소화율은 떨어진다.

2) 저장 중의 변화

수분의 흡수 및 건조	1. 상대습도의 영향 : 건제품은 수분의 함량이 상당히 낮기 때문에 제품 주위의 상대습도의 영향을 많이 받게 된다. 2. 수분의 흡수로 인하여 외관이 나빠지며 수분 함량이 15% 정도가 되면 곰팡이가 생육하게 된다.
지질의 산화 변색	1. 지방 함량이 높은 건제품은 장기저장 시 산소와 접촉하는 경우 산화 변색 및 산패되어 악취 및 떫은 맛을 내게 된다. 2. 변색방지조치 : 진공포장, 불활성 가스치환포장, 탈산소제 봉입 포장, 탈기 및 밀봉, 산화방지제의 사용 등의 방법을 이용한다.
갈변	1. 어육 : 어육은 단백질 식품이기 때문에 비효소적 갈변을 일으키기 쉽다. 2. Maillard형 갈변 : 마른오징어, 마른대구 등에서 볼 수 있는 갈변
충해	1. 소건품과 자건품은 건제품 중에서도 가장 충해를 받기 쉽다. 2. 7~9월의 고온기에 특히 피해 입기 쉽다. 3. 제품적재시 피해 : 해충은 건조한 단백질을 즐겨 먹고 어두운 곳을 좋아하므로 제품을 쌓아둘 때 피해 입기 쉽다. 4. 충해방지조치 : 밀봉, 냉장, 천일건조, 진공포장, 불활성 가스치환 포장, 약제 훈증 등의 방법으로 억제가 가능하다.

❷ 훈제품

(1) 훈제품의 가공원리

1) 개요 및 가공원리
   ① 훈제품은 목재를 불완전 연소시켜 발생되는 연기를 쐬어 건조시켜 독특한 풍미와 보존성을 가지도록 한 식품이다.
   ② 훈연 중 건조에 따른 수분 감소, 첨가하는 식염과 연기 중 방부성 물질 등에 의해 보존성이 주어지는 원리를 이용한 것이다.
   ③ 연기 속에는 포름알데히드, 페놀류, 유기산류 등이 항균성

을 갖고 있으며 특히 페놀류는 항균성, 항산화성을 갖고 있으나 발암성 물질인 벤조피렌이 생성될 수도 있다.

④ 연기는 독특한 냄새와 신맛, 쓴맛 등의 성분을 지니고 있어 원료 자체의 비린내 등을 감소시키고 새로운 풍미를 갖게 한다.

⑤ 훈제 재료로 쓰이는 나무는 수지가 적고 단단한 것이 좋으며 수지가 많은 경우 그을음이 많고 불쾌한 맛을 줄 수 있다.

2) 훈제 방법

냉훈법	1. 훈제방법 : 10~30℃(보통 25℃ 이하) 1~3주 정도의 훈제 2. 제품의 건조도와 보조기간 : 보통 30~35%, 1개월 정도 보존 3. 온훈법에 비해 저장성은 좋으나 풍미는 떨어진다. 4. 연어, 대구, 청어, 송어 등에 사용된다.
온훈법	1. 훈제방법 : 30~80℃ 정도의 온도에서 3~8시간 훈제 2. 높은 수분 함량으로 저장 가능가간이 짧다. 3. 보존성 보다는 풍미를 목적으로 하는 훈제법이다. 4. 연어, 송어, 오징어, 문어, 뱀장어, 청어 등에 이용한다.
열훈법	1. 훈제방법 : 100~120℃의 고온에서 2~4시간 정도의 짧은 시간에 훈제 2. 수분 함량이 60~70% 정도로 높아 저장성이 낮다. 3. 뱀장어 오징어 등이 대표적이다.
액훈법	1. 훈제방법 : 훈연액에 어패류를 직접 침지 후 꺼내 건조 또는 훈연액을 가열하여 나오는 연기에 훈제 2. 단시간에 많은 제품의 가공이 가능하고, 시설이 간단하며 일손이 적게 든다. 3. 단점 : 훈연액에 의한 품질 변화와 훈연액의 농도 또는 침지 시간을 맞추기 어렵다.

(2) 훈제품의 가공

1) 훈제품의 일반적 제조 공정

전처리 → 염지 → 수침 및 탈수 → 풍건 → 훈제 → 포장

2) 수산물 훈제품은 대부분 냉훈품과 온훈품이며 연어 훈제품과

오징어 조미 훈제품이 대표적이다.
3) 연어 냉훈품
① 연어를 전처리 후 염지 및 냉훈한 수산가공품으로 어류 훈제품 중 가장 고급품에 속한다.
② 연어 냉훈품에는 아가미를 제거한 유두 냉훈품과 머리를 제거한 무두 냉훈품 및 필레 처리한 필레 냉훈품이 있다.
4) 오징어 조미 온훈품
① 오징어의 내장 등을 제거하고 박피한 후 조미 및 훈건하여 제조한다.
② 조미 오징어 육을 훈제 후 수분 함량을 50% 정도로 만든 후 충분히 냉각하여 수분의 분포를 고르게 한다.
③ 냉각을 마친 육은 롤러에 넣고 육을 펴서 줄무늬를 넣고 압착시킨다.

(3) 훈제품의 가공 및 저장 중 품질변화

1) 훈연 중 변화
① 단백질의 변성
훈연 중 단백질의 변성은 훈연 방법 및 조선에 따라 차이가 크게 난다.
② 지질의 산화
㉠ 훈연성분 중에는 페놀성분을 포함한 여러 항산화 성분의 존재로 다른 건제품에 비해 훨씬 미약한 정도의 산패만 진행된다.
㉡ 훈제품의 큰 특징 중 하나는 지질의 산화 억제이다.
③ 색소의 퇴색
훈연성분 중 항산화성분에 의해 건제품에 비해 상당한 억제가 가능하다.
④ 소화율의 저하
2) 저장 중 변화
① 수분의 흡수 및 건조
② 갈변
훈제품 역시 갈변을 일으키기 쉽지만 훈제품의 경우 제품 자체가 갈색 또는 흑색을 나타내고 있어 갈변에 의한 제품

의 품질 저하는 거의 없다.

③ 염장품

(1) 염장품의 가공원리

1) 개요
   ① 수산물을 식염에 절이거나 식염수에 침지하여 어체에 식염을 침투시킨 것을 의미한다.
   ② 특별한 제조 설비가 필요치 않아 예로부터 비교적 생산량이 많다.
   ③ 최근 저염 제품을 선호하는 경향이 많아 식염량이 적은 제품들이 제조되고 있다.

2) 가공원리
   식염이 가지고 있는 높은 삼투압에 의해 탈수 및 식염 침투에 의한 수분활성도를 저하시켜 저장성을 가지도록 하는 제품이다.

3) 식염의 방부 효과
   ① 의의
      ㉠ 식염은 방부효과, 안전성, 풍미, 간편성, 가격 등을 보면 다른 식품 방부제와 비교하여 많은 장점을 가지고 있다.
      ㉡ 식염의 방부효과는 식염 자체의 살균력이라기보다는 여러 작용들의 복합효과이다.
   ② 탈수작용
      ㉠ 식염수의 고삼투압에 의해 세균 세포의 탈수는 세균의 원형질 분리를 일으켜 사멸시킨다.
      ㉡ 탈수작용으로 수분활성도를 저하시켜 미생물의 생육을 어렵게 한다.
      ㉢ 탈수작용은 미생물이 이용할 수 있는 자유수를 감소시켜 미생물 작용이 어렵게 한다.
   ③ 단백질 분해효소 작용의 억제
      식염의 구성 원소가 단백질 분해효소가 결합하여야 할

peptide 결합 위치에 먼저 결합하여 효소 결합을 원천적으로 봉쇄한다.
④ 식염수에 대한 산소 용해도의 감소
식염수 농도가 증가할수록 산소용해도는 감소하고 이는 호기성 세균의 발육을 억제시킨다.
⑤ 염소이온의 직접적인 방부 작용

4) 식염 농도에 대한 세균의 발육
① 식염에 대한 세균의 저항성
세균의 식염 저항성은 일반적으로 병원균<부패균, 간균<구균, 번식체<포자(spore)의 관계에 있다.
② 식염에 대한 통성 또는 편성호염성 세균의 특징
통성 또는 편성호염성세균의 식염 처리에 대해 세균의 발육이 극히 완만해지며 단백질 분해 작용이 약해지며 급격한 부패는 진행하지 않는다.

(2) 염장 방법

◆ 염장법의 종류

일반법	건염법(마른간법), 습염법(물간법)
	개량법: 개량마른간법, 개량물간법
특수법	변압염장법, 염수주사법, 압착염장법, 가온염지법, 맛사지법

1) 일반법

건염법 (마른간법)	1. 건염법 ① 원료에 직접 식염을 뿌려 염장하는 방법 ② 식염의 량 : 원료무게의 20~35% 정도 ③ 염장고등어, 염장멸치, 염장명태알, 캐비어, 염장미역 2. 장점 ① 설비가 간단하다. ② 식염의 침투가 빨라 초기부터 부패가 줄어든다. ③ 포화 염수 상태로 탈수효과가 크다. ④ 염장이 잘못되었을 때 부분적으로 피해를 그치게 할 수 있다. 3. 단점 ① 식염 침투가 불균일하다.

	② 탈수가 강하여 제품 외관이 불량하고 수율이 낮다. ③ 지방 함량이 높은 어류는 어체가 공기와 접촉하게 되므로 지방이 산화되기 쉽다.
습염법 (물간법)	1. 습염법 ① 식염을 녹인 염수에 원료를 담가 염장하는 방법 ② 소금이 침투됨에 따라 원료에서 수분이 탈수되므로 염수의 농도는 묽어진다. ③ 염수의 농도를 일정하게 유지하기 위하여 식염을 수시로 보충하고 염수를 교반하여야 한다. ④ 육상에서의 염장과 소형어 염장에 주로 이용한다. 2. 장점 ① 식염의 침투가 균일하다. ② 원료와 공기의 접촉이 없어 산화가 적다. ③ 과도한 탈수가 없어 외관, 풍미, 수율이 좋다. ④ 제품의 짠맛을 조절할 수 있다. 3. 단점 ① 식염의 침투 속도가 느리다. ② 식염의 양이 많이 필요하다. ③ 염장 중 소금의 보충이 필요하고 자주 교반해야 한다. ④ 마른건법에 비해 탈수효과가 적고 어체가 무르다.
개량습염법 (개량물간법) 건염법+습염법	1. 마른 간을 한 다음 누름돌을 얹어 가압하여 어체로부터 스며나온 수분이 포화식염수가 되어 결과적으로 물간이 되도록 하는 방법이다. 2. 소금의 침투가 균일하고, 염장초기 부패 우려가 적다. 3. 제품의 외관과 수율이 양호하다. 4. 지방 산화를 억제할 수 있고 변색을 방지할 수 있다.
개량건염법 (개량마른간법)	1. 물간으로 수산물의 표면에 부착된 세균 및 점질물 등을 제거한 후 마른 간으로 염장 효과를 높이는 방법이다. 2. 기온이 높은 계절 또는 선도가 불량한 수산물의 염장에 사용한다.

◆ 마른건법과 물간법의 비교

구 분	마른간법	물간법
식염 침투 속도	빠르다	완만하다
초기 부패	적다	많다
염장이 잘못되었을 때 손실	일부	전체
어육 중 영양 성분 유실	적다	많다
식염 침투의 균일성	불균일하다	균일하다
탈수 정도	많다	적절하다
수율	낮다	높다
지방의 산화	많다	적다
짠맛의 조절	불가능하다	가능하다

2) 특수법

변압염장법	1. 염장방법 : 감압으로 식품 조직 내 기체를 제거하고 염수를 주입하여 물간 후 식염의 침투를 용이하게 한 염장방법이다. 2. 염장 시간은 단축할 수 있으나 경비가 많이 든다.
염수주사법	1. 염장방법 : 대형 어육에 주사기로 염수를 주사한 후 일반 염장법으로 염장하는 방법이다. 2. 염장 시간의 단축과 경비가 적게 든다는 장점이 있다.
압착염장법	1. 염장방법 : 마른간 후 물간을 하여 식염의 침투를 완료시키고 염수에서 건져 가압하여 과잉 염수를 수분과 함께 압출시키는 방법이다. 2. 염도의 조절로 풍미를 개선할 수 있다. 3. 대량 생산에는 부적절하다.
가온염장법	1. 염장방법 : 염지액을 가온하여 온도를 항상 50℃가 되도록 하는 염장방법이다. 2. 주로 축육에 이용하여 축육의 자가소화를 촉진시켜 풍미, 연도 등을 개선하는 장점이 있다. 3. 단점은 관리를 잘못하게 되는 경우 변패의 위험이 있다.
맛사지법	비교적 대형의 원료를 massage 또는 tumbler에서 교반하여 염지액의 침투, 염용성 단백질의 추출, 원료의 조직 파괴를 촉진하여 염장 시간 단축 및 결착성을 향상시킬 수 있다.

3) 염장 중 소금의 침투에 영향을 미치는 요인

① 식염량이 많을수록 침투속도는 빠르다.
② 식염에 Ca염 및 Mg염이 존재하면 침투를 저해한다.
③ 어체에 지방함량이 높으면 침투를 저해한다.
④ 염장온도가 높을수록 침투속도는 빠르다.
⑤ 염장방법에 따라 초기 침투속도는 마른간법>개량물간법>물간법 순이고 18%이상의 식염수에 염장하는 경우 물간법>마른간법 순이다.

(3) 염장품의 가공

1) 종류로는 염장고등어, 염장조기, 염장대구, 염장연어알, 캐비어, 염장해파리, 염장미역 등이 있다.
2) 과거 저장기술이 발달하지 못한 시기 우리나라 내륙지방에서 발달된 수산물의 가공 방법 중 하나이다.
3) 대표적인 염장품은 염장고등어로 간고등어, 자반고등어로 불리며 어체 처리방법에 따라 배가르기와 등가르기로 나눈다.

(4) 염장품의 가공 및 저장 중 품질변화

1) 염장 중의 변화

식염의 침투	1. 염장 중 식염의 침투는 확산 및 삼투에 의하여 이루어진다. 2. 식염의 침투는 탈수를 유도한다. 3. 탈수는 어체의 염분과 식염수의 농도가 평형을 이룰 때까지 계속된다.
수분함량의 변화	1. 염장어의 수분함량은 염장 조건에 따라 달라진다. 2. 마른간은 수분을 일방적으로 감소시키며 사용되는 식염량이 많아질수록 탈수량도 많아진다. 3. 물간에 있어 10% 이상의 식염수를 사용하면 농도가 높을수록 탈수는 빠르게 진행되고 탈수량도 많아지나 10% 이하의 식염수를 이용한 물간은 염장 전보다 어육 중 수분이 오히려 증가한다.
무게의 변화	1. 염장은 식염의 침투에 따른 수분함량의 변화와 육성분 일부가 유출되며 무게가 변화된다. 2. 마른간에 있어 식염 사용량이 많아질수록 탈수량도 많아져 무게의 감소가 크다.

	3. 물간은 식염수의 농도가 높을수록 탈수량이 많아지지만 10% 이하의 식염수를 사용하면 수분량은 오히려 증가하여 제품 무게가 증가한다.

2) 저장 중의 변화

지방의 산화	1. 염장어의 저장 중 지방의 산화에 의한 산패와 유지의 산화 변색으로 불쾌한 자극성 냄새와 떫은 맛 및 복부의 황갈색의 변화가 나타난다. 2. 산화로 인하여 외관 저하, 영양 저하, 풍미의 저하를 가져온다. 3. 산화방지조치 : 염장시 항산화제의 사용
자가소화	1. 식염의 농도가 높아질수록 자가소화는 억제되지만 식염 농도가 포화 상태에 달하여도 완전히 정지하지는 않는다. 2. 자가소화는 저온에서는 천천히 진행되며 온도가 높아질수록 속도가 빨라지므로 염장품은 저온에 저장하는 것이 바람직하다. 3. 염장 시 여러 효소를 많이 함유하고 있는 내장의 제거는 자가소화를 억제하는데 도움이 된다.
부패	1. 저장온도가 높거나 식염의 농도가 낮으면 부패가 일어난다. 2. 어육 중 식염 농도가 20% 이상 시 상온에서 부패의 염려가 적고 식염량이 같은 경우 수분함량이 적은 쪽이 저장성이 좋아진다. 3. 부패방지조치 : 부패를 줄이기 위해서는 식염량을 늘려 탈수율을 높이고 어육에 식염을 잘 침투시켜 저온에 저장하는 것이 좋다.
곰팡이에 의한 변질	1. 곰팡이는 낮은 수분활성도에서도 생육이 가능하여 염장품에서도 발생하는 경우가 있다. 2. 곰팡이는 호기성이므로 염장품의 표면이 공기와 접촉하는 경우 발생하기 쉽다. 3. 곰팡이의 발생 시 색소에 의해 염장품에 흰색, 흑색, 적색 또는 자색의 반점과 함께 냄새가 나서 상품성이 낮아진다. 4. 곰팡이발생 방지조치 : 저온저장
적변	1. 적변의 발생 : 여름철 고온 다습한 경우 호염성 색소형성세균이 식염 속에서 발생한다. 2. 연어, 송어, 대구 등의 염장품에서 발생하며 염장 대구의 피해가 특히 크다. 3. 적변방지조치 : 염장품을 식염수에 잠긴 상태로 저

염장품의 저장성	장하거나 진공포장 또는 저온저장 한다. 1. 염장시 식염량이 많을수록 식염의 침투속도 및 침투량이 많아져 저장에 유리하다. 2. 지방함량이 적은 어종은 식염의 침투가 빠르고 지방함량이 많은 어종과 대형어는 식염의 침투속도가 느리므로 저온에서 염장하여 초기 부패가 생기지 않도록 하여야 한다. 3. 아가미 및 내장을 제거하지 않은 경우 부패하기 쉬우므로 식염량을 늘리고 저온에서 염장하는 것이 좋다.

④ 발효식품(젓갈)

(1) 발효식품의 가공원리

1) 개요
   ① 젓갈은 어패류의 육, 내장, 및 생식소 등에 식염을 넣어 부패를 억제하면서 숙성 시킨 것이다.
   ② 젓갈은 식염을 첨가하여 저장성을 부여하면서 독특한 풍미를 갖게 하는 우리 고유의 전통 수산발효식품이다.

2) 가공원리
   ① 식염을 가하여 부패를 억제하면서 자가소화와 미생물 작용으로 원료를 적당히 분해 숙성시킨다.
   ② 식염에 의한 부패 억제는 일반 염장품과 같다.
   ③ 염장품은 육질의 분해를 억제하나 젓갈은 독특한 풍미를 위해 육질의 분해를 의도적으로 시도한다.
   ④ 젓갈은 당, 단백질, 지질 등의 분해물질이 어우러져 감칠 맛이 진해 직접 섭취 또는 조미료로 많이 이용된다.

(2) 발효식품의 종류

1) 원료에 따른 분류
   ① 육젓(근육)
      ㉠ 어류 : 고등어젓, 갈치젓, 까나리젓, 멸치젓, 밴댕이젓,

전어젓, 자리젓, 준치젓 등
- ⓒ 갑각류 : 게젓, 새우젓 등
- ⓒ 연체류 : 꼴뚜기젓, 낙지젓, 오징어젓 등
- ⓒ 패류 : 굴젓, 바지락젓, 소라젓, 어리굴젓, 대합젓 등

② 내장, 아가미

갈치속젓, 대구아가미젓, 전복내장젓, 창란젓, 해삼창자젓 등

③ 생식소

게알젓, 대구알젓, 명란젓, 성게알젓, 숭어알젓, 연어알젓 등

2) 가공방법에 따른 분류

육젓	1. 어패류의 원형을 유지 2. 어패류에 식염만을 사용하여 2~3개월 상온 발효시켜 만든 발효 젓갈
액젓	1. 어패류의 원형이 유지되지 않는 젓갈 2. 발효기간을 길게하여 더욱 분해시켜 만든다. 3. 멸치액젓, 까나리액젓 등이 대표적이다.

3) 전통젓갈과 저염젓갈

① 전통젓갈
- ⊙ 어패류에 식염을 20% 이상을 넣어 부패를 방지하면서 자가소화 등을 활용하여 숙성시킨 것
- ⓒ 식염의 함량이 높아 장염 비브리오균 등이 생육할 수 없어 식중독 위험이 적다.
- ⓒ 식염의 농도는 약 10~20%
- ⓔ 숙성기간은 약 10~20일 정도로 저염젓갈에 비해 길다.
- ⓜ 자가소화 등을 활용하여 감칠맛 등을 생성한다.
- ⓑ 식염에 의해 부패를 방지한다.
- ⓼ 상온 저장이 가능하며 보존성이 높다.
- ⓞ 보존식품이다.

② 저염젓갈
- ⊙ 식염의 농도를 7% 이하로 하여 단기간 숙성시킨 것
- ⓒ 식염의 농도가 낮아 장염비브리오균 등의 증식으로 식중독 위험이 있다.
- ⓒ 식염의 농도는 약 4~7% 정도이다.

㉣ 숙성기간이 0~3일 정도로 짧다.
㉤ 조미료 등을 사용하여 감칠맛을 부여한다.
㉥ 보존제, 수분활성도의 조절 등을 이용하여 보존한다.
㉦ 보존성이 낮아 냉장 보관하여야 한다.
㉧ 에탄올, 솔비톨, 젖산 등을 첨가하여 부패를 억제한다.
㉨ 기호식품이다.

❺ 연제품

(1) 연제품의 가공원리

1) 개요
    ① 소량의 식염을 가하여 고기갈이를 한 육에 부원료를 첨가하여 맛과 향을 낸 후 가열하여 겔(gel)화 시킨 제품이다.
    ② 원료의 사용범위가 넓다.
    ③ 어떤 소재라도 배합이 가능하다.
    ④ 맛의 조절이 자유롭다.
    ⑤ 외관과 향미 및 물성이 어육과는 다르고 바로 섭취가 가능하다.
    ⑥ 게맛 어묵이 대표적이다.

2) 가공원리
    어육에 2~3% 식염을 가한 후 고기갈이를 하여 어육 중의 염용성 단백질인 actomyosin을 용출하여 가열하여 그물모양의 엉킨 상태가 되도록하여 탄력있는 겔로 만든다.

(2) 연제품의 원료

1) 원료에 따른 겔 형성
    ① 어종에 따라 온수성>냉수성, 백색육 > 적색육
    ② 선도에 따라 양호>불량

2) 원료의 특성 및 주요어장

| 냉수성 | 명태 | 1. 주요어장 : 북태평양과 알래스카 베링해 |

어종		
어종		2. 연제품 최대원료이나 감칠맛은 없다. 3. 자연응고 및 되풀림이 쉽다. 4. 포름알데히드 생성으로 단백질 동결 변성이 쉽다.
	대구	1. 주요어장 : 북반구 한랭지역, 북태평양 2. 겔 강도가 약하다. 3. 명태에 비하여 백색도는 떨어지나 감칠맛이 있다. 4. 자연 응고 및 되풀림이 쉽다.
	임연수어	1. 주요어장 : 일본 홋카이도 등 북태평양 2. 겔 형성능이 크고 자연 응고가 어렵다. 3. 감칠맛이 있어 구운 어묵, 튀김 어묵에 이용된다.
온수성 어종	실꼬리돔	1. 주요어장 : 태국, 베트남 등 동남아시아 2. 육색이 희고 감칠맛이 풍부하다. 3. 겔 형성능이 좋다. 4. 명태 대체어종으로 이용된다. 5. 고온 및 저온에서 자연 응고와 되풀림이 쉽다. 6. 60℃ 부근에서 극단적으로 탄력이 저하된다.
	조기류	1. 주요어장 : 중국, 한국, 베트남, 인도해역 2. 탄력이 강한 고급 어묵용 원료로 이용된다. 3. 자연 응고가 약간 쉽고 되풀림이 극히 쉽다. 4. 황조기와 백조기가 주 어종이다.
	매퉁이	1. 주요어장 : 태국, 베트남, 인도, 중국 남부해역 2. 육색이 대단히 희고 감칠맛이 강하다. 3. 40~50℃의 고온 자연 응고시 겔 강도가 강하다. 4. 선도 저하 시 되풀림이 쉽다. 5. 포름알데히드 생성으로 단백질 동결 변성이 쉽다.

(3) 연제품의 종류

형태분류	형태에 따른 분류 1. 판붙이어묵 : 작은 판에 연육을 붙여 찐 제품 2. 부들어묵 : 꼬치에 연육을 발라 구운 제품 3. 포장어묵 : 플라스틱 필름으로 포장 및 밀봉하여 가열한 제품 4. 어단 : 공 모양으로 성형하여 기름에 튀긴 제품

	5. 기타 : 집게 다리, 바닷가재, 새우 등의 틀에 넣어 가열한 제품
가열분류	가열방법에 따른 분류 1. 찐어묵 : 소량의 식염과 어육을 함께 갈아 나무판에 붙여 수증기로 찐 제품 2. 구운어묵 : 꼬챙이에 고기갈이 한 어육을 발라 구운 제품 3. 튀김어묵 : 고기갈이 한 어육을 튀긴 제품 4. 게맛어묵 : 동결 연육을 이용해 게살, 새우살, 및 바닷가재 살의 풍미와 조직감을 가지도록 만든 제품

(4) 연제품 젤 형성에 영향을 미치는 요인

어종 및 선도	1. 경골어류, 해수어, 백색육, 온수성 어종이 젤 형성력이 좋다. 2. 냉수성 어류의 단백질에 비해 온수성 어류의 단백질이 더 안정하다. 3. 선도가 좋을수록 젤 형성능이 좋다.
수세(水洗)	1. 어육 내 지질 및 수용성 단백질은 젤 형성을 방해하므로 수세로 제거하는 것이 좋다. 2. 수세는 지질 및 수용성 단백질 등을 제거하여 색이 좋아지게 한다. 3. 수세로 근원섬유 단백질이 농축되므로 젤 형성력이 좋아져 탄력이 좋은 제품을 얻을 수 있다.
식염의 농도	식염을 고기갈이 때 첨가하면 근원섬유 단백질의 용출을 도와 젤 형성에 도움이 되며 맛을 좋게 한다.
고기갈이 온도 고기의 pH	1. 고기갈이온도 : 0~10℃에서 단백질 변성이 적으므로 10℃ 이하에서 고기갈이를 한다. 2. 어육의 pH : 고기갈이 어육의 pH는 6.5~7.5에서 젤 형성이 가장 강하다.
가열	1. 가열 시 온도가 높고 속도가 빠를수록 젤 형성이 강하다. 2. 가열은 급속 가열이 좋다. 3. 저온에서 장시간 가열 시 탄력이 약한 제품이 생산된다.
첨가물	1. 첨가물 : 조미료, 증량제, 탄력보강제, 광택제 등 2. 조미료는 설탕, 소금, 물엿, 글루탐산나트륨 등이 사용된다. 3. 탄력의 보강 및 광택을 목적으로 달걀흰자가 사용된다. 4. 지방은 맛의 개선 또는 증량을 목적으로 사용된다. 5. 탄력보강제 및 증량제 : 감자녹말, 고구마녹말, 옥수수녹말 등

(5) 연제품의 품질변화

1) 포장에 따른 저장성
   ① 무포장 또는 간이포장
      ㉠ 2차 오염에 의해 표면에서부터 변질이 시작된다.
      ㉡ 상온에서 유통기간이 매우 제한적이다.
   ② 진공포장
      ㉠ 대부분 Bacillus속 균에 의해 변질된다.
      ㉡ 10℃ 이하에서 유통 시 1개월 정도 저장성을 갖는다.
      ㉢ 저장 온도가 높아지면 표면에 기포, 점질물의 생성, 반점의 생성, 연화 및 산패 등이 일어난다.
2) 변질 방지
   ① 가열 직후 남아있는 세균의 수를 최대한 줄인다.
   ② 2차 오염의 기회를 차단한다.
   ③ 1~5℃의 저온 저장으로 세균의 증식을 억제한다.
   ④ 중심온도 75℃ 이상 가열로 세균 사멸
   ⑤ 소르브산 또는 소르브산 칼슘 등 보존료를 사용하고 포장 등의 방법을 이용하여 변질을 방지한다.

6 조미가공품

(1) 조미가공품의 가공원리

1) 수산물을 조미하여 자숙, 건조, 배소(불에 쬐어 익힘) 및 발효시켜 저장성과 풍미를 가지도록 한 제품
2) 자숙, 배소 등의 고온 가열로 미생물을 사멸시키고 조미성분 중 당이나 식염에 의하여 수분활성도를 저하시킴으로 저장성이 부여된다.

(2) 조미가공품의 종류

조미 자숙품	개요	1. 제조 : 수산물을 간장과 설탕을 주재료로 한 진한 조미액으로 고온으로 장시간 자숙하여 조미와 함께

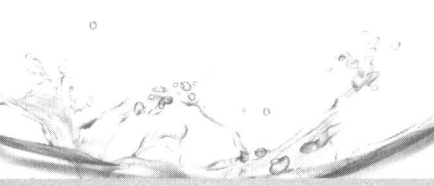

		보존성을 부여한 제품 2. 특별한 설비가 필요하지 않다. 3. 원료를 그대로 이용할 수 있다. 4. 휴대가 간편하고 바로 섭취가 가능하다.
	조미액	간장, 설탕, 물엿, 화학조미료 등을 배합한 진한 것을 사용하고 광택과 점성을 위해 한천, 젤라틴, 녹말 등을 더하기도 한다.
	제조 방법	자숙법	1. 조미액 끓이기 → 원료 투입 → 자숙 2. 새우, 바지락 등과 같이 모양이 부서지기 쉬운 원료에 이용한다.
		조림법	조미액과 원료를 함께 넣고 조린다.
	종류	오징어 조미자숙품, 까나리 조미자숙품 다시마 조미자숙품 등
조미 건제품	개요	소형의 어패류를 조미액에 침지 후 건조하여 조미와 보존성을 부여한 제품
	종류	1. 꽃포류 : 생원료를 조미액에 침지한 후 건조한 제품 2. 조미 배건품 : 배건한 원료를 조미액에 침지한 후 건조한 제품
조미구이 제품	개요	원료에 조미액을 바른 후 숯불, 적외선 등의 배소기로 구워 만든 제품
	종류	뱀장어 조미구이, 방어조미구이 등
발효 조미품	개요	어패류를 염장 후 쌀겨, 간장, 식초, 된장, 누룩 등에 담금하여 독특한 풍미가 나게 한 일종의 저장 식품
	종류	쌀겨 절임제품과 식초 절임제품 등

(3) 조미제품의 저장 중 품질변화

1) 조미제품의 저장성

① 조미액이 침투되어 있고 건조 또는 가열로 농축되어 있어 어느 정도 저장성을 가지고 있다.

② 식초 담금의 경우 아세트산(acetic acid) 농도가 1% 이상일 경우 1~3일 본담금을 하면 부패균이나 병원균은 모두 사멸한다.

③ 조미조림품은 조미액과 같이 가열하면 미생물은 살균되고 수분함량이 낮아지며 소금 농도가 높아져 미생물의 증식이 억제된다.

2) 조미제품의 품질변화

① 조미제품을 장기 저장하는 동안 세균의 오염 또는 곰팡이의 번식은 방치 시 문제가 된다.
② 공기 중 상대습도가 90% 이상이면 제품의 수분함량이 높아져 미생물 번식의 원인이 된다.
③ 조미제품의 장기 저장은 방습용 포장재를 이용하고 저온에 저장하는 것이 효과적이다.

❼ 해조류가공품

(1) 해조류가공품의 개요

1) 해조류의 가공은 크게 해조 자체를 이용하는 것과 해조류에 함유된 특수 성분을 추출하여 이용하는 두 가지로 나눌 수 있다.
   ① 해조 자체 이용은 마른 김, 마른 미역, 마른 다시마 등이 있다.
   ② 한천, 알긴산, 카라기난 등은 해조류에 함유된 특수 성분을 추출 및 분리하여 이용하는 경우이다.
2) 해조류의 이용
   ① 최근 해조류를 식량 자원으로 재평가하려는 것이 세계적인 추세이다.
   ② 건강보조식품, 생리활성 물질의 공급원으로 이용이 늘고 있다.

(2) 해조류가공품의 종류

김	마른김	마른김 제조공정 원초 채취 → 절단 → 수세 → 초제 → 탈수 → 건조 → 결속 → 열처리 → 포장
	조미김	1. 마른 김을 조미 후 건조한 제품 2. 식용유 등 조미액을 발라 구운 후 절단하고 방습제를 넣어 밀봉, 포장한다. 3. 저장 또는 유통 중 지방의 산화로 품질에 영향을 미칠 수 있다.

마른 미역	종류	소건미역	채취한 미역을 세척한 후 건조한 미역
		화건미역	생미역에 재(災)를 섞어서 건조한 미역
		염장 데친미역	끓는 물로 미역을 데쳐서 효소를 불활성화 시킨 후 소금으로 염장한 미역
		실 미역	염장한 미역의 잎만을 세척 후 건조시켜 포장
	염장 미역 가공		1. 채취한 미역을 3~4% 식염수를 끓여 30~60초 정도 데친 후 찬물로 냉각 후 탈수 한다. 2. 탈수된 미역에 마른간법으로 식염을 뿌린 후 염지탱크에 넣어두면 수분이 베어나와 물간형태로 된다. 3. 충분히 염장된 미역은 탈수 후 줄기, 변색 또는 파손된 잎 등을 제거하고 다시 식염을 혼합하여 제조한다.
	마른썬 미역 가공		1. 원료 : 염장미역 2. 수세로 과잉된 염분을 낮추고 압착기로 탈수한다. 3. 불량미역을 제거한 후 일정 크기로 절단하여 건조
한천	원료		1. 홍조류가 이용되며 대표적인 것으로 우뭇가사리와 꼬시래기가 있다. 2. 해조류를 열수로 추출하여 얻은 액을 냉각하여 생기는 우무를 동결, 탈수, 건조한 것이다.
	제조 방법	자연 한천	1. 동건법 : 겨울철 일교차를 이용하여 동결과 해동을 반복 2. 온도 : 밤의 최저온도가 -5~-10℃ 낮의 최고 온도가 5~10℃ 3. 별도의 전처리 없이 상압에서 끓는 물로 장시간 자숙 후 추출한다. 4. 제조과정 원료→ 수침 → 수세 → 자숙 및 추출 → 여과 → 절단 → 동결건조
		공업 한천	1. 냉동기를 이용한 동결 2. 탈수법 : 동결탈수법(우뭇가사리) 압착탈수법(꼬시래기) 3. 꼬시래기는 알칼리 전처리를 해야 품질이 좋다.
	성질		1. 중성 다당류인 아가로스(agarose) 70~80%와 산성 다당류인 아가로펙틴(agaropectin) 20~30%로 구성된 혼합물이다. 2. 응고력, 보수성, 점탄성이 강하다. 3. 사람의 소화 효소 및 미생물에 의해 분해되지 않는다. 4. 응고력이 강할수록 아가로스의 함유량이 많다.

			5. 저온에서는 녹지 않지만 80℃ 이상 뜨거운 물에는 잘 녹는다.
		식품 가공용	요리용, 제과용, 유제품용, 건강식품 * 맥주, 청주, 포도주, 식초 등의 정정제
	용도	의약품	정장제, 외과 붕대, 치과 인상제 변비예방치료제 등
		공업용	치약, 로션, 샴푸 등
		분석 시약용	미생물의 배지, 조직 배양용, 겔 여과제
알긴산	원료		1. 갈조류의 점질성 다당류이다. 2. 조류 중 미역, 감태, 다시마, 톳 등이 이용된다.
	제조 방법		1. 제조과정 원료 → 전처리 → 추출 → 여과 → 표백 → 응고 → 탈수 → 중화 → 건조 → 분쇄 → 포장 2. 전처리: 원료 중 알긴산 외의 성분을 제거하는 동시에 추출을 용이하게 하며 방법으로는 원료를 묽은 알칼리 용액과 묽은 산 용액에 처리하는 방법이 있다. 3. 추출: 전처리 과정을 거친 원료를 탄산나트륨 또는 수산화나트륨 등 알칼리 용액으로 가온 처리하여 알긴산을 알긴산나트륨으로 바꾸어 용출시킨다. 4. 여과: 추출액에 섞인 섬유질 찌꺼기를 제거한다. 5. 표백 및 응고: 여과 후 차아황산나트륨용액을 가하여 표백한 후 묽은 황산으로 알긴산을 응고시킨다.
	성질		1. 고분자 산성 다당류 : 만누론산(mannuronic acid)과 글루론산(guluronic acid)으로 구성 2. 물에 녹지 않는다. 3. 칼슘 등 2가 금속 이온과 결합하면 겔을 만드는 성질이 있다. 4. 콜레스테롤, 중금속, 방사선 물질 등을 몸 밖으로 배출하며 장의 활동을 활발하게 하는 기능이 있다. 5. 점성, 겔 형성력, 막 형성력, 유화 안정성 등의 성질
	용도	식품 산업용	쥬스류 점도증강제, 아이스크림 안정제, 양조 등
		공업용	인쇄용지 광택제, 용수 응집제, 직물용 호료 (糊料) 등
		화장품	로션, 크림 등의 점도증강제
		오염 물질 제거	물의 정수제, 방사능물질의 제거 기능
카라기난	원료		1 진두발, 돌가사리, 카파피쿠스 알바레지 등 홍조류의

	홍조류 산성 점질 다당류 진두발, 돌가사리, 카파피쿠스 알바레지 등

⑧ 통조림

(1) 통조림의 가공원리

1) 개요
   ① 원료를 용기에 담고 공기를 제거하여 밀봉한 후 가열 살균하여 상온에서도 변질되지 않고 장기간 보존할 수 있도록 만든 제품이다.
   ② 원료를 금속용기에 넣고 밀봉하였더라도 가열 살균 처리하지 않은 제품은 통조림으로 보지 않는다.
   ③ 초기 용기로 유리병을 사용하다 현재는 금속 용기가 주로 이용되고 있다.
   ④ 참치, 꽁치, 골뱅이, 굴 통조림 등이 대표적인 수산물 통조림이다.

2) 가공원리
   ① 저장성이 없는 원료를 전처리하여 밀봉기에서 탈기 후 뚜껑을 봉하는 밀봉공정을 동시에 마친 다음 레토르트 내에서 살균처리하고 급냉 공정을 처리하여 상온에서 유통이 가능하도록 한 제품을 말한다.
   ② 탈기, 밀봉, 살균, 냉각 공정을 통조림의 장기저장을 가능하게 하는 핵심 4대 공정이다.

3) 장점
   ① 밀봉 후 가열 살균하므로 장기 보존할 수 있다.
   ② 살균으로 세균의 대부분이 사멸하기 때문에 식중독으로부터 안전한 식품이다.
   ③ 고온 가열로 별도의 조리 과정 없이 바로 섭취가 가능한 간편식품이다.
   ④ 가볍고 깨질 우려가 없으며 휴대가 간편하다.

4) 단점
   ① 내용물의 직접적인 확인이 불가능하다.

② 원료에 따른 제품의 맛에 차이가 없다.

(2) 통조림의 일반적 제조 공정

1) 전처리
① 원료의 반입 및 선별
반입된 원료는 신속히 크기, 선도, 상처 등에 따라 선별한다.
② 원료처리
지느러미, 머리, 내장 등을 제거한다.
③ 수세 및 탈수
어체의 표면 및 내장 주변의 오염물을 제거하고 탈수한다. 이때 수세수의 오염 및 온도 상승에 유의해야 한다.
④ 절단
어체의 중심선에서 직각으로 절단한다.
⑤ 혈액제거
curd(어체 표면에 부착되는 두부 모양의 응고물)의 생성을 방지하는 공정이나 선도저하 우려 또는 기온이 높은 경우에는 생략한다.
⑥ 염지
㉠ 10~15% 식염수에 20~30분간 침지한다.
㉡ 어피의 탈피 방지
㉢ 육조직의 수축
㉣ 염미 부여
㉤ 혈액 제거
㉥ 색택 향상
㉦ curd 생성 방지를 목적으로 한다.
㉧ 염지 중 품질저하를 목적으로 저온을 유지하여야 한다.

2) 살쟁임
① 전처리가 끝난 원료를 주입액과 함께 용기에 채우는 공정
② 주입액 첨가의 목적
㉠ 맛 조정
㉡ 살균 시 열전달 향상
㉢ 관벽에 원료의 부착 방지

② 고형물의 파손 방지
③ 주입액의 종류
    ㉠ 보일드통조림 : 묽은 식염수
    ㉡ 가미통조림 : 조미액
    ㉢ 기름담금통조림 : 유지

3) 탈기
① 밀봉 전 용기 내부의 공기를 제거하는 공정
② 목적
    ㉠ 관내부의 부식 억제
    ㉡ 산화로 인한 내용물의 품질저하 방지
    ㉢ 가열살균 시 밀봉부의 파손 또는 이그러짐 방지
    ㉣ 호기성 미생물의 발육 억제
    ㉤ 변패관의 식별 용이
③ 방법
    ㉠ 가열탈기법 : 원료를 뜨거울 때 용기에 채워 밀봉하거나 원료를 용기에 채워 가밀봉 후 탈기함에서 용기채 가열하여 밀봉하는 방법
    ㉡ 기계적 탈기법
        ⓐ 진공 밀봉기를 이용 감압장치 내에서 탈기와 밀봉을 동시에 실시하는 방법이다.
        ⓑ 장점 : 가열처리하지 않으므로 원료의 성분변화가 적고 작업면적이 좁으며 위생적이다.
        ⓒ 단점 : 원료에 흡장, 용해되어 있는 공기가 불완전하게 제거된다.
    ㉢ 증기분사법 : 관 내부에 증기를 분사하여 공기를 증기로 치환 후 밀봉하여 진공을 얻는 방법

4) 밀봉
① 공기의 유통 및 미생물의 침입 방지를 목적으로 curl을 flange 밑으로 말아 넣어 압착하여 기밀상태를 유지하도록 한 방법이다.
② 밀봉에 사용되는 기계는 밀봉기(seamer)라 한다.
③ seamer 주요 3부분의 역할
    ㉠ lifter : 관을 들어 올려 chuck에 접합시켜 주는 역할을 한다.

㉡ seaming chuck
  ⓐ 밀봉 시 lifter와 함께 관을 고정하는 역할을 한다.
  ⓑ seaming roll이 밀봉부를 압착하여 밀봉할 때 대벽 역할을 한다.
㉢ seaming roll
  ⓐ 제 1 roll : 뚜껑 curl부를 flange 밑으로 말아 넣어 2중으로 겹쳐서 굽히는 역할을 한다.
  ⓑ 제 2 roll : 1 roll에서 말아 넣은 것을 더욱 압착하여 견고하게 접착시켜 밀봉을 완성시킨다.

5) 살균
  ① 밀봉 후 즉시 레토르트에 넣어 가열 살균한다.
  ② pH에 따른 통조림의 살균
    ㉠ Clostridium botulinum균의 포자는 내열성에 강하고, 맹독성이며 협기세균이다. 이 균의 발육 한계 pH는 pH4.5로 pH4.5 이상의 식품은 균의 증식이 가능하므로 고온 살균을 pH4.5 이하인 식품은 저온살균을 한다.
    ㉡ 알칼리 식품은 황화수소 가스 발생으로 흑변이 발생할 수 있다.
  ③ pH에 따른 통조림의 분류
    ㉠ 강산성
      ⓐ pH3.7 이하
      ⓑ 절임식품, 발효식품 등
    ㉡ 산성식품
      ⓐ pH3.7~4.5
      ⓑ 토마토, 파인애플, 복숭아 등의 과실
    ㉢ 중산성 식품
      ⓐ pH4.5~5.0
      ⓑ 고기와 야채 혼합물 등
    ㉣ 저산성 식품
      ⓐ pH5.0~6.8
      ⓑ 축육, 어육, 유제품 등
    ㉤ 알칼리성 식품
      ⓐ pH7.0 이상

ⓑ 새우, 게 등
6) 냉각
① 목적
㉠ 조직의 연화 및 황화수소(H_2S)가스의 생성 억제
고온 살균 후 급속 냉각하지 않으면 고온에 의한 조직의 연화 및 황화수소가스가 발생해 금속과 결합하여 흑변이 발생한다.
㉡ struvite의 생성 억제
무독성 유리모양의 결정으로 인체에 무해하나 소비자 거부감을 주는 struvite 성장을 억제한다.
㉢ 호열성 세균의 발육억제
② 냉각방법
㉠ struvite가 문제되지 않는 통조림
내용물의 평균온도 38℃ 정도에서 냉각을 종료하고 여열로 관외면 수분을 증발 시킨다.
㉡ struvite가 문제되는 통조림
내용물의 평균 품온이 상온이 되도록 냉각하고 관외면 수분을 별도로 제거하여야 한다.

(3) 통조림 종류

1) 보일드 통조림
① 주입액 : 식염수
② 종류 : 고등어 보일드 통조림, 꽁치 보일드 통조림, 굴 보일드 통조림, 연어 보일드 통조림 등
2) 가미 통조림
① 주입액 : 조미액
② 종류 : 골뱅이 가미 통조림, 소라 가미 통조림, 꽁치 가미 통조림, 정어리 가미 통조림 등
3) 기름담금 통조림
① 주입액 : 식용유
② 종류 : 굴 훈제기름담금 통조림, 참치 기름담금 통조림, 홍합 훈제기름담금 통조림, 바지락 훈제기름담금 통조림 등

4) 기타 통조림
① 주입액 : 토마토 페이스트 등
② 종류 : 고등어 토마토담금 통조림, 정어리 토마토담금 통조림 등

(4) 통조림 용기의 종류

1) 스틸 캔
① 두께 0.3mm 이하의 얇은 철판을 이용하며 철판은 주석도금과 무주석 철판 2종이 있다.
② 주석도금 철판
㉠ 철판 양면을 주석으로 도금한 것이다.
㉡ 주로 쓰리피스 캔에 많이 이용된다.
③ 무주석 철판
㉠ 주석 대신 크롬 또는 니켈로 도금한 철판이다.
㉡ 원가는 주석도금 철판에 비해 싸지만 스리피스 용접 캔에는 사용할 수 없어 투피스 캔에 주로 사용된다.
㉢ 참치 등 수산물 통조림의 투피스 캔에 많이 사용한다.

2) 알루미늄 캔
① 장점
㉠ 통조림 내용물에서 금속 냄새가 없고 변색이 없다.
㉡ 가볍고 녹이 생기지 않는다.
㉢ 고급스러운 외관으로 상품성이 뛰어나다.
㉣ 뚜껑을 따기 쉬운 캔을 만들 수 있다.
② 단점
강도가 약하고 소금에 의한 부식에 약하다.
③ 참치 등의 수산물 통조림과 탄산음료, 맥주, 유제품 등 대부분 식품에 많이 사용되고 있다.

3) 스리피스 캔
① 뚜껑, 밑바닥, 몸통 세부분으로 이루어진 원형이나 사각관을 말한다.
② 몸통의 사이드 시임 접착 방식에 의해 납땜 캔, 접착 캔, 용접 캔으로 분류한다.
③ 용접 캔이 접착 강도, 원가 및 위생성이 좋아 가장 많이

쓰인다.
④ 식품용으로 사용이 크게 줄고 있다.

4) 투피스 캔
① 몸통과 바닥이 하나로 되어 있는 몸통과 뚜껑 2부분으로 구성되어 있는 캔을 말한다.
② 수산물 및 식품용 통조림의 대부분을 차지하고 있다.

(5) 통조림 품질의 변화 및 관리

1) 품질 변화
① 흑변
  ㉠ 어류패 가열 시 단백질이 분해되면서 발생하는 황화수소가 캔의 철 또는 주석과 결합하여 캔 내면에 흑변이 일어난다.
  ㉡ 원료의 선도가 나쁠수록 pH가 높을수록 많이 발생한다.
  ㉢ 원료로 참치, 새우, 게, 바지락 등을 이용 시 흑변을 일으키기 쉽다.
  ㉣ C-에나멜 캔 또는 V-에나멜 캔의 사용으로 흑변을 예방할 수 있다.
  ㉤ 게살 통조림의 경우 가공 시 황산지에 게살을 감싸는 것은 황화수소의 차단으로 흑변을 방지하기 위함이다.
② 허니콤(Honey comb)
  ㉠ 참치 통조림에서 흔히 볼 수 있으며 어육 표면에 벌집 모양의 작은 구멍이 생기는 것이다.
  ㉡ 어육 가열 시 어육 내부에서 발생된 가스가 배출되면서 생긴 통로이다.
  ㉢ 예방을 위해서는 어체 취급 시 상처를 방지해야 한다.
③ 스트루바이트(struvite)
  ㉠ 통조림에 유리 조각 모양의 결정이 생기는 현상이다.
  ㉡ 중성 또는 알칼리성 통조림에 나타나기 쉽다.
  ㉢ 꽁치 통조림에서 많이 생기며 참치 통조림에서도 pH6.3 이상 시 나타날 수 있다.
  ㉣ 스트루바이트 최대 결정 생성 범위는 30~50℃ 이므로 예방을 위해서는 살균 후 급냉시켜야 한다.

④ 어드히전(adhesion)
　㉠ 캔의 개봉 시 어육의 일부가 뚜껑 또는 용기 내부에 눌러붙어 있는 현상이다.
　㉡ 어육과 용기면 사이에 수분이 있으면 일어날 수 없다.
　㉢ 예방
　　ⓐ 캔 내면에 식용유 유탁액의 도포 또는 물을 분무한다.
　　ⓑ 어육 표면에 식염을 뿌려 수분이 스며 나오게 한다.
⑤ 커드(curd)
　㉠ 어류의 보일드 통조림 표면에 두부 모양의 응고물이 표면에 생긴 것을 말한다.
　㉡ 가열 살균 시 어육 내 수용성 단백질이 녹아 나와 응고되면서 생성된다.
　㉢ 선도가 나쁜 원료를 사용할 때 생기기 쉽다.
　㉣ 예방
　　ⓐ 어육을 살쟁임 전에 식염수에 담가 수용성 단백질을 미리 용출시킨다.
　　ⓑ 육편과 육편 사이에 틈이 없도록 살쟁임을 한다.
　　ⓒ 살쟁임 후 어육 표면온도가 빨리 50℃ 이상 되도록 가열한다.

2) 캔의 변형
① 평면 산패
　㉠ 가스 생성 없이 산을 생성한 캔을 말한다.
　㉡ 외관은 정상이고 내용물의 확인으로 산패여부를 알 수 있다.
② 플리퍼
　㉠ 캔의 뚜껑, 밑바닥 외의 어느 한쪽 면이 약간 부풀어 있는 캔
　㉡ 부풀어 있는 부분을 누르면 소리와 함께 원상태로 회복된다.
③ 스프링거
　㉠ 캔의 뚜껑 또는 밑바닥이 플리퍼 보다 심하게 부풀어 있는 캔
　㉡ 부푼 면을 누르면 반대쪽이 소리와 함께 부풀어 튀어나

온다.
④ 스웰 캔

　변질이 심하게 일어나 캔 뚜껑 및 밑바닥 모두가 부푼 상태의 캔을 말한다.

⑤ 버클 캔
　㉠ 캔의 내압이 외압보다 커서 몸통 부분이 볼록하게 튀어나와 있는 상태의 캔을 말한다.
　㉡ 버클 캔의 발생이 쉬운 경우
　　ⓐ 가열 살균 후 급격한 증기의 배출
　　ⓑ 살쟁임을 과하게 한 경우
　　ⓒ 가열 살균 전 변질된 경우
　　ⓓ 배기가 불충분하게 된 경우
　　ⓔ 수소 팽창이 일어난 경우

⑥ 패널 캔
　㉠ 버클 캔과 반대 현상이다.
　㉡ 캔의 내압이 외압보다 낮아 캔 몸통이 안쪽으로 오목하게 들어간 상태의 캔을 말한다.
　㉢ 패널 캔이 발생하기 쉬운 경우
　　ⓐ 진공도가 높은 대형 캔의 고압 살균 시 수증기의 급격한 주입으로 레토르트 압력이 급격히 높아지는 경우
　　ⓑ 가열 살균 후 가압 냉각 시 캔의 내압이 낮아졌으나 공기압이 너무 높은 경우

⑨ 기능성 수산식품

(1) 수산물의 기능성 물질

1) 간유
① 신선한 어류의 간에서 얻은 기름을 말한다.
② 대구, 명태, 상어 등의 간을 원료로 한다.
③ 비타민 A, D와 에이코사펜타엔산(EPA; eicosapentaenoic acid), 도코사헥사엔산(DHA; docosahexaenoic acid) 함량

이 높다.
④ 기력보호, 혈액순환 개선, 중성지질의 감소, 피부 건강, 뼈 건강 등의 기능성을 가지고 있다.

2) EPA와 DHA
① 고도의 불포화지방산이다.
② 대구와 명태의 간과 고등어 정어리의 근육, 참치 머리 특히 안와에 DHA 함량이 높다.
③ 고도 불포화지방산의 특징
  ㉠ 인체 내 생리활성 기능이 우수하다.
  ㉡ 등푸른 생선인 고등어, 꽁치, 정어리, 방어, 참치 등에 많이 함유되어 있다.
  ㉢ 불안정하여 산소, 자외선 및 금속의 영향으로 변질되기 쉽다.
  ㉣ 공기와 접촉으로 산패하기 쉽고 산패로 이취의 발생과 기능이 떨어진다.
④ EPA(eicosapentaenoic acid)
  ㉠ 구조 : 탄소 20개, 이중 결합 5개의 고도 불포화지방산이다.
  ㉡ 기능성
    ⓐ 혈중 콜레스테롤 및 중성 지방함량 저하
    ⓑ 혈소판 응집 기능
    ⓒ 고지혈증, 동맥경화, 혈전증 및 심장질환 예방
    ⓓ 면역력 강화
    ⓔ 항암효과
⑤ DHA(docosahexaenoic acid)
  ㉠ 구조 : 탄소 22개, 이중결합 6개의 고도 불포화지방산이다.
  ㉡ 기능성
    ⓐ 혈행 개선 및 혈액 내 중성지질 개선
    ⓑ 동맥 경화, 혈전증, 심근경색 및 뇌경색 예방
    ⓒ 기억력 개선으로 학습능력 증진
    ⓓ 시력 향상
    ⓔ 당뇨, 암 등의 성인병 예방

3) 스쿠알렌(squalene)

① 깊은 바다에 서식하는 상어 간유에 많이 함유되어 있다.
② 기능
  ㉠ 활성산소의 제거 및 지방 변화에 의한 질병 등의 부작용 예방 등 항산화작용을 한다.
  ㉡ 면역작용, 간 기능 개선 작용 등의 기능이 있다.
  ㉢ 산소 수송 기능의 강화 작용 등을 한다.

4) 키틴(chitin) 및 키토산(chitosan)
  ① 키틴(chitin)
    ㉠ 게, 새우 등의 껍데기를 이루는 동물성 식이섬유의 한 종류이다.
    ㉡ 게 새우 등의 갑각류 등의 껍데기와 오징어 등의 연체동물의 골격 성분에 많다.
  ② 키토산(chitosan)
    ㉠ 키틴의 분해로 만들어진다.
    ㉡ 키토산이 분해되면 글루코사민(glucosamine)이 된다.
  ③ 키틴과 키토산의 기능 및 이용
    ㉠ 항균작용
    ㉡ 혈류 개선 및 콜레스테롤 감소
    ㉢ 인공 뼈, 피부 등 의료용 재료로 이용된다.
    ㉣ 수술용 실, 인조 섬유 등이 이용된다.
    ㉤ 다이어트 식품으로 이용된다.

5) 콘트로이틴황산(chondroitin sulfate)
  ① 점질성 다당류의 한 종류로 단백질과 결합상태로 존재하여 뮤코다당 단백이라고도 한다.
  ② 상어, 홍어, 가오리 등 연골어류의 연골조직에 많이 함유되어 있으며 오징어, 해삼에도 함유되어 있다.
  ③ 상어 연골이 원료로 많이 사용된다.
  ④ 기능
    ㉠ 관절과 연골 건강에 도움이 되어 관절염을 예방한다.
    ㉡ 노화방지
    ㉢ 피부 보습작용 등이 있다.

6) 콜라겐(collagen) 및 젤라틴(gelatin)
  ① 콜라겐(collagen)
    ㉠ 어류의 껍질 및 비늘에서 추출한다.

ⓒ 동물의 거의 모든 부위에 존재하며 조직의 형태 유지 기능을 한다.
ⓒ 기능
 ⓐ 피부 재생 및 보습효과
 ⓑ 관절 건강에 기여한다.
 ⓒ 소시지 케이싱 등 식품 소재로 이용된다.
② 젤라틴(gelatin)
 ㉠ 콜라겐을 열수로 처리하여 얻어지는 유도 단백질로 콜라겐을 가열하면 젤라틴이 된다.
 ㉡ 이용
  ⓐ 캡슐, 정제, 지혈제, 파스 등 의약품의 소재로 이용된다.
  ⓑ 식품용 젤리에 이용된다.

7) 한천
 ① 우뭇가사리와 꼬시래기 등 홍조류에서 추출한다.
 ② 찬물에 잘 녹지 않으며 가열하면 녹고 식히면 겔이 형성된다.
 ③ 인체가 소화 및 흡수하지 못한다.
 ④ 변비의 개선 기능이 있고 저 칼로리 건강식품이다.

8) 스피룰리나(spirulina)
 ① 열대성 미세조류로 엽록소, 카로티노이드, 필수지방산 등의 함량이 높다.
 ② 항산화, 체질개선, 콜레스테롤 감소 등의 기능이 있다.

9) 클로렐라(chlorella)
 ① 민물에서 서식하는 단세포 녹조식물이다.
 ② 엽록소, 카로티노이드, 비타민, 필수지방산, 철분, 식이섬유 등이 풍부하다.
 ③ 피부건강, 항산화 및 체질개선, 콜레스테롤 감소의 기능이 있다.

(2) 기능성 수산 가공품의 종류

1) 고시형
 ① 식품의약품안전처에서 기능성을 인정하고 고시한 것

② 종류 및 효능
- ㉠ 글루코사민 : 관절 및 연골의 건강
- ㉡ N-아세틸글루코사민 : 피부보습, 관절 및 연골 건강
- ㉢ 스쿠알렌 : 항산화 작용
- ㉣ 알콕시글리세롤 함유 상어간유 : 면역력 증진
- ㉤ 오메가-3 지방산 함유 유지 : 혈중 중성 지질 개선 및 혈행 개선
- ㉥ 뮤코다당·단백 : 관절 및 연골 건강
- ㉦ 키토산, 키토올리고당 : 콜레스테롤 개선
- ㉧ 스피룰리나 : 피부건강, 항산화, 콜레스테롤 개선
- ㉨ 클로렐라 : 피부 건강 및 항산화

2) 개별인정형
① 식품의약품안정처에 개인 또는 사업자가 특정원료의 기능성을 개별적으로 인정받은 것
② 종류 및 효능
- ㉠ DHA 농축 유지 : 혈중 중성지질 감소, 혈행 개선
- ㉡ 연어 펩타이드 : 혈압저하
- ㉢ 정어리 펩타이드 : 혈압 조절
- ㉣ 김 올리고 펩타이드 : 혈압 조절
- ㉤ 콜라겐 효소분해 펩타이드 : 피부 보습
- ㉥ 분말한천 : 배변 활동

❿ 기타 수산가공품

(1) 소금

1) 개요
① 보통 식염이라 하며 바닷물에 약 2.8% 들어 있다.
② 염화나트륨을 주성분으로 하며 칼슘, 마그네슘, 칼륨 등이 함유되어 있다.
③ 조미용, 저장용, 산업용, 공업용, 도로용 등 광범위하게 사용되고 있다.

2) 종류

① 천일염
- ㉠ 염전에서 자연 증발로 바닷물을 증발시켜 생산하는 소금을 말하며 이를 분쇄, 세척, 탈수한 소금을 포함한다.
- ㉡ 입자가 크고 거칠다.
- ㉢ 불순물이 완벽하게 걸러지지 않았지만 대신 수분, 무기질, 미네랄 등이 풍부하다.

② 암염
- ㉠ 해수가 지각변동으로 땅속에 층을 이루고 있는 것을 제염한 것이다.
- ㉡ 염화나트륨이 98~99%이고 미네랄은 거의 없다.
- ㉢ 색은 투명한 것이 보통이나 토질에 따라 여러 색을 띄기도 한다.

③ 정제염
- ㉠ 이온교환막에 전기 투석시켜 얻어지는 함수를 증발시켜 제조한 소금을 말한다.
- ㉡ 염화나트륨 함량이 99% 이상이며 미네랄은 거의 없다.
- ㉢ 흡습성이 적고 백색을 띈다.

④ 재제염
- ㉠ 결정체 소금을 용해한 물이나 함수를 여과, 침전, 정제, 가열, 재결정, 염도조정 등의 조작을 거쳐 제조한 소금을 말한다.
- ㉡ 염도는 90% 이상으로 높다.
- ㉢ 천일염에 비해 입자와 색상이 곱다.
- ㉣ 여과 과정에서 미네랄 성분이 제거되어 천일염에 비해 미네랄은 적다.

⑤ 가공염
- ㉠ 소금을 볶거나 태우거나 융용 등을 통해 원형을 변형한 소금 또는 식품첨가물을 가하여 가공한 소금을 말한다.
- ㉡ 구운 소금, 죽염 등이 있다.

(2) 어분

1) 개요
    ① 가공에 부적합한 잡어나 어류의 가공 부산물을 원료로 생산된다.
    ② 원료를 삶거나 찐 후 기름을 짜내고 건조, 분쇄하여 가루로 만든 것이다.
2) 어분의 성분 및 이용
    ① 주된 성분
        ㉠ 수분 : 10% 이하
        ㉡ 단백질 : 60~70%
        ㉢ 지방 : 백색어분 3~5%, 갈색어분 5~12%
        ㉣ 무기질 12~16%이다.
    ② 단백질 함유량은 가격 결정의 중요 요소이며 단백질이 많을수록 어분의 가격이 높다.
    ③ 주로 사료 또는 비료용으로 사용된다.
    ④ 정제하여 가공 식품의 원료로 사용한다.
3) 어분의 종류
    ① 백색어분
        ㉠ 명태, 대구 가자미 등의 백색육 어류를 원료로 한다.
        ㉡ 지질 및 색소의 함유량이 적어 저장 중에도 잘 변색되지 않는다.
    ② 갈색어분
        ㉠ 고등어, 정어리, 꽁치 등 적색육 어류를 원료로 한다.
        ㉡ 지질 및 색소의 함유량이 많아 가공과 저장 중 지질의 산화 및 변색으로 갈색을 띈다.
    ③ 환원어분
        어분 가공 중 영양성분을 다시 회수하여 농축 처리하여 만들어진 어분을 말한다.
    ④ 잔사어분
        ㉠ 명태 가공 부산물을 원료로 한다.
        ㉡ 어체 가공 후 남은 비가식부를 주원료로 생산한다.
    ⑤ 연안어분
        ㉠ 고등어 정어리 등을 원료로 한다.
        ㉡ 연안에서 어획된 어종을 이용하여 생산한다.

(3) 어유

1) 개요
   ① 어류에서 채취되는 기름을 말한다.
   ② 어분 제조 공정 중의 부산물인 자숙액, 압출액 또는 내장을 이용하여 생산한다.
   ③ 고도 불포화지방산이 많이 함유되어 있다.
   ④ 오징어간유, 명태간유, 상어간유 등 간유가 대표적이다.

2) 어유 가공
   ① 어체 중 지방 함유 조직을 파괴하여 탈수와 함께 지방을 분리시켜야 한다.
   ② 어체를 자숙하여 떠오르는 기름을 채취하는 자숙법이 가장 많이 쓰이고 있다.
   ③ 정제 공정은 탈산, 수세, 탈색, 냉각침전, 탈취 순이다.

3) 어유의 성분 및 이용
   ① 주성분은 트리글리세리드이며 알코올, 스테롤, 탄화수소, 인지질, 당지질이 들어 있다.
   ② 경화유로 마가린, 쇼트닝에 첨가 또는 계면활성제로 이용된다.
   ③ 도료, 내한성 윤활유, 비누의 원료로 이용된다.

(4) 기타 가공품

1) 수산피혁
   ① 수산동물의 껍질을 적절한 가공하여 유연성, 탄력성, 내구성, 내수성 등을 부여하여 만든 가죽제품이다.
   ② 어류 껍질 주성분인 콜라겐을 추출하여 피혁으로 가공한다.
   ③ 수산동물은 육상동물의 피혁보다 품질은 떨어지나 원료가 풍부하고 가격이 저렴해 많이 이용되고 있다.
   ④ 악어, 고래, 먹장어, 가오리, 상어, 연어 등이 원료로 이용되고 있다.
   ⑤ 핸드백, 신발, 허리띠 등의 소재로 이용되고 있다.

2) 수산공예품

수산 공예품으로 나전칠기, 진주, 산호 등이 있다.

⑪ 수산가공품의 종류 정리

분류			제품	비고
식용품	냉동품	냉동품	일반 어류 냉동품	
		냉동식품	조리 냉동식품	
	건제품	소건품	마른미역, 마른오징어	아무런 전처리 없이 건조
		자건품	마른멸치, 마른전복	자숙 후 건조
		염건품	굴비	염장 후 건조
		동건품	황태, 한천	낮에 건조 밤에 동결의 반복
		배건품	배건정어리	연기 및 불로 건조
	훈제품		훈제굴, 훈제오징어	
	염장품		간고등어, 간갈치	
	발효식품		젓갈, 어간장, 식해류	
	연제품	어묵	튀김어묵, 게맛살	
		어묵소시지		
	조미가공품		조미김, 조미쥐치포	
	엑스분		어육엑스분, 굴엑스분	
	통조림	보일드	고등어보일드통조림	주입액은 식염수
		조미	오징어조미통조림	주임액은 조미액
		기름담금	참치기름담금통조림	주입액은 기름
		기타	축육통조림	
	해조가공품		한천, 알긴산, 카라기난	
공용품	공업용 어유		오징어 내장유	
	수산피혁		상어껍질, 장어껍질	
공예품			산호, 인공진주, 패각 등	
의약품			비타민 A 및 D, EPA, DHA, 칼슘제, 타우린	
사료			어분, 오징어 내장	

| 비료 | 오징어 갑각, 새우 가공 잔사 |

김진수 외3인, 2007, 도서출판 효일, 수산가공학의 기초와 응용 표 1-81

10 안전성

❶ 중요성

1) 소비환경이 변화됨에 따라 식품의 안전성에 대한 관심은 생산물의 고품질 유지와 더불어 가장 중요한 문제로 인식되고 있다.
2) 농수산물품질관리법에도 수산물의 품질향상과 안전한 수산물의 생산공급을 생산단계부터 유통단계, 판매단계까지 관리를 실시한다.

❷ 위해요소중점관리기준(HACCP: Hazard Analysis Critical Control Points)

(1) 의의

1) 식품의 원재료 생산에서부터 제조, 가공, 보존, 유통단계를 거쳐 최종 소비자가 섭취하기 전까지의 각 단계에서 발생할 우려가 있는 위해요소를 규명하고, 이를 중점적으로 관리하기 위한 중요관리점을 결정하여 자주적이며 체계적이고 효율적인 관리로 식품의 안전성(safety)을 확보하기 위한 과학적인 위생관리체계라 할 수 있다.
2) HACCP은 위해분석(HA)과 중요관리점(CCP)으로 구성되어 있는데, HA는 위해가능성이 있는 요소를 찾아 분석·평가하는 것이다.
3) CCP는 해당 위해 요소를 방지·제거하고 안전성을 확보하기 위하여 중점적으로 다루어야 할 관리점을 말한다.

(2) HACCP의 원칙(국제식품규격위원회-CODEX에서 설정)

1) 위해분석(HA)을 실시한다.
2) 중요관리점(CCP)를 결정한다.
3) 관리기준(CL)을 결정한다.
4) CCP에 대한 모니터링 방법을 설정한다.
5) 모니터링 결과 CCP가 관리상태의 위반 시 개선조치(CA)를 설정한다.
6) HACCP가 효과적으로 시행되는지를 검증하는 방법을 설정한다.
7) 이들 원칙 및 그 적용에 대한 문서화와 기록유지방법을 설정한다.

(3) 중요성

1) 수산물을 포장하고 가공하는 동안 물리적, 화학적 그리고 미생물 등의 오염을 예방하는 일은 안전한 수산물의 생산에 필수적인 것이다.
2) HACCP은 자주적이고 체계적이며 효율적인 관리로 식품의 안전성을 확보하기 위한 과학적인 위생관리체계라 할 수 있다.

(4) 국내 수산가공품의 HACCP 적용 현황

1) 국내 수산가공품 중 HACCP 의무 적용품목은 어묵 등 7품목이다.
   ① 어묵가공품 중 어묵류
   ② 냉동수산식품 중 어류, 연체류, 패류, 갑각류, 조미가공품
   ③ 저산성 통조림, 병조림 중 굴 통조림
2) 7품목 외 품목은 의무 이행은 아니며 업체의 희망에 따라 기준에 적합한 경우 승인하는 자율적 지정제도로 운영되고 있다.

③ 수산물의 안전성

(1) 식중독

1) 개요

정의	1. 식중독 : 식품의 섭취로 열 동반 또는 열의 동반 없이 구토, 식욕부진, 설사, 복통, 신경마비 등이 발생하는 건강장해를 뜻한다. 2. 음식물에 미생물, 유독성 물질 등의 혼입 또는 오염으로 발생하는 것으로 급성위장염 등의 생리적 장해가 발생하는 것을 말한다.
원인	1. 식중독 세균인 비브리오, 살모넬라, 포도상구균 등에 노출된 식품의 섭취로 발생한다. 2. 식중독의 80% 이상이 세균성 식중독이다.
증상	1. 가장 일반적인 증상은 설사 및 복통이며 그 외 발열, 구토, 두통이 나타나기도 한다. 2. 전염성은 아니다.

2) 식중독의 분류

	식중독 종류	특성
감염형 식중독	장염 Vibrio	1. 원인균 : 장염 비브리오균 2. 특성 　① 무포자 간균이며 그람음성균이다. 　② 생육적온 37℃의 중온균 　③ 호염성균 : 염분3~4%에서도 생육 3. 원인식품 　어패류, 생선회, 초밥 등 4. 감염원 : 해수 연안, 갯벌 등 5. 예방 　가열처리, 저온(4℃ 이하).담수세척
	Salmonella (발생량 최다)	1. 원인균 : Salmonella enteritidis 등 2. 특성 　① 통성혐기성, 그람음성, 무포자 간균 　② 최적조건 : pH7~8, 온도 36~38℃ 3. 원인식품 　육류, 우유, 난류와 그 가공품 및 어패류 등 4. 감염원 　설치류, 가금류, 달걀 등 5. 예방 　방충, 방서, 저온보관

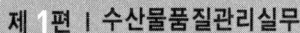

		가열(60℃ 20분, 70℃ 3분 이상)
	병원성 대장균	1. 원인균 : Escherichia coli 중에서 인체에 감염되어 나타내는 균주 2. 특성 　① 식품 및 물의 오염 지표로 이용 　② 그람음성, 무포자 간균 3. 원인식품 　육가공품, 튀김류, 채소, 샐러드 등
	arizona	1. 원인균 : Salmonella arizona group 2. 원인식품 　가금류와 어패류 및 그 가공품
	Yersinia enterocolitica	1. 원인균 : Yersinia enterocolitica 2. 원인식품 　오염된 물, 가축, 생우유 등 3. 저온에서도 증식
	Listeria	1. 원인균 : Listeria monocytogenes 2. 특성 　① 그람양성 무포자 간균 　② 통성혐기성균, 내염성, 호냉성균 3. 예방 : 가열처리
	Campylo-bacter	1. 원인균: Campylobacter jejuni 　　　　　Campylobacter coli 2. 특성 : 그람음성 나선형, 혐기성 간균 3. 예방 : 가열처리

	식중독 종류	특성
독소형 식중독	황색포도 상구균	1. 원인균: Staphylococcus aureus 2. 특성 　① 그람양성 무포자 구균 　② 통성혐기성균 　③ 고농도 식염에서도 발육이 가능 　④ 독소 : Enterotoxin 　⑤ 내열성 : 100℃에서도 생육
	Botulinus	1. 원인균 : Clostridium botulinum 2. 특성 　① 그람양성 간균, 편성혐기성균 　② 독소: Neurotoxin 　③ 신경독. 80℃(30분)가열로 파괴 3. 통조림 제조 시 충분히 가열살균
	Cereus	1. 원인균: Bacillus cereus 2. 특성 　① 그람양성 통성혐기성균 　② 내열성 : 135℃에서 4시간 생존

식중독 종류		특성
세균성 식중독	Welchii균	1. 원인균 : Clostridium perfrigens 　　　　　　Clostridium welchii 2. 특성 　① 그람양성 무포자 간균 　② 호열성, 편성혐기성균
	Proteus균	1. 원인균 : Proteus morganii 　　　　　　Proteus vulgaris, Proteus mirabilis 2. 알레르기를 일으키는 히스타민 생성 3. Proteus morganii은 어육 등에서 증식 4. 예방 　어패류 세척 후 가열, 살균

2) 어패류의 독

복어독	1. 독성분 　① Tetrodotoxin(테트로도톡신) 　② 복어의 알과 생식선, 간, 내장 피부 등에 함유 　③ 독성이 강하고 물에 녹지 않는다. 　④ 열에 안정하여 끓여도 파괴되지 않는다. 2. 중독 증상은 혀의 지각마비, 구토, 감각의 둔화, 보행곤란 등이 순차적으로 오며 골격근 마비, 호흡곤란, 의식의 혼탁, 의식 불명, 호흡 정지로 사망에 이르게 된다. 3. 청색증(syanosis)이 나타난다. 4. 독이 가장 많은 5~6월의 산란 직전에는 특히 주의한다.
마비성 조개류	1. 독성분 : 삭시톡신(Saxitoxin), 프로토고니오톡신(Protogonyautoxin), 고니오톡신(Gonyautoxin) 2. 홍합, 대합, 검은 조개 등에서 중독 3. 독성은 9~10월 가장 강하고 내열성 4. 증상 : 입술, 혀 등 안면 마비, 사지마비, 언어 장애 등이 나타나는 신경마비성 독소이다.
굴 바지락 모시조개	1. 독성분 : 베네루핀(Venerupin) 2. 독성은 2~5월 강하고 내열성이다. 3. 주요증상은 무기력, 급성위장염, 장점막 출혈, 황달, 피하출혈반응 등의 간독소이다.
독성물질 정리	<table><tr><td>어패류</td><td>함유물질</td><td>함유부위</td></tr><tr><td>복어</td><td>테트로도톡신(Tetrodotoxin)</td><td>간장, 난소 등</td></tr><tr><td>바지락</td><td>베네루핀(Venerupin)</td><td>내장</td></tr><tr><td rowspan="2">굴</td><td>베네루핀(Venerupin)</td><td>내장</td></tr><tr><td>삭시톡신(Saxitoxin)</td><td>근육, 내장</td></tr><tr><td>홍합</td><td>삭시톡신(Saxitoxin)</td><td>근육, 내장</td></tr></table>

	삭시톡신(Saxitoxin)	간장
해삼	홀로수린(Holothurin)	내장
뱀장어	이크티오톡신(Ichthyotoxin)	혈액
문어	티라민(Tyramine)	타액

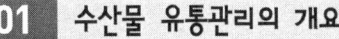

제4장 | 수산물 유통관리

01 수산물 유통관리의 개요

(1) 수산물 유통의 의의
수산물 유통이란 수산업자가 생산한 수산물이 최종 소비자에 이르기까지의 수산물 집하·교환·분배 과정을 말한다.

(2) 수산물 유통의 특성

1) 부패성

 수산물은 수확 후 강한 변질성을 갖고 있어 상품성이 극히 낮다. 강한 부패성과 변질성으로 인하여 시간적, 공간적 이동상의 제약성이 크고 그에 따른 상품가치의 변동이 커서 특별한 유통시설과 물적 유통비용이 발생한다.

2) 계절적·지역적 편재성

 계절적·지역적 생산의 특수성으로 인하여 수급조절이 곤란하며, 생산규모의 영세성과 생산의 분산으로 말미암아 유통활동이 저하된다.

3) 가격의 불안정성

 수산물은 가격 및 소득에 대한 탄력성이 낮아 공급량에 의한 가격결정이 불가능하다. 일반적으로 흉어시의 가격 등귀율은 풍어시의 가격폭락을 메워주지 못할 뿐만 아니라, 수량·시간·공급조절능력의 결여 때문에 수산물 가격의 심한 계절 변동은 생산자의 소득을 불안정하게 하는 중요 원인이 되고 있다.

4) 표준규격화의 어려움

 수산물은 어획물의 크기가 다양하고 품질이 균일하지 못하여 표준규격품의 출하가 쉽지 않다.

5) 높은 유통마진

 수산물은 소매단계에서 계획적 판매가 어렵고, 부패 등으로 인한 거래의 위험성 등으로 인하여 유통마진이 높다. 또한 다

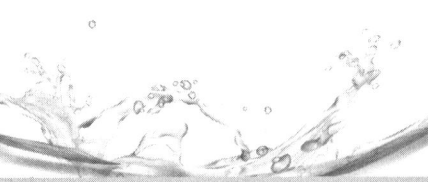

단계적으로 형성된 유통경로가 복잡하고 길어서 높은 유통마진을 가져 온다.
  6) 수산물 구매의 소량 분산성
    일반적으로 수산물 소비자들은 수산물을 소량으로 자주 구매하는 경향을 가진다.

(3) 수산물 유통활동
  ① 상적 유통활동 : 상거래 활동, 유통경제금융활동, 상적 유통조성활동 등
  ② 물적 유통활동 : 운송·보관활동, 정보유통활동 등

02 수산물 유통시장

(1) 수산물유통시장의 종류

  1) 수산물 산지시장
    ① 수산물 산지시장은 농산물 유통시장과는 달리 위판장단계가 추가되어 있다.
    ② 위판장은 1차적인 수집기능 뿐만 아니라 경매를 통한 분배기능도 담당한다.
    ③ 수산업협동조합이 운영하는 위판장에서는 도매기능과 소매기능이 공존한다.
    ④ 대형 소매점은 산지중매인을 통하여 직접 수산물을 공급받기도 한다.
    ⑤ 산지시장은 어항시설과 양륙시설을 갖추고 1차적인 가격형성을 담당한다.
    ⑥ 산지위판장을 통하여 신속한 판매 및 대금결제가 이루어지고 있다.
      ◆ 산지시장의 기능
        ㉠ 어획물의 양륙과 진열기능

　　ⓒ 거래형성기능
　　ⓒ 대금결제기능
　　ⓔ 판매기능
* 산지시장의 구성원별 분류

구성원	기능	소요비용	수단
생산자	출하	출하비용 (위판수수료)	어선, 트럭
산지수협	수집	수집비용 (위판장운용비)	운반선, 위판장냉동창고
유통업자	수집 및 출하	출하·배송·보관비용	냉장차, 활어차 카고트럭, 냉동창고
가공업자	수집·가공·출하	수집·출하·보관비용	
물류업자	수송·보관		

2) 수산물 도매시장
　① 수산물도매시장의 정의
　　특별시·광역시·특별자치시·특별자치도 또는 시가 수산물을 도매하기 위하여 관할구역에 개설한 시장
　② 도매시장의 운영
　　도매시장 개설자는 적정수의 도매시장법인·시장도매인·중도매인·경매사를 두어 도매시장을 운영하게 하여야 한다.
* 수산물도매시장의 구성원과 역할

구성원	정의	역할
도매시장 법인	도매시장의 개설자로부터 지정을 받고 수산물을 위탁받아 상장하여 도매하거나 이를 매수하여 도매하는 법인	1. 상장·진열하는 기능 2. 가격형성기능 3. 금융결재기능
시장도매인	도매시장의 개설자로부터 지정을 받고 수산물을 매수 또는 위탁받아 도매하거나 매매를 중개하는 법인	1. 위탁받아 입찰·경매를 통한 판매대행 2. 직접 도매판매
중도매인	도매시장의 개설자의 허가 또는 지정을 받고 영업하는 자	1. 상장 또는 비상장된 수산물을 매수·도매하거나 매매중개

2회 기출문제

다음은 수산물소비지도매시장 유통주체의 주된 역할을 제시하였다. 각 역할에 해당하는 유통주체를 아래의 〈보기〉에서 찾아 답란에 쓰시오.

도매시장개설자, 중도매인, 도매시장법인, 경매사, 산지유통인, 매매참가인

① 수산물의 사용 및 효용가치를 찾아내는 선별기능과 경매나 입찰을 통해 가격을 결정하는 역할
② 전국적으로 분산되어 있는 다양한 수산물을 수집하여 소비지 도매시장에 출하하는 역할
③ 도매시장 거래에 자유로이 참가하여 구매할 수 있는 자격을 가진 자로서 대형소매점 등과 직접 접촉을 통해 소비정보를 전달하는 역할
④ 수집상으로부터 출하 받은 수산물을 상장 및 진열하는 기능과 경매사를 통해 가격을 형성하는 역할

▶ ① 경매사 ② 산지유통인
③ 중도매인 ④ 도매시장법인

		2. 선별기능 3. 평가기능 4. 금융결재기능 5. 포장·보관·가공처리기능
경매사	도매시장법인 또는 시장도매인의 임명을 받아 수산물을 평가하고 경락자를 결정하는 자	1. 평가기능 2. 경락자 결정 기능
매매참가인	도매시장개설자에게 신고하고 상장된 수산물을 직접 매수하는 자	1. 직접 경매참가 2. 소비자 정보의 전달
산지유통인	도매시장개설자에게 등록하고 수산물을 수집하여 시장에 출하하는 자	1. 수집·출하기능 2. 정보전달기능 3. 산지개발기능

3) 소비지 도매시장

① 소비지 도매시장의 정의

생산지에서 대도시 등의 소비자에게 수산물을 원활히 공급하기 위하여 대도시를 중심으로 소비지에 개설·운영되는 도매시장

② 소비지 도매시장의 종류

법정도매시장(중앙도매시장, 지방도매시장, 민영도매시장), 공판장, 유사도매시장

③ 소비지 도매시장의 기능

㉠ 수집·집하기능 : 산지시장으로부터 수산물을 수집.집하하는 기능

㉡ 가격형성기능 : 경매 또는 입찰 등을 통하여 가격형성

㉢ 분산기능 : 중도매인 또는 매매참가인을 거쳐 소비자에게 분산

㉣ 대금결재기능 : 낙찰된 수산물의 출하자에게 정산소를 통하여 현금즉시결재

④ 거래관련 수수료

명 목	징수이유	납부자	징수자
	도매시장사용료	도시인 시도인	개설자
	위탁수수료	출하자	도시인 시도인

	중개수수료	매매자	시도인 중매인
	* 사용료 및 수수료(요율은 농령/해령으로 정한다)		
시장사용료	-사용료의 총액이 거래금액의 5/1000 초과불가 　(서울시 5.5/1,000 초과불가) -연간시설사용료는 시설 재산가액 50/1000 초과× 　(중도매인의 경우 10/1000) 　* 단, 개설자의 소유시설이 아니면 징수 불가 　　-징수시설 예외 　　　중도매인사무실/농산물품질관리실 　　　축산물위생검사사무실/도체등급판정사무실		
위탁 수수료	양곡 20 / 청과 70 / 수산 60 / 축산 20 / 화훼 70 / 약용 50 * 위 한도를 넘을 수 없다.(거래금액기준 X/1000)		
중개 수수료	중도매인-40/1000 시장도매인(출하자 ↔ 매수인)의 각각 징수는 [해당 부류위탁수수료 최고한도의 1/2초과불가]		
정산 수수료	1. 정률제 : 거래건별 거래금액의 4/1,000 2. 정액제 : 1개월에 70만원		

03 수산물 유통경로

(1) 수산물 유통경로의 의의

1) 정의

　수산물 유통경로란 수산물이 생산자로부터 소비자에게 유통되는 과정에서 유통기능을 수행하는 다양한 유통기구를 거쳐 가는 흐름을 유통경로라 한다.

2) 유통경로의 형태

　① 계통출하 형태 : 생산자가 수협에 판매를 위탁하면 수협이 구성하고 있는 하위단위가 체계를 이뤄 소비자까지 유통시키는 형태

　② 비계통출하 형태 : 생산자가 수협 외의 유통기구를 경로하여 유통시키는 형태

(2) 수산물 유통경로

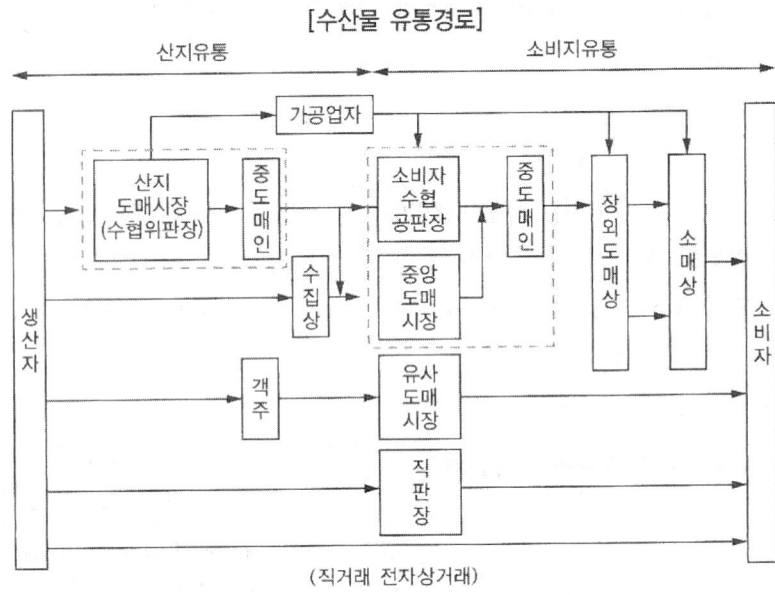

- 객주 유통경로
    ① 생산자는 객주로부터 어업의 생산자금을 빌리는 조건으로 생산물의 판매권을 객주에게 양도한다.
    ② 객주는 자기의 책임 하에 위탁받은 수산물을 판매하고 그에대한 수수료를 받거나 일정한 조건으로 수산물을 직접 구매하여 판매이익을 얻는다.
    ③ 객주는 도매시장 밖에서 유통활동을 하며 법정도매시장에서 거래할 수 없다.

(3) 유통마진

1) 유통마진의 개념
    ① 유통마진은 최종소비자의 수산물구입 지출금액에서 생산농가가 수취한 금액을 공제한 것이다.
    ② 유통마진은 유통과정에서 증가된 효용의 합과 기능에 대한 대가로 표현된다.
    ③ 유통마진의 크기를 통하여 유통기관의 효율성을 판단할 수 있다.
    ④ 유통상품의 성질에 따라서 유통마진의 크기가 달라진다.

보관수송이 용이하고 부패성이 적은 농산물은 유통마진이 낮고, 부피가 크고 저장수송이 어려운 농산물은 유통마진이 높다.
　⑤ 유통마진은 상품의 유통과정에서 수행되는 모든 경제활동에 수반되는 일체의 비용으로 인건비, 물류비는 물론 제세공과금 및 감가상각비(감모비) 등도 포함되며, 일반적으로 유통마진은 크게 유통비용과 유통이윤으로 구성된다.
2) 수산물 유통마진을 유통단계별로 살펴보는 경우
　① 유통마진은 유통단계별 상품단위 당 가격차액으로 표시된다.
　② 수산물의 유통단계를 수집·도매·소매단계로 구분하면 각 단계별로 유통마진이 구성되고, 각 단계별 마진은 유통업자의 구입가격과 판매가격과의 차액을 말한다.
　③ 대부분의 수산물은 소매단계에서 유통마진이 가장 높은 것으로 나타나고 있다.
3) 수산물 유통마진과 유통능률
　유통마진이 작다고 해서 반드시 유통능률이 높다고 할 수 없다.
4) 유통마진의 구성
　① 유통마진의 기본개념
　　유통마진 = 최종소비자 지불가격 - 생산어민의 수취가격
　　생산어민의 수취가격 = 최종소비자 지불가격 - 유통마진
　② 유통단계별 유통마진
　　㉠ 유통마진의 구성

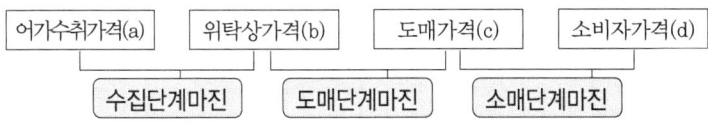

　　㉡ 유통마진율
　　　ⓐ 수집단계마진율 = (위탁상가격-어가수취가격)/위탁상가격×100
　　　ⓑ 도매단계마진율 = (도매상가격-위탁상가격)/도매상가격×100

제1편 | 수산물품질관리실무

2회 기출문제

다음은 고등어 유통과정을 나타낸 것으로 전체 유통마진율과 소매 유통마진율을 계산하시오.

어업인 A씨는 부산공동어시장에서 고등어 20마리들이(10kg)의 100상자를 4,000,000원에 경매 받았다. 노량진수산물도매시장을 거친 이 고등어를 화곡동 재래시장의 식료품 가게주인 B씨가 중도매인으로부터 1상자를 60,000원에 구입하여, 소비자 C씨에게 1마리를 4,000원에 판매하였다. 단, 고등어의 규격과 품질은 동일한 것으로 가정한다.

▶ 전체 유통마진율 : 50%,
　　소매 유통마진율 : 25%

ⓒ 소매단계마진율 = (소비자가격−도매상가격)/소비자가격×100

ⓓ 총 마진율 = (소비자지불가격−어가최초수취가격)/소비자지불가격×100

③ 수산물의 유통마진율이 높은 이유
　㉠ 부패성, 부피와 중량성, 규격화·등급화의 곤란
　㉡ 계절적 편재성 : 출하시기 조절을 위한 비용 발생
　㉢ 유통경로의 복잡성
　㉣ 소규모 노동집약적 영어생산
　㉤ 수산물시장 경쟁구조의 불완전성, 어업인과 일반소비자의 낮은 거래교섭력, 수산물가격의 불안정성에 따른 위험부담 등에 의해 중간상인의 유통이윤이 많다.
　㉥ 경제발전에 따라 저장, 가공, 포장 등 유통 서비스가 증대하고 그에 따른 비용·이윤이 증대함에 오히려 어가수취율이 저하하는 경향이 있다.

04 유통단계별 유통비용

(1) 산지유통비용

1) 생산자 비용
　위판수수료, 양륙비, 배열비
2) 중도매인 비용
　선별·운반·상차비, 어상지대, 저장·보관비용, 운송비

(2) 소비지 유통

1) 출하자 비용
　상장수수료, 위탁수수료, 하차비
2) 중도매인 비용
　이적비(경매 후 도매시장 내 판매장까지의 운송비), 재선별·재

포장비, 운송비, 배송비

05 수산물 마케팅 및 거래

❶ 마케팅 일반

(1) 마케팅 일반

1) 마케팅의 의의
   ① 생산자가 상품 또는 서비스(용역)를 소비자에게 유통시키는 데 관련된 모든 체계적 경영활동을 말하며, 매매 자체만을 가리키는 판매보다 훨씬 넓은 의미를 지니고 있다.
   ② 마케팅은 수요를 관리하는 고학이다.
   ③ 마케팅이란 생산자로부터 소비자나 산업사용자에게로 상품과 용역이 이동되는 과정에 포함된 모든 경제활동을 의미한다.
   ④ 마케팅이란 조직이나 개인이 자신의 목적을 달성시키기 위하여 교환을 창출하고 유지할 수 있도록 시장을 정의하고 관리하는 과정이다.
   ⑤ 마케팅이란 기업이 고객을 위하여 가치를 창출하고 고객관계를 구축하여 고객들로부터 그 대가를 얻는 과정으로 정의될 수 있다.

2) 마케팅의 기능
   ① 제품관계 : 신제품의 개발, 개량, 포장, 디자인 등
   ② 시장거래관계 : 시장조사, 수요예측, 판매경로의 설정, 가격정책 등
   ③ 판매관계 : 판매원 인사, 동기부여, 판매활동 등
   ④ 판매촉진관계 : 광고, 선전, 판촉, 관계유지 등
   ⑤ 조정 : 마케팅 각 관련 활동의 종합적 조정을 통한 시너지 효과 창출

3) 마케팅 조사

① 의의

　마케팅 리서치란 마케팅에서 발생하는 여러 가지 문제의 해결을 위해 과학적 방법을 응용한 것으로 조사 대상을 구매자·판매자·소비자로 분류하고 그들의 태도·기호·습관·선호도·구매력 등을 조사한다. 또 상품의 유통경로, 가격책정, 상품의 디자인 등도 고려된다.

② 종류
　㉠ 광고조사 : 광고효과의 평가
　㉡ 시장분석 : 상품의 판매가능성을 예측
　㉢ 성과분석 : 판매·판매성과·시장점유율·비용·이윤 등의 면에서 목적성취도를 분석
　㉣ 물적유통조사 : 유통경로에 따른 제조업자의 효율성을 증대
　㉤ 상품조사 : 상품 사용자의 필요성에서부터 상품포장 디자인 검토

③ 절차
　㉠ 예비조사 - ㉡ 문제설정 - ㉢ 조사계획 수립 -
　㉣ 자료수집 및 정리 - ㉤ 결과해석 - ㉥ 결과보고

4) 마케팅 환경

　마케팅환경은 환경과 목표고객 사이에서 마케팅 목표실현을 위해 수행되는 관리활동에 영향을 미치는 여러 행위주체와 영향요인을 말한다.

① 미시적 환경 : 마케팅활동에 직접 참여하고 있는 각 주체를 말한다.

　기업, 원료공급자, 고객, 공공, 경쟁기업, 중간상 등
　㉠ 기업내부환경

　　마케팅관리자가 마케팅계획을 수립하려면 기업내부의 여타 부서를 고려하여야 한다. 이처럼 마케팅계획의 수립에 영향을 미치고 있는 기업내부의 상호 관련된 부서를 기업내부 환경이라 한다.

　　기업이 성공하기 위해서는 경쟁자에 비해서 보다 큰 고객가치와 고객만족을 제공할 수 있는 능력을 가지고 있어야 한다.

　㉡ 공급업자

기업이 제품이나 서비스를 생산하는 데 필요한 자원을 조달해 주는 개인이나 기업을 말하며, 중간상, 물류기업, 마케팅 서비스 기관, 금융기관 등이 해당된다.
ⓒ 공공
공공기업이란 기업이 자신의 목적을 달성할 수 있는 능력에 실제적 혹은 잠재적 영향을 미치는 모든 집단으로 금융기관, 언론매체, 정부, 시민단체 등을 말한다.
② 거시적 환경 : 사회, 경제, 자연, 기술, 정치, 문화적 환경 등
㉠ 자연적 환경
기업의 투입물로서 필요로 하거나 마케팅활동에 영향을 받는 자연자원을 말하며, 원자재의 부족, 에너지 비용의 상승, 환경오염 증가, 자연환경의 보전과 공해방지를 위한 정부의 규제와 간섭 증대 등과 같은 자연환경의 변화추세에 대응해야 한다.
㉡ 사회적 환경
인구의 규모, 밀도, 종교, 지역성, 연령별 구조, 성별구조, 인종별 구조, 직업별 구조 등
㉢ 경제적 환경
소비자의 구매력과 소비구조에 영향을 미치는 모든 요인을 말하며, 국민소득 증가율, 소비구조의 변화, 가계수지 동향 등이 있다.
㉣ 기술적 환경
기술혁신 등 새로운 제품 등을 창조하는 데 영향을 미치는 모든 영향력을 말한다.
㉤ 정치적 환경
특정사회의 조직이나 개인에게 영향을 미치거나 이들의 활동에 제한을 가하는 법률, 정부기관, 압력집단 등을 말한다.
㉥ 문화적 환경
특정 사회의 기본적 가치관, 인식, 선호성, 행동 등에 영향을 미치는 모든 제도나 영향력을 말한다.

5) 마케팅 관리
① 의의

이윤, 매출성장, 시장점유율 등 조직목표를 효과적으로 달성하기 위하여 고객과의 유익한 교환관계를 개발하고 유지하기 위한 프로그램을 계획, 실행, 통제, 보고하는 경영관리 활동이다.
② 마케팅관리의 목표
  ㉠ 매출극대화
  ㉡ 이윤극대화
  ㉢ 지속적 성장

(2) 마케팅 조사 방법론

1) 마케팅 조사(시장조사)의 개념
  [출처 : goldfarm, www.hunet.co.kr]
  ① 의의
    시장 조사란 과거와 현재상황을 조사, 분석하여 미래를 예측함으로써 시장전략 수립의 지침을 제공하는 미래지향적 활동으로써, 마케팅 의사 결정을 위해 다양한 자료를 체계적으로 획득하고 분석하는 과정을 말한다. 즉 기업이 추구하는 목적 달성을 위한 수단인 전략이나 정책을 수립하는데 필요한 시장 정보를 얻기 위해 각종 자료를 수집, 분석하는 일련의 과정을 말한다.
    시장조사를 구체적으로 나누어보면 목표시장, 경쟁상황, 기업환경에 대한 자료를 수집하고 분석하는 작업이고, 이런 과정을 통해서 나온 정보는 기업의 전략적인 의사결정에 도움을 주게 된다.
  ② 시장조사의 목적과 활용
    ㉠ 기초자료의 수집 : 시장 성격의 분석 자료로 활용
    ㉡ 판매 가능한 수요를 예측
    ㉢ 계획사업의 경제성 분석
    ㉣ 정보수집
  ③ 시장조사의 이점
    ㉠ 구매력(Purchasing Power)과 구매습관(Buying Habit)을 알려준다.
    ㉡ 목표시장의 자금규모와 경제적 속성 등을 밝혀준다.

ⓒ 환경적인 요인에 대한 시장정보는 생산성과 사업운영에 영향을 미치는 경제적 및 정치적 환경, 제도 등을 알려준다.
ⓔ 현재 및 미래고객과의 커뮤니케이션을 제공한다. 즉, 확실한 시장조사를 하게 되면, 고객들과 직접 대화할 수 있는 효과적이고 목적 지향적인 마케팅 전략을 세울 수 있다.
ⓜ 시장조사는 사업아이템의 리스크를 최소화 시켜주고, 사업아이템이 지닌 제반문제가 무엇인지 알려주고 그 문제를 구체화시켜준다.
ⓗ 시장조사는 유사한 사업에 대한 벤치마킹을 할 수 있도록 도와주며, 사업 프로세스의 추적 및 사업의 성공가능성을 평가할 수 있도록 해 준다.

④ 시장조사의 단점
ⓐ 대체로 응답자의 마음 심층까지 파고 들어갈 수 없으므로, 얻어진 정보가 피상적일 수 있다.
ⓑ 주어진 요소 간의 관계를 분석하는 과정에서 오류를 범하기 쉽다.(다양한 요소들의 관계를 고찰할 때 모든 것을 단순화시킬 수도 없고 통제할 수도 없기 때문에 복잡하거나 중요하지만 드러나지 않는 다른 변수를 찾지 못할 수 있다.)
ⓒ 대체로 한번(at single moment in time)에 끝나게 되므로 계속적인 추적 관찰을 통한 자료 수집이 불가능하다.
ⓔ 많은 정보의 수집에 비례해서 비용과 노력이 적게 드는 것이지만, 예상외로 많은 비용과 노력이 들 수도 있다.
ⓜ 많은 시간과 인원을 투입해야 하는 경우도 발생한다.
ⓗ 조사자의 능력, 경험, 기술 등이 문제가 된다.

⑤ 시장을 조사하는 측정 요소
ⓐ 성장 잠재력(시장 매출액/ 수명주기)
ⓑ 조기진입 가능성(진입순서/ 상품과 마케팅 우위)
ⓒ 규모의 경제(누적 매출량/ 학습)
ⓔ 경쟁적 매력도(잠재시장의 점유율/ 경쟁의 정도)
ⓜ 투자(비용/ 기술/ 인력에의 투자)

ⓑ 수익(이익/ ROI)
ⓢ 위험(안정성/ 손실확률)

2) 시장조사 단계

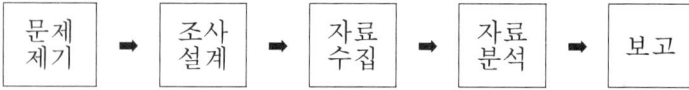

① 문제제기

조사를 통해 해결해야 할 문제 자체와 그 문제들이 야기된 배경에 대한 분석이 병행되어야 한다.

② 시장조사 설계
  ㉠ 조사하는 목적이 무엇인지, 현재 봉착한 문제가 무엇인지, 현재 시점에서 세울 수 있는 가설은 어떠한지 등에 대한 검토
  ㉡ 이용될 조사 방법을 제시하고, 조사 시 따라야 할 전반적인 틀을 설정하며, 자료 수집절차와 자료분석 기법을 선택
  ㉢ 예산을 편성하고 조사일정을 작성하고, 소요될 인원, 시간 및 비용 고려
  ㉣ 시장조사 설계를 평가하고 여러 대안 중 필요한 정보를 제공할 수 있는 방법 채택

③ 자료 수집
  ㉠ 1차 자료 : 자신이 직접 수집하는 자료(직접 질문, 전화, 설문조사, 면접 등)
  ㉡ 2차 자료 : 각종 문헌, 신문이나 잡지, 인터넷 검색엔진 이용

④ 자료의 분석, 해석 및 전략보완과 수정 후 보고

3) 시장 조사 방법의 유형
① 조사대상의 크기에 따라
  ㉠ 전수조사 : 목표로 하는 조사 대상 모두를 대상으로 실시하는 방법
  ㉡ 표본조사 : 목표 조사 대상 중에서 대표성을 가지는 일부 대상만을 선정하여 실시하는 방법
② 시간적 구분에 따라 : 역사조사, 사례조사, 예측조사, 실태조사

③ 자료수집방법에 따라 : 정량적(quantitative) 조사방법, 정성적(qualitative) 조사방법
④ 조사 설계의 목적에 따라
  ㉠ 탐색(exploration)을 위한 조사연구 : 자유응답식 면접방법을 사용하여 문제의 소재를 발견하는데 주안점을 두므로, 차후에 보다 체계적인 연구를 위한 탐사적 또는 예비적 연구의 성격
  ㉡ 기술(description)을 위한 조사연구 : 어떤 현상을 정확히 측정하려는 것으로서 신문독자조사, 방송시청조사 등으로 조사연구들의 기초적 연구
  ㉢ 인과관계의 설명(causal explanation)을 위한 조사연구 : 어떤 주어진 현상에 관련된 변인들 사이의 인과관계를 규명해서 밝히려는 연구
  ㉣ 가설검증(hypothesis testing)을 위한 조사연구 : 어떤 계획된 프로그램의 과정과 결과를 검토 또는 평가하기 위한 것
  ㉤ 예측(prediction)을 위한 조사연구 : 어떤 미래의 사상(event)이나 상황에 대한 예측을 위한 것으로 선거결과를 예측하기 위한 여론조사가 대표적임
  ㉥ 지표개발(developing indicator)을 위한 조사연구 : 사회지표의 개발을 위한 TV의 시청률, 광고비의 증가추세를 조사해서 그것을 나타내는 어떤 지표를 개발하는 것

4) 시장조사의 기법
  ① 관찰법
  조사대상이 되는 사물이나 현상을 조직적으로 파악하는 방법이다. 관찰법은 직접 관찰을 통해 정보를 수집하기 때문에 정확한 정보를 수집할 수 있다는 장점을 지니나, 정보 수집과정에 많은 시간과 비용이 소요되며, 관찰 대상자가 관찰을 의식해 평소와 다른 반응을 보이거나 불안을 느끼게 되는 등의 단점을 지닌다.
    ㉠ 자연적 관찰법 : 인위적인 통제 없이 자연적인 상태에서 관찰
      ⓐ 일화법(逸話法:anecdotal method)

ⓑ 수시면접

ⓒ 참가관찰

ⓛ 실험적 관찰법 : 치밀한 계획과 설계하에 조건상황을 만들고 관찰

② 서베이조사법

설문지를 이용하여 조사대상자들로부터 자료를 수집하는 방법

㉠ 대인면접법(Personal Interview)

㉡ 전화면접법(Telephone Interview)

㉢ 우편조사법(Mail Survey)

③ 표적집단면접법

면접진행자가 소수(6~12인)의 응답자들을 한 장소에 모이게 한 후, 자연스러운 분위기 속에서 조사목적과 관련된 대화를 유도하고 응답자들이 의견을 표시하는 과정을 통해서 자료를 수집하는 조사방법을 말한다.

◆ 심층면접법 과 집단면접법
- 심층면접법 : 1명의 응답자와 일대일 면접을 통해 소비자의 심리를 파악하는 조사법
- 집단면접법 : 4-8인 정도의 피조사자를 한곳에 모아 일정한 문제를 중심으로 자유로운 토론을 행하게 하고 피조사자의 태도나 의견에서 문제점을 파악하려는 것이다.

④ CLT(Central Location Test)조사

응답자를 일정한 장소에 모이게 한 후 다양한 시제품, 광고카피 등을 제시하고 소비자반응을 조사하여 이를 제품개발이나 광고에 활용하는 방법을 말한다.

⑤ HUT(Home Usage Test)조사

CLT조사와 유사하나, 응답자가 실제상황하에서 제품을 장기간 사용하여 보게 한 후, 소비자반응을 조사하는 방법으로, 가정유치(Home Placement Test)라고도 한다.

⑥ 패널조사

동일표본의 응답자에게 일정기간 동안 반복적으로 자료를 수집하여 특정구매나 소비행동의 변화를 추적하는 마케팅 조사방법을 말한다. 고정된 조사대상의 전체를 패널이라

한다. 본래는 시장조사에서 소비자의 소비행동과 소비태도의 변화 과정을 분석하기 위해서 이용되었는데, 최근에는 여론의 형성과정과 변동과정의 연구에 이용되기도 하고, 직업이동의 궤적(軌跡)을 밝혀내기 위해서 이용되는 등 응용범위가 넓다.

⑦ 시험시장조사

시제품이 완성되고, 상표, 포장, 광고와 같은 마케팅변수들에 대한 의사결정이 어느 정도 이루어진 상태에서 전국적인 출시에 앞서 일부지역에 먼저 제품을 출시하여 소비자들의 반응을 검토하는 시장조사기법을 말한다.

⑧ 델파이법

사회과학의 조사방법 중 정리된 자료가 별로 없고 통계모형을 통한 분석을 하기 어려울 때 관련 전문가들을 모아 의견을 구하고 종합적인 방향을 전망해 보는 기법으로 미래과학기술 방향을 예측하거나 신제품 수요예측을 위한 사회과학 분야의 대표적인 분석방법 중 하나이다. 동일한 전문가 집단에게 수차례 설문조사를 실시하여 집단의 의견을 종합하고 정리하는 연구 기법이다. 예측기법이며 주관(主觀)의 종합에 의한 판정이다.

⑨ 고객의견조사법

잠재고객들에게 실제제품이나 제품개념기술서 혹은 광고 등을 보여주고 구매의사를 물어보는 방법을 말한다.

⑩ 실험조사

신제품에 대한 광고시안을 몇 개의 소비자 집단에 보여주고 그 중에서 소비자의 선호정도 및 기억정도가 가장 높은 광고를 선정하고자 할 때 적합한 마케팅조사방법이다.

⑪ 모의시장시험법

신제품의 수요예측이나 기존제품을 새로운 유통경로나 지역에 진출하는 경우 적절한 마케팅조사방법이다.

⑫ 회기분석법

과거의 상황이 미래에도 비슷하게 되풀이 된다는 가정 하에 불확실한 미래의 의사 결정에 과거의 확실한 데이터를 이용하는 기법을 말한다.

⑬ S.W.O.T 분석법

S.W.O.T는 내부환경분석(나의 상황:경쟁자와 비교)으로 S(Strength, 강점)와 W(Weakness, 약점)와 외부환경분석(나를 제외한 모든 것)으로 O(Opportunities, 기회)와 T(Threats, 위협)의 약자로 남과 나에 대해서 알 수 있는 분석법이다.

(3) 소비자 시장과 소비자 구매행동

1) 소비자의 의의

사업자가 공급하는 상품 및 서비스(service)를 소비생활(消費生活)을 위하여 구입(購入)·사용(使用)·이용(利用)하는 자를 말하며, 사업자(事業者)에 대립하는 개념이다.

① 국민의 소비생활에 관계되는 측면을 취급하는 개념이며,
② 소비자는 사업자에 대립되는 개념이고,
③ 소비자는 소비생활을 영위하는 자라는 개념이다.

2) 소비자의 구분

가계소비자	자신이나 가족구성원을 위해 소비할 목적으로 소매상이나 농수산물생산자로부터 구입하는 소비자
기관소비자	호텔, 식당 등 대량소비기관으로 구매량이 다량이고 도매상이나 산지에서 구입하는 소비자
산업소비자	농수산품을 제조·가공하기 위하여 원료로서 구매하는 소비자

3) 소비자의 구매행동

상품 또는 생산재, 중간재 등을 구입하는 구매자의 의사결정행동. 구매행동은 최종소비재 수용자의 소비행동과 함께 넓은 의미의 소비자 행동의 한 부류가 된다. 여기서 소비자 행동이란 소비주체가 스스로의 생활을 형성·유지·발전시키기 위해 필요로 하는 재화, 서비스 등의 생활자원을 화폐와 신용 등의 소비자 지출로써 획득할 때의 배분 또는 선택양식을 의미한다. 구매행동은 개개의 구체적인 의사결정행동이다.

① 관여도

소비자가 특정 상황에서 특정대상에 대하여 지각된 개인적인 중요성이나 관심도의 수준을 뜻한다.

㉠ 고관여 : 제품을 선택할 때 제품정보를 충분히 탐색, 평

가하고 그 제품에 대하여 보다 많은 노력을 기울이는 것
ⓒ 저관여 : 상품(상표)선택시 제품정보처리에 수동적이며 주의도가 낮은 것
② 관여도의 결정요인과 유인
  ㉠ 개인적 요인 : 개인이 어떤 제품에 대해 지속적인 관심을 가지는 것
  ㉡ 제품적 요인 : 제품이 자신의 자아를 나타내 주는 것으로서 인식하는 것
  ㉢ 상황적 요인 : 제품 선택시 자신이 처한 상황에 따라 구매행동을 달리 하는 것
③ 소비자의 행동유형

	고관여 제품	저관여 제품
브랜드 차이가 큼	체계적 의사결정	다양성 추구
브랜드 차이가 작음	인지부조화 구매행동	습관적 구매행동

  ㉠ 체계적 의사결정 : 소비자가 능동적 학습자로써 구매 전 문제를 인식하고 구매 상황에 대한 관여도가 높다.
  ㉡ 인지부조화 구매행동 : 제품은 자신에게 중요하지만 제품들 간에 차별성이 적어 부소화가 크지 않은 경우
  ㉢ 다양성 추구 : 기존의 제품이나 상표에 불만족하지 않더라도 여러 가지 이유로 상표나 제품을 바꿔가며 구매하는 경우. 상표의 지각차이는 있으나 관여도가 낮다.
  ㉣ 습관적 구매행동(타성) : 모든 상표에 대하여 비슷한 인식을 하고 특정한 정보처리과정이 불필요한 구매행동. 소비자들이 구매에 높은 관여를 보이고 각 상표 간 뚜렷한 차이점이 있는 제품을 구매할 경우

3) 소비자의 구매행동에 영향을 미치는 주요 요인

사회적 요인	사회계층, 준거집단, 가족, 라이프스타일 등
문화적 요인	생활양식, 국적, 종교, 인종, 지역 등
개인적 요인	연령, 생활주기, 직업, 경제적 상황, 인성 등
심리적 요인	욕구, 동기, 태도, 학습, 개성 등

4) 소비자의 구매동기
  구매동기란 소비자로 하여금 특정 상품의 구매를 결정하게 하

는 것을 말하며 제품동기와 애고동기(기업동기)로 나눈다.
① 제품동기(Product motives)

소비자가 개인적 욕망을 충족시키기 위하여 특정 제품을 구매하게 되는 동기로서 농산물구매의 경우에 있어서는 합리성, 편의성, 농산물의 균일성, 가격의 저렴성 등을 들 수가 있다.

② 애고동기(愛顧動機, patronage motives : 기업동기)

소비자가 제품을 구매 시 어느 기업제품을 선택하느냐의 동기로서 제품동기처럼 감정적 애고동기와 합리적 애고동기로 나눌 수 있다. 구매요인은 판매점의 명성과 신용, 가격, 품질, 편리한 위치, 서비스, 광범위한 상품의 구비 등이다.

5) 소비자의 구매관습

구매관습이란 소비자가 어떠한 구매방법, 장소 및 시기와 관련하여 개인적인 고정된 행동 내지 의식형태로서의 구매행위를 말한다.

① 충동구매 : 소비자가 사전계획이나 준비 없이 상품을 보고 즉각적인 결심에 의해 구매하는 행위이다.
② 회상구매 : 소비자가 진열상품을 보는 순간 집에 재고가 없다거나 소량이라고 연상하였을 때 일어나는 구매이다.
③ 암시구매 : 진열상품을 보고 이에 대한 필요성을 구체화되었을 경우에 나타나는 구매이다.
④ 일용구매 : 소비자가 어떤 상품 구매에 있어서 최소의 노력으로 가장 편리한 지점에서 하는 구매이다.
⑤ 선정구매 : 소비자가 구매노력을 최소화하기 보다는 상품을 구매할 의도로 품질, 형상 및 가격 등의 조건에 대하여 여러 점포에서 구입대상 상품을 서로 비교·검토하여 가장 유리한 조건으로 구매하는 것이다.

6) 소비자의 구매의사 결정과정

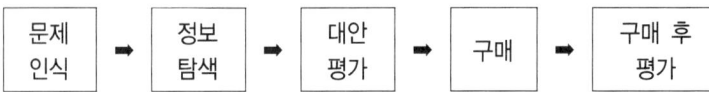

① 문제인식 : 자신이 처한 상태와 바람직한 상태의 차이로부터 필요를 인식하게 된다. 필요인식이 구매동기가 되고 구

매하고자 하는 의지로 발전하게 된다.

- 매슬로우의 5단계 욕구

1단계	생리적 욕구	의식주 생활에 관한 욕구 즉, 본능적인 욕구를 말한다.
2단계	안전의 욕구	사람들이 신체적 그리고 정서적으로 안전을 추구하는 것을 말한다.
3단계	애정의 욕구	어떤 단체에 소속되어 소속감을 느끼고 주위사람들에게 사랑받고 있음을 느끼고자 하는 욕구이다.
4단계	존경의 욕구	타인에게 인정받고자 하는 욕구이다
5단계	자아실현의 욕구	가장 높은 단계의 욕구로서 자기만족을 느끼는 단계이다.

② 정보탐색
  ㉠ 내적탐색 : 과거에 습득했던 제품의 정보를 탐색
  ㉡ 외적탐색 : 저장된 정보가 부족한 경우 외부에서 추가적인 정보를 탐색
   - 정보탐색의 의지는 제품에 대한 관여도의 차이에 따라 달라진다.
③ 대안평가
  ㉠ 보상적 대안평가 : 각 상표에 있어서 어떤 속성의 약점을 다른 속성의 장점에 의해 보완 평가 하는 것. 다양한 평가기준을 적용 여러 상표를 종합적으로 비교. 평가하는 것으로 고관여 상품선택에서 나타난다.
  ㉡ 비보상적 대안평가 : 각 상표에 있어서 어떤 속성의 약정을 따른 속성의 장점으로 보상해 평가하지 않는 것으로 저관여 상품선택에서 나타난다.
④ 구매 : 구매의도가 클로징에 도달하는 것이다. 실제 구매과정에서 결정이 바뀔 수도 있다.
⑤ 구매 후 평가 : 제품 구매 후 소비자는 만족 또는 불만족을 느끼게 된다. 인식과 행동의 결과 일치하지 않은 구매 후 부조화(인지부조화) 상태가 올 수도 있다.

(4) 상권과 시장진입 전략
1) 상권의 유형

상권이란 상업지구 또는 상점이 고객을 유인할 수 있는 지역으로 표현된다. 이것은 그 상업시설에 있어 잠재적 구매자인 소비자가 살고 있는 지리적 지역의 넓이를 의미한다. 상권의 크기는 그 상업시설이 취급하는 상품의 종류, 구비한 상품의 종류, 가격, 배송, 기타 서비스, 입지조건, 교통편 등에 의해 규정된다.

① 규모에 의한 분류
　㉠ 지역상권(총상권)
　　대도시 규모로 분류하며 특정지역 전체가 가지는 상권으로 도시의 행정구역 개념과 거의 일치한다.
　㉡ 지구상권
　　상업이 집중된 상권으로서 특정입지(백화점, 유명전문점, 음식점 등)에 속하는 상업집적이 이루어지는 상권이다. 하나의 지역상권 내에는 여러 개의 지구상권이 있다.
　㉢ 지점상권
　　점포상권을 의미하며 특정입지의 점포가 갖는 상권의 범위를 말한다.
　　예) 국민은행 사거리, 롯데리아 사거리 등
　㉣ 개별점포 상권
　　지역상권과 지구상권 내의 개별점포들이 가지는 상권으로 1, 2차 상권에 속하지 않는 나머지 고객을 흡수할 수 있는 상권이다.

② 고객 흡입률에 따른 분류
　㉠ 1차 상권
　　점포고객의 60~70%를 포괄하는 상권범위로 도보로 10~30분 정도 소요되는 반경 2~3km지역이며 마케팅 전략 수립 시 가장 중요한 주요 상권이다.
　㉡ 2차 상권
　　점포고객의 15~20%를 포함하는 상권으로 1차 상권 외곽에 위치하여 고객 분산도가 매우 높으며, 1차 상권에 비해 지역적으로 넓게 분산되어 있다.
　㉢ 3차 상권(한계상권)
　　1·2차 상권에 속해 있지 않은 고객을 포함하는 지역으

로 점포고객의 5~10%를 점유하며, 고객의 분포가 매우 넓다.
- ◆ 시장점유율(Market share)과 일상점유율(Life share) 특정 제품이 해당 업종 시장에서 판매되는 전체 물량 중 차지하는 비율로서 사업성과를 측정하는 척도로 사용된다. 일상점유율은 제일기획에서 개발된 용어인데 특정 제품이 고객의 일상생활에서 얼마나 활용되고 있는가를 의미하는 척도이다.

2) 기업의 시장 진입 전략

① 시장침투전략

기존제품을 기존시장 내에서 보다 많이 판매하여 성장을 추구하는 전략이다. 제품 가격을 내리거나 광고나 및 판촉을 증가시키거나 또는 소매상의 점포수를 늘리는 등의 방법을 통해 기존 고객의 제품 사용률 또는 사용량을 늘리거나(즉, 사용 빈도를 늘리거나<= 한번 샴푸할 것을 세 번 한다거나>, 1회 사용량을 증가시키거나, 품질을 개선하거나, 새로운 용도를 개발함으로써), 제품의 비사용자를 사용자로 전환시키거나 심지어 경쟁 상표 구매 고객을 유인하는 방법 등을 통해 시장 침투 전략을 달성할 수 있다.

② 제품개발전략

기존고객들에게 새로운 제품을 개발·판매함으로써 성장을 추구하는 전략으로 제품특징을 추가(휴대폰에 인터넷이나 데이터통신기능을 추가)하거나, 제품계열을 확장(식품회사가 고추장, 된장, 쌈장, 불고기양념 등으로 확장) 또는 차세대 제품의 개발(기존 TV 시장에 PDP, LCD, LED TV개발이나 필름이 필요 없는 디지털카메라 개발 등)이 있다.

③ 시장개발전략

기존 제품을 새로운 시장에 판매함으로써 성장을 추구하는 전략으로 지리적으로 시장의 범위를 확대(맥도날드, 코카콜라 등이 세계적으로 사업영역을 확대)하거나, 새로운 세분시장에 진출(유아용품전문회사가 성인용품 시장으로 사업영역을 확대)하는 것 등이 예이다.

❷ 마케팅 전략

(1) 마케팅 전략의 3차원

1) 시장점유 마케팅 전략 – 공급자(생산자)중심

① STP전략

STP란 시장세분화(segmentation), 표적시장(target), 차별화(Positioning)를 표시하는 약자이며, 이 STP전략은 시장점유마케팅 방법 중 하나이다.

② 4P MIX 전략

4P MIX 전략이란 제품(Product), 가격(Price), 유통경로(Place), 홍보(Promotion)의 제 측면에 있어서 차별화 하는 전략을 말한다.

4P [Product, Price, Place, Promotion] MIX

상품(Product)

상품·서비스·포장·디자인·브랜드·품질 등의 요소를 포함한다. 결국 Product는 제품의 차별화를 기할 것인가, 서비스의 차별화를 기할 것인가, 아니면 둘 다 기할 것인가를 따져 보는 것이다.

가격(Price)

제품의 가격이다. 통상 고객이 느끼는 가치(Value)에 비해 Price는 낮게, 생산비용인 Cost보다는 높게 매겨야 한다. 즉, V(가치)〉P(가격)〉C(비용)라 할 수 있다. 한편, 기업이 설정하는 가격은 이윤 극대화, 판매 극대화, 경쟁자 진입 규제 등 시장 전략에 따라서 달라질 수도 있다.

경로(Place)

기업이 재화나 서비스를 판매하거나 유통시키는 장소를 가리킨다. 제품이 고객에게 노출되는 장소라는 물리적 개념이기도 하면서 동시에 유통경로와 관리 등을 아우르는 공간적 개념까지도 포함한다.

촉진(Promotion)

광고, PR, 다이렉트 마케팅, 판매촉진 등 고객과의 커뮤니케이션을 의미한다. 고객과 이뤄지는 다양한 소통의 방식을 말하며, 기업이 사회적 책임을 앞세워 사회와의 연계성을 강화하는 것도 그 일환이라 할 수 있다.

2) 고객점유 마케팅 전략 – 수요자(소비자)중심

전통적인 시장접근방식이 공급자 중심이었다는 반성으로부터 소비자를 중심으로 하는 마케팅 페러다임이 고안되기 시작했다. 소비자의 지향점, 소비자의 구매패턴, 소비자의 소비심리에 이르기까지 소비자와의 접점을 창출하려는 고객지향중심의 전략이다.

- ♦ AIDA 원칙

  소비자의 구매심리과정(購買心理過程)을 요약한 것이다. Attention, Interest, Desire, Action의 앞글자로 이뤄져 있다. "주의를 끌고, 흥미를 느끼게 하고, 욕구를 일게 한 후 결국은 사게 만든다"는 의미이다. 이 원칙과 함께 AIDMA와 AIDCA 도 널리 주장되고 있는데 M은 기억(memory), C는 확신(conviction)을 뜻한다.

3) 관계 마케팅 전략 – 공급자와 수요자의 상호작용

관계마케팅(connection marketing, relationship marketing)이란 종전의 생산자 또는 소비자 중심의 한쪽 편중에서 벗어나 생산자(판매자)와 소비자(구매자)의 지속적인 관계를 통해 상호 이익을 극대화할 수 있도록 하는 관점의 마케팅 전략으로 기업과 고객 간 인간적인 관계에 중점을 두고 있다. 개별적 거래 이기의 극대화보다는 고객과의 호혜관계를 극대화하여 고객과 지속적인 우호관계를 형성한다면 이익은 저절로 수반된다는 마케팅 전략이다.

③ STP 전략

STP마케팅이란 마케팅 전략과 계획수립시 소비자행동에 대한 이해에 근거하여 시장을 세분화(Segmentation)하고, 이에 따른 표적시장의 선정(Targeting), 그리고 표적시장에 적절하게 제품을 포지셔닝(Positioning)하는 일련의 활동을 말하는 것으로 이러한 각 단계의 활동의 첫 글자를 따서 부르는 말이다.

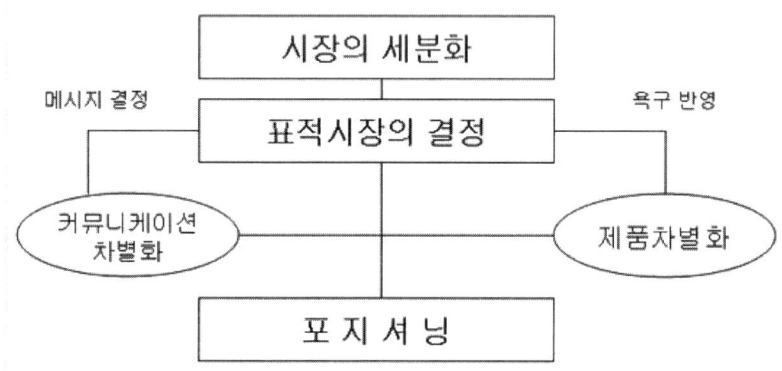

(1) 시장세분화 (segmentation)

1) 시장세분화의 개념 등

① 시장세분화의 개념

시장세분화란 다양한 욕구와 서로 다른 구매능력을 가진 소비자를 욕구가 유사하고 동질적 집단으로 세분하여 세분화된 고객의 욕구를 보다 정확하게 충족시키는 알맞은 제품을 공급하는 것을 말한다.

② 시장 세분화를 하는 목적
  ㉠ 시장기회를 탐색하기 위하여
  ㉡ 소비자의 욕구를 정확하게 충족시키기 위하여
  ㉢ 변화하는 시장수요에 능동적으로 대처하기 위하여
  ㉣ 자사와 경쟁사의 강약점을 효과적으로 평가하기 위하여

③ 시장세분화의 이유
  ㉠ 소비자의 욕구가 다양
  ㉡ 기업경영자원은 한계

　　ⓒ 경쟁자의 존재
2) 시장세분화 마케팅전략
　① 시장집중전략
　　시장세분화에 따른 각 세분시장의 수요크기, 성장성, 수익성을 예측하고 그 중에서 가장 유리한 시장을 표적으로 하고 마케팅전략을 집중해 나가는 전략이다. 주로 자원이 한정되어 있는 중소기업에서 채택되는 경우가 많다.
　② 종합주의전략
　　세분된 각각의 모든 시장을 시장표적으로 하여 각 시장표적 고객이 정확하게 만족할만한 제품을 설계, 개발하고, 다시 각 시장표적에 맞춘 전략을 실행하는 것이다. 이는 주로 대기업에서 채택되는 형태이다.
3) 효율적인 세분화 조건
　① 측정가능성 : 세분시장의 규모와 구매력을 측정할 수 있는 정도
　② 접근가능성 : 세분시장에 접근할 수 있고 그 시장에서 활동할 수 있는 정도
　③ 실질성 : 세분시장의 규모가 충분히 크고 이익이 발생할 가능성이 큰 정도
　④ 행동가능성 : 세분시장을 유인하고 그 시장에서 효과적인 영업활동을 할 수 있는 정도
　⑤ 유효정당성 : 세분화된 시장 사이에 특징·탄력성이 있어야 한다.
　⑥ 신뢰성 : 각 세분화시장은 일정기간 일관성 있는 특징을 가지고 있어야한다.
4) 시장세분화의 이점
　① 시장세분화를 통하여 마케팅기회를 정확히 탐지할 수 있다.
　② 제품 및 마케팅활동을 목표시장 요구에 적합하도록 조정할 수 있다.
　③ 시장세분화 반응도에 근거하여 마케팅자원을 보다 효율적으로 배분할 수 있다
　④ 소비자의 다양한 욕구를 충족시켜 매출액 증대를 꾀할 수 있다.

5) 시장세분화 기준
   ① 지리적 세분화 : 국가, 지방, 도, 도시, 군, 주거지, 기후, 입지조건 등
   ② 사회 · 경제학적 세분화 : 연령, 성별, 직업, 소득, 교육, 종교, 인종 등
   ③ 사회심리학적 세분화 : 라이프스타일, 개성, 태도 등
   ④ 행동분석적 세분화(구매동기) : 추구하는 편익, 사용량, 상표 충성도 등

(2) 표적시장 (target)

1) 표적시장의 개념

표적시장이란 일종의 시장영업범위라고 볼 수 있다. 세분화된 시장에서 자신의 상품과 일치되는 수요집단을 확인하거나 기업 혹은 상품의 특성에 일치하는 일부분의 시장(고객층)에 목표를 둔 마케팅전략을 전개시킨다.

◆ 표적시장 선택의 평가기준
   ⓐ 수요측면 : 시장규모, 성장잠재력, 예상 수익률, 안정성, 가격탄력성, 구매자파워 등
   ⓑ 경쟁측면 : 경쟁자의 수, 점유율 분포, 대체상품의 위협, 공급자 파워 등

2) 표적시장 선택의 전략

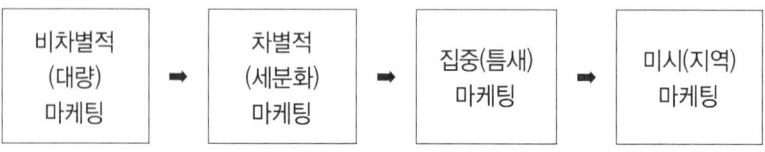

① 비차별적 마케팅(Mass Marketing)
   ㉠ 세분시장 간의 차이를 무시하고 하나의 제품으로 전체 시장을 공략
   ㉡ 소비자들의 차이보다는 공통점에 집중하며 대량유통과 대량광고 방식을 취한다.
   ㉢ 소비자들의 욕구 차이가 크지 않을 때 유용하다.

　　　ⓔ 단일 마케팅믹스를 사용하므로 비용절감의 효과가 있다.(장점)
　　　ⓜ 소비자 욕구의 다양화에 대한 대처가 취약하고 소비자를 빼앗길 위험이 있다.(단점)
　② 차별적 마케팅(Growth Marketing)
　　　㉠ 여러개의 표적시장을 선정하고 각각의 표적시장에 맞는 전략을 구사한다.
　　　㉡ 제품과 마케팅믹스의 다양성을 추구할 수 있다.
　　　㉢ 각 시장마다 다른 제품개발, 관리, 마케팅조사 비용이 발생한다.(단점)
　　　㉣ 각 시장마다 다른 고객의 욕구를 충족시키기 위하여 다양한 제품계열, 다양한 유통경로, 다양한 광고매체를 통하여 판매하기 때문에 총매출액이 증대될 수 있다.(장점)
　③ 집중적 마케팅(Niche Marketing)
　　　㉠ 기업의 자원이 제한되어 있는 경우 하나 혹은 소수의 작은 시장에서 높은 시장점유율을 누리기 위한 전략
　　　㉡ 특정시장에 대한 독점적 위치 획득 가능
　　　㉢ 한정된 자원으로 기업 마케팅전략을 집중하여 낮은 비용(생산, 유통, 촉진 면에서 전문화로 운영상의 경제성)으로 높은 수익률을 올릴 수 있다.(장점)
　　　㉣ 시장의 기호변화나 강력한 경쟁사의 등장으로 위기에 빠질 수 있다.(단점)
　　　㉤ 한 기업의 성장성을 특정세분시장에만 의존하는 전략이기 때문에 위험성이 뒤따른다.(단점)

(3) 시장위치 선정 (Positioning : 차별화전략)

　1) 포지셔닝 전략의 이해
　　① 포지셔닝의 개념
　　　㉠ 시장위치선정(positioning)
　　　　소비자의 마음속에 자사제품이나 기업을 표적시장·경쟁·기업능력과 관련하여 가장 유리한 위치에 있도록 노력하는 과정으로 소비자들의 마음속에 자사제품의 바람직

한 위치를 형성하기 위하여 제품효익을 개발하고 커뮤니케이션하는 활동을 말한다.
ⓒ 시장위치(position)
제품이 소비자들에 의해 지각되고 있는 모습을 말한다.
② 포지셔닝 전략
㉠ 소비자 포지셔닝 전략'
소비자가 원하는 바를 준거점으로 하여 자사제품의 포지션을 개발하려는 전략
ⓒ 경쟁적 포지셔닝 전략
경쟁자의 포지션을 준거점으로 하여 자사제품의 포지션을 개발하려는 전략
ⓒ 리포지셔닝(repositioning) 전략
소비자들이 원하는 바나 경쟁자의 포지션이 변화함에 따라 기존제품의 포지션을 바람직한 포지션으로 새롭게 전환시키는 전략
③ 커뮤니케이션 방법에 따른 소비자 포지셔닝 전략의 유형
㉠ 구체적 포지셔닝
소비자가 원하는 바에 대하여 구체적인 제품효익을 근거로 제시
ⓒ 일반적 포지셔닝
애매하고 모호한 제품효익을 근거로 제시
ⓒ 정보 포지셔닝
정보제공을 통해 직접적으로 접근
㉣ 심상 포지셔닝
심상(imagery)이나 상징성(symbolism)을 통해 간접적으로 접근
④ 경쟁적 포지셔닝 전략
경쟁자를 지명하는 비교광고를 통해 수행되는데 시장선도자를 준거점으로 하고 직접적인 도전을 통해 자신의 상표를 포지셔닝하려는 수단으로 이용

2) 포지셔닝 전략의 5단계
① 소비자 분석 단계
소비자 분석으로 소비자 욕구와 기존제품에 대한 불만족 원인을 파악한다.

② 경쟁자 확인단계

경쟁자 확인으로 제품의 경쟁 상대를 파악한다. 이때 표적시장을 어떻게 설정하느냐에 따라 경쟁자가 달라진다.

③ 경쟁제품의 포지션 분석단계

경쟁제품의 포지션 분석으로 경쟁제품이 소비자들에게 어떻게 인식되고 평가받는지 파악한다.

④ 자사제품의 포지션 결정단계

자사제품의 포지션 개발로 경쟁제품에 비해 소비자 욕구를 더 잘 충족시킬 수 있는 자사제품의 포지션을 결정한다.

⑤ 포지셔닝 확인 및 리포지셔닝 단계

포지셔닝의 확인 및 리포지셔닝으로 포지셔닝 전략이 실행된 후 자사제품이 목표한 위치에 포지셔닝되었는지 확인한다. 이때 매출성과로도 전략효과를 알 수 있으나 전문적인 조사를 통해 소비자와 시장에 관한 분석을 해야 한다. 또한 시간이 경과함에 따라 경쟁 환경과 소비자 욕구가 변화하였을 경우에는 목표 포지션을 재설정하여 리포지셔닝을 한다.

④ 마케팅 믹스

(1) 마케팅 믹스의 개념

마케팅 믹스(marketing mix)란 기업이 표적시장에 도달하여 목적을 달성하기 위하여 마케팅의 구성요소를 조합하는 것을 말한다.

(2) 마케팅 믹스의 구성요소

① 유통경로(place) : 유통경로 선택, 유통계획 수립 등
② 상품전략(products) : 차별화전략, 포장, 상표, 디자인, 서비스 등
③ 가격전략(price) : 시가전략, 고가전략, 저가전략 등
④ 촉진전략(promotion) : 광고, 홍보, 전시, 시식회 등

2회 기출문제

마케팅 믹스는 표적시장의 욕구와 선호도를 효과적으로 충족시켜주기 위하여 기업이 제공하는 마케팅 수단이다. 마케팅 믹스의 4가지 구성요소(4P)에 관하여 설명하시오.

▶ 4P는 제품(product), 유통경로(place), 판매가격(price), 판매촉진(promotion)

(3) 4P와 4C

4P (기업관점)		4C (고객관점)
유통경로(Place)	⇔	편리성 (Convenience)
상품전략(Products)	⇔	고객가치 (Customer value)
가격전략(Price)	⇔	고객측 비용(Cost to the Customer)
촉진전략(Promotion)	⇔	의사소통(Communication)

1) 유통경로

사업대상지역의 선정, 즉 입지선정

2) 상품계획

상품계획 시 고려할 사항으로서는 품질, 설계, 입지조건, 상표 등이 있으며, 상품개발전략으로는 공업화와 규격표준화, 상품의 차별화, 시장의 세분화, 상품의 다양화, 상품의 고급화 등을 들 수 있다.

3) 가격전략(매가정책)

① 가격수준정책(시가, 저가 또는 고가정책 등)
② 가격신축정책, 단일가격정책 또는 신축가격정책 등
③ 할인 및 할부정책 등

4) 커뮤니케이션 (communication : 의사소통) 전략

① 홍보 : 주로 보도기관에 뉴스소재를 제공하는 활동 (Publicity : 퍼블리시티) 등을 포함하는 넓은 개념
② 광고 : 상품과 서비스에 대한 수요를 자극하고 기업에 대한 호의를 창출하기 위한 커뮤니케이션
③ 인적 판매 : 고객 및 예상고객의 구입을 유도하기 위해 직접 접촉할 때 판매원의 고도의 유연성이 요구되는 개인적인 여러 가지 노력
④ 판매촉진 : 광고, 홍보 및 인적판매를 제외한 단기적인 유인으로서의 모든 촉진활동

(4) 판매촉진

1) 좁은 의미의 판매촉진

광고, 홍보 및 인적판매와 같은 범주에 포함되지 않는 모든 촉진활동

2) 판매촉진수단
   ① 가격할인
   ② 쿠폰사용
   ③ 환불(rebates):
   ④ 경연, 경주, 게임 등에서 상품제공
   ⑤ 경품(프리미엄) 제공
   ⑥ 견본(샘플) 제공
   ⑦ 선물 제공

   ◆ 리베이트(rebates)

   판매자가 지불액의 일부를 구입자에게 환불하는 행위. 상품을 구입하거나 서비스를 이용한 소비자가 표시가격을 완전히 지불한 후, 그 지불액의 일부를 돌려주는 소급 상환 제도이다. 판매 촉진이나 거래 장려 등의 목적을 갖고 있다. 리베이트율은 상거래의 관습에서 적절하다고 인정되는 한도를 벗어나면 안 된다.

   오늘날에는 고가품 판매나 대량 판매 등에서 가격을 할인하는 목적으로 주로 사용된다. 구매욕구를 자극한다는 점에서 정상적인 거래행위로 볼 수 있다.

   ◆ 소매믹스 전략

   소매믹스란 소비자와의 접점에서 구현 가능한 다양한 소매전략을 적정비용과 적정수단의 관점에서 혼합·배분하는 것을 말한다.

   소매믹스전략 중 가장 중요한 요인은 표적고객의 욕구에 부응하는 상품화 계획인 머천다이징이다. 머천다이징이란 상품화 계획 또는 상품 기획이라고도 하며 적절한 상품이나 장소·시기·수량·가격으로 판매하기 위한 계획 활동이다. 이는 기업의 상품개발전략과도 관련이 있지만 소비자의 수요에 적당한 상품을 준비, 진열, 홍보하는 소매단계 전략에도 중요하다.

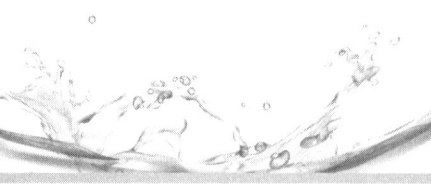

06 유통정보

(1) 수산물 유통정보의 의의

1) 수산물 유통정보의 개념
   ① 수산물 유통과 관련된 데이터(data)의 의미있는 결합으로 제공된 자료
   ② 수산물 유통시장에서 활동하는 주체들의 의사결정을 도와주는 자료
   ③ 수산물 유통시장의 각 주체들이 보유하고 있는 유통지식
   ④ 정보를 획득개념으로 본다면 정보의 비대칭성을 활용한 이윤추구를 위한 자료
   ⑤ 관찰이나 측정을 통하여 수집한 자료가 시장에서 활용될 수 있도록 가공된 지식

2) 수산물 유통정보의 역할
   ① 수산물의 적정가격을 제시해 준다.
   ② 유통비용을 감소시켜 준다.
   ③ 시장내에서 효율적인 유통기구를 발견해 준다.
   ④ 생산계획과 관련된 의사결정을 지원해 준다.
   ⑤ 유통업자의 의사결정을 지원해 준다.
   ⑥ 소비자의 합리적 소비를 지원해 준다.
   ⑦ 수산물 유통정책을 입안하는 데 도움을 준다.

3) 유통참가인의 의사결정 요인
   ① 사회적 요인 : 인구, 성별, 연령, 소득, 계층 등
   ② 문화적 요인 : 종교, 사상, 지역, 언어, 관습 등
   ③ 제도적 요인 : 법, 규칙, 고시 등
   ◆ 의사결정 과정

   문제인식 ➡ 정보의 탐색 ➡ 문제의 해결 ➡ 검토

(2) 유통정보화의 기술

1) POS 시스템(point of sales system, 판매시점정보관리 시스템)
   ① 팔린 상품에 대한 정보를 판매시점에서 즉시 기록함으로써 판매정보를 집중적으로 관리하는 체계이다.

② 매장의 주문처리시스템과 관리자의 메인컴퓨터를 온라인으로 연결하여 판매시점의 정보를 실시간으로 통합, 분석, 평가하여 미래의 고객대응능력을 배가시키기 위한 종합적인 판매관리 시스템이다.
③ 상품에 바코드(barcode)나 OCR 태그(광학식 문자해독 장치용 가격표) 등을 붙여놓고 이를 스캐너로 읽어서 가격을 자동 계산하는 동시에 상품에 대한 모든 정보를 수집, 입력시키는 방식이다.
④ 상품 회전율을 높이고 적정 재고량을 유지할 수 있는 등의 이점이 있다.
⑤ 수집된 POS 데이터에 의해 신제품 및 판촉상품의 판매경향, 인기상품 및 무매출 사멸품의 동향, 유사품 및 경합품과의 판매경향, 구입 고객별 분석, 시간대별 분석, 판매가격과 판매량의 상관 분석, 그 밖에 진열상태, 대중매체 광고 효과 등을 파악하여, 생산계획 판매계획 광고계획을 세울 수 있다.

2) EDI(Electronic Data Interchange)

기업간 거래에 관한 데이터와 문서를 표준화하여 컴퓨터 통신망으로 거래 당사자가 직접 전송·수신하는 정보전달 시스템이다. 주문서·납품서·청구서 등 무역에 필요한 각종 서류를 표준화된 상거래서식 또는 공공서식을 통해 서로 합의된 전자신호로 바꾸어 컴퓨터 통신망을 이용하여 거래처에 전송한다. 데이터를 교환하기 위해서는 표준 포맷으로 공유 프로토콜이 필요하다.

3) RFID(Radio Frequency Identification)

생산에서 판매에 이르는 전과정의 정보를 초소형칩(IC칩)에 내장시켜 이를 무선주파수로 추적할 수 있도록 한 기술로서, '전자태그' 혹은 '스마트 태그' '전자 라벨' '무선식별' 등으로 불린다. 기존의 바코드는 저장용량이 적고, 실시간 정보 파악이 불가할 뿐만 아니라 근접한 상태(수 cm이내)에서만 정보를 읽을 수 있다는 단점이 있다.

4) 로지스틱스(logistic)

유통 합리화의 수단으로 채택되어 원료준비, 생산, 보관, 판매에 이르기까지의 과정에서 물적유통을 가장 효율적으로 수행하는 종합적 시스템을 말한다. 예를 들어 원료준비의 측면에서만 물적유통의 합리화를 생각하면 그 후의 과정에서 합리화를 방해하는 요인이 생기기 때문에 전체를 토털시스템으로 구성하려는 것이다.

5) TPL(Third Party Logistics)
   ① 생산자와 판매자의 물류를 제3자를 통해 전문적으로 처리하는 것으로 기업이 물류관련 분야 전체업무를 특정 물류 전문업체에 위탁하는 것을 말한다.
   ② 생산자가 내부에서 직접 행하는 물류는 first party logistics, 생산자와 판매자 양자가 직접 행하는 물류는 second party logistics라고 한다.

6) EOS(Electronic Ordering System)
   자동발주시스템(EOS ; Electronic Ordering System)은 판매에 따라 재고량이 재주문점에 도달하게 되면 컴퓨터에 의해 자동발주가 이루어지는 시스템으로서, 도·소매업자 모두에게 효과가 있다. 컴퓨터 통신망으로 주문을 받아 처리하고 납품 일정까지 짜주는 시스템이다

7) 바코드
   ① 상품의 포장지나 꼬리표에 표시된 희고 검은 줄무늬로 그 상품의 정체를 표시한 것
   ② 바코드는 제조 또는 그 유통 업체가 제품의 포장지에 8~16개의 줄로 생산국, 제조업체, 상품 종류, 유통 경로 등을 저장해 놓음으로써, 판매될 때 계산기에 설치된 스캐너(감지기)를 통과하면 즉시 판매량, 금액 등 판매와 관련된 각종 정보를 집계할 수 있다. 바코드를 사용하면 상품의 판매시점 정보 관리, 즉 POS(point of sales)와 재고 관리가 쉽다.
   ③ 바코드 아래에는 13개의 숫자가 있는데, 그 중 앞쪽 3자리 숫자는 국가별 식별코드로 우리나라는 항상 880으로 시작된다. 다음의 4자리 숫자는 업체별 고유코드, 그 다음의 5자리 숫자는 제조업체 코드를 부여받은 업체가 자사에서 상품에 부여하는 코드이다. 마지막의 한 자리 숫자는 바코드가 정확히 구성되어 있는가를 보장해 주는 컴퓨터 체크 디지트로, KAN의 신뢰도를 높여주게 된다. 한편 가격은

바코드 구성

– 바코드 아래에는 13개의 숫자가 있는데, 그 중 앞쪽 3자리 숫자는 국가별 식별코드로 우리나라는 항상 880으로 시작된다. 다음의 4자리 숫자는 업체별 고유코드, 그 다음의 5자리 숫자는 제조업체 코드를 부여받은 업체가 자사에서 상품에 부여하는 코드이다.

별도로 표시된다.

8) QR코드

사각형의 가로세로 격자무늬에 다양한 정보를 담고 있는 2차원(매트릭스) 형식의 코드로, 'QR'이란 'Quick Response'의 머리글자이다.

기존의 1차원 바코드가 20자 내외의 숫자 정보만 저장할 수 있는 반면 QR코드는 숫자 최대 7,089자, 문자(ASCII) 최대 4,296자, 이진(8비트) 최대 2,953바이트, 한자 최대 1,817자를 저장할 수 있으며, 일반 바코드보다 인식속도와 인식률, 복원력이 뛰어나다. 바코드가 주로 계산이나 재고관리, 상품확인 등을 위해 사용된다면 QR코드는 마케팅이나 홍보, PR 수단으로 많이 사용된다.

9) RFID

① 무선인식이라고도 하며, 반도체 칩이 내장된 태그(Tag), 라벨(Label), 카드(Card) 등의 저장된 데이터를 무선주파수를 이용하여 비접촉으로 읽어내는 인식시스템이다

② RFID 시스템은 태그, 안테나, 리더기 등으로 구성되는데, 태그와 안테나는 정보를 무선으로 수미터에서 수십미터까지 보내며 리더기는 이 신호를 받아 상품 정보를 해독한 후 컴퓨터로 보낸다.

07 전자상거래

(1) 전자상거래의 개념

1) 협의의 전자상거래란 인터넷상에 홈페이지로 개설된 상점을 통해 실시간으로 상품을 거래하는 것을 의미한다.
2) 광의의 전자상거래는 소비자와의 거래뿐만 아니라 거래와 관련된 공급자, 금융기관, 정부기관, 운송기관 등과 같이 거래에 관련되는 모든 기관과의 관련행위를 포함한다.

(2) 전자상거래의 특징

① 유통거리가 짧다
② 거래대상지역에 제한이 없다.
③ 시간제약이 없다.
④ 고객정보수집이 쉽다.
⑤ 소자본창업이 가능하다.
⑥ 장소의 제약이 없다.
⑦ 거래인증·거래보안·대금결재 등의 제도보완이 필요하다.

(3) 전자상거래의 유형([출처] 다양한 전자상거래 유형 정리|작성자 jgangel)

1) B2C(Business to Customer) : 기업과 소비자간의 거래

    이 유형은 기업과 소비자간의 전자상거래로 현재 가장 많은 비중을 차지하는 유형이다. 사전적으로는 기업이 전자적 매체를 통신망과 결합하여 소비자에게 재화나 용역을 거래하는 행위로, 초기에는 전자제품, 의류, 가구 등의 물리적인 제품이 주를 이루었으나, 최근 들어서는 게임, 동영상 등의 디지털 상품을 비롯, 그 거래 물품 영역은 점점 확대·파괴되고 있다.

2) B2G(Business to Government) : 기업과 정부간의 거래

    이 유형은 기업과 정부간의 전자상거래 유형으로, 정부가 조달예정 상품을 인터넷가상 상점에 공시하고 기업들이 가상 상점을 통하여 공급할 상품을 확인하고 주요 거래를 성사하는 과정이 전형적인 업무를 이룬다.

3) B2B(Business to Business) : 기업들간의 거래

    이는 기업들간의 전자상거래 유형으로, 기업간의 업무 처리를 사람의 이동과 종이서류가 아니고 디지털 매체로 하는 제반 과정을 의미한다. 즉, 불특정 기업들이 공개된 네트워크를 이용하여 이루어지는 마케팅 활동으로, B2B 거래에서는 거래의 주체에 따라 판매자 중심, 구매자 중심, 중개자 중심의 거래로 구성된다고 한다.

4) B2E(Business to Employee) : 기업 내에서의 전자상거래

    기업 내의 경영자와 사원간의 유대감과 신뢰감의 향상을 목적

전자상거래의 유형

1. B2C : 기업과 소비자간의 거래
2. B2G : 기업과 정부간의 거래
3. B2B : 기업들간의 거래
4. B2E : 기업 내에서의 전자상거래
5. G2C : 정부와 소비자간의 거래
6. G2B : 정부와 기업간의 전자상거래
7. C2C : 소비자와 소비자간의 거래
8. C2B : 소비자와 기업 간의 전자상거래
9. P2P : 개인과 개인간의 전자상거래

으로 하는 것으로, 전자 우편, 게시판 등을 통한 노사간의 대화를 통하여 서로에 대한 신뢰감을 강화하고, 경영 지표, 경영의 투명성 등을 제공하는 것에서 출발한 유형이다. 최근에는 사원들이 기업이 운영하는 혹은 위탁한 인터넷 쇼핑몰을 통해 필요함 물품도 구매할 수 있게 만든 시스템으로 발전하고 있다.

5) G2C(Government to Customer) : **정부와 소비자간의 거래**

주요 정부 기관과 소비자간에 전자상거래이다. 이는 정부의 행정서비스를 어디서나 온라인으로 서비스를 받게 되는 것으로 각종 증명서의 발급이나 세금 부과, 납부 업무, 사회복지 급여의 지급 업무 등이 여기에 해당된다. 인터넷을 통한 여러 가지 민원 서비스 등도 점차 확대되고 있는 실정이지만, 중요한 정보가 범죄에 악용되는 사례가 늘면서 최근에는 다소 주춤한 상황이다.

6) G2B(Government to Business) : **정부와 기업간의 전자상거래**

이 유형은 정부와 기업간에 이루어지는 전자 상거래를 의미하는 것으로, 정부와 기업이 온라인 회선을 이용하여 각종 세금 또는 조달 업무 등을 수행하는데 활용하고 있다.

7) C2C(Customer to Customer) : **소비자와 소비자간의 거래**

이 유형은 소비자와 소비자간의 전자상거래로, 소비자끼리 서로 인터넷을 이용하여 일대일의 거래를 하는 것을 의미한다. 주로 경매나 벼룩시장 등을 이용한 중고품 매매가 일반적이며, 대표적인 모델은 미국의 eBay나 우리나라의 옥션(Auction) 등이 있다.

8) C2B(Customer to Business) : **소비자와 기업 간의 전자상거래**

기존의 B2C 거래는 기업이 거래 주체가 되는 반면, C2B 거래는 소비자가 거래의 주체가 되는 것이 다르다. 소비자 중심의 전자상거래를 의미하는 것으로 공동 구매, 역경매 등이 여기에 속한다. 소비자가 기업에게 원하는 상품의 가격과 조건을 제시하는 거래 방식으로 최근 들어 많은 각광을 받고 있다. 고객 유치 경쟁이 치열해짐에 따라 최근 대부분의 쇼핑몰에서도 C2B 거래를 도입하고 있기도 하다.

9) P2P(Peer - to - Peer) : **개인과 개인간의 전자상거래**

이는 기존의 server to client와 상반되는 개념으로, 개인 대

개인이라는 뜻의 네트워크 용어에서 비롯되었다. 즉, 개인 PC와 PC간에 이루어지는 전자상거래를 의미한다. 자료를 중앙 서버에 등록하여 공유하는 것이 아니라 개인의 PC에서 바로 교환하는 방식으로, 대표적인 서비스에는 미국의 냅스터(Napster)와 우리나라의 소리바다 등이 있다.

(4) 수산물 전자상거래 실시를 통한 수산물유통의 개선안

(서재영 : 수산물 전자상거래의 활성화방안에 관한 연구)

항목	전통상거래의 문제점	전자상거래를 통한 개선안
유통구조	5~6단계의 복잡한 유통구조	쇼핑몰을 통한 직거래 형태의 단순한 유통구조
물류비	등급화·규격화 미비로 물류비용 증가	정부의 지원 아래 등급화·표준화 도입으로 물류비 개선
마진율	마진율의 55% 이상이 소매단계에서 발생(소비자부담)	유통구조 개선으로 적정 마진율
마케팅 활동	거의 전무한 상태	다양한 컨텐츠를 통한 마케팅 및 판매전략 수립
상품화 전략	대량판매위주로 특별한 상품화 전략이 필요 없음	고부가가치 상품의 개발·홍보
고객 서비스	서비스보다는 판매위주 활동으로 서비스 마인드 부재	실시간 고객정보의 획득으로 소비자욕구충족 가능

제 2 편
수산물등급판정실무

MEMO

수산물등급판정실무

제1장 | 수산물 표준규격

01 수산물표준규격

(1) 목적

이 고시는 수산물의 포장규격과 등급규격에 관하여 필요한 세부사항을 규정함으로써 수산물의 상품성 제고와 유통능률 향상 및 공정한 거래 실현에 기여함을 목적으로 한다.

(2) 정의

표준규격품	"표준규격품"이란 이 고시에서 정한 포장규격 및 등급규격에 맞게 출하하는 수산물을 말한다. 다만, 등급규격이 제정되어 있지 않은 품목은 포장규격에 맞게 출하하는 수산물을 말한다.
포장규격	"포장규격"이란 거래단위, 포장치수, 포장재료, 포장방법, 포장설계 및 표시사항 등을 말한다.
등급규격	"등급규격"이란 수산물의 품종별 특성에 따라 형태, 크기, 색택, 신선도, 건조도 또는 선별상태 등 품질구분에 필요한 항목을 설정하여 특, 상, 보통으로 정한 것을 말한다.
거래단위	"거래단위"란 수산물의 거래시 포장에 사용되는 각종 용기 등의 무게를 제외한 내용물의 무게 또는 마릿수를 말한다.
포장치수	"포장치수"란 포장재 바깥쪽의 길이, 너비, 높이를 말한다.
겉포장	"겉포장"이란 산물 또는 속포장한 수산물의 수송을 주목적으로 한 포장을 말한다.
속포장	"속포장"이란 소비자가 구매하기 편리하도록 겉포장 속에 들어있는 포장을 말한다.

(3) 거래단위

① 수산물의 표준거래단위는 3kg, 5kg, 10kg, 15kg 및 20kg을 기본으로 한다. 다만, 형태적 특성 및 시장 유통여건을 고려한 어종별 표준거래단위는 별표 1과 같다.

② 5kg 미만, 최대 거래단위 이상 등 표준거래단위 이외의 거래단위는 거래 당사자 간의 협의 또는 시장 유통여건에 따

라 사용할 수 있다.

[별표 1] 수산물의 표준거래 단위(제3조 관련)

종류	품목	표준 거래 단위
선어류	고등어	5kg, 8kg, 10kg, 15kg, 16kg, 20kg
	오징어	5kg, 8kg, 10kg, 15kg, 20kg
	삼치	5kg, 7kg, 10kg, 15kg, 20kg
	조기	10kg, 15kg, 20kg
	양태	3kg, 5kg, 10kg
	수조기	3kg, 5kg, 10kg
	병어	3kg, 5kg, 10kg, 15kg
	가자미	3kg, 5kg, 7kg, 10kg
	숭어	3kg, 5kg, 10kg
	대구	5kg, 8kg, 10kg, 15kg, 20kg
	멸치	3kg, 4kg, 5kg, 10kg
	가오리	10kg, 15kg, 20kg
	곰치	10kg, 15kg, 20kg
	넙치	10kg, 15kg, 20kg
	뱀장어	5kg, 10kg
	전어	3kg, 5kg, 10kg, 15kg, 20kg
	쥐치	3kg, 5kg, 10kg
	가다랑어	15kg, 20kg
	놀래미	5kg, 10kg, 15kg
	명태	5kg, 10kg, 15kg, 20kg
	조피볼락	3kg, 5kg, 10kg, 15kg
	화살오징어	3kg, 5kg, 10kg
	도다리	3kg, 5kg, 10kg

종류	품목	표준 거래 단위
선어류	참다랑어	10kg, 20kg
	갯장어	5kg, 10kg
	기타 다랑어	15kg, 25kg
	서대	3kg, 5kg, 10kg, 15kg
	부세	5kg, 7kg, 10kg
	백조기	5kg, 7kg, 10kg, 15kg, 20kg
	붕장어	4kg, 8kg
	민어	8kg, 10kg, 15kg, 20kg
	문어	3kg, 5kg, 10kg, 15kg, 20kg
패류	생굴	0.2kg, 1kg, 3kg, 10kg
	바지락	3kg, 5kg, 10kg, 20kg
	고막	3kg, 5kg, 10kg
	피조개	3kg, 5kg, 10kg
	우렁쉥이	3kg, 5kg, 10kg

(4) 포장치수

수산물의 포장치수는 별표2에서 정하는 한국산업규격(KS M3808)에서 정한 발포폴리스틸렌(P.S) 상자의 포장규격 및 한국산업규격(KS A1002)에서 정한 수송포장계열치수 T-11형 파렛트(1,100×1,100㎜)의 평면 적재효율이 90%이상인 것을 우선 적용하고, 높이는 해당 수산물의 포장이 가능한 적정높이로 한다.

[별표 2] 수산물의 표준포장규격(제4조 관련)

1. 표준포장규격(거래단위별 공통규격)

구 분	거래단위 (kg)	포장규격		높이(mm)		KS규격	
		길이 (mm)	너비 (mm)	낮은 상자	높은 상자	1단 적재 상자수	규격 번호
전체 어종 공통 규격	5이하	488	305	135	150	2×4	11-31
		545	345			2×3	신규
	5~10	545	345	135	150	2×3	신규
		550	366			2×3	11-16
	10~15	550	366	135	150	2×3	11-10
		580	435			4	신규
	15~20	580	435	145	155	4	신규
		660	440			2	11-10
포장 재료	한국산업규격 KS M3808 발포폴리스틸렌 단열통 1호 내지 3호 규격에 준하여 밀도 0.025g/㎤ 이상의 것을 사용						

주 : 1. 포장규격 : 한국산업규격 수송포장계열치수(KS A1002) 또는 적재효율 90% 이상인 신규 규격을 우선 적용
　　2. 1단적재상자수 : KS A1002의 T-11 표준파렛트(1.1m×1.1m)에 1단으로 적재시 상자 개수
　　3. 규격번호 : T-11 표준파렛트(1.1m×1.1m) 69개 수송포장계열치수의 일련번호
　　4. 상자 두께 : 길이 및 너비 두께는 25mm, 바닥 두께는 44mm를 적용
　　5. 뚜껑 높이 : 40mm 적용.
　　※ 단 굴, 오징어의 상자두께와 뚜껑높이는 도매시장에서 사용하는 어상자 규격을 그대로 적용

2. 어종별 예외포장규격

구 분	거래단위 (kg)	포장규격				KS규격	
		길이 (mm)	너비 (mm)	높이(mm)		1단 적재 상자수	규격 번호
				낮은 상자	높은 상자		
고등어	10~20	550	366	150		6	11-25
		620	400	143		4	신규
오징어	20	545	345	150		6	신규
삼치	5~20	590	360	120		4	신규
		628	435	120		4	신규
갈치	3	687	412	120		4	11-8
	10~15	830	366	130		3	신규
굴	5이하	260	260	220		16	신규
바지락	5이하	366	366	230	270	9	11-46
		488	305	240	260	8	11-31
포장 재료	한국산업규격 KS M3808 발포폴리스틸렌 단열통 1호 내지 3호 규격에 준하여 밀도 0.025g/㎤ 이상의 것을 사용						

* 단, 표준포장규격(거래단위별 공통규격)에 맞게 출하한 경우에도 표준규격품으로 인정한다.

(5) 포장치수의 허용범위

① 골판지상자 및 발포폴리스틸렌상자(P.S)의 포장치수 중 길이, 너비의 허용범위는 ±2.5%로 한다.

② 그물망, 직물제포대(P.P대), 폴리에틸렌대(P.E대)의 포장치수의 허용범위는 길이의 ±10%, 너비의 ±10㎜, 지대의 경우에는 각각 길이·너비의 ±5㎜로 한다.

③ 속포장의 규격은 사용자가 적정하게 정하여 사용할 수 있다.

(6) 포장재료 및 포장재료의 시험방법

[별표 3]포장재료 및 포장재료의 시험방법(제6조 관련)

포장재료는 식품위생법에 따른 용기·포장의 제조방법에 관한 기준과 그 원재료에 관한 규격에 적합하여야 한다.

(1) 골판지 상자
 ① 표시단량별 골판지 종류

표시단량	5kg 미만	5kg 이상 10kg 미만	10kg 이상 15kg 미만	15kg 이상
골판지 종류	양면골판지 1종	양면골판지 2종	이중양면골판지 1종	이중양면골판지 2종

② 골판지의 품질기준 및 시험방법은 KS A1059(상업포장용 골판지), KS A1502(외부포장용 골판지)에서 정하는 바에 따른다.

(2) P.E대(폴리에틸렌대)
① 표시단량별 P.E 두께

표시단량	5kg 미만	5kg 이상 10kg 미만	10kg 이상 15kg 미만	15kg 이상
P.E 두께	0.03㎜이상	0.05㎜이상	0.07㎜이상	0.10㎜이상

② P.E 종류 및 두께에 대한 인장강도, 신장율, 인열강도 등은 KS M3509(포장용 폴리에틸렌 필름)에 따른다.

(3) P.S대(폴리스틸렌대)

밀 도 (g/㎤)	굴곡강도 (N/㎠)	흡수량	연소성
0.025 이상	20 이상	두께 30㎜ 미만 2.0이하, 두께 30㎜ 이상 1.0이하	3초 이내에 꺼져서 찌꺼기가 없고 연소한계선을 초과하여 연소하지 않을 것

(4) P.P대(직물제 포대)

섬 도 (데니아)	인장강도 (kgf)	봉합실 인장강도 (kgf)	적조밀도 (올/5㎝)	기 타
900±10	3.0이상	4.0이상	20±2	원단의 위사 너비는 4~6㎜ 이내로 접혀진 원사로 제작한다.

※ 원단은 KS A1037(포대용 폴리올레핀 연신사)의 폴리프로필렌 연신사로 직조한다

(5) 표시단량별 그물망의 무게

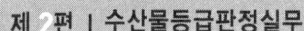

표시단량	5kg 미만	5kg 이상 10kg 미만	10kg 이상 15kg 미만	15kg 이상
포장재무게	15g이상	25g이상	35g이상	45g이상

※ 원단은 고밀도 폴리에틸렌 모노필라멘트계이며, 메리야스 상으로 직조한 것

(7) 포장방법

포장은 내용물이 흘러나오지 않도록 하여야 하며, 내용물이 보이도록 개방형으로 포장하는 경우에는 적재하는데 용이하여야 한다. 다만, 별표5와 같이 포장방법이 달리 정해진 품목은 그 규정에 따른다.

(8) 포장설계

① 골판지 상자의 포장설계는 KS A1003(골판지상자형식)에 따른다.
② 별표5에서 정한 품목의 포장설계는 별지 그림에서 정한 바에 따른다.

(9) 표시방법

[별표 4]표준규격품의 표시방법(제9조 관련)

표준규격품을 출하하는 자는 규칙 제5조 제1항의 규정에 따라 "표준규격품" 문구와 함께 품목, 생산지역, 무게, 생산자의 성명 또는 생산자단체의 명칭, 출하자의 성명 및 전화번호를 포장 외면에 표시하여야 한다. 단, 품종을 표시하여야 하는 품목과 무게 또는 마릿수의 표시방법은 아래 2항과 같다.

① 표시양식(예시)

표준규격품	표 시 사 항			
	품 목		생산지역	
	생 산 자		출 하 자	
	무게(마릿수)	kg (마리)	연 락 처	

※ 무게는 반드시 표기하여야 하며 필요시 마릿수를 병기할 수 있다.

② 일반적인 표시방법
  ㉠ 표시사항은 가급적 한 곳에 일괄표시 하여야 한다.
  ㉡ 품목의 특성, 포장재의 종류 및 크기 등에 따라 양식의 크기와 글자의 크기는 임의로 조정할 수 있다.
  ㉢ 위 표시사항 외에 추가 표시사항이 있는 경우에는 추가할 수 있다.
  ㉣ 원양산의 생산지 표시는 수산물품질관리법시행령 제18조제2항에서 정하는 바에 따른다.

(10) 등급규격

① 수산물 종류별 등급규격은 별표 5와 같다.
② 등급규격이 정하여진 품목중 발포폴리스틸렌상자(P.S) 포장이 가능한 품목은 별표2에서 정한 포장규격을 사용할 수 있다.

(11) 표준규격의 특례

포장규격 또는 등급규격이 제정되어 있지 않은 품목 또는 품종은 유사 품목 또는 품종의 포장규격 또는 등급규격을 적용할 수 있다.

[별표 5] 수산물의 종류별 등급규격(제10조 관련)

1. 북 어
   가. 등급규격

항 목	특	상	보 통
1마리의 크기 (전장, Cm)	40 이상	30 이상	30 이상
다른크기의 것의 혼입율(%)	0	10 이하	30 이하
색 택	우 량	양 호	보 통
공통규격	○형태 및 크기가 균일하여야 한다. ○고유의 향미를 가지고 다른 냄새가 없어야 한다. ○인체에 해로운 성분이 없어야 한다. ○수분 : 20%이하		

나. 포장규격(10마리 포장)

구 분	포 장 규 격
포장치수	○ 겉포장 외치수 : 500×340×60(장×폭×고)mm ○ 속포장(PE필름) : 380×700(가로×세로)mm
포장재료	○ 겉포장 : KS A1502(외부포장용 골판지)에 규정된 B골 양면골판지 1종, 파열강도 10kg/㎠이상, 수분함량 9±2% 발수도 R2로 한다. ○ 속포장 : KS A3509(포장용 폴리에틸렌필름)중에서 1종인 저밀도 폴리에틸렌으로 하며 무착색의 것을 사용한다.
포장방법	○ 내용물을 PE 속포장에 넣은 후 상하 20mm이상 떨어진 곳을 열봉합하여 골판지 상자속에 담아 상자의 덮개를 덮는다.
포장설계 (단위:mm)	별첨 : 별지 그림 1

다. 표시사항 : 품명, 산지, 생산년·월, 등급, 무게, 취급상 유의사항, 가공방법, 생산자 성명·주소(전화번호). 단. 가공방법은 필요시에만 표시하며 원양산의 생산지 표시는 수산물품질관리법 시행령 제18조제2항에서 정하는 바에 따른다.

2. 굴 비

가. 등급규격

항 목	특	상	보 통
1마리의 크기(전장, Cm)	20 이상	15 이상	15 이상
다른크기의 것의 혼입율(%)	0	10 이하	30 이하
색 택	우 량	양 호	보 통
공통규격	○ 고유의 향미를 가지고 다른 냄새가 없어야 한다. ○ 크기가 균일한 것으로 엮어야 한다.		

나. 포장규격(10마리 포장)

(단위 : mm)

구 분	포 장 규 격
포장치수	○ 겉포장 외치수 : 395×85×280(장×폭×고)mm
포장재료	○ 겉포장 상자 : KS A1502(외부포장용 골판지)에 규정된 B골 양면골판지 1종, 파열강도 10kg/㎠이상, 수분함량 9±2% 발수도 R2로 한다.
포장방법	○ 골판지 상자에 엮은 굴비 두름을 평편히 한 후 뚜껑을 덮어 손잡이를 조립한다.
포장설계 (단위:mm)	별첨 : 별지 그림 2

다. 표시사항 : 품명, 산지, 생산년·월, 등급, 무게, 취급상 유의사항, 생산자, 성명·주소(전화번호)

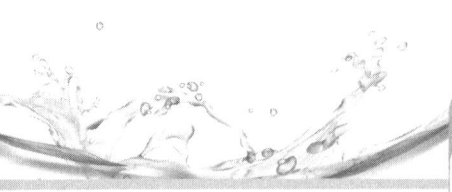

2회 기출문제

수산물 표준규격에서 규정하고 있는 굴비의 등급규격이다. 괄호 안에 올바른 규격을 답란에 쓰시오.

항목	특	상	보통
1마리의 크기(전장, cm)	(①) 이상	15 이상	15 이상
다른 크기의 것의 혼입율(%)	0	(②) 이하	30 이하
색택	우량	양호	(③)
공통규격	◆ 고유의 향미를 가지고 다른 냄새가 없어야 한다. ◆ (④)가 균일한 것으로 엮어야 한다.		

➡ ① 20 ② 10 ③ 보통 ④ 크기

3. 마른문어

가. 등급규격

항 목	특	상	보 통
형 태	육질의 두께가 두껍고 흡반 탈락이 거의 없는 것	육질의 두께가 보통이고 흡반 탈락이 적은 것	육질이 다소 엷고 흡반 탈락이 적은 것
곰팡이, 적분 및 백분	곰팡이, 적분이 피지 아니하고 백분이 다소 있는 것	곰팡이, 적분이 피지 아니하고 백분이 심하지 않은 것	곰팡이, 적분이 피지 아니하고 백분이 다소 심한 것
색 택	우 량	양 호	보 통
향 미	우 량	양 호	보 통
공통규격	○ 크기는 30cm이상이어야 하며 균일한 것으로 묶어야 한다. ○ 토사 및 기타 협잡물이 없어야 한다. ○ 수분 : 23%이하		

나. 포장규격(10마리 포장)

구 분	포 장 규 격
포장치수	○ 겉포장 외치수 : 500×340×65(장×폭×고)mm ○ 속포장(PE필름) : 380×700(가로×세로)mm
포장재료	○ 겉포장 : KS A1502(외부포장용 골판지)에 규정된 B골 양면골판지 1종, 파열강도 10kg/㎠이상, 수분함량 9±2% 발수도 R2로 한다. ○ 속포장 : KS A3509(포장용 폴리에틸렌필름)중에서 1종인 저밀도 폴리에틸렌으로 하며 무착색의 것을 사용한다.
포장방법	○ 내용물을 PE 속포장에 넣은 후 상하 20mm이상 떨어진 곳을 열봉합하여 골판지 상자속에 담아 상자의 덮개를 덮는다.
포장설계 (단위:mm)	별첨 : 별지 그림 3

다. 표시사항 : 품명, 산지, 생산년·월, 등급, 무게, 취급상 유의사항, 생산자, 성명·주소(전화번호)

4. 생 굴

가. 등급규격

항 목	특	상	보 통
1립의 무게(g)	5 이상	5 이상	5 이상
다른크기 및 외상이 있는것의 혼입율(%)	3 이하	5 이하	10 이하

색 택	우 량	양 호	보 통
선 도	우 량	양 호	보 통
공통규격	○ 고유의 색깔과 향미를 가지고 있어야 한다. ○ 다른 품종의 것이 없어야 한다 ○ 부서진 패각 및 기타 협잡물이 없어야 한다. ○ 내용물중의 수질은 혼탁되지 아니하여야 한다.		

나. 포장규격

1) 200g 포장

구 분	포 장 규 격
포장치수	○ PE 필름 외치수 : 80×250(가로×세로)mm
포장재료	○ PE 필름 : KS A3509(포장용 폴리에틸렌 필름)중 1종인 저밀도 폴리에틸렌으로 하여 모양은 튜브상을 사용한다. PE필름 봉투의 강도는 두께 0.05mm이상, 인장강도 170kg/㎠이상, 신장율 250%이상, 인열강도(보통) 70kg/㎠이상으로 한다. 또한 필름은 무착색의 것을 표준으로 한다.
포장방법	○ 내용물(굴, 얼음, 물)을 PE 봉투에 담은 후 내용물이 흘러나오지 않도록 윗부분을 결속한다.
포장설계 (단위:mm)	별첨 : 별지 그림 4

2) 1kg 포장

구 분	포 장 규 격
포장치수	○ PE필름 외치수 : 240×430(가로×세로)mm
포장재료	○ PE필름 : KS A3509(포장용 폴리에틸렌 필름)중 1종인 저밀도 폴리에틸렌으로 하여 모양은 튜브상을 사용한다. PE필름 봉투의 강도는 두께 0.05mm이상, 인장강도 170kg/㎠이상, 신장율 250%이상, 인열강도(보통) 70kg/㎠이상으로 한다. 또한 필름은 무착색의 것을 표준으로 한다.
포장방법	○ 내용물(굴, 얼음, 물)을 PE 봉투에 담은 후 내용물이 흘러나오지 않도록 윗부분을 결속한다.
포장설계 (단위:mm)	별첨 : 별지 그림 5

3) 3kg 포장

구 분	포 장 규 격
포장치수	○ 용기치수 : ∅156×198(지름×높이)mm ○ 뚜껑치수 : ∅115× 30(지름×높이)mm
포장재료	○ PE필름 : KS A1515(폴리에틸렌 병) 및 KS M3511(폴리에틸렌 통)에 규정되어 잇는 폴리에틸렌 용기형식에 준하여 저밀도 폴리에틸렌(LDPE)일반용기를 사용한다.

구 분	포 장 규 격
포장방법	○ PE 용기내에 생굴을 물, 얼음과 함께 넣은 후 중간 마개로 차단하여 외뚜껑을 닫는다.
포장설계 (단위:mm)	별첨 : 별지 그림 6

4) 10kg 포장

구 분	포 장 규 격
포장치수	○ 용기외치수(PS상자) : 268×268×261(장×폭×고)mm ○ 속포장(PE필름) : 480×600(가로×세로)mm
포장재료	○ PS : 한국공업규격 KS M3808 발포폴리스틸렌 규격에 준하여 밀도 0.025/㎤ 이상의 것을 사용한다. ○ 속포장 : 두께 0.05mm의 PE 필름을 사용한다.
포장방법	○ PE 필름대(튜브형)를 펼쳐서 PS상자에 평편히 깐 다음 PE필름대 속에 굴을 물, 얼음을 적당한 비율로 배합하여 작업자 손으로 봉함한 후 뚜껑을 닫아 점착테이프로 마무리 한다.
포장설계 (단위:mm)	별첨 : 별지 그림 7

다. 표시사항 : 품명, 산지, 생산년·월, 등급, 무게, 취급상 유의사항, 생산자, 성명·주소(전화번호)

5. 바지락

가. 등급규격

항 목	특	상	보 통
1개의 크기 (각장, Cm)	4 이상	3 이상	3 이상
다른크기의 것의 혼입율(%)	5 이하	10 이하	30 이하
손상 및 죽은 패 각 혼입율(%)	3 이하	5 이하	10 이하
공통규격	○ 패각에 묻은 모래, 뻘 등이 잘 제거되어야 한다. ○ 크기가 균일하고 다른 종류의 것이 혼입이 없어야 한다. ○ 부패한 냄새 및 기타 다른 냄새가 없어야 한다.		

나. 포장규격

1) 3kg 포장

구 분	포 장 규 격
포장치수	○ 겉포장 외치수 : 265×285(가로×세로)mm
포장 재료	○ 그물망 원단 : 고밀도 폴리에틸렌 모노필라멘트계로 직조(섬도 217데니어)하여야 하고 직조밀도는 11올/5cm이어야 한다. ○ 봉합실 : 그물망 측면의 봉합은 PP사 협사 또는 이와 동등

	한 품질의 미상사로 봉합한다. 윗 부분은 화학사를 가운데 넣고 15±2mm로 봉합하며, 봉합사는 측면 봉합법과 동일하게 적용한다. ○ 묶는 끈 : 합성수지로 제작하며, 인장강도 20kg이상이어야 한다. ○ 그물망 색상 : 색상은 푸른색을 사용한다.
포장 방법	○ 그물망에 내용물을 담은 후 화학사로 내용물이 흘러나오지 않도록 묶어야 한다. ○ 그물망의 측면은 상품라벨과 함께 봉합하도록 하되 찢어지지 않도록 여유를 준다. ○ 바늘땀은 가능한 좁은 간격으로 꿰맨다. ○ 원단의 절단은 열전단하여야 하며 그물망 위사가 풀리지 않도록 하여야 한다.
포장설계 (단위:mm)	별첨 : 별지 그림 8

2) 5kg 포장

구 분	포 장 규 격
포장치수	○ 겉포장 외치수 : 265×400(가로×세로)mm
포장 재료	○ 그물망 원단 : 고밀도 폴리에틸렌 모노필라멘트계로 직조(섬도 217데니어)하여야 하고 직조밀도는 11올/5cm이어야 한다. ○ 봉합실 : 그물망 측면의 봉합은 PP사 협사 또는 이와 동등한 품질의 미상사로 봉합한다. 윗 부분은 화학사를 가운데 넣고 15±2mm로 봉합하며, 봉합사는 측면 봉합법과 동일하게 적용한다. ○ 묶는 끈 : 합성수지로 제작하며, 인장강도 20kg이상이어야 한다. ○ 그물망 색상 : 색상은 푸른색을 사용한다.
포장 방법	○ 그물망에 내용물을 담은 후 화학사로 내용물이 흘러나오지 않도록 묶어야 한다. ○ 그물망의 측면은 상품라벨과 함께 봉합하도록 하되 찢어지지 않도록 여유를 준다. ○ 바늘땀은 가능한 좁은 간격으로 꿰맨다. ○ 원단의 절단은 열전단하여야 하며 그물망 위사가 풀리지 않도록 하여야 한다.
포장설계 (단위:mm)	별첨 : 별지 그림 9

3) 10kg 포장

구 분	포 장 규 격
포장치수	○ 겉포장 외치수 : 375×485(가로×세로)mm
포장	○ 그물망 원단 : 고밀도 폴리에틸렌 모노필라멘트계로 직조

구 분	포 장 규 격
재료	○ (섬도 217데니어)하여야 하고 직조밀도는 11올/5cm이어야 한다. ○ 봉합실 : 그물망 측면의 봉합은 PP사 협사 또는 이와 동등한 품질의 미상사로 봉합한다. 윗 부분은 화학사를 가운데 넣고 15±2mm로 봉합하며, 봉합사는 측면 봉합법과 동일하게 적용한다. ○ 묶는 끈 : 합성수지로 제작하며, 인장강도 20kg이상이어야 한다. ○ 그물망 색상 : 색상은 푸른색을 사용한다.
포장 방법	○ 그물망에 내용물을 담은 후 화학사로 내용물이 흘러나오지 않도록 묶어야 한다. ○ 그물망의 측면은 상품라벨과 함께 봉합하도록 하되 찢어지지 않도록 여유를 준다. ○ 바늘땀은 가능한 좁은 간격으로 꿰맨다. ○ 원단의 절단은 열전단하여야 하며 그물망 위사가 풀리지 않도록 하여야 한다.
포장설계 (단위:mm)	별첨 : 별지 그림 10

4) 20kg 포장

구 분	포 장 규 격
포장치수	○ 겉포장 외치수 : 470×650(가로×세로)mm
포장 재료	○ 그물망 원단 : 고밀도 폴리에틸렌 모노필라멘트계로 직조(섬도 217데니어)하여야 하고 직조밀도는 11올/5cm이어야 한다. ○ 봉합실 : 그물망 측면의 봉합은 PP사 협사 또는 이와 동등한 품질의 미상사로 봉합한다. 윗 부분은 화학사를 가운데 넣고 15±2mm로 봉합하며, 봉합사는 측면 봉합법과 동일하게 적용한다. ○ 묶는 끈 : 합성수지로 제작하며, 인장강도 20kg이상이어야 한다. ○ 그물망 색상 : 색상은 푸른색을 사용한다.
포장 방법	○ 그물망에 내용물을 담은 후 화학사로 내용물이 흘러나오지 않도록 묶어야 한다. ○ 그물망의 측면은 상품라벨과 함께 봉합하도록 하되 찢어지지 않도록 여유를 준다. ○ 바늘땀은 가능한 좁은 간격으로 꿰맨다. ○ 원단의 절단은 열전단하여야 하며 그물망 위사가 풀리지 않도록 하여야 한다.
포장설계 (단위:mm)	별첨 : 별지 그림 11

다. 표시사항 : 품명, 산지, 생산년·월, 등급, 무게, 취급상 유의사항, 생산자, 성명·주소(전화번호)

6. 고 막

가. 등급규격

항 목	특	상	보 통
1개의 크기 (각장, Cm)	3 이상	2.5 이상	2 이상
다른 크기의 것의 혼입율(%)	5 이하	10 이하	30 이하
손상 및 죽은 패각 혼입율(%)	3 이하	5 이하	10 이하
공통규격	○ 패각에 묻은 모래, 뻘 등이 잘 제거되어야 한다. ○ 크기가 균일하고 다른 종류의 것이 혼입이 없어야 한다. ○ 부패한 냄새 및 기타 다른 냄새가 없어야 한다.		

나. 포장규격

1) 3kg 포장

구 분	포 장 규 격
포장치수	○ 겉포장 외치수 : 265×295(가로×세로)mm
포장 재료	○ 원단 : KS A1037(포대용 폴리올레핀 연신사)중 폴리프로필렌 연신사(섬도900데니어, 인장강도 30kg)로 직조하여야 하고 직조밀도는 17올/5mm이어야 한다. ○ 봉합실 : 봉제에 적합한 실로서 인장강도가 4kg이상 이어야 한다. ○ 묶는 끈 : 화학사(PE)로서 인장강도 10kg이상 이어야 한다
포장 방법	○ PP포대에 고막을 담은 후 화학사로 내용물이 흐르지 않도록 묶어야 한다. ○ 포대의 하단 봉재 부분은 2번 꿰맨다. ○ 봉재선은 끝에서 15±2mm가 되도록 꿰맨다. ○ 바늘땀은 1cm간격으로 균일하게 꿰맨다. ○ 원단의 절단은 열전단하여야 하며 포대의 상단은 위사가 풀리지 않도록 하여야 한다.
포장설계 (단위:mm)	별첨 : 별지 그림 12

2) 5kg 포장

구 분	포 장 규 격
포장치수	○ 겉포장 외치수 : 265×405(가로×세로)mm
포장재료	○ 원단 : KS A1037(포대용 폴리올레핀 연신사)중 폴리프로필렌 연신사(섬도900데니어, 인장강도 30kg)로 직조하여야 하고 직조밀도는 17올/5mm이어야 한다. ○ 봉합실 : 봉제에 적합한 실로서 인장강도가 4kg이상 이어야 한다. ○ 묶는 끈 : 화학사(PE)로서 인장강도 10kg이상 이어야 한다
포장방법	○ PP포대에 고막을 담은 후 화학사로 내용물이 흐르지 않도

구 분	포 장 규 격
	록 묶어야 한다. ○ 포대의 하단 봉재 부분은 2번 꿰맨다. ○ 봉재선은 끝에서 15±2mm가 되도록 꿰맨다. ○ 바늘땀은 1cm간격으로 균일하게 꿰맨다. ○ 원단의 절단은 열전단하여야 하며 포대의 상단은 위사가 풀리지 않도록 하여야 한다.
포장설계 (단위:mm)	별첨 : 별지 그림 13

3) 10kg 포장

구 분	포 장 규 격
포장치수	○ 겉포장 외치수 : 375×515(가로×세로)mm
포장 재료	○ 원단 : KS A1037(포대용 폴리올레핀 연신사)중 폴리프로필렌 연신사(섬도900데니어, 인장강도 30kg)로 직조하여야 하고 직조밀도는 17올/5mm이어야 한다. ○ 봉합실 : 봉제에 적합한 실로서 인장강도가 4kg이상 이어야 한다. ○ 묶는 끈 : 화학사(PE)로서 인장강도 10kg이상 이어야 한다
포장 방법	○ PP포대에 고막을 담은 후 화학사로 내용물이 흐르지 않도록 묶어야 한다. ○ 포대의 하단 봉재 부분은 2번 꿰맨다. ○ 봉재선은 끝에서 15±2mm가 되도록 꿰맨다. ○ 바늘땀은 1cm간격으로 균일하게 꿰맨다. ○ 원단의 절단은 열전단하여야 하며 포대의 상단은 위사가 풀리지 않도록 하여야 한다.
포장설계 (단위:mm)	별첨 : 별지 그림 14

다. 표시사항 : 품명, 산지, 생산년·월, 등급, 무게, 취급상 유의사항, 생산자, 성명·주소(전화번호)

7. 새우젓

가. 등급규격

항 목	특	상	보 통
육 질	우 량	양 호	보 통
숙성도	우 량	양 호	보 통
다른 종류 및 부서진 것의 혼입율(%)	3 이하	5 이하	10 이하
공통규격	○ 고유의 향미를 가지고 다른 냄새가 없어야 한다. ○ 고유의 색깔을 가지고 변질, 변색이 없어야 한다. ○ 액즙의 정미량이 20%이하 이어야 한다.		

나. 포장규격

1) 1kg 포장

구 분	포 장 규 격
포장치수	○용기 외치수 : ∅123×117(지름×높이)mm
포장재료	○유리용기 : "KS L2501"에 규정되어 있는 유리병의 등급 표준에 준하여 표면에 홈이나 줄이 없고, 무색 투명한 TK 3mm를 사용한다.
포장방법	○유리용기에 내용물을 충전하여 뚜껑을 닫은 후 PVC 수축 포장한다.
포장설계 (단위:mm)	별첨 : 별지 그림 15

2) 3kg 포장

구 분	포 장 규 격
포장치수	○용기 외치수 : ∅160×157(지름×높이)mm
포장재료	○겉포장 용기 : KS A1515(폴리에틸렌 병)와 KS M3511(폴리에틸렌 통)에 규정되어 있는 폴리에틸렌 용기형식에 준하여 고밀도 폴리에틸렌(HDPE) 일반용기를 사용한다. ○ 속 포 장 : KS A3509(포장용 폴리에틸렌 필름)중 1종인 저밀도 폴리에틸렌으로 하며 무착색의 것을 사용한다.
포장방법	○속포장인 PE봉투(튜브형)에 젓갈을 넣고 결속끈으로 봉한 다음 폴리에틸렌 용기에 넣어 뚜껑을 완전히 밀폐시킨다.
포장설계 (단위:mm)	별첨 : 별지 그림 16

3) 5kg 포장

구 분	포 장 규 격
포장치수	○용기 외치수 : ∅190×175(지름×높이)mm
포장재료	○겉포장 용기 : KS A1515(폴리에틸렌 병)와 KS M3511(폴리에틸렌 통)에 규정되어 있는 폴리에틸렌 용기형식에 준하여 고밀도 폴리에틸렌(HDPE) 일반용기를 사용한다. ○ 속 포 장 : KS A3509(포장용 폴리에틸렌 필름)중 1종인 저밀도 폴리에틸렌으로 하며 무착색의 것을 사용한다.
포장방법	○속포장인 PE봉투(튜브형)에 젓갈을 넣고 결속끈으로 봉한 다음 폴리에틸렌 용기에 넣어 뚜껑을 완전히 밀폐시킨다.
포장설계 (단위:mm)	별첨 : 별지 그림 17

4) 10kg 포장

구 분	포 장 규 격
포장치수	○용기 외치수 : ∅245×230(지름×높이)mm
포장재료	○겉포장 용기 : KS A1515(폴리에틸렌 병)와 KS M3511(폴

포장방법	리에틸렌 통)에 규정되어 있는 폴리에틸렌 용기형식에 준하여 고밀도 폴리에틸렌(HDPE) 일반용기를 사용한다. ○ 속 포 장 : KS A3509(포장용 폴리에틸렌 필름)중 1종인 저밀도 폴리에틸렌으로 하며 무착색의 것을 사용한다. ○ 속포장인 PE봉투(튜브형)에 젓갈을 넣고 결속끈으로 봉한 다음 폴리에틸렌 용기에 넣어 뚜껑을 완전히 밀폐시킨다.
포장설계 (단위:mm)	별첨 : 별지 그림 18

다. 표시사항 : 품명, 산지, 생산년·월, 등급, 무게, 취급상 유의사항, 생산자, 성명·주소(전화번호)

8. 멸치젓

가. 등급규격

항 목	특	상	보 통
육 질	우 량	양 호	보 통
숙성도	우 량	양 호	보 통
향 미	우 량	양 호	보 통
공통규격	○ 다른 품종의 것이 없어야 한다. ○ 고유의 색깔을 가지고 변색, 변질된 것이 없어야 한다. ○ 부패한 냄새 및 기타 다른 냄새가 없어야 한다.		

나. 포장규격

1) 1kg 포장

구 분	포 장 규 격
포장치수	○ 용기 외치수 : ∅123×117(지름×높이)mm
포장재료	○ 유리용기 : "KS L2501"에 규정되어 있는 유리병의 등급 표준에 준하여 표면에 흠이나 줄이 없고, 무색 투명한 TK 3mm를 사용한다.
포장방법	○ 유리용기에 내용물을 충전하여 뚜껑을 닫은 후 PVC 수축 포장한다.
포장설계 (단위:mm)	별첨 : 별지 그림 15

2) 3kg 포장

구 분	포 장 규 격
포장치수	○ 용기 외치수 : ∅160×157(지름×높이)mm
포장재료	○ 겉포장 용기 : KS A1515(폴리에틸렌 병)와 KS M3511(폴리에틸렌 통)에 규정되어 있는 폴리에틸렌 용기형식에 준하여 고밀도 폴리에틸렌(HDPE) 일반용기를 사용한다. ○ 속 포 장 : KS A3509(포장용 폴리에틸렌 필름)중 1종인 저밀도 폴리에틸렌으로 하며 무착색의 것을 사용한다.

포장방법	○ 속포장인 PE봉투(튜브형)에 젓갈을 넣고 결속끈으로 봉한 다음 폴리에틸렌 용기에 넣어 뚜껑을 완전히 밀폐시킨다.
포장설계 (단위:mm)	별첨 : 별지 그림 16

3) 5kg 포장

구 분	포 장 규 격
포장치수	○ 용기 외치수 : ∅190×175(지름×높이)mm
포장재료	○ 겉포장 용기 : KS A1515(폴리에틸렌 병)와 KS M3511(폴리에틸렌 통)에 규정되어 있는 폴리에틸렌 용기형식에 준하여 고밀도 폴리에틸렌(HDPE) 일반용기를 사용한다. ○ 속 포 장 : KS A3509(포장용 폴리에틸렌 필름)중 1종인 저밀도 폴리에틸렌으로 하며 무착색의 것을 사용한다.
포장방법	○ 속포장인 PE봉투(튜브형)에 젓갈을 넣고 결속끈으로 봉한 다음 PE 용기에 넣어 뚜껑을 완전히 밀폐시킨다.
포장설계 (단위:mm)	별첨 : 별지 그림 17

4) 10kg 포장

구 분	포 장 규 격
포장치수	○ 용기 외치수 : ∅245×230(지름×높이)mm
포장재료	○ 겉포장 용기 : KS A1515(폴리에틸렌 병)와 KS M3511(폴리에틸렌 통)에 규정되어 있는 폴리에틸렌 용기형식에 준하여 고밀도 폴리에틸렌(HDPE) 일반용기를 사용한다. ○ 속 포 장 : KS A3509(포장용 폴리에틸렌 필름)중 1종인 저밀도 폴리에틸렌으로 하며 무착색의 것을 사용한다.
포장방법	○ 폴리에틸렌 용기에 속포장인 PE봉투(튜브형)을 넣고 그 안에 젓갈을 넣어 결속끈으로 봉한 다음 뚜껑을 완전히 밀폐시킨다.
포장설계 (단위:mm)	별첨 : 별지 그림 18

5) 20kg 포장

구 분	포 장 규 격
포장치수	○ 용기 외치수 : ∅295×338(지름×높이)mm
포장재료	○ 겉포장 용기 : KS A1515(폴리에틸렌 병)와 KS M3511(폴리에틸렌 통)에 규정되어 있는 폴리에틸렌 용기형식에 준하여 고밀도 폴리에틸렌(HDPE) 일반용기를 사용한다. ○ 속 포 장 : KS A3509(포장용 폴리에틸렌 필름)중 1종인 저밀도 폴리에틸렌으로 하며 무착색의 것을 사용한다.
포장방법	○ 폴리에틸렌 용기에 속포장인 PE봉투(튜브형)을 넣고 그 안에 젓갈을 넣어 결속끈으로 봉한 다음 뚜껑을 완전히 밀폐시킨다.

| 포장설계
(단위:mm) | 별첨 : 별지 그림 19 |

다. 표시사항 : 품명, 산지, 생산년·월, 등급, 무게, 취급상 유의사항, 생산자, 성명·주소(전화번호)

9. 냉동오징어

가. 등급규격

항 목	특	상	보 통
1마리의 무게(g)	320 이상	270 이상	230 이상
다른크기의 것의 혼입율(%)	0	10 이하	30 이하
색 택	우 량	양 호	보 통
선 도	우 량	양 호	보 통
형 태	우 량	양 호	보 통
공통규격	○크기가 균일하고 배열이 바르게 되어야 한다. ○부패한 냄새 및 기타 다른 냄새가 없어야 한다. ○보관온도는 -18℃ 이하 이어야 한다.		

나. 포장규격

1) 2kg 포장

구 분	포 장 규 격
포장치수	○상자 외치수 : 365×135×85(장×폭×고)mm
포장재료	○겉포장 상자 : KS A1502(외부포장용 골판지)에 규정된 B골 양면골판지 1종, 파열강도 10kg/㎠이상, 수분함량 9±2% 발수도 R2로 한다.
포장방법	○겉포장 상자 : 겉포장 상자는 TUCK-and 형식을 적용하며 PP냉동 TRAY를 상자에 넣어 봉함한다.
포장설계 (단위:mm)	별첨 : 별지 그림 20

2) 4kg 포장

구 분	포 장 규 격
포장치수	○상자 외치수 : 365×240×85(장×폭×고)mm
포장재료	○겉포장 상자 : KS A1502(외부포장용 골판지)에 규정된 B골 양면골판지 1종, 파열강도 10kg/㎠이상, 수분함량 9±2% 발수도 R2로 한다.
포장방법	○겉포장 상자 : 겉포장 상자는 TUCK-and 형식을 적용하며 PP냉동 TRAY를 상자에 넣어 봉함한다.
포장설계 (단위:mm)	별첨 : 별지 그림 21

3) 8kg 포장

구 분	포 장 규 격
포장치수	○ 상자 외치수 : 465×310×85(장×폭×고)mm
포장재료	○ 겉포장 상자 : KS A1502(외부포장용 골판지)에 규정된 B골 양면골판지 1종, 파열강도 10kg/㎠이상, 수분함량 9±2% 발수도 R2로 한다.
포장방법	○ 겉포장 상자 : 겉포장 상자는 TUCK-and 형식을 적용하며 PP냉동 TRAY를 상자에 넣어 봉함한다.
포장설계 (단위:mm)	별첨 : 별지 그림 22

다. 표시사항 : 품명, 산지, 생산년·월, 등급, 무게, 취급상 유의사항, 생산자 성명·주소(전화번호)· 단 , 원양산의 생산지 표시는 수산물품질관리법시행령 제18조제2항에서 정하는 바에 따른다.

10. 간미역

가. 등급규격

항 목	특	상	보 통
파치품(15cm이하)의 혼입율(%)	3 이하	5 이하	10 이하
노쇠엽, 충해엽, 황갈색엽 등의 혼입율(%)	3 이하	5 이하	10 이하
색 깔	우 량	양 호	보 통
공통규격	○ 다른 품종의 것이 없어야 한다. ○ 속줄기가 제거된 것이어야 한다. ○ 자숙이 적당하고 염분이 균등하며 물빼기가 충분한 것이어야 한다. ○ 보관온도는 -5℃ 이하 이어야 한다. ○ 수 분 : 63% 이하 ○ 염 분 : 25% 이상, 40% 이하		

나. 포장규격

1) 200g 포장

구 분	포 장 규 격
포장치수	○ 외경치수 : 170×210(가로×세로)mm ○ 내경치수 : 150×190(가로×세로)mm
포장재료	○ 재질은 나일론 PE(폴리에틸렌 필름)을 사용한다. ○ 모양 : 필름상 사용하므로 옆면은 완전하게 열봉함한다. ○ 색상 : 필름은 무착색의 것을 사용한다.
포장방법	○ PE봉지는 윗부분을 제외한 밑·옆 부분은 외경치수로부터 10mm 안쪽으로 실링한다.

	○ 내용물을 담은 후 윗부분의 봉함은 밑·옆부분과 동일하게 10mm정도로 실링 처리한다.
포장설계 (단위:mm)	별첨 : 별지 그림 23

2) 500g 포장

구 분	포 장 규 격
포장치수	○ 외경치수 : 210×285(가로×세로)mm ○ 내경치수 : 190×265(가로×세로)mm
포장재료	○ 재질은 나일론 PE(폴리에틸렌 필름)을 사용한다. ○ 모양 : 필름상을 사용하므로 옆면은 완전하게 열봉함다. ○ 색상 : 필름은 무착색의 것을 사용한다.
포장방법	○ PE봉지는 윗부분을 제외한 밑·옆 부분은 외경치수로부터 10mm 안쪽으로 실링한다. ○ 내용물을 담은 후 윗부분의 봉함은 밑·옆부분과 동일하게 10mm정도로 실링 처리한다.
포장설계 (단위:mm)	별첨 : 별지 그림 24

3) 1kg 포장

구 분	포 장 규 격
포장치수	○ 외경치수 : 290×350(가로×세로)mm ○ 내경치수 : 270×330(가로×세로)mm
포장재료	○ 재질은 나일론 PE(폴리에틸렌 필름)을 사용한다. ○ 모양 : 필름상을 사용하므로 옆면은 완전하게 열봉함다. ○ 색상 : 필름은 무착색의 것을 사용한다.
포장방법	○ PE봉지는 윗부분을 제외한 밑·옆 부분은 외경치수로부터 10mm 안쪽으로 실링한다. ○ 내용물을 담은 후 윗부분의 봉함은 밑·옆부분과 동일하게 10mm정도로 실링 처리한다.
포장설계 (단위:mm)	별첨 : 별지 그림 25

4) 3kg 포장

구 분	포 장 규 격
포장치수	○ 외경치수 : 370×455(가로×세로)mm ○ 내경치수 : 340×425(가로×세로)mm
포장재료	○ 재질은 나일론 PE(폴리에틸렌 필름)을 사용한다. ○ 모양 : 필름상을 사용하므로 옆면은 완전하게 열봉함다. ○ 색상 : 필름은 무착색의 것을 사용한다.
포장방법	○ PE봉지는 윗부분을 제외한 밑·옆 부분은 외경치수로부

○ 내용물을 담은후 윗부분의 봉함은 밑·옆부분과 동일하게 10mm정도로 실링 처리한다.

구 분	포 장 규 격
포장설계 (단위:mm)	별첨 : 별지 그림 26

(위 칸 첫 줄: 터 10mm 안쪽으로 실링한다.)

5) 5kg 포장

구 분	포 장 규 격
포장치수	○ 겉포장 외치수(골판지상자) : 285×205×155(장×폭×고)mm ○ 속포장(PE필름) : 520×600(가로×세로)mm
포장재료	○ 겉포장 : 골판지상자 SW-B(KS 1종) ○ 속포장 : KS A3509(포장용 폴리에틸렌 필름)중 1종인 저밀도 폴리에틸렌으로 하며 무착색의 것을 사용한다.
포장방법	○ 속포장 PE 필름을 골판지상자에 평면히 깔고 내용물에 넣어 결속한 다음 상자의 뚜껑을 닫는다.
포장설계 (단위:mm)	별첨 : 별지 그림 27

6) 10kg 포장

구 분	포 장 규 격
포장치수	○ 겉포장 외치수 : 370×265×155(장×폭×고)mm ○ 속포장(PE필름) : 480×520(가로×세로)mm
포장재료	○ 겉포장 : 골판지상자 SW-B(KS 1종) ○ 속포장 : KS A3509(포장용 폴리에틸렌 필름)중 1종인 저밀도 폴리에틸렌으로 하며 무착색의 것을 사용한다.
봉합 및 결속	○ 봉합 : 골판지상자의 날개봉합은 폭2mm 이상의 평철사로 상하 양면에 2개 이상씩 봉합하거나 또는 포장용 감테이프로 상하 양면에 봉합한다(단, 테이프는 상하 중간면을 봉합하여 옆면에 5cm이상을 초과하지 못한다) ○ 결속 : KS A1507(폴리프로필렌밴드)에 규정된 제16호 PP밴드로 가로 2개소를 결박하거나 또는 연질 폴리끈으로 가로 2개소를 결박하거나 두돌림하여 묶는다.
포장설계 (단위:mm)	별첨 : 별지 그림 28

다. 표시사항 : 품명, 산지, 생산년·월, 등급, 무게, 취급상 유의사항, 생산자, 성명·주소(전화번호)

02 수산물 검사기준

❶ 수산물·수산가공품의 검사기준

(1) 목적

이 고시는 농수산물품질관리법시행규칙(이하 "규칙"이라 한다) 제110조의 규정에 의하여 수산물·수산물가공품의 검사기준에 대하여 규정함으로써 업무의 공정성과 객관성을 확보함을 목적으로 한다.

(2) 정의

어패류	"어·패류"라 함은 어류·패류·갑각류 및 연체류 등의 수산동물을 말한다.
신선·냉장품	"신선·냉장품"이라 함은 얼음 등을 이용하여 신선상태를 유지하거나 동결되지 아니 하도록 10℃이하로 냉장한 수산동·식물을 말한다.
냉동품	"냉동품"이라 함은 수산동·식물을 원형·처리 또는 가공하여 동결시킨 제품을 말한다.
건제품	"건제품"이라 함은 수산동·식물의 수분을 감소시키기 위하여 건조하거나 단순히 삶거나, 굽거나, 염장하여 말린 제품을 말한다.
염장품	"염장품"이라 함은 수산동·식물을 식염 또는 식염수를 이용하여 절이거나 식염 또는 식염과 주정을 가하여 숙성시켜 만든 제품을 말한다.
조미가공품	"조미가공품"이라 함은 수산동·식물에 조미료를 첨가하여 조림·건조 또는 구워서 만든 제품 및 패류 자숙시 유출되는 액의 유효성분을 농축하여 만든 간장류(쥬스류)등의 제품을 말한다.
어간유·어유	"어간유·어유"라 함은 수산동물의 간장에서 추출한 유지 또는 이를 원료로 하여 농축한 것(어간유)과 수산동물의 간장을 제외한 어체에서 추출한 유지(어유)를 말한다.
어분·어비	"어분·어비"라 함은 어류 및 기타 수산동물을 자숙·압착·건조하여 분쇄한 것(어분)과 어류 및 기타 수산동물을 자숙·압착·건조하여 비료로 사용하는 것(어비)을 말한다.
한천	"한천"이라 함은 홍조류중의 한천성분(다당류)을 물리적 또는 화학적 방법에 의하여 추출·응고 및 건조시켜 만든 제품을 말한다.

---

2 회 기 출 문 제

수산물·수산가공품 검사기준에 관한 고시에서 규정하고 있는 용어의 정의이다. 괄호 안에 올바른 용어와 내용을 답란에 쓰시오.

(①)이라 함은 얼음 등을 이용하여 신선상태를 유지하거나 동결되지 아니 하도록 (②)이하로 냉장한 수산동·식물을 말한다.

▶ ① 신선·냉장품 ② 10℃

조미가공품
- "조미가공품"이라 함은 수산동·식물에 조미료를 첨가하여 조림·건조 또는 구워서 만든 제품 및 패류 자숙시 유출되는 액의 유효성분을 농축하여 만든 간장류(쥬스류)등의 제품을 말한다.

어육연제품
- "어육연제품"이라 함은 어육에 소량의 소금 및 부재료를 넣고 갈아서 만든 고기풀을 가열·응고시켜 만든 탄성 있는 겔 상태의 가공품을 말한다.

어육연제품	"어육연제품"이라 함은 어육에 소량의 소금 및 부재료를 넣고 갈아서 만든 고기풀을 가열·응고시켜 만든 탄성 있는 겔 상태의 가공품을 말한다.
통·병조림품	"통·병조림품"이라 함은 수산동·식물을 관 또는 병에 넣어 탈기·밀봉·살균·냉각 등의 가공공정을 거쳐 만든 제품을 말한다.

(3) 수산물·수산가공품의 검사기준

1) 규칙 제110조의 규정에 의한 수산물·수산가공품(이하 "수산물등"이라 한다)의 검사기준은 다음 각호와 같다.
   ① 농수산물품질관리법(이하 "법"이라 한다) 제88조제1항제1호의 규정에 의하여 정부에서 수매·비축하는 수산물등의 검사기준은 수산물 정부비축사업집행지침이 정하는 바에 의한다.
   ② 법 제88조제1항제2호의 규정에 의하여 외국과의 협약 또는 수출상대국의 요청에 의하여 검사가 필요한 수산물등의 검사기준은 별표 1과 같다.
   ③ 제1항제1호 및 제2호외의 수산물 등에 대하여 검사신청이 있는 경우에는 별표 1의 검사기준을 적용한다.
2) 별표 1에서 정하여지지 아니한 수산물 등의 검사기준은 식품위생법 제7조의 규정에 의하여 식품의약품안전처장이 정하여 고시한 기준·규격을 적용한다.
3) 제1항제2호 및 제2항의 규정에도 불구하고 법 제88조제1항제2호의 규정에 의하여 외국과의 협약·수입국(수입자를 포함한다. 이하 같다) 또는 검사신청인이 요구하는 검사기준이 있는 경우에는 그 기준·규격을 우선 적용할 수 있다.

(4) 수산물 등의 표시기준

1) 수산물 등에는 제품명, 중량(또는 내용량), 업소명(제조업소명 또는 가공업소명), 원산지명 등을 표시하여야 한다. 다만, 외국과의 협약 또는 수입국에서 요구하는 표시기준이 있는 경우에는 그 기준에 따라 표시할 수 있다.
2) 제1항의 규정에도 불구하고 무포장 및 대형수산물 또는 수입국에서 요구할 경우에는 그 표시를 생략할 수 있다.

(5) 수산물·수산가공품 검사기준

[별표 1] 수산물·수산가공품 검사기준(제3조관련)

1) 관능검사기준

가. 활어·패류

항 목	합 격
외 관	손상과 변형이 없는 형태로서 병·충해가 없는 것
활력도	살아 있고 활력도가 양호한 것
선 별	대체로 고르고 이종품의 혼입이 없는 것

나. 신선·냉장품

항 목	합 격
형 태	손상과 변형이 없고 처리상태가 양호한 것
색 택	고유의 색택으로 양호한 것
선 도	선도가 양호한 것
선 별	크기가 대체로 고르고 다른 종류가 혼입되지 아니한 것
잡 물	혈액 등의 처리가 잘되고 그 밖에 협잡물이 없는 것
냄 새	신선하여 이취가 없는 것

다. 냉동품

(1) 어·패류

항 목	합 격
형 태	고유의 형태를 가지고 손상과 변형이 거의 없는 것
색 택	고유의 색택으로 양호한 것
선 별	크기가 대체로 고르고 다른 종류가 혼입되지 아니한 것
선 도	선도가 양호한 것
잡 물	혈액 등의 처리가 잘 되고 그 밖에 협잡물이 없는 것
건조 및 유소	글레이징이 잘되어 건조 및 유소현상이 없는 것 다만, 건조 및 유소를 방지할 수 있도록 포장한 것은 제외한다.
온 도	중심온도가 -18℃이하인 것 다만, 횟감용 참치류의 중심온도는 -40℃이하인 것

(2) 연육

2회 기출문제

수산물·수산가공품 검사기준에 관한 고시에서 규정하고 있는 수산물 등의 표시기준 중 제품명, 중량(또는 내용량), 업소명(제조업소명 또는 가공업소명), 원산지명 등의 표시를 생략할 수 있는 경우 3가지를 답란에 쓰시오.

▶ 무포장제품, 대형수산물, 수입국의 요구

2회 기출문제

수산물·수산가공품 검사시준에 관한 고시에서 규정하고 있는 냉동품 중에서 어·패류의 관능검사기준에 관한 설명이다. 괄호 안에 올바른 용어를 답란에 쓰시오.

항목	합격
온도	(①)온도가 -18℃이하인 것 다만, (②) 참치류의 (③)온도는 -40℃이하인 것

▶ ① 중심 ② 횟감용 ③ 중심

항목	합격
형태	고기갈이 및 연마 상태가 보통이상인 것
색택	색택이 양호하고 변색이 없는 것
냄새	신선하여 이취가 없는 것
잡물	뼈 및 껍질 그 밖에 협잡물이 없는 것
육질	절곡시험 C급 이상인 것으로 육질이 보통인 것
온도	제품 중심온도가 -18℃이하인 것

(5) 어육연제품(찐어묵 등)

항목	합격
형태	고유의 형태를 가지고 손상과 변형이 거의 없는 것
색택	고유의 색택으로 양호한 것
잡물	잡물이 없는 것
탄력	탄력이 양호한 것
온도	제품의 중심온도가 -18℃이하인 것

(6) 이료용 및 사료용 수산물수산가공품은 (1)의 기준중 선별, 잡물 항목을 제외한다.

라. 건제품
(1) 마른김 및 얼구운김

항목	검사기준				
	특등	1등	2등	3등	등외
형태	길이206㎜이상, 너비189㎜이상이고 형태가 바르며 축파지, 구멍기가 없는 것. 다만, 대판은 길이223㎜이상, 너비 195㎜이상인 것	길이206㎜이상, 너비189㎜이상이고 형태가 바르며 축파지, 구멍기가 없는 것. 다만, 재래식은 길이 260㎜이상, 너비 190㎜이상, 대판은 길이 223㎜이상, 너비195㎜이상인 것	좌와 같음	좌와 같음	길이 206㎜, 너비 189㎜이나 과도하게 가장자리를 치거나 형태가 바르지 못하고 경미한 축파지 및 구멍기가 있는 제품이 약간 혼입된 것. 다만, 재래식과 대판의 길이 및 너비는 1등에 준한다.
색택	고유의 색택(흑색)을 띄고 광택이 우	고유의 색택을 띄고 광택이 우량하고 선명한	고유의 색택을 띄고 광택이 양호하고 사태가	고유의 색택을 띄고 있으나 광택이 보통이고 사	고유의 색택이 떨어지고 나부기 또는 사태가 전체

	수하고 선명한 것	것	경미한 것	태나 나부기가 보통인 것	표면의 20% 이하인 것
청태의 혼입	청태(파래·매생이)의 혼입이 없는것	청태의 혼입이 3%내인 것. 다만, 혼해태는 20%이하인 것	청태의 혼입이 10%이내인 것. 다만, 혼해태는 30% 이하인 것	청태의 혼입이 15%이내인것. 다만, 혼해태는 45%이하인 것	청태의 혼입이 15%이내인 것. 다만, 혼해태는 50% 이하인 것
향 미	고유의 향미가 우수한 것	고유의 향미가 우량한 것	고유의 향미가 양호한 것	고유의 향미가 보통인 것	고유의 향미가 다소 떨어지는 것

항 목	검 사 기 준				
	특 등	1 등	2 등	3 등	등 외
중 량	100매 1속의 중량이 250g 이상인 것	100매 1 속의 중량이 250g이상인 것. 다만, 재래식은 200g이상인 것			
	다만, 얼구운김 중량은 마른김 화입으로 인한 감량을 감안할 수 있다.				
협잡물	토사·따개비·갈대잎 및 그 밖에 협잡물이 없는 것				
결 속	10매를 1첩으로 하고 10첩을 1속으로 하여 강인한 대지로 묶는다. 다만, 수요자의 요청에 따라 첩단위 또는 평첩의 상태로 포장할 수 있다				
결속대지 및 문고지	형광물질이 검출되지 아니한 것				

(2) 마른멸치

항 목	1 등	2 등	3 등
형 태	대멸 : 77㎜이상 중멸 : 51㎜이상 소멸 : 31㎜이상 자멸 : 16㎜이상 세멸 : 16㎜미만으로서 다른크기의 혼입 또는 머리가 없는 것이 1%내인 것	대멸 : 77㎜이상 중멸 : 51㎜이상 소멸 : 31㎜이상 자멸 : 16㎜이상 세멸 : 16㎜미만으로서 다른크기의 혼입 또는 머리가 없는 것이 3%내인 것	대멸 : 77㎜이상 중멸 : 51㎜이상 소멸 : 31㎜이상 자멸 : 16㎜이상 세멸 : 16㎜미만으로서 다른크기의 혼입 또는 머리가 없는 것이 5%이내인 것
색 택	자숙이 적당하여 고유의 색택이 우량하고 기름이 피지 아니한 것	자숙이 적당하여 고유의 색택이 양호하고 기름핀 정도가 적은 것	자숙이 적당하여 고유의 색택이 보통이고 기름이 약간 핀 것
향 미	고유의 향미가 우량한 것	고유의 향미가 양호한 것	고유의 향미가 보통인 것

2회 기출문제

수산물 가공업제에 근부하고 있는 수산물품질관리사가 마른멸치(중멸) 제품을 관능검사한 결과이다. 수산물·수산가공품 검사기준에 관한 고시에서 규정한 관능검사기준에 따라 이 제품에 대한 판정등급을 쓰고, 항목별로 그 판정이유를 서술하시오.(단, 협잡물은 제외하고 다른 조건은 고려하지 않는다.)

항목	검사결과
형태	중멸 : 51㎜ ~ 55㎜, 다른 크기의 혼입 또는 머리가 없는 것이 5%
색택	자숙이 적당하여 고유의 색택이 양호하고 기름핀 정도가 적음
향미	고유의 향미가 양호함
선별	이종품의 혼입이 거의 없음

▶ 판정등급 : 3등급

판정이유 : 형태 3등, 색택 2등, 향미 2등, 선별 3등

선 별	이종품의 혼입이 없는 것

(3) 마른우무가사리

항목	1등	2등	3등	등외
원료	산지 및 채취의 계절이 동일하고 조체 발육이 우량한 것	산지 및 채취의 계절이 동일하고 조체 발육이 양호한 것	산지 및 채취의 계절이 동일하고 조체 발육이 보통인 것	좌와 같음
색택	고유의 색택으로서 우량하며, 발효로 인하여 뜨지 아니한 것	고유의 색택으로서 양호하며, 발효로 인하여 뜨지 아니한 것	고유의 색택으로서 보통이며, 발효로 인하여 뜨지 아니한 것	고유의 색택으로서 보통이며, 발효에 의하여 뜬 정도가 심하지 아니한 것
협잡물	다른 해조 및 그 밖에 협잡물이 1%이하인 것	다른 해조 및 그 밖에 협잡물이 3%이하인 것	다른 해조 및 그 밖에 협잡물이 5%이하인 것	좌와 같음

(4) 마른톳

항목	1등	2등	3등
원료	산지 및 채취의 계절이 동일하고 조체발육이 우량한 것	산지 및 채취의 계절이 동일하고 조체 발육이 양호한 것	산지 및 채취의 계절이 동일하고 조체 발육이 보통인 것
색택	고유의 색택으로서 우량하며 변질이 아니된 것	고유의 색택으로서 우량하며 변질이 아니된 것	고유의 색택으로서 보통이며 변질이 아니된 것
협잡물	다른 해조 및 토사 그 밖에 협잡물이 1%이하인 것	다른 해조 및 토사 그 밖에 협잡물이 3%이하인 것	다른 해조 및 토사 그 밖에 협잡물이 5%이하인 것

(5) 마른어류(어포 포함)

항목	합격
형태	형태가 바르고 손상이 적으며 충해가 없는 것
색택	고유의 색택이 양호한 것
협잡물	토사 및 그 밖에 협잡물이 없는 것.
향미	고유의 향미를 가지고 이취가 없는 것

(6) 마른오징어류(문어·갑오징어 등)

항목	합격
형태	1. 형태가 바르고 손상이 없으며 흡반의 탈락이 적은 것 2. 썰거나 찢은 것은 크기가 고른 것
색택	색택이 보통이며 얼룩이 거의 없는 것
곰팡이	곰팡이가 없고 적분이 거의 없는 것

및 적분	
협잡물	토사 및 그 밖에 협잡물이 없는 것
향 미	고유의 향미를 가지고 이취가 없는 것
선 별	크기가 대체로 고른 것

(7) 마른굴 및 마른홍합

항 목	합 격
형 태	형태가 바르고 크기가 고르며 파치품 혼입이 거의 없는 것
색 택	고유의 색택으로 백분이 없고 기름이 피지 아니한 것
협잡물	토사 및 협잡물이 없는 것
향 미	고유의 향미를 가지고 이취가 없는 것

(8) 마른패류(굴·홍합을 제외한 그 밖의 패류)

항 목	합 격
형 태	형태가 바르고 손상품이 적은 것
색 택	고유의 색택이 양호한 것
협잡물	토사 및 그 밖에 협잡물이 없는 것
향 미	고유의 향미를 가지고 이취가 없는 것

(9) 마른어·패류 분말 또는 분쇄(멸치·굴·홍합 등)

항 목	합 격
형 태	1. 분말정도가 미세하고 고른 것 2. 분쇄정도가 대체로 고른 것
색 택	고유의 색택으로 유소현상이 없는 것
협잡물	토사 및 그 밖에 협잡물이 없는 것
향 미	고유의 향미를 가지고 이취가 없는 것

(10) 마른해삼류

항 목	합 격
형 태	형태가 바르고 크기가 고른 것
색 택	고유의 색택이 양호하고 백분이 심하지 아니한 것
협잡물	토사·곰팡이 및 그 밖에 협잡물이 없는 것
향 미	고유의 향미를 가지고 이취가 없는 것

(11) 마른새우류(새우살·겉새우 등 일반갑각류 포함)

항 목	합 격
형 태	손상이 적고 대체로 고른 것
색 택	색택이 양호한 것
협잡물	토사 및 그 밖에 협잡물이 없는 것
향 미	고유의 향미를 가지고 이취가 없는 것
선 별	이종품의 혼입이 거의 없는 것

(12) 마른상어지느러미(복어지느러미 포함)

항 목	합 격
원 료	이종의 지느러미를 혼합하지 아니하고 소형 상어지느러미는 배지느러미 및 뒷지느러미 혼합이 거의 없는 것
형 태	형태가 바르고 지느러미 근부에 군살의 부착이 적고 충해·파손구멍이 없는 것
색 택	고유의 색택을 가지고 바래지거나 기름 및 곰팡이가 피지 아니하고 백분이 심하지 아니한 것
협잡물	토사 및 그 밖에 협잡물이 없는 것
향 미	이취가 없는 것

(13) 마른다시마

항 목	합 격
원 료	조체발육이 양호한 것
형 태	정형상태가 대체로 바르고 손상품이 거의 없는 것
색 택	1. 고유의 색택(흑녹색 또는 흑갈색)이 양호하고 바래진 정도가 심하지 아니한 것 2. 곰팡이가 없고 백분이 심하지 아니한 것
협잡물	토사가 없고 그 밖에 협잡물이 거의 없는 것
향 미	고유의 향미를 가지고 이취가 없는 것

(14) 찐톳

항 목	합 격
형 태	줄기(L) : 길이는 3cm이상으로서 3cm미만의 줄기와 잎의 혼입량이 5%이하인 것 잎 (S) : 줄기를 제거한 잔여분(길이 3cm미만의 줄기 포함)으로서 가루가 섞이지 아니한 것 파치(B) : 줄기와 잎의 부스러기로서 가루가 섞이지 아니한 것
색 택	광택이 있는 흑색으로서 착색은 찐톳원료 또는 감태 등 자숙시 유출된 액으로 고르게 된 것
선 별	줄기와 잎을 구분하고 잡초의 혼입이 없으며 노쇠 등 여원 제품의 혼입이 없는 것
협잡물	토사패각 등 협잡물의 혼입이 없는 것
취 기	곰팡이 냄새 또는 그 밖에 이취가 없는 것

(15) 마른미역류(가닥미역·썰은미역 등, 썰은간미역 포함)

항 목	합 격
원 료	조체발육이 양호한 것
형 태	1. 형태가 바르고 손상이 거의 없는 것 2. 썰은 것은 크기가 고르고 파치품의 혼입이 거의 없는 것
색 택	고유의 색택으로 양호한 것

협잡물	토사 및 그 밖에 협잡물이 없는 것
향 미	고유의 향미를 가지고 이취가 없는 것

(16) 마른돌김

항 목	합 격
형 태	1. 초제상태가 양호하여 제품의 형태가 대체로 바른 것 2. 구멍기가 심하지 아니한 것
색 택	고유의 색택을 띠고 광택이 양호하며 사태 및 나부끼의 혼입이 거의 없는 것
협잡물	토사·패각 등 협잡물의 혼입이 없는 것
이종품의 혼 입	청태 및 종류가 다른 김의 혼입이 5%이하인 것
향 미	고유의 향미를 가지고 이취가 없는 것

(17) 구운김

항 목	합 격
형 태	1. 배소로 인한 파상형 또는 요철형의 혼입이 적은 것 2. 크기가 고르고 구멍기가 심하지 아니한 것
색 택	고유의 색택을 가지고 배소로 인한 변색이 심하지 아니한 것
협잡물	토사 및 협잡물의 혼입이 없는 것
향 미	고유의 향미를 가지고 이취가 없는 것

(18) 게EX분(분말)

항 목	합 격
형 태	분말의 정도가 미세하고 고른 것
색 택	고유의 색택이 양호한 것
협잡물	토사 및 그 밖에 협잡물이 없는 것
향 미	고유의 향미를 가지고 이취가 없는 것

(19) 마른해조류(도박·진도박·돌가사리 등, 그 밖의 갯풀)

항 목	합 격
원 료	조체발육이 양호한 것
색 택	고유의 색택이 양호하고 변색되지 아니한 것
협잡물	다른 해조, 토사 및 그 밖에 협잡물이 3%이하인 것

(20) 마른해조분

항 목	합 격
형 태	분말의 정도가 고른 것
색 택	고유의 색택을 가지며 변질·변색이 아니된 것
협잡물	토사 및 그 밖에 협잡물이 5%이하인 것
취 기	곰팡이 또는 이취가 없는 것

(21) 마른 바랜·뜬갯풀

항 목	합 격
원 료	조체발육이 양호한 것
형 태	바랜정도와 뜬형태가 적당한 것
색 택	바래거나 뜬 색택이 고른 것
협잡물	협잡물이 1%이하인 것

(22) 그 밖의 건제품

항 목	합 격
형 태	형태가 바르고 크기가 고른 것
색 택	1. 고유의 색택을 가진 것 2. 구운 것은 과열로 인한 흑반이 심하지 아니한 것
협잡물	토사 및 그 밖에 협잡물이 없는 것
향 미	고유의 향미를 가지고 이취가 없는 것

마. 염장품
(1) 성게젓

항 목	합 격
형 태	미숙한 생식소의 혼입이 적고 이종품의 혼입이 거의 없으며 알모양이 대체로 뚜렷한 것
색 택	고유의 색택이 양호한 것
협잡물	토사 및 그 밖에 협잡물이 없는 것
향 미	고유의 향미를 가지고 이취가 없는 것

(2) 명란젓 및 명란맛젓

항 목	합 격
형 태	크기가 고르고 생식소의 충전이 양호하고 파란 및 수란이 적은 것
색 택	색택이 양호한 것
협잡물	협잡물이 없는 것
향 미	고유의 향미를 가지고 이취가 없는 것
처 리	처리상태 및 배열이 양호한 것
첨가물	제품에 고르게 침투한 것

(3) 새우젓

항 목	합 격
형 태	새우형태를 가지고 있어야 하며 부스러진 새우의 혼입이 적은 것
색 택	고유의 색택이 양호하고 변색이 없는 것
협잡물	토사 및 그 밖에 협잡물이 없는 것
향 미	고유의 향미를 가지고 이취가 없는 것
액 즙	정미량의 20%이하인 것
처 리	숙성이 잘되고 이종새우 및 잡어의 선별이 잘된 것

(4) 간미역 (줄기포함)

2회 기출문제

수산물·수산가공품 검사기준에 관한 고시에서 규정하고 있는 염장품의 관능검사 합격기준에 관한 내용이다. 옳으면 O, 틀리면 ×를 답란에 표시하시오.

- 성게젓의 형태는 미숙한 생식소의 혼입이 적고 이종품의 혼입이 거의 없으며 알모양이 대체로 뚜렷한 것
- 명란젓 및 명란맛젓의 형태는 크기가 고르고 생식소의 충전이 양호하고 파란 및 수란이 적은 것
- 새우젓의 액즙은 정미량의 50%이하인 것

➡ O, O, ×

항 목	합 격
원 료	조체발육이 양호한 것
색 택	고유의 색택이 양호한 것
선 별	1. 줄기와 잎을 구분하고 속줄기는 절개한 것 2. 노쇠엽 및 황갈색엽의 혼입이 없어야 하며 15cm이하의 파치품이 5%이하인 것
협잡물	잡초·토사 및 그 밖에 협잡물이 없는 것
향 미	고유의 향미를 가지고 이취가 없는 것
처 리	자숙이 적당하고 염도가 엽체에 고르게 침투하여 물빼기가 충분한 것

(5) 그 밖의 간해조류

항 목	합 격
원 료	조체발육이 양호한 것
색 택	고유의 색택이 양호한 것
협잡물	잡초·토사 및 그 밖에 협잡물이 없는 것
향 미	고유의 향미를 가지고 있으며 이취가 없는 것
처 리	생원조 그대로 가공한 것은 염도가 적당하고 물빼기가 충분하여야 하며 생원조를 자숙한 것은 과미숙이 심하지 않고 염도가 적당하며 물빼기가 충분한 것

(6) 간성게

항 목	합 격
형 태	응고도가 적당하여 탄력이 있으며 손상이 거의 없는 것
색 택	고유의 색택이 양호한 것
협잡물	껍질·토사 그 밖에 협잡물이 없는 것
향 미	고유의 향미를 가지고 이취가 없는 것

(7) 어류액젓

항 목	합 격
외 관	침전물이 적으며 액즙의 투명도가 양호한 것
색 택	고유의 색택으로 변색이 없는 것
협잡물	협잡물이 없는 것
향 미	고유의 향미를 가지고 이미·이취가 없는 것

(8) 그 밖의 염장품

항 목	합 격
형 태	형태가 바르고 고른 것
색 택	고유의 색택으로서 변색이 거의 없는 것
협잡물	토사 및 그 밖에 협잡물이 없는 것
처 리	염도가 적당하고 처리상태가 양호한 것

바. 조미가공품

(1) 조미오징어류(문어·갑오징어 등)

항 목	합 격
형 태	1. 동체는 형태가 바르고 손상이 적은 것 2. 늘인 것은 늘인 정도가 고르고 손상이 적은 것 3. 찢은 것은 찢은 정도가 고르고 손상이 적은 것
색 택	1. 색택이 대체로 고르고 곰팡이가 없고 백분이 거의 없는 것 2. 늘인 것은 배소로 인한 반점이 심하지 아니한 것
선 별	1. 이종품과 협잡물의 혼입이 없는 것 2. 늘이고 찢은 정도에 따라 파치품 혼입이 거의 없는 것
향 미	고유의 향미를 가지고 이취가 없는 것
첨가물	1. 육질에 고르게 침투한 것 2. 훈제품의 경우에는 훈연이 고르게 침투한 것

(2) 조미쥐치포(늘인·구운 것 포함)

항 목	합 격
형 태	형태가 바르고 손상품의 혼입이 적은 것
색 택	1. 고유의 색택을 가지고 광택이 있으며, 배소 과정을 거친 제품은 과열로 인한 반점이 심하지 아니한 것 2. 곰팡이가 없으며 백분이 거의 없는 것
선 별	응혈육·착색육·변색품 및 파치품의 혼입이 거의 없는 것
향 미	고유의 향미를 가지고 이취가 없는 것
처 리	피뼈기가 충분하며, 어피·등뼈가 거의 붙어 있지 아니한 것
협잡물	토사 및 이물질의 혼입이 없는 것
첨가물	육질에 고르게 침투한 것

(3) 조미김(김부각 및 맛김 포함)

항 목	합 격
형 태	형태가 바르고 크기가 고르며 손상이 거의 없는 것
색 택	고유의 색택이 양호한 것
협잡물	토사 및 그 밖에 협잡물이 없는 것
향 미	고유의 향미를 가지고 이취가 없는 것
첨가물	제품에 고르게 침투한 것

(4) 조미어패류(조미하여 얼구운 어류 포함)

항 목	합 격
원 료	종류가 동일하고 육질이 부서지지 아니하며 탄력이 있는 것
형 태	형태가 바르고 크기가 고르며 손상이 없는 것
색 택	품종별 고유의 색택이 양호하고 곰팡이가 없으며 백분이 거의 없는 것
선 별	파치품과 과열로 인한 변색품의 선별이 잘된 것
향 미	고유의 향미를 가지고 이미·이취가 없는 것
협잡물	토사 및 협잡물이 없는 것

항 목	합 격
첨가물	육질에 고르게 침투한 것

(5) 패류간장(굴·홍합·바지락간장 등)

항 목	합 격
색 택	갈색 또는 흑갈색인 것
협잡물	협잡물이 없는 것
향 미	고유의 향미를 가지고 이취가 없는 것
첨가물	제품에 고르게 혼합된 것

(6) 조미참치(어육)

항 목	합 격
형 태	어육입방체(Dice)의 길이 및 모각이 대체로 고르며, 파치품의 혼입이 거의 없는 것
색 택	고유의 색택을 가지고 백분이 거의 없는 것
협잡물	협잡물이 없는 것
향 미	고유의 향미를 가지고 이취가 없는 것
첨가물	육질에 고르게 침투한 것

(7) 식초담근 순채류

항 목	합 격
형태 및 자숙도	형태가 바르고 자숙이 적당한 것
색 택	고유의 색택이 양호한 것
협잡물	토사 및 협잡물이 없는 것
향 미	고유의 향미를 가지고 있으며 이취가 없는 것
점질물	점질물은 원초에 고르게 덮여져 있고 청등한 것

(8) 조미해조류 (미역줄기·해조무침 등)

항 목	합 격
형 태	자르거나 찢은 정도가 고른 것
색 택	고유의 색택이 양호한 것
협잡물	잡초·토사 및 협잡물이 없는 것
향 미	고유의 향미를 가지고 있으며 이취가 없는 것
첨가물	제품에 고르게 침투한 것

(9) 어육 액즙(다랭이 액즙 등)

항 목	합 격
색 택	갈색 또는 흑갈색인 것
협잡물	협잡물이 없는 것
향 미	고유의 향미를 가지며 이취가 없는 것
첨가물	제품에 고르게 혼합한 것

(10) 다시마 액즙

항 목	합 격
색 택	갈색 또는 흑갈색인 것
협잡물	협잡물이 없는 것
향 미	고유의 향미를 가지며 이취가 없고 Brix도가 33%이상인 것
첨가물	제품에 고르게 혼합한 것

(11) 그 밖의 조미가공품(꽃포 포함)

항 목	합 격
형 태	고유의 형태를 가지고 이종품의 혼입이 없는 것
색 택	고유의 색택이 양호한 것
협잡물	곰팡이 및 협잡물이 없는 것
향 미	고유의 향미를 가지고 이취가 없는 것
첨가물	육질에 고르게 침투한 것

사. 어간유·어유

항 목	합 격
색 택	색택이 투명하고 양호한 것
취 기	산패취가 없는 것

아. 어분·어비

(1) 어분·어비

항 목	합 격
분말정도	어분은 입자가 고르고 어비는 크기가 대체로 고른 것
냄 새	암모니아취 및 탄냄새 등 이취가 심하지 아니한 것.
협 잡 물	협잡물이 거의 없는 것
곰 팡 이	곰팡이가 없는 것
충 해	없는 것

(2) 그 밖의 어분(갑각류껍질 등)

항 목	합 격
분 말	분말정도가 고르며 적당한 것
색 택	변색되지 아니한 것
냄 새	변패취가 없는 것
협잡물	협잡물이 거의 없는 것

자. 한천

(1) 실한천

| 항 목 | 1등 | 2등 | 3등 |

형 태	300mm이상으로 크기가 대체로 고른 것.		
색 택	백색 또는 유백색으로 광택이 있으며 약간의 담황색이 있는 것	백색 또는 유백색이나 약간의 담갈색 또는 담흑색이 있는 것	백색 또는 유백색이나 담갈색 또는 약간의 담흑색이 있는 것
제 정 도	급냉·난건·풍건이 없고, 파손품토사의 혼입이 없는 것	급냉·난건·풍건이 경미하며, 파손품토사의 혼입이 극히 적은 것	급냉·난건·파손품토사 및 협잡물이 적은 것

(2) 가루한천 또는 인상한천

항 목	1 등	2 등	3 등
색 택	백색 또는 유백색이며 광택이 양호한 것	백색이며 담황색이 약간 있는 것	백색이며 약간의 담갈색 또는 담흑색이 있는 것
제 정 도	품질 및 크기가 고른 것	품질 및 크기가 대체로 고른 것	품질 및 크기가 약간 고르지 못한 것

(3) 산한천·설한천·그 밖의 한천

항 목	1 등	2 등
형 태	1. 산한천은 길이100mm이상이고 설한천(길이 100mm이하의 것)의 혼입이 5% 이내인 것 2. 그 밖의 한천 : 형태 및 품질이 대체로 고른 것	2. 그 밖의 한천 : 형태 및 품질이 약간 고르지 못한 것
색 택	백색 또는 유백색이며, 광택이 양호한 것	백색 또는 유백색이나 야간의 황갈색 또는 담황색이 있는 것
협 잡 물	혼입이 없는것	

차. 어육연제품
(1) 어묵류 (찐어묵·구운어묵·튀김어묵·맛살 등)

항 목	합 격
성 상	1. 색·형태·풍미 및 식감이 양호하고 이미·이취가 없는 것 2. 고명을 넣은 것은 그 모양 및 배합상태가 양호한 것 3. 구운어묵은 구운색이 양호하며 눌은 것이 없는 것 4. 맛살은 게·새우 등의 형태와 풍미가 유사한 것
탄 력	5mm두께로 절단한 것을 반으로 접었을 때 금이 가지 아니한 것
이 물	혼합되지 아니한 것

(2) 어육소시지(고명어육소시지, 혼합어육소시지, 고명혼합어육소시지)

항 목	합 격

성 상	1. 색택이 양호한 것 2. 향미가 양호하며 이미·이취가 없는 것 3. 식감이 양호한 것 4. 육질 및 결착이 양호한 것
겉 모 양	1. 변형되지 아니한 것. 2. 밀봉이 완전한 것. 3. 손상되지 아니한 것. 4. 케이싱과 내용물이 분리되지 아니한 것. 5. 케이싱 결착부에 내용물이 부착되지 아니한 것.
이 물	혼합되지 아니한 것

(3) 특수포장어묵

항 목	합 격
성 상	색·형태·풍미 및 식감이 양호하고 이미·이취가 없는 것
탄 력	5mm두께로 절단한 것을 반으로 접었을 때 금이 가지 아니한 것
이 물	혼합되지 아니한 것
외면 및 용기상태	1. 변형되지 아니한 것 2. 밀봉이 완전한 것 3. 손상되지 아니한 것 4. 케이싱과 내용물이 분리되지 아니한 것 5. 케이싱의 매듭에 내용물이 부착되지 아니한 것

2) 정밀검사기준

수산물·수산가공품의 중금속 정밀검사기준

1. 총수은 0.5mg/kg
2. 납 2.0
3. 카드뮴 2.0

항 목	기 준	검 사 대 상
1. 중금속 1) 총수은	0.5mg/kg 이하	ㅇ활, 신선·냉장품, 냉동품, 건제품 ㅇ어류, 연체류, 패류, 냉동식용대구머리, 냉동창란(생물로 기준할 때) 다만, 심해성어류 및 다랑어류 및 새치류 제외 [심해성어류 : 쏨뱅이류(적어포함, 연안성어종 제외), 금눈돔, 칠성상어, 얼룩상어, 악상어, 청상아리, 기름치, 곱상어, 귀상어, 은상어, 청새리상어, 흑기흉상어, 다금바리, 체장메기(홍메기), 블랙오레오도리, 스무스오레오도리, 오렌지라피, 붉평치, 먹장어(연안성 제외), 흑점샛돔(은샛돔), 파타고니아이빨고기, 은민대구(뉴질랜드계군에 한함) 등] [다랑어류 및 새치류 : 참다랑어, 남방참다랑어, 날개다랑어, 눈다랑어, 황다랑어, 돛새치, 청새치, 녹새치, 백새치, 황새치, 백다랑어, 가다랑어, 점다랑어, 몽치다래, 물치다래]
2) 메틸수은	1.0mg/kg	ㅇ심해성어류, 다랑어류, 새치류(생물로 기

항 목	기 준	검 사 대 상
3) 납	0.5mg/kg 이하	준할 때) 2009.12.1일부터 시행 ○ 어류, 냉동식용대구머리, 냉동창란(생물로 기준할 때)
	2.0mg/kg 이하	○ 연체류, 패류(생물로 기준할 때)
4) 카드뮴	2.0mg/kg 이하	○ 연체류, 패류(생물로 기준할 때)
2. 동물용의약품 등		○ 어류, 갑각류 및 전복(양식가능 품종으로서 활, 신선·냉장품 및 냉동품)
1) 옥시테트라싸이클린/클로르테트라싸이클린/테트라싸이클린 합으로서	0.2mg/kg 이하	- 어류 - 갑각류 - 전복
2) 독시싸이클린	0.05mg/kg 이하	- 어류
3) 클로람페니콜	불 검 출	- 어류 - 갑각류
4) 스피라마이신	0.2mg/kg 이하	
5) 옥소린산	0.1mg/kg 이하	
6) 플루메퀸	0.5mg/kg 이하	
7) 엔로플록사신/시프로플록사신 합으로서	0.1mg/kg 이하	
8) 설파제의 총 합으로서 (설파클로르피리다진, 설파디아진, 설파디메톡신, 설파메톡시피리다진, 설파메라진, 설파메타진, 설파메톡사졸, 설파모노메톡신, 설파티아졸, 설파퀴녹살린, 설파독신, 설파페나졸, 설피속사졸, 설파클로르피라진)	0.1mg/kg 이하	- 어류
9) 아목시실린	0.05mg/kg 이하	- 어류 - 갑각류
10) 암피실린	0.05mg/kg 이하	

2회 기출문제

수산물·수산가공품 검사기준에 관한 고시에서 규정하고 있는 해산이매패 및 그 가공품에 대한 마비성패독(PSP)의 정밀검사기준을 답란에 쓰시오.

➡ 80µg/100g 이하

항 목	기 준	검 사 대 상
3. 마비성패독 (PSP)	80µg/100g 이하	○ 해산이매패 및 그 가공품
4. 복어독	10MU/g 이하	○ 활, 신선·냉장품, 냉동품 – 복어 육질 및 껍질
5. 타르색소	불검출	○ 신선·냉장품, 냉동품 – 캐비아 및 그 대용품 – 필레 처리한 연어·송어·피조개·성게·명란 ※다만, 관능검사결과 색소를 첨가하지 아니하였다고 인정되는 경우에는 정밀검사를 생략할 수 있다 ○ 명란젓 및 명란맛젓
6. 세균수	1g중 50,000이하	○ 생식용 생굴에 한함
	1g중 100,000이하	○ 냉동품 (생식용에 한함)
7. 분변계대장균	230MPN/100g이하	○ 생식용 생굴, 냉동품(생식용에 한함)
8. 대장균군	음성	○ 어육연제품
9. pH	6.0이상	○ 수출용 냉동굴에 한함
10. 조회분	6.0%이하	○ 한천
	28.0%이하	○ 마른해조분
	30.0%이하	○ 그 밖의 어분 (갑각류 껍질등)
11. 조단백질	3.0%이하	○ 한천
	7.0%이상	○ 마른해조분
	35.0%이상	○ 그 밖의 어분(갑각류 껍질 등)
	45.0%이상	○ 혼합어분
	50.0%이상	○ 게엑스분(분말) ○ 어분어비(혼합어분 및 그 밖의 어분 제외)
12. 조지방	1.0%이하	○ 게엑스분(분말)
	12.0%이하	○ 어분어비, 그 밖의 어분(갑각류 껍질 등)
13. 전질소	0.5%이상	○ 어류젓혼합액
	1.0%이상	○ 멸치액젓, 패류 간장(굴·홍합·바지락간장 등)
	3.0%이상	○ 어육 액즙
14. 엑스분	21.0%이상	○ 패류간장
	40.0%이상	○ 어육액즙
15. 비타민A함유량	1g당 8,000 I.U이상	○ 어간유

항 목	기 준		대 상			
				1등	2등	3등
16. 제리강도	C급 (100~300g/㎠이상)	실한천(㎠당)		300g 이상	200g 이상	100g 이상
	J급		실한천(㎠당)	350g	250g	100g

			이상	이상	이상
	(100~350g/㎠ 이상)	가루·인상한천 (㎠당)	350g 이상	250g 이상	150g 이상
		산한천(㎠당)	200g 이상	100g 이상	–
17. 열탕불용해잔사물	4.0%이하	○한천			
18. 붕산	0.1%이하	○한천			
19. 이산화황(SO2)	30mg/kg미만	○조미쥐치포류, 건어포류, 기타건포류, 마른새우(두절포함)			
20. 산가	2.0%이하	○어간유			
	4.0%이하	○어유			
21. 염분	3.0%이하	〈어분어비〉 어분어비			
	12.0%이하	〈조미가공품〉 어육액즙			
	13.0%이하	〈염장품〉 성게젓			
	15.0%이하	〈염장품〉 간성게			
		〈조미가공품〉 패류 간장			
	20.0%이하	〈조미가공품〉 다시마 액즙			
	23.0%이하	〈염장품〉 멸치액젓, 어류젓 혼합액			
	40.0%이하	〈염장품〉 간미역(줄기포함)			
22. 수분	1%이하	〈어유·어간유〉 어유어간유			
	5%이하	〈건제〉얼구운김·구운김, 어패류(분말), 게EX분(분말)			
	7%이하	〈조미가공품〉 김 (김부각 등 포함)			
	12%이하	〈건제〉 어패류(분쇄), 〈어분어비〉어분어비, 그 밖의 어분(갑각류 껍질등)			
	15%이하	〈건제〉 김, 돌김			
	16%이하	〈건제〉미역류(썰은간미역제외), 찐톳, 해조분			
	18%이하	〈건제〉 다시마			
	20%이하	〈건제〉어류(어포포함), 굴·홍합, 상어지느러미·복어지느러미 〈조미가공품〉 참치(어육)			
	22%이하	〈건제〉 그 밖에 패류(굴·홍합제외), 해삼류 〈한천〉 한천			
	23%이하	〈건제〉 오징어류, 미역(썰은간미역에 한함), 우무가사리, 그 밖의 건제품			
	25%이하	〈건제〉 새우류, 멸치(세멸 제외), 톳, 도박·진도박돌가사리 그 밖의 해조류 〈조미가공품〉 쥐치포류			
	28%이하	〈조미가공품〉 어패류(얼구운 어류포함) 그 밖의 조미가공품(꽃포 포함)			

2회 기출문제

수산물·수산가공품 검사기준에 관한 고시에 규정하고 있는 정밀검사기준에서 건제 김(마른 김)의 수분 기준을 쓰시오.(단, 품질보장수단이 병행된 것은 고려하지 않는다.)

▶ 15% 이하

	30%이하	〈건제〉 멸치(세멸), 뜬바랜갯풀 〈조미가공품〉오징어류(동체·훈제제외), 백합
	42%이하	〈조미가공품〉오징어류(문어·오징어 등)의 동체 또는 훈제
	50%이하	〈염장품〉 간성게
		〈조미가공품〉 청어(편육)
	60%이하	〈염장품〉 성게젓
	63%이하	〈염장품〉 간미역
		〈조미가공품〉 조미성게
	68%이하	〈염장품〉 간미역(줄기), 멸치액젓
	70%이하	〈염장품〉 어류젓혼합액
	※ 건제품·염장품·조미가공품중 위 기준 이상인 경우 품질보장수단이 병행된 것은 그러하지 아니하다.	
23. 첨가물 및 보존료	식품 위생 법에 규정된 기준과 규격에 적합할 것	○염장품·조미가공품에 첨가물 항목이 계기된 품목과 어육연제품
24. 식중독균 　가. 장염비브리오 　나. 살모넬라 　다. 황색포도상구균 　라. 리스테리아모노사이토제네스	음 성 음 성 음 성 음 성	○냉장·냉동한 횟감용 수산물 　- 더 이상의 가공, 가열조리를 하지 않고 섭취하는 수산물
25. 토 사	3.0%이하	○어분어비(갑각류 껍질 등)

식중독균 정밀검사

가. 장염비브리오
나. 살모넬라
다. 황색포도상구균
라. 리스테리아모노사이토제네스

제2장 | 품질 검사

01 수산물 및 수산가공품에 대한 검사의 종류 및 방법

(제113조제1항, 제115조제1항 및 제2항 관련)

(1) 서류검사

1) "서류검사"란 검사신청 서류를 검토하여 그 적합 여부를 판정하는 검사로서 다음의 수산물·수산가공품을 그 대상으로 한다.
   ① 법 제88조제4항 각 호에 따른 수산물 및 수산가공품
   ② 국립수산물품질관리원장이 필요하다고 인정하는 수산물 및 수산가공품
2) 서류검사는 다음과 같이 한다.
   ① 검사신청 서류의 완비 여부 확인
   ② 지정해역에서 생산하였는지 확인(지정해역에서 생산되어야 하는 수산물 및 수산가공품만 해당한다)
   ③ 생산·가공시설 등이 등록되어야 하는 경우에는 등록 여부 및 행정처분이 진행중인지 여부 등
   ④ 생산·가공시설 등에 대한 시설위생관리기준 및 위해요소중점관리기준에 적합한 지 확인(등록시설만 해당한다)
   ⑤ 「원양산업발전법」 제6조에 따른 원양어업의 허가 여부 또는 「식품산업진흥법」 제19조의5에 따른 수산물가공업의 신고 여부의 확인(법 제88조제4항제3호에 해당하는 수산물 및 수산가공품만 해당한다)
   ⑥ 외국에서 검사의 일부를 생략해 줄 것을 요청하는 서류의 적정성 여부

(2) 관능검사

1) "관능검사"란 오관(五官)에 의하여 그 적합 여부를 판정하는

> **2회 기출문제**
>
> 농수산물품질관리법령상 수산물 및 수산가공품에 대한 검사의 종류 및 방법에 관한 내용이다. 괄호 안에 올바른 용어를 답란에 쓰시오.
>
> ( )란 오관(五官)에 의하여 그 적합 여부를 판정하는 검사이다.
>
> ➡ 관능검사

검사로서 다음의 수산물 및 수산가공품을 그 대상으로 한다.
① 법 제88조제4항제1호에 따른 수산물 및 수산가공품으로서 외국요구기준을 이행했는지를 확인하기 위하여 품질·포장재·표시사항 또는 규격 등의 확인이 필요한 수산물·수산가공품
② 검사신청인이 위생증명서를 요구하는 수산물·수산가공품(비식용수산·수산가공품은 제외한다)
③ 정부에서 수매·비축하는 수산물·수산가공품
④ 국내에서 소비하는 수산물·수산가공품

2) 관능검사는 다음과 같이 한다.
국립수산물품질관리원장이 전수검사가 필요하다고 정한 수산물 및 수산가공품 외에는 다음의 표본추출방법으로 한다.
① 무포장 제품(단위 중량이 일정하지 않은 것)

신청로트의 크기		관능검사 채점지점(마리)
	1톤 미만	2
1톤 이상	3톤 미만	3
3톤 이상	5톤 미만	4
5톤 이상	10톤 미만	5
10톤 이상	20톤 미만	6
20톤 이상		7

② 포장 제품(단위 중량이 일정한 블록형의 무포장 제품을 포함한다)

신청개수		추출개수	채점개수
	4개 이하	1	1
5개 이상	50개 이하	3	1
51개 이상	100개 이하	5	2
101개 이상	200개 이하	7	2
201개 이상	300개 이하	9	3
301개 이상	400개 이하	11	3
401개 이상	500개 이하	13	4
501개 이상	700개 이하	15	5
701개 이상	1,000개 이하	17	5
1,001개 이상		20	6

2회 기출문제

A수산물 공장이 국립수산물품질관리원에 검사를 신청한 고등어는 무포장 제품(단위 중량이 일정하지 않은 것)이며, 신청 로트(Lot)의 크기는 7톤이었다. 국립수산물품질관리원의 검사관은 A수산물 공장의 고등어를 농수산물품질관리법령상 수산물 및 수산가공품에 대한 검사의 종류 및 방법에서 정한 표본추출방법에 따라 관능검사를 실시하려고 한다. 이 때 검사 시료는 몇 마리를 채점해야 하는 지를 쓰고, 그 이유에 관하여 서술하시오.

▶ 검사시료 : 5마리, 로트 5톤 이상 10톤 미만은 5마리

(3) 정밀검사

1) "정밀검사"란 물리적·화학적·미생물학적 방법으로 그 적합 여부를 판정하는 검사로서 다음의 수산물·수산가공품을 그 대상으로 한다.
   ① 검사신청인 또는 외국요구기준에서 분석증명서를 요구하는 수산물 및 수산가공품
   ② 관능검사결과 정밀검사가 필요하다고 인정되는 수산물 및 수산가공품
   ③ 외국요구기준에 따라 수출된 수산물 및 수산가공품에서 유해물질이 검출된 경우 그 수산물 및 수산가공품의 생산·가공시설에서 생산·가공되는 수산물

2) 정밀검사는 다음과 같이 한다.
   외국요구기준에서 정한 검사방법이 있는 경우에는 그 방법으로 하고, 그 방법이 없을 때에는 「식품위생법」 제14조에 따른 식품등의 공전(公典)에서 정한 검사방법으로 한다.

수산물·수산가공품의 정밀검사 대상
- ① 검사신청인 또는 외국요구기준에서 분석증명서를 요구하는 수산물 및 수산가공품
  ② 관능검사결과 정밀검사가 필요하다고 인정되는 수산물 및 수산가공품
  ③ 외국요구기준에 따라 수출된 수산물 및 수산가공품에서 유해물질이 검출된 경우 그 수산물 및 수산가공품의 생산·가공시설에서 생산·가공되는 수산물

02 식품공전 중 수산물에 대한 규격 (식품의약품안전처고시제2015-34호)

❶ 규격

(1) 수산물일반에 대한 공통기준 및 규격

1) 성상 : 적합하여야 한다.
2) 세균수
   최종소비자가 그대로 섭취할 수 있도록 유통판매를 목적으로 위생처리하여 용기·포장에 넣은 동물성 냉동수산물 : 1 g 당 100,000 이하
3) 대장균군
   최종소비자가 그대로 섭취할 수 있도록 유통판매를 목적으로 위생처리하여 용기·포장에 넣은 동물성 냉동수산물 : g 당 10 이하

4) 최종소비자가 그대로 섭취할 수 있도록 유통판매를 목적으로 위생처리하여 용기·포장에 넣은 수산물은 살모넬라(Salmonella spp.) 및 리스테리아 모노사이토제네스(Listeria monocytogenes) 음성, 장염비브리오(Vibrio parahaemolyticus) 및 황색포도상구균(Staphylococcus aureus) g당 100 이하이어야 한다.

5) 일산화탄소
   ① 수산물에 일산화탄소를 인위적으로 처리하여서는 아니 된다.
   ② 필렛(Fillet) 또는 썰거나 자른 냉동틸라피아, 냉동참치 및 방어(냉장 또는 냉동)의 일산화탄소 처리 유무판정은 제6. 2. 5) (3) ① 나)에 따른다.
   ③ 진공포장된 냉동틸라피아 및 방어(냉장 또는 냉동)의 일산화탄소 처리 유무판정은 제6. 2. 5) (3) ② 나)에 따른다.

(2) 복어독

① 육질 : 10 MU/g 이하
② 껍질 : 10 MU/g 이하
③ 식용가능한 복어의 종류

	종 류	학 명
1	복섬	Fugu niphobles, Takifugu niphobles
2	흰점복	Fugu poecilonotus, Takifugu poecilonotus
3	졸복	Fugu pardalis, Takifugu pardalis
4	매리복	Fugu vermicularis vermicularis, Takifugu vermicuLaris snyderi
5	검복	Fugu vermicularis porphyreus, Takifugu porphyreus
6	황복	Fugu ocellatus obscurus, Takifugu obscurus
7	눈불개복	Fugu chrysops, Takifugu chrysops
8	자주복	Fugu rubripes, Takifugu rubripes
9	검자주복	Fugu rubripes chinensis, Takifugu chinensis
10	까치복	Fugu xanthopterus, Takifugu xanthopterus
11	금밀복	Lagocephalus inermis

12	흰밀복	Lagocephalus wheeleri
13	검은밀복	Lagocephalus gloveri
14	불룩복	Sphoeroides pachygaster, Liosaccus pachygaster
15	삼채복	Fugu flavidus, Takifugu flavidus
16	강담복	ChiLomycterus affinis
17	가시복	Diodon holocanthus
18	브리커가시복	Diodon liturosus
19	쥐복	Diodon hystrix
20	노란거북복	Ostracion cubicus
21	까칠복	Fugu stictonotus, Takifugu stictonotus

(3) 냉동식용어류머리

1) 정의

냉동식용어류머리란 대구(Gadus morhua, Gadus ogac, Gadus macrocephalus), 은민대구(Merluccius australis), 다랑어류 및 이빨고기(Dissostichus eleginoides, Dissostichus mawsoni)의 머리를 가슴지느러미와 배지느러미 부위가 붙어있는 상태로 절단한 것과 식용 가능한 모든 어종(복어류 제외)의 머리 중 가식부를 분리해 낸 것을 중심부 온도가 −18℃이하가 되도록 급속냉동한 것으로서 식용에 적합하게 처리된 것을 말한다.

2) 원료 등의 구비요건

① 원료는 세계관세기구(WCO)의 통일상품명및부호체계에관한 국제협약상 식용(HS 0303호)으로 분류되어 위생적으로 처리된 것이 관련기관에 의해 확인된 것이어야 한다.

② 원료의 절단시 내장, 아가미가 제거되고, 위생적으로 처리되어야 한다.

③ 식품첨가물 등 다른 물질을 사용하지 않은 것이어야 한다.

3) 규격

① 성상 : 적합하여야 한다.

② 중금속

㉠ 총수은 : 0.5 mg/kg 이하(심해성 어류, 다랑어류 및 새치류는 제외한다)
㉡ 메틸수은 : 1.0 mg/kg 이하(심해성 어류, 다랑어류 및 새치류에 한한다)
㉢ 납 : 0.5 mg/kg 이하
③ 대장균 : 음성
④ 세균수 : 1 g당 1,000,000 이하
⑤ 방사능
   ㉠ 131I : 300 Bq/kg 이하
   ㉡ 134Cs+137Cs : 370 Bq/kg 이하
⑥ 히스타민 : 200 mg/kg 이하(다랑어류에 한한다)

4) 시험방법
  ① 총수은
    제9. 일반시험법 7.1 중금속시험 7.1.2.4 수은에 따라 시험한다.
  ② 메틸수은
    제9. 일반시험법 7.1 중금속시험 7.1.2.7 메틸수은에 따라 시험한다.
  ③ 납
    제9. 일반시험법 7.1 중금속시험 7.1.2.1 납에 따라 시험한다.
  ④ 대장균
    제9. 일반시험법 3. 미생물시험법 3.8 대장균에 따라 시험한다.
  ⑤ 세균수
    제9. 일반시험법 3. 미생물시험법 3.5.1 일반세균수에 따라 시험한다.
  ⑥ 방사능
    제9. 일반시험법 7. 식품 중 유해물질시험법 7.2 방사능에 따라 시험한다.
  ⑦ 히스타민
    제6. 수산물에 대한 규격 2. 시험방법 11) 히스타민에 따라 시험한다.

(4) 냉동식용어류내장

1) 정의

    냉동식용어류내장이란 식용 가능한 어류의 알(복어알은 제외), 창난, 이리(곤이), 오징어 난포선 등을 분리하여 중심부 온도가 -18℃이하가 되도록 급속냉동한 것으로서 식용에 적합하게 처리된 것을 말한다.

2) 원료 등의 구비요건

    ① 원료는 세계관세기구(WCO)의 통일상품명및부호체계에관한 국제협약상 식용(HS 0303호, 0306호 또는 0307호)으로 분류되어 위생적으로 처리된 것이 관련기관에 의해 확인된 것이어야 한다.

    ② 원료의 분리 시 다른 내장은 제거된 것이어야 한다.

    ③ 식품첨가물 등 다른 물질을 사용하지 않은 것이어야 한다.

3) 규격

    ① 성상 : 적합하여야 한다.

    ② 중금속

    ㉠ 총수은 : 0.5 mg/kg 이하(심해성 어류, 다랑어류 및 새치류는 제외한다)

    ㉡ 메틸수은 : 1.0 mg/kg 이하(심해성 어류, 다랑어류 및 새치류에 한한다)

    ㉢ 납 : 0.5 mg/kg 이하(다만, 두족류는 2.0 mg/kg 이하)

    ㉣ 카드뮴 : 3.0 mg/kg 이하(다만, 어류의 알은 1.0 mg/kg 이하, 두족류는 2.0 mg/kg 이하)

    ③ 대장균 : 음성

    ④ 세균수 : 1 g당 1,000,000 이하

4) 시험방법

    ① 총수은

    제9. 일반시험법 7.1 중금속시험법 7.1.2.4 수은에 따라 시험한다.

    ② 메틸수은

    제9. 일반시험법 7.1 중금속시험법 7.1.2.7 메틸수은에 따라 시험한다.

    ③ 납

제9. 일반시험법 7.1 중금속시험법 7.1.2.1 납에 따라 시험한다.

④ 카드뮴

제9. 일반시험법 7.1 중금속시험법 7.1.2.2 카드뮴에 따라 시험한다.

⑤ 대장균

제9. 일반시험법 3. 미생물시험법 3.8 대장균에 따라 시험한다.

⑥ 세균수

제9. 일반시험법 3. 미생물시험법 3.5.1 일반세균수에 따라 시험한다.

(5) 생식용 굴

1) 정의

생식용 굴이란 소비자가 날로 섭취할 수 있는 전각굴, 반각굴, 탈각굴로서 포장한 것을 말한다(냉동굴을 포함한다).

2) 원료 등의 구비요건

① 생식용 굴은 「정착성 수산동식물 생산해역의 등급설정 기준」(농림축산식품부 고시)에 따라 청정해역의 수질기준에 적합한 해역에서 생산된 것이거나 자연정화1) 또는 인공정화2) 작업을 통해 청정해역의 기준에 적합하도록 처리되어야 한다.

② 굴은 채취 후 신속하게 위생적인 물로써 충분히 세척하여야 하며, 화학적합성품(차아염소산나트륨 제외)을 사용하여서는 안 된다.

③ 생식용 굴은 덮개가 있는 용기(합성수지, 알루미늄 상자 또는 내수성의 가공용지) 등으로 포장해서 10℃이하로 보존·유통하여야 한다.

◆ 용어 풀이

가. 자연정화 : 굴 내에 존재하는 미생물 수치를 줄이기 위해 굴을 수질기준에 적합한 지역으로 옮겨서 자연 정화 능력을 이용하여 처리하는 과정

나. 인공정화 : 굴 내부의 병원체를 줄이기 위하여 육상

2회 기출문제

식품공전 중 수산물에 대한 규격에서 규정하고 있는 냉동식용어류내장의 정의와 생식용 굴의 정의에 관하여 서술하시오.

▶ 냉동식용어류내장이란 식용 가능한 어류의 알(복어알은 제외), 창난, 이리(곤이), 오징어 난포선 등을 분리하여 중심부 온도가 −18℃이하가 되도록 급속냉동한 것으로서 식용에 적합하게 처리된 것을 말한다.

　　　시설 등의 제한된 수중 환경으로 처리하는 과정
3) 규격
　　대장균 : 230 MPN/100g 이하
4) 시험방법
　대장균
　제9. 일반시험법 3. 미생물 시험법 3.8 대장균 가. 최확수법 2) 제2법에 따라 시험한다.

② 시험방법

(1) 성상(관능검사)

성상(관능검사)검사시 외관, 색깔, 선별 항목은 각 수산물에 공통으로 적용하고 종류별로 검사 항목이 정하여진 것은 이를 포함하여 다음의 채점기준에 따라 채점한 결과가 평균 3점 이상이고 1점 항목이 없어야 한다.

구분	항목	채 점 기 준
공통	외관 (형태)	1. 손상과 변형이 없고, 처리상태가 우량한 것은 5점으로 한다. 2. 손상과 변형이 거의 없고, 처리상태가 양호한 것은 그 정도에 따라 4점 또는 3점으로 한다. 3. 손상과 변형이 있거나 처리상태가 나쁜 것은 2점으로 한다. 4. 손상과 변형이 현저히 많거나 처리상태가 현저히 나쁜 것은 1점으로 한다.
	색깔 (색택)	1. 고유의 색깔이 우량한 것은 5점으로 한다. 2. 고유의 색깔이 양호한 것은 그 정도에 따라 4점 또는 3점으로 한다. 3. 색깔이 나쁜 것은 2점으로 한다. 4. 색깔이 현저히 나쁜 것은 1점으로 한다.
	선별	1. 크기 및 품질이 균일하고 이종품 및 파치품의 혼입이 없는 것은 5점으로 한다. 2. 크기 및 품질이 균일하고 이종품의 혼입이 없고 파치품의 혼입이 거의 없는 것은 그 정도에 따라 4점 또는 3점으로 한다. 3. 크기 및 품질이 약간 불균일하고 이종품의 혼입

2회 기출문제

수산물·수산가공품 검사기준에 관한 고시에서 규정하고 있는 관능검사기준 중 활어·패류의 외관, 활력도, 선별의 합격기준에 관하여 서술하시오.

➡

항목	합격기준
외관	손상과 변형이 없는 형태로서 병·충해가 없는 것
활력도	살아 있고 활력도가 양호한 것
선별	대체로 고르고 이종품의 혼입이 없는 것

		이 없으며 파치품의 혼입이 있는 것은 2점으로 한다. 4. 크기 및 품질이 불균일하고 이종품의 혼입이 있고 파치품의 혼입이 많은 것은 1점으로 한다.
활어·패류	활력도	1. 살아있고 병충해의 흔적이 없으며 활력도가 우량한 것은 5점으로 한다. 2. 살아있고 병충해의 흔적이 없으며 활력도가 양호한 것은 그 정도에 따라 4점 또는 3점으로 한다. 3. 살아있고 병충해의 흔적이 없으며 활력도가 보통인 것은 2점으로 한다. 4. 살아있고 병충해의 흔적이 있거나 활력도가 불량한 것은 1점으로 한다.
신선·냉장품	선도	1. 선도가 우량하고 고유의 신선취가 있는 것은 5점으로 한다. 2. 선도가 양호하고 고유의 신선취 정도에 따라 4점 또는 3점으로 한다. 3. 선도가 떨어지고 이취(유화수소, 암모니아취)가 약간 있는 것은 2점으로 한다. 4. 선도가 불량하고 이취(유화수소, 암모니아취)가 있는 것은 1점으로 한다.
냉동품	선도	1. 선도가 우량하고 고유의 신선취가 있는 것은 5점으로 한다. 2. 선도가 양호하고 고유의 신선취 정도에 따라 4점 또는 3점으로 한다. 3. 선도가 떨어지고 이취(유화수소, 암모니아취)가 약간 있는 것은 2점으로 한다. 4. 선도가 불량하고 이취(유화수소, 암모니아취)가 있는 것은 1점으로 한다.
	건조 및 유소	1. 충분히 그레이징하거나 포장하여 건조 및 유소현상이 없는 것은 5점으로 한다. 2. 건조 및 유소현상이 비교적 없는 것은 그 정도에 따라 4점 또는 3점으로 한다. 3. 건조 및 유소현상이 보통인 것은 2점으로 한다. 4. 건조 및 유소현상이 심한 것은 1점으로 한다.
건조품	풍미	1. 충해 및 곰팡이가 없고 고유의 풍미가 우량한 것은 5점으로 한다. 2. 충해 및 곰팡이가 없고 고유의 풍미가 양호한 것은 그 정도에 따라 4점 또는 3점으로 한다. 3. 충해 및 곰팡이가 없고 고유의 풍미가 보통인 것은 2점으로 한다. 4. 충해 및 곰팡이가 없고 고유의 풍미가 불량한 것은 1점으로 한다.

염장품	풍미	1. 염분이 육질에 균등히 침투되고 고유의 풍미가 우량한 것은 5점으로 한다. 2. 염분이 육질에 균등히 침투되고 고유의 풍미가 양호한 것은 그 정도에 따라 4점 또는 3점으로 한다. 3. 염분이 육질에 약간 불균일하게 침투되고 고유의 풍미가 보통인 것은 2점으로 한다. 4. 염분이 육질에 불균일하게 침투되고 고유의 풍미가 불량한 것은 1점으로 한다.

(2) 세균수

냉동상태의 검체를 포장된 그대로 40℃이하에서 가능한 한 단시간에 녹이고 용기·포장의 표면을 70% 알콜솜으로 잘 닦은 후 제9. 일반시험법 3. 미생물시험법 3.5.1 일반세균수에 따라 시험한다.

(3) 대장균군

위 (2)에서 만든 검액으로 제9. 일반시험법 3. 미생물시험법 3.7 대장균군 3.7.2 정량시험 나. 데스옥시콜레이트유당한천배지에 의한 정량법에 따라 시험한다.

(4) 복어독

초산추출법에 의하여 추출하고, 마우스의 복강주사에 의한 독력시험법에 따라 시험한다.

(5) 일산화탄소 시험법

1) 시약
   ① 일산화탄소 표준가스 : 교정용 가스(81.5 μL/L혹은 이 부근의 농도), 사용시 공기로 희석하여 사용한다.
   ② 황산 : 특급
   ③ n-옥틸알콜 : 특급
2) 가스크로마토그래프의 측정조건

2회 기출문제

식품공전 중 수산물에 대한 규격에서 규정하고 있는 세균수 시험방법에 관한 내용이다. 괄호 안에 올바른 내용을 답란에 쓰시오.

냉동상태의 검체를 포장된 그대로 (①) 이하에서 가능한 한 단시간에 녹이고 용기·포장의 표면을 (②) 알콜솜으로 잘 닦은 후 제9. 일반시험법 3. 미생물시험법 3.5.1 일반세균수에 따라 시험한다.

▶ ① 40℃ ② 70%

Tip

복어독

– 초산추출법에 의하여 추출하고, 마우스의 복강주사에 의한 독력시험법에 따라 시험한다.

① 검출기 : 수소염이온화 검출기(FID)
② 메타나이저
③ 환원온도 : 350~400℃
④ 칼럼 : HP-MOLSIV 캐필러리 칼럼 (30 m×0.53 mm ID, 25 ㎛) 또는 이와 동등한 것
⑤ 칼럼온도 : 초기의 온도 60℃에서 시료를 주입하고 1분간 유지한 후 2분 동안 120℃까지 상승시켜 2분간 유지한다.
⑥ 주입부 온도 : 150~200℃
⑦ 검출기의 온도 : 150~200℃
⑧ 캐리어가스 및 유량 : 질소 또는 헬륨(유량은 최적조건으로 적절히 조정한다)

3) 시험방법
① 일반법
㉠ 시험방법
ⓐ 시료를 해동한 직후 껍질을 벗긴 다음 세절하고 300g을 정밀히 달고 2배량의 4℃로 냉각된 물을 가한 후 빙냉하에서 균질화(냉동틸라피아의 경우 1분, 냉동참치 및 방어(냉장 또는 냉동)의 경우 30초)하여 이를 시료액으로 한다.
ⓑ 시료액 200 g을 원심분리관에 취하여 10℃에서 원심분리(3,000 rpm, 10분)하고 상등액을 얻는다.
ⓒ 상등액 50mL를 100mL 헤드스페이스병에 넣고 n-옥틸알콜 5방울, 물 5mL, 20% 황산 20mL를 가하고 밀봉한 후 2분간 강하게 진탕한다. 10분간 정치한 후 다시 1분간 진탕하고 병속의 기체층을 가스타이트시린지로 1mL를 취하여 가스크로마토그래프에 주입한다.
ⓓ 별도로 표준 일산화탄소가스를 청정공기 또는 질소가스로 적정농도로 희석한 후 1mL를 가스타이트시린지로 가스크로마토그래프에 주입하고 얻어진 피크면적으로 부터 검량선을 작성하여 시료중의 일산화탄소량을 구한다.
어육중의 일산화탄소농도를 구할 때는 다음의 계수를 이용한다.

일산화탄소 표준가스 1mL(20℃)의 중량 = 표준가스의 일산화탄소의 농도 × 1.165mg

ⓔ 이 때, 검출된 일산화탄소 농도가 냉동틸라피아에서는 20㎍/kg 초과, 냉동참치에서는 200㎍/kg을 초과하고 500 ㎍/kg 미만으로 검출된 경우, ⓐ의 시료액을 개봉된 용기에 넣고 공기순환이 가능한 저장장치를 이용하여 5℃에서 2일간 육막이 형성되지 아니하도록 교반하면서 보존한 후, ⓑ ~ ⓓ의 과정을 거쳐서 일산화탄소의 잔류량을 측정한다.

ⓕ ⓐ의 시료액과 이를 5℃에서 2일간 보존 한 시료액의 일산화탄소 잔류량 변화를 비교하여 인위적 일산화탄소 처리유무의 판정에 이용한다.

ⓒ 일산화탄소 처리 유무판정

ⓐ 시료액 조제일의 분석치가 냉동틸라피아는 20㎍/kg 이하, 냉동참치는 200㎍/kg이하일 경우 일산화탄소를 처리하지 않은 것으로 판정한다.

ⓑ 시료액 조제일의 분석치가 냉동참치의 경우 500㎍/kg 이상, 방어(냉장 또는 냉동)의 경우 350㎍/kg을 초과하여 검출되면 일산화탄소를 처리한 것으로 판정한다.

ⓒ 3) ① ⓔ 및 ⓕ에 따라 측정한 결과 시료조제일의 분석치보다 10%이상 감소한 것은 일산화탄소를 처리한 것으로 판정한다.

② 진공 포장한 냉동틸라피아 및 방어(냉장 또는 냉동) 시험방법

㉠ 시험방법

가스타이트시린지로 청정공기 1.5mL를 취해 진공포장 내에 주입하고 즉시 1.0mL를 다시 취해 가스크로마토그래피를 실시하여 정량한다.

㉡ 일산화탄소 처리 유무판정

ⓐ 10㎕L/L이하로 검출된 경우

일산화탄소를 처리하지 않은 것으로 판정한다.

ⓑ 10~100㎕L/L로 검출된 경우

일반법에 따라 시험하여 판정한다.

ⓒ 100㎕L/L이상 검출된 경우

일산화탄소를 처리한 것으로 판정한다.

(6) 히스타민

1) 시험법 적용범위

   수산물 등 식품 중 히스타민(histamine) 분석에 적용한다.

2) 분석원리

   식품 중 히스타민을 염산으로 추출하여 염화단실(dansyl chloride)로 유도체화한 후 고속액체크로마토그래프를 이용하여 분석한다.

3) 장치

   액체크로마토그래프 : 자외부흡광검출기를 사용한다.

4) 시약 및 시액

   ㉠ 아세토니트릴 : HPLC용 또는 이와 동등한 것

   ㉡ 물 : 3차 증류수 또는 이와 동등한 것

   ㉢ 0.1 N 염산 : 10 N 염산을 10mL 취해 물을 가하여 1L로 한다.

   ㉣ 포화탄산나트륨용액 : 탄산나트륨을 약 46g을 취하여 물을 가해 100mL로 한다.

   ㉤ 1% 염화단실(dnsyl chloride)아세톤용액 : 염화단실을 1g을 취하여 아세톤을 가해 100mL로 한다.

   ㉥ 10% 프롤린(proline)용액 : 프롤린 10g을 취하여 물을 가해 100mL로 한다.

   ㉦ 에테르 : 일반시약용 또는 이와 동등 한 것

   ㉧ 표준원액 : 히스타민을 정밀히 달아 0.1N 염산에 녹여 1mg/mL가 되게 한다.

   ㉨ 내부표준원액 : 1,7-디아미노헵탄(diaminoheptane) 표준품을 정밀히 달아 0.1N 염산에 녹여 5mg/mL가 되게 한다.

   ㉩ 표준용액 : 각각의 표준원액을 취하여 0.1N 염산을 가해 각각의 농도가 50㎍/mL가 되게 한다.

   ㉠ 내부표준용액 : 내부표준원액에 0.1N 염산을 가해 100㎍/mL가 되게 한다.

   ㉡ 검량곡선표준용액 : 표준용액에 0.1N 염산을 가해 적당한 5개 농도(㎍/mL)가 되게 조제하여 사용한다.

   ㉢ 시스템적합성용액 : 캐더버린(cadarverine) 및 히스타민을

관능검사 히스타민 시험법

- 식품 중 히스타민을 염산으로 추출하여 염화단실(dansyl chloride)로 유도체화한 후 고속액체크로마토그래프를 이용하여 분석한다.

취하여 0.1N 염산을 가해 각각의 농도가 50μg/mL가 되게 한다.

5) 시험용액의 조제

검체 5g을 정확하게 취하여 0.1N 염산을 25mL을 가한 후 균질화하고 이것을 원심분리(4,000G, 4℃, 15min)한 후 여과하여 취하는 조작을 2회 반복하여 얻은 상층액을 합치고 0.1N 염산을 가해 50mL로 한 것을 시험용액으로 한다.

6) 유도체화

표준용액 및 시험용액 각각 1mL을 마개 달린 유리시험관에 취한 다음 내부표준용액 100μL를 가한 후 포화탄산나트륨용액 0.5mL와 1% 염화단실아세톤용액 0.8mL을 가하여 혼합한 후 마개를 하여 45℃에서 1시간 유도체화한다. 유도체화 시킨 표준용액 및 시험용액에 10% 프롤린용액 0.5mL 및 에테르 5mL을 가하여 약 10분간 진탕하고 상층액을 취하여 질소 농축한 뒤 아세토니트릴 1mL를 가하여 여과한 것을 고속액체크로마토그래프로 분석한다.

7) 시험조작

㉠ 액체크로마토그래프의 측정조건
  ⓐ 검출기 : 자외부흡광검출기 (UV), 254nm
  ⓑ 칼럼 : C18 (4.6 × 250mm, 5μm) 또는 이와 동등한 것
  ⓒ 칼럼온도 : 40℃
  ⓓ 이동상 : 아세토니트릴과 물의 혼합액 (55% 아세토니트릴을 최초 10분간 유지 후 15분까지 65%, 20분까지 80%로 하여 5분간 유지 후, 30분까지 90%로 하여 5분간 유지시킨다.)
  ⓔ 이동상유량 : 1mL/min
  ⓕ 시스템적합성 : 시스템적합성용액 10μL를 가지고 위의 조건으로 조작할 때 캐더버린, 히스타민의 순서로 유출되고 그 분리도가 1.5 이상이어야 한다.

㉡ 정성시험

시험용액 크로마토그램 상의 히스타민의 피크 머무름 시간(retention time)은 각각 표준물질의 피크 머무름 시간과 일치하여야 한다.

ⓒ 정량시험

각 표준용액의 표준물질과 내부표준물질의 면적비[AS/AIS]를 Y축으로 하고 검량곡선표준용액의 히스타민의 농도($\mu g/g$)를 X축으로 하여 검량곡선을 작성하고 시험용액과 내부표준물질의 면적비[ASAM/ASAMIS]를 Y축에 대입하여 히스타민의 농도를 계산한다.

AS : 표준용액의 표준물질 피크면적
AIS : 표준용액의 내부표준물질 피크면적
ASAM : 시험용액의 히스타민 피크면적
ASAMIS : 시험용액의 내부표준물질 피크면적

부록 1
실전 예상 문제

Point! 실전문제 — 1단계 문제 Excercise

■■■ 농수산물품질관리법

1. '표준규격품'에 맞는 2가지 규격은?

> **정답 및 해설** 포장규격과 등급규격

2. 포장규격이란?

> **정답 및 해설** 거래단위, 포장치수, 포장방법, 포장재료
> 포장설계, 표시사항(거치방재설표)

3. 등급규격이란?

> **정답 및 해설** 형태, 크기, 색택, 신선도, 건조도, 선별상태 (형크색 신건선)

4. 수산물의 거래시 포장에 사용되는 각종 용기 등의 (무게)를 제외한 내용물의 (무게 또는 마릿수)를 나타내는 용어는?

> **정답 및 해설** 거래단위

5. 겉포장과 속포장의 목적을 각각 쓰시오.

> **정답 및 해설** 겉포장(수송), 속포장(구매의 편리)

6. 포장재료 6가지는?

> **정답 및 해설** 골판지 박스, 그물망, P.P, P.E, P.S, PPC

7. 유전자변형표시대상 수산물의 정기적인 수거.조사는 식품의약품안전처장이 업종, (①),(②) 및 거래형태 등을 고려하여 정하는 기준에 해당되는 업소에 대하여 매년 (③) 실시한다.

> **정답 및 해설** ① 규모 ② 거래품목 ③ 1회

8. 수산물의 안전성조사결과 잔류허용기준 등을 초과한 농수산물의 처리방법 3가지는?

> **정답 및 해설** 출하연기, 용도전환, 폐기

9. 지리적 특성을 가진 우수수산물 및 수산가공품의 (품질향상)과 (지역특화산업 육성) 및 (소비자 보호)를 목적으로 실시하는 제도는?

> **정답 및 해설** 지리적 표시 등록제도

10. 식품의약품안전처장이나 시.도지사는 수산물의 안전관리를 위하여 수산물 또는 수산가공품의 생산에 이용.사용하는 (4가지 항목) 등에 대하여 안전성조사를 실시하여야 한다.

> **정답 및 해설** 4가지 항목 : 농지, 어장, 용수, 자재

11. 다음은 지리적표시의 등록거절 사유의 세부기준이다. 다음 괄호 안에 알맞은 내용을 순서대로 쓰시오.

1. 해당 품목이 지리적표시 대상지역에서만 생산된 농수산물이 아니거나 이를 주원료로 하여 해당 지역에서 (①)된 품목이 아닌 경우
2. 해당 품목의 (②)이 국내나 국외에서 널리 알려지지 않은 경우
3. 해당 품목이 지리적표시 대상지역에서 생산된 (③)가 깊지 않은 경우
4. 해당 품목의 명성·품질 또는 그 밖의 특성이 (④)으로 특정지역의 생산환경적 요인이나 인적 요인에 기인하지 않는 경우
5. 그 밖에 농림축산식품부장관 또는 해양수산부장관이 지리적표시 등록에 필요하다고 인정하여 고시하는 기준에 적합하지 않은 경우

> **정답 및 해설** ① 가공 ② 우수성 ③ 역사 ④ 본질적

12. 식품의약품안전처장이나 시·도지사는 수산물의 안전관리를 위하여 수산물 또는 수산물의 생산에 이용·사용하는 농지·어장·용수(用水)·자재 등에 대하여 다음 각 호의 조사를 하여야 한다. 다음 괄호 안에 알맞은 말을 쓰시오.

　가. (①)단계: 총리령으로 정하는 안전기준에의 적합 여부
　나. (②)단계 및 (③)단계:「식품위생법」 등 관계 법령에 따른 잔류허용기준 등의 초과 여부

> **정답 및 해설** ① 생산 ② 저장 ③ 출하되어 거래되기 이전

13. 다음 괄호 안에 알맞은 말을 쓰시오.

해양수산부장관은 수산물의 거래 및 수출·수입을 원활히 하기 위하여 수산물의 (①)·(②)·성분·잔류물질 등과 수산물의 생산에 이용·사용하는 농지·어장·용수·자재 등의 (③)·성분 및 (④) 등에 대하여 검정을 실시할 수 있다.

> **정답 및 해설** ① 품질 ② 규격 ③ 품위 ④ 유해물질

14. 지리적표시의 무효심판을 청구할 수 있는 경우 2가지를 쓰시오.

> **정답 및 해설** 1. 등록거절 사유에 해당함에도 불구하고 등록된 경우
> 2. 지리적표시 등록이 된 후에 그 지리적표시가 원산지 국가에서 보호가 중단되거나 사용되지 아니하게 된 경우

15. 지리적표시의 취소심판 청구사유 중 다음 괄호에 알맞은 말을 쓰시오.

지리적표시 등록 단체 또는 그 소속 단체원이 지리적표시를 (①)함으로써 수요자로 하여금 (②)에 대하여 오인하게 하거나 (③)에 대하여 혼동하게 한 경우

> **정답 및 해설** ① 잘못 사용 ② 상품의 품질 ③ 지리적 출처

16. 농수산물품질관리법상 수산물 이력추적관리의 등록사항 중 양식 수산물 생산자의 등록사항을 보기에서 찾아 쓰시오.

출하예정지, 생산자 주소, 양식장 위치, 산지위판장, 판매처 소재지, 양식면적, 생산계획량

정답 및 해설 생산자 주소, 양식장 위치, 양식면적, 생산계획량

17. 다음 빈 칸에 알맞은 말을 쓰시오.

"물류표준화"란 농수산물의 운송·(①)·하역·포장 등 물류의 각 단계에서 사용되는 기기·용기·설비·(②) 등을 규격화하여 호환성과 연계성을 원활히 하는 것을 말한다.

정답 및 해설 ① 보관 ② 정보

18. 다음 빈 칸에 알맞은 말을 쓰시오.

"이력추적관리"란 농수산물(축산물은 제외한다)의 (①) 등에 문제가 발생할 경우 해당 농수산물을 (②)하여 (③)을 규명하고 필요한 조치를 할 수 있도록 농수산물의 생산단계부터 판매단계까지 각 단계별로 정보를 기록·관리하는 것을 말한다.

정답 및 해설 ① 안전성 ② 추적 ③ 원인

19. 총리령으로 정한 유해물질 7가지를 쓰시오. 단, 식품의약품안전처정이 고시하는 물질 제외

정답 및 해설 농약, 중금속, 항생물질, 잔류성유기오염물질, 병원성 미생물, 생물독소, 방사능

20. "수산특산물"이란 수산가공품 중 (①)에서 생산하거나 (②)으로 생산한 수산물을 원료로 하여 제조·가공한 제품을 말한다.

정답 및 해설 ① 특정한 지역 ② 특징적

21. 농수산물품질관리심의회에 설치된 분과위원회로서 법령에 의해 설치할 수 있는 분과위원회 3가지를 쓰시오.

정답 및 해설 ① 지리적표시 등록심의 분과위원회 ② 안전성 분과위원회 ③ 기획·제도 분과위원회

22. 농수산물품질관리심의회의 최대 위원 수와 심의회에 둔 분과위원회의 최대 위원 수를 순서대로 쓰시오.

정답 및 해설 60명, 20명

23. 수산물 표준규격과 관련된 다음 질문에 알맞은 말을 순서대로 쓰시오.
① 수산물 표준규격의 제정기준, 제정절차 및 표시방법 등에 필요한 사항을 정하는 기관은?
② 수산물 표준규격을 제정, 개정 또는 폐지하는 경우에 그 사실을 고시하는 자는?
③ 표준규격품의 사용을 권장하는 지방자치단체장은?

정답 및 해설 ① 해양수산부장관 ② 국립수산물품질관리원장 ③ 시·도지사

24. 포장규격은 (①)에 따른 (②)에 따른다. 위 규정이 제정되어 있지 아니하거나 위 규정과 다르게 정할 필요가 있다고 인정되는 경우에는 보관·수송 등 유통 과정의 (③), (④)를 고려하여 그 규격을 따로 정할 수 있다.

정답 및 해설 ① 산업표준화법
② 한국산업표준
③ 편리성
④ 폐기물 처리문제

25. 해양수산부장관은 수산물과 수산특산물의 (①)시키고 (②)하기 위하여 품질인증제도를 실시한다.

정답 및 해설 ① 품질을 향상
② 소비자를 보호

26. (수산물 품질인증의 기준) 품질인증을 받기 위해서는 다음 각 호의 기준을 모두 충족해야 한다.

　1. 해당 수산물·수산특산물이 그 산지의 (①)가 높거나 상품으로서의 (②)가 인정되는 것일 것
　2. 해당 수산물·수산특산물의 품질 수준 확보 및 유지를 위한 (③)를 갖추고 있을 것
　3. 해당 수산물·수산특산물의 생산·출하 과정에서의 (④)와 유통 과정에서의 (⑤)를 갖추고 있을 것

> **정답 및 해설** ① 유명도
> ② 차별화
> ③ 생산기술과 시설·자재
> ④ 자체 품질관리체제
> ⑤ 사후관리체제

27. 수산물 또는 수산특산물에 대하여 품질인증을 받으려는 자는 품질인증 신청서와 함께 2가지 서류를 첨부하여 국립수산물품질관리원장 또는 품질인증기관으로 지정받은 기관의 장에게 제출하여야 한다. 이 2가지 서류를 쓰시오.

> **정답 및 해설** 1. 신청 품목의 생산계획서
> 2. 신청 품목의 제조공정 개요서 및 단계별 설명서

28. 국립수산물품질관리원장 또는 품질인증기관의 장은 품질인증 심사를 한 결과 부적합한 것으로 판정된 경우에는 지체 없이 그 사유를 분명히 밝혀 신청인에게 알려주어야 한다. 다만, 그 부적합한 사항이 (①)에 보완할 수 있다고 인정되는 경우에는 보완기간을 정하여 신청인으로 하여금 보완하도록 한 후 품질인증을 할 수 있다.

> **정답 및 해설** ① 10일 이내

29. 수산물 품질인증품의 표시사항 4가지를 쓰시오.

> **정답 및 해설** 산지, 품명, 생산자 또는 생산자 집단, 생산조건

30. 수산물 품질인증의 유효기간은 품질인증을 받은 날부터 (①)으로 한다. "품목의 특성상 달리 적용할 필요가 있는 경우"란 생산에서 출하될 때까지의 기간이 (②)인 경우를 말한다. 이 경우 유효기간은 (③)으로 하되 생산에 필요한 기간을 고려하여 국립수산물품질관리원장이 정하여 고시한다.

> **정답 및 해설** ① 2년 ② 1년 이상 ③ 3년 또는 4년

31. 다음은 수산물 품질인증의 취소할 수 있는 내용이다. 빈칸에 알맞은 말을 쓰시오.

　1. 거짓이나 그 밖의 부정한 방법으로 인증을 받은 경우
　2. 품질인증의 기준에 (①) 맞지 아니한 경우
　3. 정당한 사유 없이 품질인증품 표시의 시정명령, 해당 품목의 (②) 조치에 따르지 아니한 경우
　4. (③) 등으로 인하여 품질인증품을 생산하기 어렵다고 판단되는 경우

> **정답 및 해설** ① 현저하게 ② 판매금지 또는 표시정지 ③ 전업·폐업

32. 다음은 수산물품질인증기관의 심사원과 관련된 내용이다. 질문에 알맞은 말을 쓰시오.

　① 품질인증기관 심사원 최소 인원수는?
　② 심사원이 될 수 있는 필요한 자격증?
　③ 수산물·수산가공품 또는 식품 관련 기업체·연구소·기관 및 단체에서 수산물 및 수산가공품의 품질관리업무를 담당한 경력은?

> **정답 및 해설** ① 2명 ② 수산 또는 식품가공분야의 산업기사 이상의 자격증 ③ 5년 이상

33. 수산물품질인증기관의 지정을 취소하여야 하는 4가지 사유를 쓰시오.

> **정답 및 해설** 1. 거짓이나 그 밖의 부정한 방법으로 품질인증기관으로 지정받은 경우
> 2. 업무정지 기간 중 품질인증 업무를 한 경우
> 3. 최근 3년간 2회 이상 업무정지처분을 받은 경우
> 4. 품질인증기관의 폐업이나 해산·부도로 인하여 품질인증 업무를 할 수 없는 경우

34. 수산물 이력추적관리를 등록할 수 있는 자 3가지를 쓰시오.(단, 예외사항은 제외한다.)

> **정답 및 해설** 생산자, 유통자, 판매자

35. 대통령령으로 정한 수산물 이력추적관리기준 준수 의무 면제자를 3가지 쓰시오.

> **정답 및 해설** 노점상인, 행상인
> 우편 등을 통하여 유통업체를 이용하지 아니하고 소비자에게 직접 판매하는 생산자

36. 수산물이력추적관리제도와 관련된 다음 질문에 알맞은 말을 쓰시오.
① 이력추적관리 등록의 유효기간과 품목의 특성상 유효기간을 달리 정할 경우 최대기간은?
② 양식수산물의 최대 유효기간은?
③ 등록유료기간의 갱신시 유료기간이 끝나기 몇 개월 전까지 갱신신청하여야 하는가?
④ 이력추적관리의 표시금지 행정처분시 최대 기간은?

> **정답 및 해설** ① 3년, 10년 ② 5년 ③ 1개월 ④ 6개월

37. 수산물이력추적관리의 표시방법 중 송장이나 거래명세표에 등록의 표시를 할 경우 표시내용 2가지를 쓰시오.

> **정답 및 해설** 표지, 표시항목(이력추적관리번호)

38. 이력추적관리 등록취소 및 표시금지의 기준의 위반행위에 따른 처분기준 중 1차 위반 시 등록취소 사유 2가지를 쓰시오.

> **정답 및 해설** 1. 거짓이나 그 밖의 부정한 방법으로 등록을 받은 경우
> 2. 이력추적관리 표시 금지명령을 위반하여 계속 표시한 경우

39. 법령에 위반하여 '내용물과 다르게 거짓표시나 과장된 표시를 한 경우' 3차위반시 다음 각각에 해당하는 제품의 행정처분 기준을 순서대로 쓰시오.

① 표준규격품
② 품질인증품
③ 지리적표시품

정답 및 해설 ① 표시정지 6개월 ② 인증취소 ③ 등록취소

40. 지리적 특성을 가진 수산물 및 수산가공품에 대한 지리적표시 등록제도의 제정목적 3가지를 쓰시오.

정답 및 해설 1. 품질향상 2. 지역특화산업 육성 3. 소비자 보호

41. 다음은 지리적표시의 등록신청시 제출하여야 할 서류이다. 빈칸에 알맞은 말을 쓰시오.

1. 정관(법인인 경우만 해당한다.)
2. (①) (법인의 경우 각 구성원별 생산계획을 포함한다.)
3. 대상품목·명칭 및 (②)에 관한 설명서
4. (③)임을 증명할 수 있는 자료
5. 품질의 특성과 지리적 요인과 관계에 관한 설명서
6. 지리적표시 대상지역의 범위
7. (④)
8. 품질관리계획서

정답 및 해설 ① 생산계획서 ② 품질의 특성 ③ 유명 특산품 ④ 자체품질기준

42. 다음은 지리적 표시의 등록신청시 심의 및 등록절차이다. 각 질문에 알맞은 말을 쓰시오.

① 해양수산부장관은 지리적 표시의 등록 신청을 받으면 몇일 이내에 지리적표시 분과위원회에 심의를 요청하여야 하는가?
② 해양수산부장관이 "상표법" 저촉여부를 확하기 위하여 미리 의견을 청취하여야 하는 기관은?
③ 공고결정의 공고 및 열람기간은? (공고일부터)
④ 공고결정 공고일부터 이의신청 기간은?
⑤ 등록거절을 통보받은 날부터 심판청구 기간

정답 및 해설 ① 30일 ② 특허청장 ③ 2개월 ④ 2개월 ⑤ 30일

43. 지리적표시품의 표시사항 4가지를 쓰시오.

> **정답 및 해설** 등록명칭, 지리적표시관리기관 명칭, 등록번호, 생산자 및 생산자 주소(전화)

44. 지리적 표시권은 타인에게 이전하거나 승계할 수 없으나, 해양수산부장관의 사전 승인을 받아 이전하거나 승계할 수 있는 사유 2가지를 쓰시오.

> **정답 및 해설**
> 1. 법인 자격으로 등록한 지리적표시권자가 법인명을 개정하거나 합병하는 경우
> 2. 개인 자격으로 등록한 지리적표시권자가 사망한 경우

45. 지리적표시권자가 상호 이해당사자간에 그 효력을 주장할 수 없는 사유로서 다음 빈칸에 알맞은 말을 쓰시오.

1. (①) 다만, 해당 지리적표시가 특정지역의 상품을 표시하는 것이라고 수요자들이 뚜렷하게 인식하고 있어 해당 상품의 원산지와 다른 지역을 원산지인 것으로 혼동하게 하는 경우는 제외한다.
2. 지리적표시 등록신청서 제출 전에 「상표법」에 따라 등록된 상표 또는 (②)
3. 지리적표시 등록신청서 제출 전에 「종자산업법」 및 「식물신품종 보호법」에 따라 등록된 품종 명칭 또는 출원심사 중인 품종 명칭
4. 제32조제7항에 따라 지리적표시 등록을 받은 농수산물 또는 농수산가공품과 동일한 품목에 사용하는 지리적 명칭으로서 (③)에서 생산되는 농수산물 또는 농수산가공품에 사용하는 지리적 명칭

> **정답 및 해설** ① 동음이의어 지리적표시 ② 출원심사 중인 상표 ③ 등록 대상지역

46. 다음은 지리적 표시권의 침해간주 사유이다. 빈칸에 알맞은 말을 쓰시오.

1. 지리적표시권이 없는 자가 등록된 지리적표시와 (①)(동음이의어 지리적표시의 경우에는 해당 지리적표시가 특정 지역의 상품을 표시하는 것이라고 수요자들이 뚜렷하게 인식하고 있어 해당 상품의 원산지와 다른 지역을 원산지인 것으로 수요자로 하여금 혼동하게 하는 지리적표시만 해당한다)를 등록품목과 같거나 비슷한 품목의 제품·포장·용기·선전물 또는 관련 서류에 사용하는 행위
2. 등록된 지리적표시를 (②)하는 행위
3. 등록된 지리적표시를 위조하거나 모조할 목적으로 (③)하는 행위

4. 그 밖에 지리적표시의 명성을 침해하면서 등록된 지리적표시품과 같거나 비슷한 품목에 직접 또는 간접적인 방법으로 (④)상업적으로 이용하는 행위

> **정답 및 해설** ① 같거나 비슷한 표시 ② 위조하거나 모조 ③ 교부·판매·소지 ④ 상업적

47. 지리적표시권자는 (①)로 자신의 지리적표시에 관한 권리를 침해한 자에게 손해배상을 청구할 수 있다. 이 경우 지리적표시권자의 지리적표시권을 침해한 자에 대하여는 그 침해행위에 대하여 그 지리적표시가 이미 등록된 사실을 알았던 것으로 (②)한다.

> **정답 및 해설** ① 고의 또는 과실 ② 추정

48. 해양수산부장관은 지리적표시품에 대하여 시정을 명하거나 판매의 금지, 표시의 정지 또는 등록의 취소를 할 수 있다. 행정처분의 사유로 생산계획의 이행곤란 외 2가지 사유를 쓰시오.

> **정답 및 해설** 1. 등록기준에 미치지 못하는 경우 2. 표시방법을 위반한 경우

49. 지리적표시의 무효심판과 취소심판의 청구기간을 각각 순서대로 쓰시오.

① 무효심판 청구기간
② 취소심판 청구기간

> **정답 및 해설** ① 무효심판 청구기간 : 청구의 이익이 있으면 언제든지
> ② 취소심판 청구기간 ; 취소 사유가 없어진 날부터 3년이 지난 후에는 청구할 수 없다.

50. 지리적표시심판의 심결에 대한 소송제기기간은 심결 또는 결정의 등본을 송달받은 날부터 몇 일 이내에 제기하여야 하는가?

> **정답 및 해설** 60일

51. 유전자변형수산물에 대하여 식용으로 적합하다고 인정하여 고시하는 자는?

> **정답 및 해설** 식품의약품안전처장

52. 유전자변형수산물의 표시장소는?

> **정답 및 해설** 수산물의 포장·용기의 표면 또는 판매장소

53. 식품의약품안전처장은 유전자변형수산물에 대한 거짓표시의 금지의무를 위반한 자에게 공표명령을 내릴 수 있다. 공표명령을 내릴 수 있는 다음 각각에 해당하는 질문에 알맞은 말을 쓰시오.

> **정답 및 해설** 시정명령(이행.변경.삭제 등), 판매 등 거래행위의 금지

54. 묘박(錨泊)이란 항구가 아닌 바다에서 닻을 내리고 멈추는 것을 말한다. 다음 중 묘박법이 아닌 것은?

① 표시위반물량과 판매가격 환산가액
② 적발일 기준 최근 1년동안 처분받은 횟수

> **정답 및 해설** ① 10톤 이상, 5억원 이상 ② 2회 이상

55. 해양수산부장관은 지리적표시품의 품질수준 유지와 소비자 보호를 위하여 관계 공무원에게 다음 각 호의 사항을 지시할 수 있다. 다음 빈칸에 알맞은 말을 쓰시오.

1. 지리적표시품의 (①)에의 적합성 조사
2. 지리적표시품의 (②) 등의 관계 장부 또는 서류의 열람
3. 지리적표시품의 (③)를 수거하여 조사하거나 전문시험기관 등에 시험 의뢰

> **정답 및 해설** ① 등록기준 ② 소유자·점유자 또는 관리인 ③ 시료

56. 수산물의 안전성조사계획수립권자를 다음 각 항목에 맞게 쓰시오.

① 안전관리계획의 수립권자
② 안전관리계획에 따른 세부추진계획의 수립권자

> **정답 및 해설** ① 식품의약품안전처장 ② 시·도지사 및 시장·군수·구청장

57. 식품의약품안전처장이나 시·도지사는 수산물의 안전관리를 위하여 수산물 또는 수산물의 생산에 이용·사용하는 농지·어장·용수(用水)·자재 등에 대하여 다음 각 호의 조사를 하여야 한다. 아래 빈칸에 알맞은 말을 쓰시오.

　가. 생산단계: (①)으로 정하는 안전기준에의 적합 여부
　나. 저장단계 및 출하되어 거래되기 이전 단계: (②) 등 관계 법령에 따른 잔류허용기준 등의 초과 여부

> **정답 및 해설** ① 총리령 ② 「식품위생법」

58. 수산물 안전성조사의 단계로서 총리령으로 정한 3단계를 쓰시오.

> **정답 및 해설** 1. 생산단계 조사 2. 저장단계 조사 3. 출하되어 거래되기 전 단계 조사

59. 식품의약품안전처장이나 시·도지사는 생산과정에 있는 농수산물 또는 농수산물의 생산을 위하여 이용·사용하는 농지·어장·용수·자재 등에 대하여 안전성조사를 한 결과 생산단계 안전기준을 위반한 경우에는 해당 농수산물을 생산한 자 또는 소유한 자에게 다음 각 호의 조치를 하게 할 수 있다. 빈칸에 적절한 말을 쓰시오.

　1. 해당 농수산물의 폐기, (①), 출하 연기 등의 처리
　2. 해당 농수산물의 생산에 이용·사용한 농지·어장·용수·자재 등의 (②) 또는 이용·사용의 금지
　3. 그 밖에 (③)으로 정하는 조치

> **정답 및 해설** ① 용도 전환 ② 개량 ③ 총리령

60. 해양수산부장관은 외국과의 (①)을 이행하거나 외국의 일정한 (②)을 지키도록 하기 위하여 (③)을 목적으로 하는 수산물의 생산·가공시설 및 수산물을 생산하는 해역의 위생관리기준을 정하여 고시한다.

> **정답 및 해설** ① 협약 ② 위생관리기준 ③ 수출

61. 수산물에 위해물이 혼입 또는 잔류하거나 수산물이 오염되는 것을 방지하기 위하여 위해가 발생할 수 있는 생산과정 등을 중점적으로 관리하는 것을 무엇이라 하는가?

> **정답 및 해설** 위해요소중점관리
> (Hazard Analysis Critical Control Point)

62. "위해"라 함은 관리하지 아니할 때 인체에 질병 또는 해를 일으킬 수 있는 3가지 요소를 말한다. 3요소를 쓰시오.

> **정답 및 해설** 미생물학적, 화학적 또는 물리적인 요소

63. 수산물에서 발생할 수 있는 위해를 방지 또는 제거하거나 허용할 수 있는 수준으로 감소시킬 수 있는 단계를 말하는 용어는?

> **정답 및 해설** 중요관리점(Critical Control Point)

64. "한계기준(Critical Limit)"이라 함은 위해의 발생을 방지하거나 제거 또는 허용할 수 있는 수준으로 감소시키기 위하여 관리하여야 하는 미생물학적, 화학적 또는 물리적인 요소의 (   )을 말한다.

> **정답 및 해설** 최대값 또는 최소값

65. HACCP을 적용하는 이 고시는 생산·출하전단계수산물 중 다음 각호의 육상어류 양식장에 적용한다.

  1. 수산업법 제 41조 및 동법 시행령 제 27조의 규정에 의하여 (①)한 양식업체
  2. 내수면어업법 제11조 및 동법시행령 제 9조의 규정에 의하여 (②)한 양식업체

> **정답 및 해설** ① 육상해수양식어업으로 허가 ② 육상양식어업으로 신고

66. 시·도지사는 지정해역을 지정받으려는 경우에는 다음 각 호의 서류를 갖추어 해양수산부장관에게 요청하여야 한다.

1. 지정받으려는 해역 및 그 부근의 (①)
2. 지정받으려는 해역의 위생조사 결과서 및 지정해역 지정의 타당성에 대한 (②)의 의견서
3. 지정받으려는 해역의 오염 방지 및 수질 보존을 위한 지정해역 (③)

정답 및 해설 ① 도면 ② 국립수산과학원장 ③ 위생관리계획서

67. 해양수산부장관은 지정해역을 지정하는 경우 다음 각 호의 구분에 따라 지정할 수 있으며, 이를 지정한 경우에는 그 사실을 고시하여야 한다.

1. (①) : 1년 이상의 기간 동안 매월 1회 이상 위생에 관한 조사를 하여 그 결과가 지정해역위생관리기준에 부합하는 경우
2. (②) : 2년 6개월 이상의 기간 동안 매월 1회 이상 위생에 관한 조사를 하여 그 결과가 지정해역위생관리기준에 부합하는 경우

정답 및 해설 ① 잠정지정해역 ② 일반지정해역

68. 위험평가대상인 위해요소 3가지 요인을 쓰시오.

정답 및 해설 화학적 요인, 물리적 요인, 생물학적 요인

69. 위험평가 방법의 과정을 순서대로 쓰시오.

정답 및 해설 위험성 확인과정 → 위험성 결정과정 → 노출평가과정 → 위해도 결정과정

70. 다음 빈칸에 알맞은 말을 쓰시오.

다음 각 호의 어느 하나에 해당하는 수산물 및 수산가공품은 품질 및 규격이 맞는지와 유해물질이 섞여 들어오는지 등에 관하여 해양수산부장관의 검사를 받아야 한다.
1. 정부에서 (①)하는 수산물 및 수산가공품
2. 외국과의 협약이나 수출 상대국의 (②)에 따라 검사가 필요한 경우로서 해양수산부장관이 정하여 고시하는 수산물 및 수산가공품

정답 및 해설 ① 수매·비축 ② 요청

71. 수산물 및 수산가공품에 대한 검사의 종류 3가지를 쓰시오.

> **정답 및 해설** 서류검사, 관능검사, 정밀검사

72. 다음은 관능검사의 대상이다. 빈칸에 알맞은 말을 쓰시오.

1) 법 제88조제4항제1호에 따른 수산물 및 수산가공품으로서 외국요구기준을 이행했는지를 확인하기 위하여 품질·포장재·(①) 또는 규격 등의 확인이 필요한 수산물·수산가공품
2) 검사신청인이 (②)를 요구하는 수산물·수산가공품(비식용수산·수산가공품은 제외한다.)
3) 정부에서 (③)하는 수산물·수산가공품
4) 국내에서 소비하는 수산물·수산가공품

> **정답 및 해설** ① 표시사항 ② 위생증명서 ③ 수매·비축

73. 다해양수산부장관은 다음의 경우검사의 일부를 생략할 수 있다. 빈칸에 알맞은 말을 쓰시오.

1. (①)에서 위생관리기준에 맞게 생산·가공된 수산물 및 수산가공품
2. 제74조제1항에 따라 등록한 생산·가공시설등에서 위생관리기준 또는 (②)에 맞게 생산·가공된 수산물 및 수산가공품
3. 생략
4. 검사의 일부를 생략하여도 검사목적을 달성할 수 있는 경우로서 (③)으로 정하는 경우

> **정답 및 해설** ① 지정해역 ② 위해요소중점관리기준
> ③ 대통령령
> * 1. 상대국 요청 2. 비식용

74. 수산물 검사관 자격시험에 응시할 수 있는 자는 누구인지 2명을 쓰시오.

> **정답 및 해설** 1. 국가검역·검사기관에서 수산물 검사 관련 업무에 6개월 이상 종사한 공무원
> 2. 수산물 검사 관련 업무에 1년 이상 종사한 사람

75. 다음은 검사판정의 취소사유이다. 빈칸에 알맞은 말을 쓰시오.

1. (①)으로 검사를 받은 사실이 확인된 경우
2. 검사 또는 재검사 결과의 표시 또는 검사증명서를 (②)이 확인된 경우
3. 검사 또는 재검사를 받은 수산물 또는 수산가공품의 포장이나 내용물을 (③)이 확인된 경우

정답 및 해설 ① 거짓이나 그 밖의 부정한 방법 ② 위조하거나 변조한 사실 ③ 바꾼 사실

76. 다음은 수산물에 대한 검사결과를 표시하여야 하는 경우이다. 빈칸에 알맞은 말을 쓰시오.

1. (①)가 요청하는 경우
2. 정부에서 수매·비축하는 수산물 및 수산가공품인 경우
3. (②)이 검사 결과를 표시할 필요가 있다고 인정하는 경우
4. 검사에 불합격된 수산물 및 수산가공품으로서 제95조제2항에 따라 관계 기관에 (③) 등의 처분을 요청하여야 하는 경우

정답 및 해설 ① 검사를 신청한 자 ② 해양수산부장관 ③ 폐기 또는 판매금지

77. 검사한 결과에 불복하는 자는 그 결과를 통지받은 날부터 (①) 이내에 (②)에게 재검사를 신청할 수 있다.

정답 및 해설 ① 14일 ② 해양수산부장관

78. 수산물검사기관은

1. 검사대상 종류별로 (①) 이상의 검사인력을 확보하여야 한다.
2. 현장 사무소별 분석실은 (②) 이상의 면적을 갖추어야 한다.

정답 및 해설 ① 3명 ② 10제곱미터

79. 해양수산부장관은 수산물의 거래 및 수출·수입을 원활히 하기 위하여 다음 각 호의 검정을 실시할 수 있다.

1. 수산물의 품질·규격·(①)·잔류물질 등
2. 수산물의 생산에 이용·사용하는 농지·어장·용수·자재 등의 (②)·성분 및 유해물질 등

> **정답 및 해설** ① 성분 ② 품위

80. 수산물에 대한 검정결과에 따른 조치 3가지를 쓰시오.

> **정답 및 해설** 1. 일정기간 출하연기 또는 판매금지 2. 국내 식용으로 판매금지 3. 폐기

81. 다음 각 호에 위반하는 자에게 해당하는 벌칙은?

1. 검사를 받아야 하는 수산물 및 수산가공품에 대하여 검사를 받지 아니한 자
2. 검사 및 검정 결과의 표시, 검사증명서 및 검정증명서를 위조하거나 변조한 자
3. 검정 결과에 대하여 거짓광고나 과대광고를 한 자

> **정답 및 해설** 3년 이하의 징역 또는 3천만원 이하의 벌금

82. 다음 각 호에 해당하는 공통된 과태료 상한액은?

1. 양식시설에서 가축을 사육한 자
2. 제75조제1항에 따른 보고를 하지 아니하거나 거짓으로 보고한 생산·가공업자등
* [제75조제1항] 해양수산부장관은 생산·가공업자 등으로 하여금 생산·가공시설 등의 위생관리에 관한 사항을 보고하게 할 수 있다.

> **정답 및 해설** 100만원

83. 다음은 '농수산물의원산지표시에관한법률'의 제정목적이다. 빈칸에 알맞은 말을 쓰시오.

이 법은 농산물·수산물이나 그 가공품 등에 대하여 적정하고 합리적인 원산지 표시를 하도록 하여 (①)를 보장하고, (②)를 유도함으로써 (③)를 보호하는 것을 목적으로 한다.

> **정답 및 해설** ① 소비자의 알권리 ② 공정한 거래 ③ 생산자와 소비자

84. '농수산물의원산지표시에관한법률' 상 '원산지'의 정의는?

> **정답 및 해설** "원산지"란 농산물이나 수산물이 생산·채취·포획된 국가·지역이나 해역을 말한다.

85. 원산지의 배합비율의 순위와 표시대상에서 제외되는 것 4가지를 쓰시오.

> **정답 및 해설** 물, 식품첨가물, 주정(酒精) 및 당류

86. 다음은 원산지의 원료 배합 비율에 따른 표시대상이다. 각 항목의 빈칸에 알맞은 말을 쓰시오.

가. 사용된 원료의 배합 비율에서 한 가지 원료의 배합비율이 (①) 이상인 경우에는 그 원료
나. 사용된 원료의 배합 비율에서 두 가지 원료의 배합비율의 합이 (①) 이상인 원료가 있는 경우에는 배합 비율이 높은 순서의 (②)까지의 원료
다. 가목 및 나목 외의 경우에는 배합 비율이 높은 순서의 (③)까지의 원료

> **정답 및 해설** ① 98퍼센트 ② 2순위 ③ 3순위

87. 다음 보기 중 원산지 표시대상이 아닌 것을 골라 쓰시오.

갈치, 꽁치, 황태, 낙지, 넙치, 뱀장어, 미꾸라지

> **정답 및 해설** 꽁치, 황태

88. 원산지 표시를 하여야 할 자로서 법 제5조제3항에서 "대통령령으로 정하는 영업소나 집단급식소를 설치·운영하는 자"란 「식품위생법 시행령」 제21조에서 정하고 있다. 해당하는 3개의 영업소를 쓰시오.

> **정답 및 해설** 휴게음식점영업, 일반음식점영업, 위탁급식영업

89. 다음은 국산 수산물의 원산지 표시기준이다. 다음 빈칸에 알맞은 말을 쓰시오.

국산 수산물: (①)이나 (②) 또는 (③)으로 표시한다. 다만, 양식 수산물이나 연안 정착성 수산물 또는 내수면 수산물의 경우에는 해당 수산물을 생산·채취·양식·포획한 지역의 시·도명이나 시·군·구명을 표시할 수 있다.

> **정답 및 해설** ① 국산 ② 국내산 ③ 연근해산

90. 남태평양에서 원양어업의 허가를 받은 어선이 어획하여 국내에 반입한 '참치'의 원산지를 표시하는 방법 2가지 대로 각각 표시하시오.

> **정답 및 해설** 참치(원양산), 참치(원양산, 남태평양)

91. 다음은 원산지가 다른 동일 품목을 혼합한 수산물에 대한 원산지 표시방법이다. 빈칸에 알맞은 말을 쓰시오

1) 국산 수산물로서 그 생산 등을 한 지역이 각각 다른 동일 품목의 수산물을 혼합한 경우에는 혼합비율이 높은 순서로 (①)까지의 시·도명 또는 시·군·구명과 그 혼합 비율을 표시하거나 "국산", "국내산" 또는 "연근해산"으로 표시한다.
2) 동일 품목의 국산 수산물과 국산 외의 수산물을 혼합한 경우에는 혼합비율이 높은 순서로 (②) 국가(지역, 해역 등)까지의 원산지와 그 혼합비율을 표시한다.

> **정답 및 해설** ① 3개 지역 ② 3개

92. 수입 수산물과 그 가공품 및 반입 수산물과 그 가공품의 원산지 표시방법

가. 수입 수산물과 그 가공품은 「대외무역법」에 따른 (①)의 원산지를 표시한다.
나. 「남북교류협력에 관한 법률」에 따라 반입한 수산물과 그 가공품은 같은 법에 따른 (②)의 원산지를 표시한다.

> **정답 및 해설** ① 통관 시 ② 반입 시

93. 수산물 가공품의 원료에 대한 원산지 표시방법

가. 원산지가 다른 동일 원료를 혼합하여 사용한 경우에는 혼합 비율이 높은 순서로 (①) 국가(지역, 해역 등)까지의 원료 원산지와 그 혼합 비율을 각각 표시한다.
나. 원산지가 다른 동일 원료의 원산지별 혼합 비율이 변경된 경우로서 그 어느 하나의 변경의 폭이 최대 (②)이면 종전의 원산지별 혼합 비율이 표시된 포장재를 혼합 비율이 변경된 날부터 (③)의 범위에서 사용할 수 있다.
다. 사용된 원료(물, 식품첨가물, 주정 및 당류는 제외한다)의 원산지가 모두 국산일 경우에는 원산지를 일괄하여 "국산"이나 "국내산" 또는 (④)으로 표시할 수 있다.

> **정답 및 해설** ① 2개 ② 15퍼센트 이하 ③ 1년 ④ 연근해산

94. 포장재에 원산지를 표시하는 경우 각각에 해당하는 글자 포인트를 쓰시오.

가) 포장 표면적이 3,000㎠ 이상인 경우 : (①)
나) 포장 표면적이 50㎠ 이상 3,000㎠ 미만인 경우 : (②)
다) 포장 표면적이 50㎠ 미만인 경우: (③) 다만, (③)의 크기로 표시하기 곤란한 경우에는 다른 표시사항의 글자 크기와 같은 크기로 표시할 수 있다.
라) 포장재에 원산지표시가 곤란한 경우 일괄 안내표시판을 설치하는 경우 글자 크기는 (④)으로 한다.
마) 살아 있는 수산물의 경우 푯말 또는 안내표시판 등으로 소비자가 쉽게 알아볼 수 있도록 표시하고, 글자 크기는 (⑤)으로 하되, 원산지가 같은 경우에는 일괄하여 표시할 수 있다.

> **정답 및 해설**
> ① 20포인트 이상 ② 12포인트 이상 ③ 8포인트 이상 ④ 20포인트 이상 ⑤ 30포인트 이상

95. 포장재에 원산지표시가 곤란하여 일괄 안내표시판을 설치하는 경우 표시판의 규격을 쓰시오.

① 진열대
② 판매장소

> **정답 및 해설** ① 가로 7cm × 세로 5cm 이상 ② 가로 14cm × 세로 10cm 이상

96. 인쇄매체 이용(신문, 잡지 등)하는 경우 원산지표시방법

1) 표시 위치 : (①)에 표시하거나, (①)에 원산지 표시 위치를 명시하고 그 장소에 표시할 수 있다.
2) 글자 크기 : 제품명 또는 가격표시 글자 크기의 (②)으로 표시하거나, 광고 면적을 기준으로 달리 표시할 수 있다.
3) 글자색 : (③)와 같은 색으로 한다.

> **정답 및 해설** ① 제품명 또는 가격표시 주위 ② 1/2 이상 ③ 제품명 또는 가격표시

97. 번호에 알맞은 말을 쓰시오.

1. 영업소 및 집단급식소에서 원산지를 표시하는 경우, 음식명 바로 (①)에 표시대상 원료인 수산물명과 그 원산지를 표시한다.

2. 모든 음식에 사용된 특정 원료의 원산지가 같은 경우 그 원료(국내산 넙치)에 대해서 일괄하여 표시하시오. ②
3. 원산지의 글자 크기는 메뉴판이나 게시판 등에 적힌 음식명 글자 크기와 (③) 한다.
4. 원산지가 다른 2개 이상의 동일 품목을 섞은 '회'의 경우(조피볼락 국내산60%, 일본산40%) 원산지를 표시하시오. ④
5. 일본산 참돔을 회로 제공하는 경우 원산지를 표시하시오. ⑤

정답 및 해설 ① 옆이나 밑 ② 우리 업소에서는 "국내산 넙치"만 사용합니다.
③ 같거나 그 보다 커야 ④ 조피볼락회(조피볼락 : 국내산과 일본산을 섞음) ⑤ 참돔회(참돔 : 일본산)

98. 품질인증의 세부기준으로 '공장심사'의 경우 심사결과가 다음 기준에 적합하여야 한다.

1. 전체항목중 "수"로 평가된 항목이 (①) 이상이어야 한다.
2. 전체항목중 "미"로 평가된 항목이 (②) 이하이어야 한다.
3. 전체항목중 "양"으로 평가된 항목이 (③) 한다.

정답 및 해설 ① 5개 ② 2개 ③ 없어야

99. 수산물이력추적관리등록 유효기간 연장의 범위

1. 양식 수산물 : 등록을 신청한 수산물이 양식수산물인 경우 해당품목 통상의 양식기간에 유통기간에 (①)을 추가한 기간으로 한다.
   가. 뱀장어, 메기, 굴, 바지락, 김, 미역, 다시마 : (②)
   나. 넙치, 전복 : (③)
2. 어획 수산물 : 등록을 신청한 수산물이 연근해어장에서 어획되는 수산물인 경우에는 (④) 으로 한다.

정답 및 해설 ① 1년 ② 1년 ③ 2년 ④ 1년

100. 다음은 수산물의 이력추적관리등록으로 생산자의 관리단계별 필수사항 기록 여부 심사이다. 생산자(단순가공자 포함)의 경우 생산·입출고정보 필수기록사항 적정성 심사 내용으로 알맞은 말을 쓰시오.

1. 생산정보(단순가공 포함) : 품목, 생산자 성명, 생산자 소재지(전화번호 포함), 양식장 위치 또는 (①)(어획물인 경우에 한한다), 어획장소(해역번호로 표시할 수 있으며, 어획수산물

인 경우에 한한다), (②)(양식수산물인 경우에 한한다), 항생제 등 약제사용 내역(양식수산물인 경우에 한한다).
2. 입고정보(단순가공에 한한다) : 생산자 성명, 생산자 소재지(전화번호 포함), (③), 날짜
3. 출하정보 : 날짜, 품목, 출하처 명칭, 출하처 소재지(전화번호 포함), 물량, (④)

정답 및 해설 ① 산지 위판장 주소 ② 양식기간 ③ 물량 ④ 이력추적관리번호

수확 후 품질관리 및 유통관리

1. 다음은 수산물의 사후변화 과정이다. 빈칸에 알맞은 말을 쓰시오.

어획 → 사망 → ① → ② → ③ → 자가소화 → 부패

정답 및 해설 ① 해당작용 ② 사후경직 ③ 해경

2. 젓갈, 액젓, 식해는 수산물의 사후변화과정 중 어떤 현상을 이용한 것인가?

정답 및 해설 자가소화

3. 해당작용이란 (①)이 분해되면서 에너지 물질인(②)와 (③)이 생성되는 과정을 말한다.

정답 및 해설 ① 글리코겐 ② ATP ③ 젖산

4. 수산물의 '해경' 현상에 대하여 설명하시오.

정답 및 해설 해경이란 수산물의 사후경직이 지난 후 수축된 근육이 풀어지는 현상이다.

5. 수산물의 '비린내'가 나타나는 현상에 대하여 설명하시오.

정답 및 해설 어패류의 사후 단백질이나 지방성분이 미생물의 작용에 의하여 독성물질이나 악취를 발

생시키는데 이때 트리메틸아민옥시드가 트리메탈아민으로 환원되는 과정에서 나는 냄새이다.

6. 어패류의 선도판정법 4가지를 쓰시오.

> **정답 및 해설** 관능적 방법, 화학적 방법, 물리적 방법, 세균학적방법

7. 어패류의 화학적 판정방법은 분해 생성물의 양을 측정한다. 분해생성물 중 휘발성염기질소, pH, K값 외에 나머지 주요 3가지를 쓰시오.

> **정답 및 해설** 암모니아, 트리메탈아민, 히스타민

8. 일반적으로 pH를 측정하려고 할 때 초기 부패라 판정할 수 있는 pH값은 적색육 어류 pH (①), 백색육 어류 pH (②)이다.

> **정답 및 해설** ① 6.2~6.4 ② 6.7~6.8

9. 어패류의 선도 판정법으로 가장 널리 쓰이는 것은?

> **정답 및 해설** 휘발성염기질소(VBN)측정법

10. 휘발성염기질소법으로 선도를 판정할 때

　① 신선한 어육 :　　　　mg/100g
　② 보통 선도 어육 :　　　mg/100g
　③ 부패 초기 어육 :　　　mg/100g

> **정답 및 해설** ① 5~10 ② 15~25 ③ 30~40

11. 통조림의 경우 휘발성염기질소함유량이 (　　mg/100g 이하)인 것을 사용하는 것이 좋다.

> **정답 및 해설** 20

12. 휘발성염기질소 유량으로 선도를 판정하기 어려운 어류를 2가지 쓰시오.

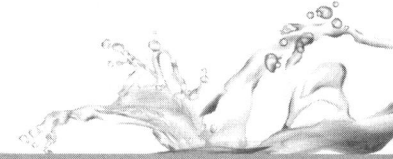

정답 및 해설 상어, 홍어

13. 횟감의 경우 선도판정법으로 효율적인 방법은?

정답 및 해설 K값 판정법

14. 관능적 방법에 의한 선도를 판정할 때 '아가미'의 판정기준을 쓰시오.

정답 및 해설
- 아가미 색이 선홍색이나 암적색
- 조직은 단단하고 악취가 없을 것

15. 어패류의 선도유지를 위한 저온 저장법으로 주로 사용되는 2가지를 쓰시오.

정답 및 해설 냉각 저장법, 동결저장법

16. 지방질 함량이 높은 연어, 참치, 정어리, 고등어에 주로 사용되는 저온저장법을 쓰시오.

정답 및 해설 냉각해수 저장법

17. 동결한 어류의 표면에 입힌 얇은 얼음막(3~5mm)을 (①)라고 한다.

정답 및 해설 ① 빙의(글레이즈)

18. 다음은 식품의 저장온도이다. 각 단계에 맞는 온도를 쓰시오(℃)

① 냉장 ② 칠드 ③ 동결

정답 및 해설 ① 0~10℃ ② -5~5℃ ③ -18℃ 이하

19. 활어를 수송하는 경우 저온유지, 오물제거 외에도 고려해야 할 사항들이 있다. 그 3가지를 쓰시오.

정답 및 해설 산소보충, 상처예방, 위생관리

Point 실전문제

20. 활어 수송시 산소보충법 중 포기법 3가지를 쓰시오.

> **정답 및 해설** 기체주입법, 산소 봉입법, 살수법

21. 수산식품의 저장방법 중 수분활성도를 조절한 저장방법 3가지를 쓰시오.

> **정답 및 해설** 건조, 염장, 훈제

22. 수산식품에 사용되는 대표적인 식품첨가물인 보존료 3가지를 쓰시오.

> **정답 및 해설** 소르브산, 소르브산 칼슘, 소르브산 칼륨

23. 산화방지제로 사용되는 첨가물 3가지를 쓰시오.

> **정답 및 해설** 비타민 C, 비타민 E, BHA, BHT

24. 어패류의 부패 초기에 급속히 증가하며 트리메탈아민, 황화수소 등의 부패취를 생성하는 세균은?

> **정답 및 해설** 슈도모나스 속 균

25. 어패류의 주요 부패취를 생성하는 물질은?

> **정답 및 해설** 트리메탈아민, 황화수소, 메틸메르캅탄, 디메틸설파이드

26. 식중독 미생물 원인균으로서 바이러스 형으로 대표적인 것을 쓰시오.

> **정답 및 해설** 노로바이러스

27. 어패류의 식중독균으로서 ① 세균성 감염형과 ② 세균성 독소형에 해당하는 것을 각각 2가지씩 쓰시오.

> **정답 및 해설** ① 장염비브리오균, 살모넬라균 ② 황색포도상구균, 클로스트리듐 보툴리눔균

28. 수산식품의 효소 활성 조절 인자 3가지를 쓰시오.

> **정답 및 해설** 온도, pH, 기질의 농도

29. 어패류의 자가소화에 관여하는 단백질 분해효소는 단백질을 (① ,와 ②)로 분해하여 조직을 붕괴시키고 미생물의 증식을 촉진시킨다.

> **정답 및 해설** ① 펩티드 ② 아미노산

30. 수산물의 저장 중 지질 분해 효소에 의하여 지질이 분해되면 저분자 (①) 이나 (②) 등이 생성되어 식품의 불쾌한 맛이나 냄새, 산패를 촉진시킨다.

> **정답 및 해설** ① 지방산 ② 스테롤

31. 효소적 갈변현상의 대표적인 것은 (①)이다. ①은 갑각류에 함유되어 있는 티로시나아제에 의하여 아미노산인 (②)이 (③)으로 변하기 때문이다.

> **정답 및 해설** ① 흑변 ② 티로신 ③ 멜라닌

32. 다음 비효소적 갈변현상으로 거의 모든 식품에서 자연발생적으로 일어나는 갈변반응은?

> **정답 및 해설** 메일러드 반응

33. 지질의 변질을 다른 이름으로 무엇이라 하는가?

> **정답 및 해설** 산패

34. 산패 측정의 2가지 방법을 쓰시오.

> **정답 및 해설** 산가, 과산화물가

Point 실전문제

35. 산패를 억제하는 방법으로 산화방지제인 아스코르브산, 토코페롤, BHA, BHT 등을 사용한다. 그 외 자연적 방법으로 유효한 것을 3가지 쓰시오.

> **정답 및 해설** 1. 산소를 제거하거나 차단한다.
> 2. 빛을 차단한다.
> 3. 온도를 낮춘다.

36. 다음은 동결에 의한 변질의 예이다. 빈칸에 알맞은 말을 쓰시오.

1. 식품을 동결하면 (①)이 발생되고, 냉동저장 중 건조가 일어나 (②)와 (③)이 촉진된다.
2. 단백질 변성 방지를 위하여 어육에 첨가되는 당류로 대표적인 것을 쓰시오. ④
3. 건조를 방지하기 위하여 포장을 하거나 (⑤)을 한다.
4. 횟감용 참치육을 저장하는 적정온도는? ⑥

> **정답 및 해설** ① 드립 ② 산화 ③ 갈변 ④ 솔비톨 ⑤ 글레이징 ⑥ -50~55℃

37. 한천과 황태생산에 이용되는 건조법은?

> **정답 및 해설** 동건법

38. 멸치나 오징어에 이용되는 건조법은?

> **정답 및 해설** 냉풍 건조법

39. 가다랑어에 활용되는 배건법에 대하여 설명하시오.

> **정답 및 해설** 수산물을 태우거나 열로 구우면서 수분을 증발시켜 건조시키는 방법

40. 원료를 그대로 또는 간단히 전처리하여 말린 건제품의 종류와 해당 대표적인 수산품을 2가지 쓰시오.

> **정답 및 해설** 소건품, 마른오징어, 마른미역

41. 수산물을 삶아서 말린 것으로 마른멸치에 활용되는 제품의 종류를 쓰시오.

> **정답 및 해설** 자건품

42. 다음은 훈제품의 일반적인 제조과정이다. 빈칸에 알맞은 말을 쓰시오.

원료의 전처리 → 염지 → (①) → 물빼기 → (②) → (③) → 마무리 손질

> **정답 및 해설** ① 염 빼기 ② 풍건 ③ 훈제처리

43. 염장법의 대표적 3종류를 쓰시오.

> **정답 및 해설** 마른간법, 물간법, 개량 물간법

44. 다음은 담근 시기에 따른 새우젓의 명칭이다. 각각의 명칭을 쓰시오.

① 1~2월에 담근 것
② 3~4월에 담근 것
③ 7~8월에 담근 것

> **정답 및 해설** ① 동백하젓 ② 춘젓 ③ 자젓

45. 염장어류에 조, 밥 등의 전분질과 향신료 등의 부원료를 함께 배합하여 숙성시켜 만든 것의 명칭 ①과 대표적인 것은?

> **정답 및 해설** ① 식해 ② 가자미식해

46. 다음 각각에 알맞은 해조류 가공품의 명칭을 쓰시오.

① 이의 원료는 홍조류로 대표적인 것이 우뭇가사리와 꼬시래기가 있다.
② 이의 원료는 미역, 다시마, 톳 등의 갈조류에 들어 있는 점질성 다당류이다.
③ 이의 원료는 홍조류에 속하는 진두발, 돌가사리 등에 들어 있는 다당류이다.

> **정답 및 해설** ① 한천 ② 알긴산 ③ 카라기난

47. 다음은 통조림의 일반적인 가공공정이다. 빈칸에 알맞은 말을 쓰시오.

원료선별 → 조리 → (①) → (②) → 밀봉 → (③) → 냉각 → 포장

> **정답 및 해설** ① 살쟁임 ② 탈기 ③ 살균

48. 통조림의 가공방법에 따른 종류로서 원료 자체를 그대로 삶아서 식염수로 간을 맞춘 통조림으로서 청어리, 꽁치 등에 활용되는 통조림은?

> **정답 및 해설** 보일드 통조림

49. 통조림의 품질변화에 대한 설명이다. 각각에 알맞은 품질변화를 쓰시오.

① 어육의 표면에 벌집모양의 작은 구멍이 생기는 것
② 통조림 내용물에 유리조각 모양의 결정이 나타나는 현상
③ 캔을 열었을 때 육의 일부가 용기의 내부나 뚜껑에 눌러 붙어 있는 현상
④ 어류 보일드 통조림의 표면에 생긴 두부 모양의 응고물

> **정답 및 해설** ① 허니콤 ② 스트루바이트 ③ 어드히전 ④ 커드

50. DHA의 함량은 대구와 명태에는 (①)에, 고등어와 정어리에는 (②)에, 참치는 머리 특히 (③)에 많다.

> **정답 및 해설** ① 간 ② 근육 ③ 눈구멍

51. 수심 30m 이하의 바다에서 서식하는 상어의 간유에 많이 함유된 것은?

> **정답 및 해설** 스쿠알렌

52. 냉동 사이클을 쓰시오.

> **정답 및 해설** 압축 → 응축 → 팽창 → 증발

53. 식품 포장재료의 조건 중 작업성, 상품성, 사회성, 경제성 외 고려해야 할 조건 3가지를 쓰시오.

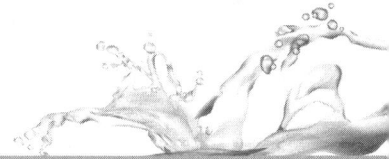

정답 및 해설 위생성, 보호성, 편리성

54. HACCP의 원칙1①과 원칙2②를 쓰시오.

정답 및 해설 ① 위해요소분석 ② 중요관리점 결정

55. 복어독의 성분은?

정답 및 해설 테트로도톡신

56. 수산물산지시장의 기능 4가지를 쓰시오.

정답 및 해설 1. 어획물의 양륙과 진열기능
2. 거래형성기능
3. 대금결제기능
4. 판매기능

57. 수산물도매시장 등에서 시장의 개설자에게 등록하고 수산물을 수집하여 도매시장 등에 출하하는 유통주체는?

정답 및 해설 산지유통인

58. 경매참가자들이 공개적으로 자유롭게 매수희망가격을 제시하여 최고가격을 제시한 자를 최종 입찰자로 결정하는 경매방식은?

정답 및 해설 상향식 경매(영국식)

59. 소비자가 지불한 가격에서 생산자가 판매한 가격을 제한 상품의 가격을 무엇이라 하는가?

정답 및 해설 유통마진

60. 유통마진의 2가지 구성요소를 쓰시오.

정답 및 해설 유통이윤(상업이윤) + 유통비용

61. 해양수산부가 수산물 유통구조를 개선하기 위해 발표한 개선 종합대책에 따른 유통구조에 알맞은 말을 쓰시오.

생산자 → ① → ② → ③ → 소비자

정답 및 해설 ① 산지거점유통센터
② 소비지분산물류센터
③ 분산도매물류

62. 동결식품의 상품가치를 갖게 하기 위하여 허용되는 경과시간과 그동안 유지되는 품온의 관계를 숫자적으로 처리하는 방법은?

정답 및 해설 품질유지를 위한 시간-온도 허용한도(T.T.T)

63. 수산물 유통기능 중 시간효용과 장소효용을 창출하는 기능을 순서대로 쓰시오.

정답 및 해설 저장기능, 수송기능

64. 수협이 개설·운영하는 산지시장으로 어획물 양륙, 1차 가격형성, 배분기능을 지닌 유통기구는?

정답 및 해설 산지 위판장

65. 수산물도매시장에서 수산부류의 위탁수수료 최고한도는?

정답 및 해설 60/1,000

66. 활어의 상품가치를 결정하는 요인 3가지를 쓰시오.

정답 및 해설 성장환경, 품종, 시기

67. 다음 보기의 유통비용 중 직접비용을 모두 고르시오.

점포임대료, 자본이자(대출이자), 통신비, 제세공과금, 감가상각비, 수송비, 포장비, 저장비, 가공비

정답 및 해설 수송비, 포장비, 저장비, 가공비

68. 동일상품에 대해 시장마다(고객에 따라) 상이한 가격을 매겨, 극대이윤창출 목표로 하는 가격정책은?

정답 및 해설 가격차별화 정책

69. 통다음은 마켓팅 과정이다, 빈칸에 알맞은 말을 쓰시오.

(①) → (②) → (③) → 분석 및 이해 → 보고서작성

정답 및 해설 ① 문제의 정의
② 마케팅 조사설계
③ 자료수집

70. STP전략에서 자신의 제품이 소비자에게 지각되어 있는 모습을 무엇이라 하는가?

정답 및 해설 포지셔닝(positioning)

71. 4PMIX의 4P에 해당하는 용어를 모두 쓰시오.

정답 및 해설 제품(Product), 가격(Price), 유통경로, 시장위치(Place), 홍보(Promotion)

72. 고객점유마케팅 중 AIDA의 과정을 쓰시오.

정답 및 해설 주의(Attention), 관심(Interest), 욕망(Desire), 행동(Action)

73. 공급자와 수요자 간의 계속적 관계를 중요시하는 마케팅을 무엇이라하는가?

정답 및 해설 관계마케팅

Point 실전문제

74. 가격결정이론 중 고급품목에 대한 고가가격전략에 해당하며 고가의 제품이 품질도 우수할 것이라는 수요자의 심리상태를 반영하는 가격전략은?

> **정답 및 해설** 명성가격전략

75. 수요의 탄력성이 크고, 대량생산에 의한 생산비용절감이 가능한 경우 채택할 수 있는 가격정책은?

> **정답 및 해설** 저가격정책

76. 기업환경을 4가지요소를 분석하여 내부적 요소 2가지와 외부적 요소 2가지를 적절하게 결합해서 사업의 방향을 결정하는 분석기법을 무엇이라 하는가?

> **정답 및 해설** SWOT분석

77. 모든 사물에 부착된 태그 또는 센서를 초소형 무선장치에 접목하여 이들 간의 네트워킹과 통신으로 실시간 정보를 획득, 처리, 활용하는 네트워크 시스템은?

> **정답 및 해설** RFID(Radio Frequency IDentification)

78. 컴퓨터를 이용하여 사무처리나 경영관리 데이터를 처리하는 시스템으로, 모든 데이터를 컴퓨터 입력장치에 넣어 사람의 힘 없이도 컴퓨터가 착오 없이 종합 처리하는 방식은?

> **정답 및 해설** EDPS(electronic data process system)

79. 금전등록기와 컴퓨터 단말기의 기능을 결합한 시스템으로 매상금액을 정산해 줄 뿐만 아니라 동시에 소매경영에 필요한 각종정보와 자료를 수집·처리해 주는 시스템의 명칭은?

> **정답 및 해설** POS(판매시점 관리 시스템)

80. POS를 통해 얻어지는 상품 흐름에 대한 정보와 계절적인 요인에 의해 소비자 수요에 영향을 미치는 외부 요인에 대한 정보 그리고 실제 재고 수준, 상품 수령, 안전 재고 수준에 대한 정보 등을 컴퓨터를 이용하여 통합분석하여 일정 조건에 해당하는 수준으로 판정되면 기계적으로 발주가 이루어지는 시스템은?

정답 및 해설 자동 발주 시스템(CAO)(Computer Assisted Ordering)

81. 주문서의 발행을 자동적으로 하는 시스템. 재고 관리 시스템으로서 정량 발주 시스템이 있는데, 그 방식의 하나로서 재고량이 발주점에 이르면 자동적으로 주문서를 출력하는 것은?

    정답 및 해설 자동 주문 시스템(AOS)

82. 기업 내 생산, 물류, 재무, 회계, 영업과 구매, 재고 등 경영 활동 프로세스들을 통합적으로 연계해 관리해 주며, 기업에서 발생하는 정보들을 서로 공유하고 새로운 정보의 생성과 빠른 의사결정을 도와주는 통합시스템을 무엇이라하는가?

    정답 및 해설 ERP(Enterprise Resource Planning, 전사적자원관리)

■■■ 수산물 표준규격과 품질검사

1. 수산물의 표준거래단위 중 기본거래단위를 쓰시오.

    정답 및 해설 3kg, 5kg, 10kg, 15kg 및 20kg

2. (포장치수)

    수산물의 포장치수는 한국산업규격(KS M3808)에서 정한 발포폴리스틸렌(P.S) 상자의 포장규격 및 한국산업규격(KS A1002)에서 정한 수송포장계열치수 T-11형 파렛트(1,100×1,100㎜)의 평면적재효율이 (①)인 것을 우선 적용하고, 높이는 해당 수산물의 포장이 가능한 (②)로 한다.

    정답 및 해설 ① 90%이상 ② 적정높이

3. (포장치수의 허용범위)

1. 골판지상자 및 발포폴리스틸렌상자(P.S)의 포장치수 중 길이, 너비의 허용범위는 (①)로 한다.
2. 그물망, 직물제포대(P.P대), 폴리에틸렌대(P.E대)의 포장치수의 허용범위는 길이의 (②), 너비의 ±10㎜, 지대의 경우에는 각각 길이·너비의 (③)로 한다.

정답 및 해설 ① ±2.5% ② ±10% ③ ±5㎜

4. 다음 거래단위표에 알맞은 선어류를 쓰시오.

3kg	5kg	10kg			①
3kg	5kg	10kg	15kg		②
3kg	5kg	10kg	15kg	20kg	③

정답 및 해설 ① 도다리, 화살오징어, 양태, 수조기, 숭어, 쥐치(도화양수조숭쥐) ② 병어, 조피볼락, 서대(병피서) ③ 전어, 문어(전문)

5. 거래단위에 7kg이 포함된 것을 쓰시오.

정답 및 해설 삼치, 백조기(5/7/10/15/20)

부세(5/7/10)[삼백7세]

6. 거래단위에 8kg이 포함된 것을 쓰시오.

정답 및 해설 고등어(5/8/10/15/16/20)

오징어, 대구(5/8/10/15/20)

민어(8/10/15/20)

붕장어(4/8)[오8고대멘붕]

7. 다음 거래단위표에 알맞은 선어류를 쓰시오.

5kg	10kg				①
5kg	10kg	15kg			②
5kg	10kg	15kg	20kg		③
	10kg		20kg		④
	10kg	15kg	20kg		⑤

> **정답 및 해설** ① 갯장어, 뱀장어
> ② 놀래미,
> ③ 명태
> ④ 참다랑어(*가다랑어15kg/20kg)
> ⑤ 조기, 가오리, 곰치, 넙치

8. 다음 보기의 패류에 공통된 표준거래단위를 쓰시오.

> 바지락, 고막, 피조개, 우렁쉥이

> **정답 및 해설** 3kg, 5kg, 10kg
> * 바지락 (3/5/10/20)

9. 수산물의 표준포장규격 중 상자 두께를 길이, 너비, 바닥으로 구분하여 쓰시오.

> **정답 및 해설** 길이 및 너비 두께 25mm, 바다 두께 44mm

10. 다음은 표준규격품의 표시방법이다. 항목 중 빈칸에 알맞은 말을 쓰시오.

	표시사항			
표준규격품	품목		①	
	생산자		②	
	무게 (마릿수)	kg(마리)	③	

> **정답 및 해설** ① 생산지역 ② 출하자 ③ 연락처

11. (북어)

북어	특	상	보통
1마리의 크기 (전장, Cm)	40 이상	30 이상	30 이상
다른크기의 것의 혼입율(%)	0	10 이하	30 이하
색택	우량	양호	보통
공통규격	○형태 및 크기가 균일하여야 한다.		

	○ 고유의 향미를 가지고 다른 냄새가 없어야 한다. ○ 인체에 해로운 성분이 없어야 한다. ○ 수분 : 20%이하

정답 및 해설

* 북어 등급규격 정리
1. 항목 : 크혼색
2. 크(433), 혼(0/10/30), 색(우양보)
3. 공통규격(수분20% 이하)

* 포장재 표시사항
   표시사항 : 품명, 산지, 생산자 성명·주소(전화번호), 등급, 무게, 생산년·월, 취급상 유의사항, 가공방법(필요시)

12. (굴비)

굴비	특	상	보통
1마리의 크기 (전장, Cm)	20 이상	15 이상	15 이상
다른크기의 것의 혼입율(%)	0	10 이하	30 이하
색 택	우 량	양 호	보 통
공통규격	○ 고유의 향미를 가지고 다른 냄새가 없어야 한다. ○ 크기가 균일한 것으로 엮어야 한다.		

정답 및 해설

* 굴비 정리
1. 항목 : 크혼색
2. 크(20/15/15-북어의1/2), 혼(0/10/30), 색(우양보)

* 항목에 색택(색깔)이 있는 경우
   특상보통은 우양보(북어, 생굴, 굴비, 마른문어, 냉동오징어, 간미역)

13. (마른문어)

마른문어		특	상	보통
형태	육질	두께 두껍고	두께 보통	다소 엷고
	흡반 탈락	거의 없고	적음	적음
곰팡 적분 백분	팡적	×	×	×
	백분	다소 있음	심하지 않음	다소 심함

색택	우량	양호	보통
향미	우량	양호	보통
공통규격	1. 크기 : 30cm 이상, 균일 묶음 2. 토사·협잡물 × 3. 수분 23% 이하		

정답 및 해설

* 마른문어 정리
1. 항목 : 형태팡 적백색향
* 항목에 형태가 있는 것(마른문어, 냉동, 오징어)
2. 곰팡이·적분은 毒
   백분은 다소有 < 심× < 다소 심함
3. 형태에서 흡반탈락 (거의× < 적 < 적)
   육질두께(두껍>보통>다소 엷음)
4. 색택, 향미(우양보)
* 항목에 향미가 있는 경우
   특상보통은 우양보(마른 문어, 멸치젓)

14. (생굴)

1립 무게	다른 크기 외싱혼입	색택	선도	공동
5/5/5↑	3/5/10	우양보	우양보	1. 고유 색향 2. 다른품종× 3. 부서진 패각, 협잡물× 4. 수질혼탁×

정답 및 해설 * 항목에 선도가 있는 것 : 우양보(생굴, 냉동오징어)

15. (고막/바지락) 공통규격에 대해

	1개의 크기	다른 크기 혼입률	손상/패각 혼입률	공통 규격
고막	3/2.5/2	5/10/30	3/5/10	
바지락	4/3/3			

정답 및 해설

* 고막/바지락 공통규격
  1. 패각+모래/뻘(잘 제거)

2. 크기 균일, 별종 혼입 ×
3. 부패냄새/다른 냄새(他臭) ×

16. (새우젓/멸치젓) 공통규격에 대해

	육질 숙성도	다른 종 부서진 혼입률	향미	공통 규격
새우젓	우양보	3/5/10	~~~	
멸치젓		~~~	우양보	

정답 및 해설

		공통규격
새우젓	고유색깔 변색/변질 ×	1. 고유향미/他臭 × 2. 액즙정미량 20% ↓
멸치젓		1. 他種 × 2. 부패臭/他臭 ×

17. (냉동오징어/간미역)

냉동오징어			
1개의 무게	다른 크기 혼입률	색택/선도/형태	공통규격
320 270 230	0/10/30	우양보	1. 크기균일/배열 正 2. 부패臭/他臭 × 3. 보관온도 -18℃ ↓

간미역		
파치품(15cm↓) 혼입률	葉 (노쇠/충해/황갈색) 혼입률	색깔
3/5/10	3/5/10	우양보

공통규격 : 他種 ×, 속줄기(제거), 자숙(적당)/염분(균등)/물빼기(충분)
　　　　　수분(63% 이하), 염분(25~40%)

정답 및 해설 * 혼입률 종합정리

	다른크기	외상
북어	01030	
마른문어	30cm↑	
생굴	3/5/10	3/5/10
바지락	他크기 51030	손상 死패 3510

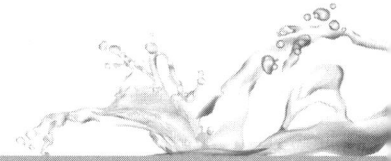

고막	51030	3510
새우젓	3510	부서짐 3510
멸치젓	000	
냉동오징어	01030	
간미역	15cm↓ 3/5/10	老蟲黃 3/5/10

18. '식품의 영양표시 등' 규정에 의해 반드시 그 명칭과 함량을 표시하여야 하는 영양성분 9가지를 쓰시오.

> **정답 및 해설** 열량, 탄수화물, 당류, 단백질, 지방, 포화지방, 트랜스 지방, 콜레스테롤, 나트륨

19. '식품의 영양표시 등' 규정에 의해 임의로 표시할 수 있는 영양성분 3가지를 쓰시오.

> **정답 및 해설** 비타민, 무기질, 식이섬유

20. 제품에 포함된 특수한 영양물질이나 성분을 소비자에게 홍보할 수 있도록 고, (①), 저, (②), (③) 등의 용어를 사용할 수 있다.

> **정답 및 해설** 무, 감소, 강화

21. 식품의 기준으로서 적합한 원료의 구비조건 3가지를 쓰시오.

> **정답 및 해설** 안전성, 위생성, 건전성

22. 다음은 식품에 대한 제품검사의 필요성이다.

(①)이 회사에서 설정한 품질기준에 적합한지 판정
(②)이 품질기준에 부합하는 제품 생산에 적합한지 판정

> **정답 및 해설** ① 최종제품 ② 제조공정

23. 제품검사의 방법 2가지를 쓰시오.

정답 및 해설 전수검사, 시료채취검사

24. 시료채취방법 2가지를 쓰시오.

정답 및 해설 층별 시료채취, 취락 시료채취

25. 식품의 품질검사방법 3가지를 쓰시오.

정답 및 해설 영양성분검사, 위생안전성검사, 관능검사

26. 관능검사방법 중 대표적인 것 3가지를 쓰시오.

정답 및 해설 평점법, 비교법, 순위법

27. 수산물·수산가공품 검사기준에 관한 고시에 따른 '어·패류'의 정의는?

정답 및 해설 어류·패류·갑각류·연체류 등의 수산동물

28. 신선·냉장품의 냉장온도는?

정답 및 해설 10℃ ↓

29. 수산동·식물을 건제품화 하는 방법 4가지를 쓰시오.

정답 및 해설 건조하기, 삶기, 굽기, 염장 후 건조

30. 수산물 제품에 표시하여야 하는 내용 4가지를 쓰시오.

정답 및 해설 제품명, 중량(또는 내용량), 업소명, 원산지명

31. 활어·패류의 검사항목의 합격기준을 쓰시오

> **정답 및 해설** 외관 : 손상과 변형이 없는 형태로서 병·충해가 없는 것
> 활력도 : 살아있고, 활력도가 양호한 것
> 선별 : 대체로 고르고 이종품의 혼입이 없는 것

32. 신선·냉장품의 검사항목을 쓰시오.

> **정답 및 해설** 형태, 색택, 선도, 선별, 잡물, 냄새(형색선도별 잡새)

33. 다음은 신선·냉장품의 검사기준표이다.

항목	합격
형태	손상·변형이 (①), 처리상태가 (②)한 것
색택	고유의 색택으로 (③)한 것
선도	선도가 (④)한 것
선별	크기가 대체로 고르고 다른 종류가 혼입되지 아니한 것
잡물	(⑤) 등의 처리가 잘 되고, 그 밖에 협잡물이 없는 것
냄새	⑥

> **정답 및 해설** ① 없고 ② 양호 ③ 양호 ④ 양호 ⑤ 혈액 ⑥ 신선히여 이취가 없는 것

34. 냉동품 중 어·패류의 검사항목을 쓰시오.

> **정답 및 해설** 형태, 색택, 선도, 선별, 잡물, 온도건조 및 유소(형색선도별 잡놈건유)

35. 다음은 냉동품 중 어.패류의 검사기준표이다.

항목	합격
형태	고유의 형태를 가지고 손상과 변형이 거의 없는 것
색택	①
선도	②
선별	③
잡물	혈액 등의 처리가 잘 되고 그 밖에 협잡물이 없는 것
건조 유소	글레이징이 잘 되어 건조 및 유소현상이 없는 것(다만, 건조 및 유소를 방지할 수 있도록 포장한 것은 제외)
온도	중심온도가 −18℃ 이하인 것

횟감용 참치류의 중심온도는 -40℃ 이하

정답 및 해설 ① 고유의 색택으로 양호한 것

② 선도가 양호한 것

③ (선별) 크기가 대체로 고르고 다른 종류가 혼입되지 아니한 것

36. 다음 보기는 냉동품의 종류이다. 각 질문의 항목에 알맞은 종류를 골라 쓰시오.

어·패류, 연육, 해조류, 붉은 대게 액즙, 어육연제품
① 검사항목 중 '색택'의 합격기준이 '색택이 양호하고 변색이 없는 것"인 것은?
② '선별'합격기준으로 '파치품·충해엽 등의 혼입이 적고 다른 해초 등의 혼입이 거의 없는 것'은?
③ 검사항목 중 '탄력' 합격기준이 '탄력이 양호한 것'은?
④ 검사항목 중 '잡물' 합격기준으로 '뼈 및 껍질 그 밖에 협잡물이 없는 것'은?
⑤ '고유의 색택을 가지고 변질되지 아니한 것'은?

정답 및 해설

* 냉동품 제품별 색택 합격기준

어·패류	고유색택+양호
어육연제품	고유색택+양호
연 육	색택양호+변색NO
해조류	고유색택+변질NO
紅대게액즙	고유색택

① 연육 ② 해조류 ③ 어육연제품 ④ 연육 ⑤ 해조류

* 붉은대게액즙만 항목 '향미' 있음
* 연육(육질항목), 어육연제품(탄력)

37. 다음은 건제품 중 마른 김 및 얼구운 김 검사기준표이다. 번호에 적절한 내용을 쓰시오.

항목	검사기준				
	특등	1등	2등	3등	등외
형태	① 대판제외				②
색택	③				④
청태 혼입	청태혼입 없는 것	⑤			
향미			⑥		

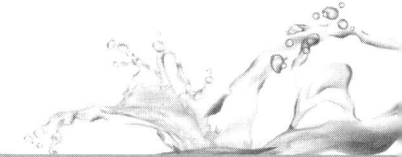

중량	⑦	⑦ , 다만, 재래식은 200g 이상인 것		
협잡물	토사·따개비·갈대잎 및 그 밖에 협잡물이 없는 것			
결속				
대지 외	결속대지 및 문고지(항목)에서 형광물질이 검출되지 아니한 것			

* 마른 김 중요사항 정리
1. 형태 : 특/1/2/3등에서 크기同/형태바름/축파·구멍×
   기본크기 : 길이206mm이상×너비189mm이상
2. 색택 : 특/1/2/3등 모두 고유색택 띠고 광택은 특/1/2/3등에서 우수선명/우량선명/양호/보통(등외; 고유색택+나부기/사태20%이하)
3. 청태혼입률 : 특/1/2/3/등외에서 O/3/10/15/15
   혼해태 : O/20/30/45/50

> **정답 및 해설** ① 길이×너비=206mm×189mm이상 형태가 바르고 축파지·구멍기가 없는 것

* 대판 : 223×195 이상
* 1.2.3등 재래식 260×190 이상

② 길이×너비=206×189mm 이나 과도하게 가장자리를 치거나 형태가 바르지 못하고 경미한 축파지·구멍기가 있는 제품이 약간 혼입된 것
③ 고유의 색택(홋색)을 띠고 광택이 우수하고 선명한 것
④ 고유의 색택이 떨어지고 나부기 또는 사태가 전체표면의 20% 이하인 것
⑤ 청태혼입이 3% 이내인 것
   혼해태는 30% 이하
⑥ 고유의 향미가 우량한 것
⑦ 100매1속의 중량이 250g 이상

38. 건제품 마른멸치의 검사항목별 질문에 답하시오.

1. 항목 '형태'에서 1.2.3등에 해당하는 멸치 종류별 크기를 쓰시오.
2. 항목 '형태'에서 다른 크기의 혼입 또는 머리가 없는 것이 1.2.3 등에 맞는 각 기준을 쓰시오.
3. 항목 '색택'에서 1등의 기준을 쓰시오.
4. 항목 '선별'에서 1.2등의 기준을 쓰시오.
5. 항목 '향미'에서 1등의 기준을 쓰시오.
6. 항목 '협잡물'에서 1.2.3 등의 기준을 쓰시오.

> **정답 및 해설**
1. 대멸 77mm 이상, 중멸 51mm 이상, 소멸 31mm 이상, 자멸 16mm 이상, 세멸 16mm 미만

2. 1등(1% 이내), 2등(3% 이내), 3등(5% 이내)
3. 자숙이 적당하며 고유의 색택이 우량하며 기름이 피지 아니한 것
4. 이종품의 혼입이 없는 것
    *3등(혼입이 거의 없는 것)
5. 고유의 향미가 우량한 것
6. 토사 및 그 밖에 협잡물이 없는 것

39. 다음은 건제품 '마른멸치'의 검사결과표이다. 등급을 판정하고 그 이유를 쓰시오.(단, 제시되지 않은 항목에 대한 기준은 고려하지 않음)

- 형태 : 중멸(51mm 이상)이고, 다른 크기의 혼입 또는 머리가 없는 것이 3% 이내
- 색택 : 자숙이 적당하여, 고유의 색택이 우량하고 기름이 핀 정도가 적은 것
- 선별 : 이종품의 혼입이 거의 없는 것

정답 및 해설 등급판정 : 3등

판정이유 : 형태는 2등, 색택은 2등, 선별은 3등으로 종합판정은 3등

40. 마른 오징어 검사 합격기준으로 알맞은 말을 쓰시오.

항 목	합 격
형 태	형태가 바르고 손상이 없으며, (①), 썰거나 찢은 것은 크기가 고른 것
색 택	색택이 (②)이며, 얼룩이 (③)
곰팡이 적 분	곰팡이가 없고, 적분이 (④)
협잡물	토사 및 그 밖에 협잡물이 없는 것
향 미	고유의 향미를 가지고 (⑤)가 없는 것
선 별	크기가 대체로 고른 것

정답 및 해설 ① 흡반의 탈락이 적은 것 ② 보통 ③ 거의 없는 것 ④ 거의 없는 것 ⑤ 이취

41. 마른 미역류의 원료와 형태 및 색택의 검사 합격기준을 쓰시오.

정답 및 해설 원료 : 조체발육이 양호한 것

형태 : 형태가 바르고 손상이 거의 없는 것

* 썰은 것은 크기가 고르고 파치품의 혼입이 거의 없는것

색택 : 고유의 색택으로 양호한 것

42. 다음 표에서 구운 김의 검사항목별 합격기준을 쓰시오.

항 목	합 격
형 태	◆ 배소로 인한 파상형 또는 요철형의 혼입이 적은 것. ◆ (①)
색 택	고유의 색택을 가지고, (②)
협잡물	토사 및 협잡물의 혼입이 (③)
향 미	④

정답 및 해설 ① 크기가 고르고 구멍기가 심하지 아니한 것

② 배소로 인한 변색이 심하지 아니한 것

③ 없는 것

④ 고유의 향미를 가지고 이취가 없는 것

43. 염장품 '새우젓'의 검사항목별 합격기준을 쓰시오.

항 목	합 격
형 태	새우의 형태를 가지고 있어야 하며 부스러진 새우의 혼입이 (①)
색 택	②
협잡물	토사 및 그 밖에 협잡물이 없는 것
향 미	고유의 향미를 가지고 이취가 없는 것
액 즙	③
처 리	(④)이 잘 되고 이종새우 및 삽어의 선별이 잘 된 것

정답 및 해설 ① 적은 것

② 고유의 색택이 양호하고 변색이 없는 것

③ 정미량의 20% 이하인 것

④ 숙성

44. 마른오징어 검사 합격기준으로 알맞은 말을 쓰시오.

항 목	합 격
형 태	형태가 바르고 손상이 없으며, (①), 썰거나 찢은 것은 크기가 고른 것
색 택	색택이 (②)이며, 얼룩이 (③)
곰팡이 적 분	곰팡이가 없고, 적분이 (④)
협잡물	토사 및 그 밖에 협잡물이 없는 것
향 미	고유의 향미를 가지고 (⑤)가 없는 것
선 별	크기가 대체로 고른 것

정답 및 해설 ① 흡반의 탈락이 적은 것 ② 보통 ③ 거의 없는 것 ④ 거의 없는 것 ⑤ 이취

45. 일반 염장품(그 밖의 염장품)에 공통되는 검사의 합격기준을 항목별로 쓰시오.

① 형태
② 색택
③ 협잡물
④ 처리

정답 및 해설 ① 형태가 바르고 고른 것
② 고유의 색택으로서 변색이 거의 없는 것
③ 토사 및 그 밖에 협잡물이 없는 것
④ 염도가 적당하고 처리상태가 양호한 것

46. 조미오징어류의 검사항목 중 '색택' 합격기준을 쓰시오.(단, 늘린 것이 아님)

정답 및 해설 색택이 대체로 고르고 곰팡이가 없고, 백분이 거의 없는 것

47. 조미김의 검사항목 중 '색택' 합격기준을 쓰시오.

정답 및 해설 고유의 색택이 양호한 것

48. 어묵류의 검사항목 중 '일반어묵(고명을 넣지 않음, 굽지 않음, 맛살이 아님)'의 '성상' 합격기준을 쓰시오.

정답 및 해설 색, 형태, 풍미, 식감이 양호하고 이미, 이취가 없는 것

49. 수산물·수산가공품의 정밀검사기준으로 중금속 검사항목을 모두 쓰시오.

정답 및 해설 총 수은, 메틸수은, 납, 카드뮴

50. 다음 검사대상의 염분①②과 수분③④⑤⑥ 검사기준을 각각 쓰시오.

① (조미 가공품) 패류 간장
② (염장품) 멸치액젓
③ (건제품) 김, 돌김
④ (건제품) 오징어류
⑤ (건제품) 멸치(세별제외), 새우류
⑥ (조미가공품) 오징어류, (건제) 세멸

> **정답 및 해설** ① 15.0% 이하
> ② 23.0% 이하
> ③ 15% 이하
> ④ 23% 이하
> ⑤ 25% 이하
> ⑥ 30% 이하

51. 정밀검사 항목으로 음성 판정을 받아야 하는 식중독균 중 리스테리아모노사이토제네스 외 3가지를 쓰시오.

> **정답 및 해설** 장염비브리오, 살모넬라, 황색포도상구균

52. 수산물 및 수산가공품에 대한 검사의 종류 3가지를 쓰시오.

> **정답 및 해설** 서류검사, 관능검사, 정밀검사

53. 다음 각 항목에 따른 검사방법을 순서대로 쓰시오.

① 검사신청인 또는 외국요구기준에서 분석증명서를 요구하는 수산물 및 수산가공품
② 등록된 생산·가공시설 등에 대한 위해요소중점관리기준에 적합한지 확인
③ 검사신청인이 위생증명서를 요구하는 수산물·수산가공품(식용)

> **정답 및 해설** ① 정밀검사 ② 서류검사 ③ 관능검사

54. 다음 보기 중 관능검사 대상 항목을 모두 고르시오.

① 지정해역에서 생산하였는지 확인(지정해역에서 생산되어야 하는 수산물 및 수산가공품만 해당한다)

② 정부에서 수매·비축하는 수산물·수산가공품
③ 국내에서 소비하는 수산물·수산가공품
④ 외국요구기준에 따라 수출된 수산물 및 수산가공품에서 유해물질이 검출된 경우 그 수산물 및 수산가공품의 생산·가공시설에서 생산·가공되는 수산물
⑤ 지정해역에서 위생관리기준에 맞게 생산·가공된 수산물 및 수산가공품으로서 외국요구기준을 이행했는지를 확인하기 위하여 품질·포장재·표시사항 또는 규격 등의 확인이 필요한 수산물·수산가공품
⑥ 식용으로서 검사신청인이 위생증명서를 요구하는 수산물·수산가공품

정답 및 해설 관능검사 대상 : ②③⑤⑥
서류검사 : ①
정밀검사 : ④

55. 관능검사를 위한 수산물 및 수산가공품(무포장 제품)의 표본추출시 신청 로트의 크기가 '3톤 이상 5톤 미만'인 경우 관능검사 채점 지점(마리)은?

정답 및 해설

신청 로트(Lot)의 크기		관능검사 채점지점 (마리)
	1톤 미만	2
1톤 이상	3톤 미만	3
3톤 이상	5톤 미만	4
5톤 이상	10톤 미만	5
10톤 이상	20톤 미만	6
20톤 이상		7

56. 관능검사를 위한 수산물 및 수산가공품(포장 제품)의 표본추출시 신청개수가 100개인 경우 추출개수와 채점개수를 순서대로 쓰시오.

정답 및 해설

신청 개수		추출 개수	채점 개수
	4개 이하	1	1
5개 이상	50개 이하	3	1

51개 이상	100개 이하	5	2
101개 이상	200개 이하	7	2
201개 이상	300개 이하	9	3
301개 이상	400개 이하	11	3
401개 이상	500개 이하	13	4
501개 이상	700개 이하	15	5
701개 이상	1,000개 이하	17	5
1,001개 이상		20	6

57. 정밀검사는 외국요구기준에서 정한 검사방법이 있는 경우에는 그 방법으로 하고, 그 방법이 없을 때에는 「식품위생법」 제14조에 따른 (   )에서 정한 검사방법으로 한다. 빈칸에 알맞은 말을 쓰시오.

> **정답 및 해설** 식품 등의 공전(公典)

58. 성상(관능검사)검사시 (①), (②), (③) 항목은 수산물에 공통으로 적용하고 종류별로 검사항목이 정하여진 것은 이를 포함하여 각 채점기준에 따라 채점한 결과가 평균 (④) 이상이고, (⑤) 항목이 없어야 한다.

> **정답 및 해설** ① 외관(형태) ② 색깔(색택) ③ 선별 ④ 3점 ⑤ 1점

59. 정밀검사를 통하여 '세균수'를 측정하고자 한다. 냉동 상태의 검체를 그대로 (①) 이하에서 가능한 단시간에 녹이고 용기․포장의 표면을 (②)의 알코올 솜으로 잘 닦은 후 일반시험법, (③), 일반세균수에 따라 시험한다.

> **정답 및 해설** ① 40℃ ② 70% ③ 미생물 시험법

60. 다음은 '대장균군에 대한 정밀시험 순서이다.

(①) → (②) → 대장균군 → (③) → 데스옥시콜레이트유당한천배지에 의한 정량법

> **정답 및 해설** ① 일반시험법 ② 미생물시험법 ③ 정량시험

61. 북어독의 추출방법①과 독력시험법②을 각각 쓰시오.

> **정답 및 해설** ① 초산추출법 ② 마우스 복강주사

62. 일산화탄소 시험법에서 사용되는 시약 3가지를 쓰시오

> **정답 및 해설** 일산화탄소 표준가스, 황산, n-옥틸알코올

63. 아래는 검출된 일산화탄소의 농도이다.

1. 냉동틸라피아 분석치가 (① μg/kg) 이하인 경우 일산화탄소를 처리하지 않은 것으로 판정한다.
2. 진공 포장한 냉동틸라피아에서 (② μL/L) 이하로 검출된 경우 일산화탄소를 처리하지 않은 것으로 판정하고, (③) 이상 검출되면 일산화탄소를 처리한 것으로 판정한다.
3. 냉동참치의 경우 (④ μg/kg) 이하이면 일산화탄소를 처리하지 않은 것으로, (⑤μg/kg) 이상이면 일산화탄소를 처리한 것으로 판정한다.

> **정답 및 해설** ① 20 ② 10 ③ 100 ④ 200 ⑤ 500

64. 알맞은 답은?

1. 히스타민분석을 위하여 사용되는 장치는?
2. 히스타민분석으로 알 수 있는 것은?
3. 히스타민을 추출하기 위하여 사용되는 화학물질은?

> **정답 및 해설** 1. 액체크로마토그래프

2. 부패정도

3. 염산

Point! 실전문제 — 2단계 문제 [확인학습]

1. 수산물의 표준거래단위(기본)를 쓰시오.

2. 다음 보기의 수산물 중 해당 표준거래단위에 알맞은 것을 골라 쓰시오.

오징어, 고등어, 갯장어, 전어, 명태, 멸치

①	3kg, 4kg, 5kg, 10kg
②	5kg, 8kg, 10kg, 15kg, 16kg, 20kg
③	3kg, 5kg, 10kg, 15kg, 20kg
④	5kg, 10kg, 15kg, 20kg

3. 다음은 '북어' 10마리 포장 1박스의 등급 조사표이다. 등급을 판정하고 그 이유를 쓰시오.

① 등급판정
② 판정이유

항목	조사결과
1마리의 크기(전장, cm)	40 이상 : 9마리, 30 이상 : 1마리
다른 크기의 것의 혼입률(%)	10%
색택	우량
공통규격	1. 형태 및 크기가 균일 2. 고유의 향미를 가지고 다른 냄새 없음 3. 인체에 해로운 성분 없음 4. 수분 : 20% 이하

4. '굴비'의 등급규격 항목 중 '공통규격'을 제외한 나머지 항목을 쓰시오.

5. 다음은 '마른문어' 10마리 1박스의 등급규격 조사결과이다. 등급을 판정하고 그 이유를 쓰시오. (단, 주어진 조사결과 이외의 것은 고려하지 아니한다.)

① 형태 : 육질의 두께가 두껍고, 흡반탈락이 거의 없음
② 곰팡이, 적분이 피지 아니하고, 백분이 심하지 않음
③ 색택, 향미 : 우량
④ 크기 : 모두 30cm 이상
⑤ 수분 : 25% 이하

6. '생굴'의 등급규격상 "특"에 해당하는 1립의 무게(g)와 다른 크기 및 외상이 있는 것의 혼입률(%)을 순서대로 쓰시오.

① 1립의 무게(g)
② 다른 크기 및 외상이 있는 것의 혼입률(%)

7. 다음은 '바지락' 10kg 포장품 등급규격상 조사결과이다. 등급을 판정하고 그 이유를 쓰시오.(단, 조사결과 이외의 것은 판정상 고려하지 않음)
   ① 1개의 크기(각장, cm) 4 이상 9.5kg, 3 이상 0.5kg
   ② 손상된 것 혼입량 0.3kg

8. '새우젓'의 등급규격상 "특'에 해당하는 기준을 다음 항목에 따라 순서대로 쓰시오.
   ① 육질
   ② 숙성도
   ③ 다른 종류 및 부서진 것의 혼입률(%)
   ④ 공통규격 상 액즙의 정미량

9. '멸치젓'의 공통 규격상 품종, 색깔, 냄새의 "특. 상, 보통'에 해당하기 위한 기준을 각각 쓰시오.
   ① 품종
   ② 색깔
   ③ 냄새

10. 다음은 '냉동오징어'의 등급규격표이다. 해당 기준에 맞는 빈칸을 채워 쓰시오. (기입되지 않은 기준은 고려하지 않음)

항목	특	상	보통
1마리의 무게(g)	①		
다른 크기의 것의 혼입률(%)		②	
색택			
선도			③
형태			
공통규격상 보관온도	④		

11. '간미역'의 등급규격상 공통규격 "특, 상, 보통"에 해당하는 다음 각 항목에 맞는 기준을 쓰시오.
    ① 보관온도
    ② 수분

③ 염분

12. 다음 보기는 '식품위생법' 상 표시하도록 되어 있는 영양소 중 일부이다. 그 중 임의로 표시할 수 있는 것 3가지를 골라 쓰시오.

식이섬유, 열량, 탄수화물, 비타민, 무기질, 트랜스지방, 콜레스테롤, 나트륨

13. 제품에 포함된 특수한 영양물질이나 성분을 소비자에게 홍보하기 위하여 특정 용어를 사용할 수 있다. 감소, 강화라는 용어 외에 표시가 가능한 용어를 쓰시오.(단, 영문표기는 쓰지 않아도 됨)

14. 식품에 대한 제품의 시료 검사방법 2가지를 쓰시오.

15. 식품에 대한 품질검사 방법 3가지를 쓰시오.

16. 식품의 품질검사방법 중 관능검사의 대표적 3가지 방법을 쓰시오.

17. 수산물·수산가공품 검사기준의 고시에서 정한 '어패류'의 종류를 쓰시오.

18. '활어·패류'의 관능검사 항목을 쓰시오.

19. 다음은 '신선·냉장품'의 관능검사 기준이다. "합격'에 해당하는 내용으로 빈칸을 채워 쓰시오.

항목	합격
형태	손상과 변형이 없고, 처리상태가 (①)한 것
색택	고유의 색택으로 (②)한 것
선도	선도가 (③)한 것
선별	크기가 (④) 고르고, 다른 종류가 혼입되지 아니한 것
잡물	혈액 등의 처리가 잘 되고, 그 밖에 협잡물이 없는 것
냄새	신선하여 이취가 없는 것

20. 다음 보기는 수산물.수산가공품의 검사기준 중 '냉동품'의 종류이다. 감사항목 중 "선별"이 포함된 것을 모두 고르시오.

어·패류, 연육, 해조류, 붉은 대게 액즙, 어육연제품

21. '마른김'의 "특등" 검사기준으로 알맞은 내용을 순서대로 쓰시오.
① 형태('대판' 제외)의 길이와 너비

② 중량(100매 1속)
③ 색택

22. '마른김'의 형태 검사기준으로 길이와 너비를 제외한 나머지 기준을 쓰시오.

23. 다음은 '마른 김'의 검사항목 중 '청태의 혼입'에 대한 검사기준을 각 등급별로 빈칸에 알맞은 말을 옳게 쓰시오.(다만, 혼해태의 기준은 제외한다.)
① 특등   ② 1등   ③ 2등   ④ 3등   ⑤ 등 외

24. 다음은 '마른김'의 감사표이다. 등급을 판정하고, 그 이유를 쓰시오.(단, 제시되지 않은 항목 및 검사결과는 고려하지 않는다.)

항목	검사결과
형태	경미한 축파지 및 구멍기가 있음
청태(혼해태)	혼해태의 혼입이 30% 이하
향미	고유의 향미가 우량함

25. 다음은 건제품 '마른멸치(소멸)'의 검사결과표이다. 등급을 판정하고 그 이유를 쓰시오.

항목	검사결과
형태	크기가 31mm 이상 50mm 이하로서 다른 크기의 혼입 또는 머리가 없는 것이 3% 이내임
색택	자숙이 적당, 고유의 색택이 우량, 기름이 피지 않음
향미	고유의 향미가 우량
선별	이종품의 혼입이 거의 없음
협잡물	토사 및 그밖에 협잡물이 없는 것

26. 건제품 '마른오징어'의 검사항목 중 "협잡물, 선별, 향미"를 제외한 나머지 항목을 쓰시오.

27. 다음 보기 중 검사항목에서 "향미"가 포함된 것을 모두 고르시오.
마른 김, 마른 멸치, 마른 톳, 마른 우뭇가사리, 마른 굴, 마른 해삼

28. '마른미역'의 검사항목 중 "형태"의 합격기준을 쓰시오.

29. 다음은 '구운 김'의 관능검사 합격기준표이다. 빈칸에 알맞은 말을 쓰시오.

항목	합격
형태	◆ 배소로 인한 파상형 또는 요철형의 혼입이 (①) ◆ 크기가 고르고 구멍기가 (②)
색택	고유의 색택을 가지고 배소로 인한 변색이 (③)
협잡물	토사 및 협잡물의 혼입이 (④)
향미	고유의 향미를 가지고 이취가 (⑤)

30. 염장품 '새우젓'의 관능검사결과 "불합격" 판정을 받았다. 그 이유를 쓰시오.

   〈검사결과〉
   ◆ 형태 : 새우의 형태를 가지고 있고, 부스러진 새우의 혼입이 적음
   ◆ 색택 : 고유의 색택이 보통이며 변색이 심하지 아니함
   ◆ 협잡물 : 토사 및 그 밖에 협잡물이 없음
   ◆ 향미 : 고유의 향미를 가지고 이취가 없음
   ◆ 액즙 : 정미량이 25%임
   ◆ 처리 : 숙성이 잘 되고 이종새우 및 잡어의 선별이 잘됨

31. '조미김'의 검사항목 중 "형태"와 "색택"의 관능검사 합격기준을 각각 쓰시오.
   ① 형태
   ② 색택

32. '실한천'의 검사항목 중 "형태"의 3등급 이상 기준을 쓰시오.

33. 정밀검사 항목 중 음성판정이 필요한 식중독균 중 리스테리아모노사이토제네스를 제외한 나머지 세가지를 쓰시오.

34. 포장제품으로서 관능검사 신청개수가 100개인 경우 표본의 추출개수와 채점개수를 각각 쓰시오.
   ① 추출개수
   ② 채점개수

35. 관능검사시 각 수산물에 공통으로 적용하는 검사항목 3가지를 쓰고 평균 몇 점 이상이어야 하며, 몇 점 항목이 없어야 하는가?
   ① 공통검사항목
   ② 평균 점수
   ③ 불가한 점수

Point 실전문제

36. 복어독 시험방법으로 추출법과 독력시험법을 각각 쓰시오.
  ① 추출법
  ② 독력시험법

37. 진공포장한 냉동필라피아의 검출된 일산화탄소량에 따른 일산화탄소 처리 유무 판정기준을 각각 쓰시오.(검출량의 단위는 μL/L이며 단위표시는 생략한다)
  ① 일산화탄소를 처리하지 않은 것으로 판정
  ② 일반법에 따라 시험하여 판정
  ③ 일산화탄소를 처리한 것으로 판정

38. 다음은 수산물 정밀검사 히스타민 분석의 원리이다. 빈칸에 알맞은 말을 쓰시오.
  히스타민 분석원리는 히스타민을 (①)으로 추출하여 (②)로 유토체화 한 후 (③)를 이용하여 분석한다.

■■■ 정답 및 해설

1	3kg, 5kg, 10kg, 15kg, 20kg	2	① 멸치 ② 고등어 ③ 전어 ④ 명태
3	① 등급판정 : 상 ② 판정이유 : 크기 30 이상, 혼입률 10% 이하는 등급 "상"에 해당	4	1마리의 크기, 다른 크기의 혼입률, 색택
5	등급판정 : 등급 없음 판정이유 : 백분이 심하지 않음은 "상"에 해당하나, 수분 25% 이하로서 공통규격 23% 이하에 미치지 못하므로 "보통"에도 미치지 못함	6	① 1립의 무게(g) : 5 이상 ② 다른 크기 및 외상이 있는 것의 혼입률(%) : 3 이하
7	등급판정 : 특 판정이유 : 다른 크기의 혼입률 5% 이하로 "특", 손상된 것 혼입률 3% 이하로 "특"	8	① 육질 : 우량 ② 숙성도 : 우량 ③ 다른 종류 및 부서진 것의 혼입률(%) : 3 이하 ④ 공통규격 상 액즙의 정미량 : 20% 이하
9	① 품종 : 다른 품종의 것이 없어야 한다. ② 색깔 : 고유의 색깔을 가지고 변색, 변질된 것이 없어야 한다. ③ 냄새 : 부패한 냄새 및 기타 다른 냄새가 없어야 한다.	10	① 320 이상 ② 10 이하 ③ 보통 ④ -18℃ 이하
11	① 보관온도 : -5℃ 이하 ② 수분 : 63% 이하 ③ 염분 : 25% 이상, 40% 이하	12	비타민, 무기질, 식이섬유
13	고, 무, 저	14	전수검사, 시료채취검사

15	영양성분검사, 위생 안전성 검사, 관능검사	16	비교법, 순위법, 평점법
17	어류, 패류, 갑각류, 연체류	18	외관, 활력도, 선별
19	① 양호 ② 양호 ③ 양호 ④ 대체로	20	어패류, 해조류
21	① 형태('대판' 제외)의 길이와 너비 : 길이 206mm 이상, 너비 189mm 이상 ② 중량(100매 1속) : 250g 이상 ③ 색택 : 고유의 색택을 띠고 광택이 우수하고 선명한 것	22	형태가 바르고, 축파지, 구멍기가 없는 것
23	① 특등 : 청태의 혼입이 없는 것 ② 1등 : 청태의 혼입이 3% 이내인 것 ③ 2등 : 청태의 혼입이 10% 이내인 것 ④ 3등 : 청태의 혼입이 15% 이내인 것 ⑤ 등외 : 청태의 혼입이 15% 이내인 것	24	등급판정 : 등외 판정이유 : 형태는 등외, 청태는 30% 이하로 2등, 향미는 1등이다. 따라서 종합판정은 등외임
25	등급판정 : 3등 판정이유 : 형태상 다른 크기의 혼입 또는 머리가 없는 것이 3% 이내인 것은 2등, 선별에서 이종품의 혼입이 없어야 1, 2등에 해당하지만 '거의 없다'하여 3등, 나머지는 1등 기준을 충족하고 있음으로 종합판정은 3등	26	형태, 색택, 곰팡이 및 적분
27	마른 김, 마른멸치, 마른 굴, 마른해삼	28	형태가 바르고 손상이 거의 없는 것 썰은 것은 크기가 고르고, 파치품의 혼입이 거의 없는 것
29	① 적은 것 ② 심하지 아니한 것 ③ 심하지 아니한 것 ④ 없는 것 ⑤ 없는 것	30	색택에서 고유의 색택이 양호하며 변색이 없어야 합격이며 정미량이 20% 이하여야 합격이다.
31	① 형태 : 형태가 바르고 크기가 고르며, 손상이 거의 없는 것 ② 색택 : 고유의 색택이 양호한 것	32	300mm 이상으로 크기가 대체로 고른 것
33	장염비브리오, 살모넬라, 황색포도상구균	34	① 추출개수 : 3개 ② 채점개수 : 1개
35	① 공통검사항목 : 외관(형태), 색깔(색택), 선별 ② 평균 점수 : 3점 ③ 불가한 점수 : 1점	36	① 추출법 : 초산추출법 ② 독력시험법 : 마우스의 복강주사
37	① 일산화탄소를 처리하지 않은 것으로 판정 : 10 이하 ② 일반법에 따라 시험하여 판정 : 10~100미만 ③ 일산화탄소를 처리한 것으로 판정 : 100 이상	38	① 염산 ② 염화단실 ③ 고속액체크로마토그래프

MEMO
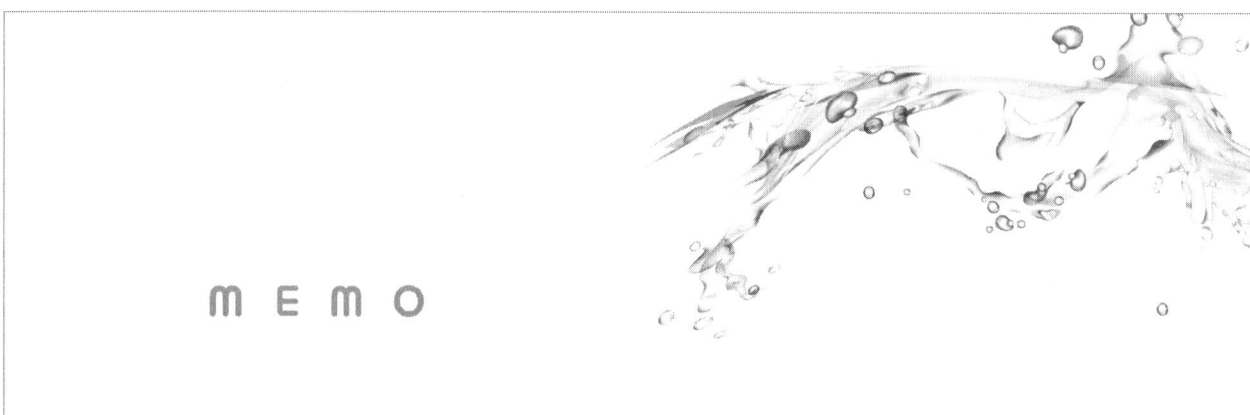

Point! 실전문제 — 3단계 문제 [표준규격/검사]

■■■ 거래단위

* 다음 문항별 보기의 빈칸에 알맞은 말을 쓰시오.

1.

"포장규격"이란 (①), 포장치수, 포장재료, 포장방법, 포장설계 및 (②) 등을 말한다.

2.

"등급규격"이란 수산물의 품종별 특성에 따라 (①), 크기, (②), 신선도, 건조도 또는 (③) 등 품질구분에 필요한 항목을 설정하여 특, 상, 보통으로 정한 것을 말한다.

3.

(①), (②) 등 표준거래단위 이외의 거래단위는 거래 당사자간의 협의 또는 시장 유통여건에 따라 사용할 수 있다.

4. 수산물표준규격상 기본으로 삼는 표준거래단위를 쓰시오.

5. 다음 보기의 수산물 중 각각의 거래단위에 알맞은 것을 골라 쓰시오.

	병어, 고등어, 도다리, 멸치, 명태, 전어				
①	3kg	5kg	10kg		
②	3kg	5kg	10kg	15kg	
③	3kg	5kg	10kg	15kg	20kg

6. 고등어와 멸치의 수산물 표준거래단위를 각각 쓰시오.

① 고등어
② 멸 치

7. 다음 보기의 수산물 중 표준거래단위에 8kg 거래단위가 포함된 것을 모두 골라 쓰시오.

화살오징어, 뱀장어, 붕장어, 고등어, 오징어, 대구, 명태, 민어, 가자미

8. 다음 표는 표준규격품의 표시내용이다. 빈칸에 해당하는 내용을 쓰시오.(단, 품종표시는 제외한다)

표준규격품	표시사항			
	품 목		①	
	생산자		②	
	③		연락처	

9. 다음 보기의 수산물(패류) 중 공통된 거래단위를 쓰시오.

생굴, 바지락, 고막, 피조개, 우렁쉥이

10. 표준규격상 골판지상자와 그물망을 외에 포장재료를 3가지 쓰시오.

■■■ 등급규격

11. 다음은 '북어'의 등급규격 검사 결과이다. 등급을 판정하고 그 이유를 쓰시오.(주어진 검사결과 외의 내용은 판정하지 아니한다.)

① 1마리의 크기(전장, cm) : 45
② 다른 크기의 것 혼입률(%) : 10%
③ 색택 : 우량
④ 수분 : 15%
⑤ 형태 및 크기가 균일함

12. 표준규격상 '굴비'의 등급항목을 쓰시오.(단, 공통규격은 제외)

13. 표준규격상 '북어'와 '굴비'에 공통된 '다른 크기의 혼입률(%)' 특, 상, 보통의 기준규격을 쓰시오.

① 특   ② 상   ③ 보통

14. 표준규격상 '굴비'의 표시사항 중 취급상의 유의사항, 생산자 성명, 주소(전화번호)와 품명을 제외한 나머지를 모두 쓰시오.

15. 다음은 '마른문어'의 등급규격표이다. 등급 '특'에 해당하는 내용으로 빈칸을 쓰시오.

항목	특
형태	육질의 두께가 (①), 흡반탈락이 (②)
곰팡이.적분 및 백분	곰팡이 적분이 피지 아니하고 백분이 (③)
색택	(④)
향미	(⑤)
공통규격	◆ 크기는 (⑥)이어야 하며, 균일한 것으로 묶어야 한다. ◆ 토사 및 기타 협잡물이 없어야 한다. ◆ 수분 : (⑦)

16. '생굴'의 표준규격상 등급항목을 쓰시오.(단 공통규격은 제외한다.)

17. '바지락'의 표준규격상 등급규격표이다. 해당 항목의 등급규격을 쓰시오.

항목	특	상	보통
1개의 크기(각장, cm)	①		
다른 크기의 것의 혼입률(%)		②	
손상 및 죽은 패각 혼입률(%)			③
공통규격			

18. 다음은 '새우젓'의 검사표이다. 등급을 판정하고 그 이유를 쓰시오.

① 육질 : 양호
② 숙성도 : 양호
③ 다른 종류 및 부서진 것의 혼입률(%) : 5% 이하
④ 공통규격 : 고유향미, 다른 냄새 없음, 고유 색깔(변질·변색 없음), 액즙의 정미량(20%)

19. '멸치젓'의 표준규격상 등급항목과 각 항목별 '특'의 등급규격을 쓰시오.(단, 공통규격은 제외한다.)

20. '다음 보기의 수산물 중 다른 크기의 혼입이 0%로써 '특'인 것을 모두 고르시오.

> 북어, 굴비, 생굴, 바지락, 고막, 냉동오징어, 간미역

21. '냉동오징어'의 표준규격상 등급항목 '1마리의 무게(g)' 특, 상, 보통에 해당하는 각각의 등급규격을 쓰시오.

22. '냉동오징어'의 등급항목 중 공통규격상 보관온도는?

23. 수산물 표준규격상 '간미역'의 등급항목 중 혼입률에 포함되는 엽의 종류와 파치품의 기준을 각각 쓰시오.

24. 다음은 '간미역'의 표준규격상 공통규격 항목의 내용이다. 틀린 것이 있으면 정정하여 다시 쓰시오.

> ① 다른 품종의 것이 없어야 한다.
> ② 속줄기가 제거 된 것이어야 한다.
> ③ 자숙이 적당하고, 염분이 균등하며, 물빼기가 충분한 것이어야 한다.
> ④ 보관온도는 0℃ 이하이어야 한다.
> ⑤ 수분 : 60% 이하
> ⑥ 염분 : 25% 이상, 40% 이하

■■■ 검 사

25. 식품의약품안전청은 '식품위생법'에 따라 국민보건상 필요하다고 인정하는 때에는 판매를 목적으로 하는 식품 및 식품첨가물의 제조·가공·사용·조리·보존의 5가지 방법에 관한 기준과 그 식품 및 식품첨가물의 성분·기구·용기·포장의 제조방법에 관한 규정 등을 정하여 고시하는데 이를 정리해 놓은 기준서를 무엇이라 하는가?(단, 식품첨가물 제외)

26. 식품위생법 제11조 '식품의 영양표시 등' 규정은 제품에 일정량 함유된 영양소의 함량을 표시하도록 하고 있다. 반드시 표시하여야 하는 영양소 중 열량, 탄수화물, 당류, 단백질, 지방, 포화지방 외에 3가지를 쓰시오.

27. 식품의 기준 및 규격의 구성요소 중 '적합한 원료 구비 조건' 3가지를 쓰시오.

28. 다음은 제품의 품질유지를 위한 제품검사의 필요성에 대한 설명이다. 빈칸에 알맞은 말을 쓰시오.

> ① (   )이 회사에서 설정한 품질기준에 적합한지 판정
> ② (   )이 품질기준에 부합하는 제품생산에 적합한지 판정

29. 식품의 제품검사 방법 2가지를 쓰시오.

30. 제품검사를 위한 시료를 채취하는 방법 2가지를 쓰시오.

31. 식품의 품질검사방법 3가지를 쓰시오.

32. 식품의 관능검사시 평점의 척도로서 다음 각 항목에 맞는 평점을 각각 쓰시오.

> ① 맛이 좋음
> ② 맛이 없음
> ③ 맛이 비교적 괜찮음

33. '수산물·수산가공품의 검사기준에 관한 고시'에 따른 '신선·냉장품'의 정의를 쓰시오.

34. 다음은 '수산물·수산가공품의 검사기준에 관한 고시'에 따른 '건제품'의 정의이다. 빈칸에 알맞은 말을 쓰시오.

> '건제품'이라 함은 수산·동식물의 수분을 감소시키기 위하여 (①)하거나 단순히 (②), (③), 염장하여 말린 제품을 말한다.

* 이하 문제는 관능검사 검사기준에 관한 것이다.

35. 관능검사기준으로 '활어·패류'의 검사항목 3가지를 쓰시오.

36. 다음은 신선·냉장품의 검사항목과 합격기준이다. 합격기준으로 빈칸에 알맞은 말을 쓰시오.

항 목	합 격
형 태	손상과 변형이 없고 처리상태가 양호한 것
색 택	고유색택으로 (①)한 것
선 도	선도가 양호한 것
선 별	크기가 (②) 고르고, 다른 종류가 혼입되지 아니한 것
잡 물	(③) 등의 처리가 잘 되고, 그 밖에 협잡물이 없는 것
냄 새	신선하여 이취가 없는 것

37. 다음 냉동품의 관능검사기준에 따른 합격기준 설명이다. 해당 설명에 맞는 냉동품을 보기에서 골라 쓰시오.

	어·패류, 연육, 해조류, 붉은 대게 액즙, 어육연제품
① 선도 :	선도가 양호한 것
② 잡물 :	토사, 패각, 그 밖에 이물이 없는 것
③ 육질 :	절곡시험 C급 이상인 것으로 육질이 보통인 것

38. '마른 김'의 품질검사 항목 중 '특등'의 검사기준을 쓰시오.(단, 대판은 제외)

39. '마른 김'의 품질검사 항목으로 형태, 색택, 협잡물, 결속, 결속대지 및 문고지를 제외한 항목 3가지를 쓰시오.

40. 다음은 '마른 김'의 검사항목별 '1등' 품의 검사기준이다. 빈칸에 알맞은 말을 쓰시오.

항목	"1등' 검사기준
형태	생략
색택	고유의 색택을 띠고 광택이 (①)하고 선명한 것
청태의 혼입	청태의 혼입이 (②) 이내인 것, 다만, 혼해태는 20% 이하인 것
향미	생략
중량	100매 1속의 중량이 (③) 이상인 것 (단, 재래식은 제외)
협잡물	생략
결속	생략
결속대지	(④)이 검출되지 아니한 것

41. 다음은 '마른김'의 검사표이다. 등급을 판정하고 그 이유를 쓰시오.(단, 다른 항목은 판정에서 제외한다.)

- 길이 206mm, 너비, 190mm
- 색택 : 흑색을 띠고 광택이 우수하고 선명함
- 청태의 혼입률 : 5% (단, 혼해태 혼입은 없음)
- 향미 : 고유의 향미가 우수함
- 중량 : 100매 1속의 중량이 260g

42. '마른 멸치'의 품질검사 항목을 모두 쓰시오.

43. '마른멸치'의 '중멸'과 '세멸'의 '1등' 형태 검사기준을 각각 쓰시오.(단, 다른 크기의 혼입 또는 머리가 없는 것의 혼입률은 제외한다)

① 중멸	② 세멸

44. '마른멸치'의 색택 '1등" 검사기준을 쓰시오.

45. 다음은 '마른멸치 중멸'의 검사결과표이다. 검사등급을 판정하고 그 이유를 쓰시오.

- 형태 : 55mm 이상이고, 다른 크기의 혼입이 3% 이내임
- 색택 : 1등에 해당
- 향미 : 고유의 향미가 양호함
- 선별 : 이종품의 혼입이 거의 없음
- 협잡물 : 토사 및 그 밖의 협잡물이 없음

46. 아래의 '마른오징어' 품질검사 항목별 합격기준을 쓰시오.

① 색택   ② 곰팡이   ③ 향미

47. '구운김'의 등급항목 중 형태의 크기와 구멍기의 합격기준을 쓰시오.

① 크기   ② 구멍기

48. 다음은 '마른 돌김'의 등급항목에 따른 합격기준이다. 옳지 않은 부분을 교정하여 쓰시오.

① 형태 : 초제상태가 우량하여 제품의 형태가 대체로 바른 것
② 색택 : 고유의 색택을 띄고 광택이 양호하며, 사태 및 나부끼의 혼입이 없는 것
③ 협잡물 : 토사·패각 등의 협잡물의 혼입이 거의 없는 것
④ 이종품의 혼입 : 청태 및 종류가 다른 김의 혼입이 3% 이하인 것
⑤ 향미 : 고유의 향미를 가지고 이취가 없는 것

49. '구운 김'의 품질검사 합격기준으로 '색택' 항목의 기준을 쓰시오.

50. 다음은 '구운 김'의 품질검사표이다. 합격 또는 불합격을 판정하고 그 이유를 쓰시오.

- 형태 : 배소로 인한 파상형 또는 요철형의 혼입이 적음. 크기가 고르고 구멍기가 약간 있음
- 색택 : 고유의 색택을 가지고 배소로 인한 변색이 약간 있음
- 협잡물 : 토사 및 협잡물의 혼입이 거의 없음
- 향미 : 고유의 향미를 가지고 이취가 없음

51. '마른미역'의 품질검사 항목을 쓰시오.

52. 다음 보기의 관능검사 '건제품' 중 검사항목에 '원료'가 포함된 것을 모두 골라 쓰시오.

> 마른 김, 마른 멸치, 마른 우뭇가사리, 마른 톳, 마른 어류, 마른 오징어류, 마른 굴, 홍합, 마른 패류, 마른 상어지느러미, 마른 다시다, 마른 미역류, 마른 돌김, 구운 김, 마른 해조류

53. 염장품 '새우젓'의 품질검사 합격기준표이다. 합격기준이 틀리게 설명된 것의 번호를 적고 고쳐 쓰시오.

> ① 형태 : 새우의 형태를 가지고 있어야 하며, 부스러진 새우의 혼입이 없어야 함
> ② 색택 : 고유의 색택이 양호하고 변색이 거의 없어야 함
> ③ 협잡물 : 토사 및 그 밖에 협잡물이 없는 것
> ④ 향미 : 고유의 향미를 가지고 이취가 없는 것
> ⑤ 액즙 : 정미량의 10% 이하인 것
> ⑥ 처리 : 숙성이 잘되고 이종새우 및 잡어의 선별이 잘된 것

54. 조미가공품 중 '조미오징어'의 검사항목 중 '형태'의 손상정도와 '색택'의 곰팡이와 백분 정도의 합격기준을 쓰시오.

> ① 손상   ② 곰팡이   ③ 백분

55. 다음은 '조미김'의 검사결과표이다. 합격 또는 불합격을 판정하고 그 이유를 쓰시오.

> ◆ 형태 : 형태가 바르고 크기가 고르며, 손상이 거의 없음
> ◆ 색택 : 고유의 색택이 양호함
> ◆ 협잡물 : 토사 및 그 밖에 협잡물이 거의 없음
> ◆ 향미 : 고유의 향미를 가지고 이취가 없음
> ◆ 첨가물 : 제품에 고르게 침투됨

56. '실한천'의 형태상 등급 내(3등 이상) 기준을 쓰시오.

57. '어묵류'의 검사항목을 모두 쓰시오.

* 이하 문제는 정밀검사기준에 관한 문제이다.

58. 정밀검사기준에 해당하는 중금속의 검사항목을 모두 쓰시오.

59. 염장품 중 '멸치액젓, 어류젓 혼합액'의 염분의 검사기준을 쓰시오.

60. 건제품 중 '구운 김'과 '김, 돌김'의 수분 검사기준을 각각 쓰시오.

① 구운 김   ② 김

61. 정밀검사를 실시해야 하는 대상으로서 검사신청인 또는 외국요구기준에서 (①)를 요구하는 수산물 및 수산가공품과 외국요구기준에 따라 수출된 수산물 및 수산가공품에서 (②)이 검출된 경우 그 수산물 및 수산가공품의 생산·가공시설에서 생산·가공된 수산물이 있다.

정답 및 해설

	거래단위		
1	① 거래단위 ② 표시사항	2	① 형태 ② 색택 ③ 선별상태
3	① 5kg 미만 ② 최대 거래단위 이상	4	3kg, 5kg, 10kg, 15kg 및 20kg
5	① 도다리 ② 병어 ③ 전어	6	① 고등어 : 5kg, 8kg, 10kg, 15kg, 16kg, 20kg ② 멸 치 : 3kg, 4kg, 5kg, 10kg
7	8kg 포함 오8고대 멘붕 고등어 5/8/10/15/16/20 오징어 5/8/10/15/~ /20 대구 붕장어 4/8 민어 ~/8/10/15/20	8	① 생산지역 ② 무게(마릿수) ③ 출하자
9	3kg	10	P.E대(폴리에틸렌대), P.S대(폴리스티렌대), P.P대(직물제 포대)
	등급규격		
11	등급판정 : 상 판정이유 : 다른 항목은 모두 특 기준을 충족하고 있으나 혼입률 10%는 상에 해당한다.	12	크기(전장), 다른 크기의 혼입률, 색택 크기↑ 혼입률↓ 색택 공통규격 북어 40/30/30 굴비 20/15/15 0/10/30 우/양/보 ○형태 및 크기가 균일하여야 한다. ○고유의 향미, 다른 냄새NO ○해로운 성분NO ○수분 : 20%이하 ○고유의 향미, 다른 냄새NO ○크기가 균일한 것으로 엮어야 한다.
13	① 특 : 0 ② 상 : 10이하 ③ 보통 : 30이하	14	산지, 생산년.월, 등급, 무게
15	① 두껍고 ② 거의 없는 것 ③ 다소 있는 것 ④ 우량 ⑤ 우량 ⑥ 30cm 이상 ⑦ 23% 이하	16	1립의 무게(g), 다른 크기 및 외상이 있는 것의 혼입률(%), 색택, 선도
17	① 4 이상 ② 10 이하 ③ 10 이하	18	등급판정 : 상 판정이유 : 육질, 숙성도, 다른 종류 및 부서진 것의 혼입률(%)은 '상'에 해당하고 공통규격에 적합

		크기cm↑	혼입률↓	공통규격		
	바지락	4/3/3		○모래/뻘 잘 제거 ○크기 균일 / 다른 종 혼입 NO ○냄새NO(부패한 냄새/다른 냄새)		
	고막	3/2.5/2	크기5/10/30 傷死 3/5/10			
19	육질 : 우량, 숙성도 : 우량, 향미 : 우량				20	북어, 굴비, 냉동오징어
21	특 : 320 이상 상 :270 이상 보통 : 230 이상				22	−18℃ 이하⁰
23	혼입률 : 노쇠엽, 충해엽, 황갈색엽 파치품 : 15cm 이하				24	④ −5℃ 이하 ⑤ 수분 63% 이하

검 사

25	식품공전	26	트랜스지방, 콜레스테롤, 나트륨
27	안전성, 위생성, 건전성	28	① 최종제품 ② 제품공정
29	전수검사, 시료채취검사	30	충별시료채취, 취락시료채취
31	영양성분검사, 위생안전성검사, 관능검사	32	① 맛이 좋음 : 5점 ② 맛이 없음 : 2점 ③ 맛이 비교적 괜찮음 : 4점
33	'신선·냉장품'이란 얼음 등을 이용하여 신선상태를 유지하거나 동결되지 아니하도록 10℃ 이하로 냉장한 수산동·식물을 말한다.	34	① 건조 ② 삶거나 ③ 굽거나
35	외관, 활력도, 선별	36	①양호 ② 대체로 ③ 혈액
37	① 선도 : 선도가 양호한 것 - 어·패류 ② 잡물 : 토사, 패각, 그 밖에 이물이 없는 것 - 붉은 대게 액즙 ③ 육질 : 절곡시험 C급 이상인 것으로 육질이 보통인 것 - 연육	38	길이 206mm 이상, 너비 189mm 이상이고, 형태가 바르며 축파지, 구멍기가 없는 것
39	청태의 혼입, 향미, 중량	40	① 우량 ② 3% ③ 250g ④ 형광물질
41	판정 : 2등 판정이유 : 다른 항목은 특등에 해당하고 청태혼입률이 10% 이하에 해당하여 2등 ◆ 길이 206mm, 너비, 190mm - 특등 ◆ 색택 : 흑색을 띠고 광택이 우수하고 선명함 - 특등 ◆ 청태의 혼입률 : 5% - 2등(3%이내여야 특등, 10% 이하인 경우 2등) ◆ 향미 : 고유의 향미가 우수함 - 특등 ◆ 중량 : 100매 1속의 중량이 260g - 250g 이상인 경우 '등외' 이상	42	형태, 색택, 향미, 선별, 협잡물
43	① 중멸 : 51mm 이상 ② 세멸 : 31mm 이상	44	자숙이 적당하여 고유의 색택이 우량하고, 기름이 피지 아니한 것
45	판정 : 3등 판정이유 : 형태 크기는 중멸로서 1등, 다른 크기 등의 혼입이 3% 이내 2등, 향미는 양호로서 2등, 선별은 이종품의 혼입이 거의 없음으로 3등이다. 따라서 종합판정은 3등	46	① 색택 : 색택이 보통이며, 얼룩이 거의 없는 것 ② 곰팡이 : 곰팡이가 없는 것 ③ 향미 : 고유의 향미를 가지고 이취가 없는 것
47	① 크기 : 크기가 고르고 ② 구멍기 : 구멍기가 심하지 않은 것	48	① 형태 : 초제상태가 우량하여 제품의 형태가 대체로 바른 것(양호하여) ② 색택 : 고유의 색택을 띠고 광택이 양호하며,

			사태 및 나부끼의 혼입이 없는 것(거의 없는 것) ③ 협잡물 : 토사, 패각 등의 협잡물의 혼입이 거의 없는 것 (없는 것) ④ 이종품의 혼입 : 청태 및 종류가 다른 김의 혼입이 3% 이하인 것 (5% 이하) ⑤ 향미 : 고유의 향미를 가지고 이취가 없는 것
49	색택 : 고유의 색택을 가지고, 배소로 인한 변색이 심하지 않은 것	50	판정 : 불합격 판정이유 : 구멍기가 심하지 않아야 하고, 변색이 심하지 않으며, 토사 및 협잡물의 혼입이 없는 것이 합격이다.
51	원료, 형태, 색택, 협잡물, 향미	52	마른 우뭇가사리, 마른 상어지느러미, 마른 다시다, 마른 미역류, 마른해조류
53	① 형태 : 새우의 형태를 가지고 있어야 하며, 부스러진 새우의 혼입이 적은 것 ② 색택 : 고유의 색택이 양호하고 변색이 없는 것 ⑤ 액즙 : 정미량의 20% 이하인 것	54	① 손상 : 손상이 적은 것 ② 곰팡이 : 곰팡이가 없음 ③ 백분 : 백분이 거의 없는 것
55	판정 : 불합격 판정이유 : 협잡물이 없어야 합격임	56	300mm 이상으로 크기가 대체로 고른 것
57	성상, 탄력, 이물	58	총 수은, 메탈수은, 납, 카드뮴
59	23.0% 이하	60	① 구운김 : 5% 이하 ② 김 : 15% 이하
61	① 분석증명서 ② 유해물질		

4단계 실전모의고사

Point! 기출문제

1. 농수산물품질관리법상 총리령으로 정한 유해물질 중 농약, 중금속, 방사능, 생물독소, 그 밖에 식품의약품안전처장이 고시하는 물질 외에 3가지를 쓰시오.

2. 다음은 국립수산물품질관리원 고시 제2013-13호에 따른 "등급규격"의 정의이다. 빈칸에 알맞은 말을 쓰시오.

   "등급규격"이란 수산물의 품종별 특성에 따라 (①), 크기, 신선도, (②) 또는 (③) 등 품질구분에 필요한 항목을 설정하여 특, 상, 보통으로 정한 것을 말한다.

3. 수산물의 품질인증을 받으려는 자는 품질인증신청서와 함께 두가지 서류를 첨부하여 국립수산물품질관원장 또는 품질인증기관의 장에게 제출하여야 한다. 신청품목의 두가지 첨부서류를 쓰시오.

4. 다음 보기 중 농수산물품질관리법에서 정한 각 제도의 기간을 순서대로 쓰시오.

   ① 수산물품질인증의 유효기간 --------------------------- (   )
   ② 양식수산물 이력추적관리 등록의 최대 유효기간 -------- (   )
   ③ 수산물품질관리사의 자격취소 후 자격시험 응시 결격기간 - (   )

5. 다음 지리적표시제도의 실시 목적과 관련된 설명 중 빈칸에 알맞은 말을 쓰시오.

   해양수산부장관은 지리적 특성을 가진 수산물 또는 수산가공품의 (①)과 (②) 및 소비자 보호를 위하여 지리적표시의 등록 제도를 실시한다.

6. 다음은 표준규격품, 이력추적관리수산물, 품질인증품, 지리적표시품에 대한 처분기준이다. 위반행위에 따른 각각의 1차위반시 행정처분기준을 쓰시오.

   ① 표준규격이 아닌 포장재에 표준규격품의 표시를 한 경우
   ② 등록된 이력추적관리수산물이 전입·폐업 등으로 생산이 어렵다고 판단된 경우
   ③ 품질인증품에 대하여 내용물과 다르게 과장된 표시를 한 경우
   ④ 지리적표시품의 의무표시사항이 누락된 경우

7. 유전자변형수산물의 표시대상품목에 관한 다음 설명 중 빈칸에 알맞은 말을 쓰시오.

   유전자변형수산물의 표시대상품목은 (①)에 따른 안전성 평가결과 (②)이 식용으로 적합하다고 인정하여 고시한 품목으로 한다.

8. 식품의약품안전처장이나 시·도지사는 수산물의 안전한 관리를 위하여 수산물 또는 수산물생산에 이용·사용하는 농지·어장·용수·자재 등에 대하여 안전성조사를 하여야 한다. 안전성조사를 하여야 하는 유통단계 3가지를 쓰시오.

9. 위해요소중점관리기준을 이행하는 시설을 등록하려는 자는 등록신청서와 함께 다음 각 호의 서류를 첨부하여 국립수산물품질관리원장에게 제출하여야 한다. 다음 각 항목의 빈칸에 알맞은 말을 쓰시오.

① 위해요소중점관리기준 이행시설의 구조 및 설비에 관한 (　　　　　)
② 위해요소중점관리기준 이행시설에서 생산·가공되는 수산물·수산가공품의 생산·가공(　　　　　)
③ 위해요소중점관리기준의 (　　　　　)
④ 어업의 면허·허가·신고, 수산물가공업의 등록·신고, 식품위생법에 따른 영업의 허가·신고, 공판장·도매시장 등의 개설허가 등에 관한 증명 서류

10. 수산물검사관의 자격시험에 응시할 수 있는 자 2가지를 쓰시오.]

11. 다음은 수산물의 사후변화 과정 중 수산물이 죽은 이후의 변화이다. 빈칸에 알맞은 말을 쓰시오.

생 → 사 → (　①　) → (　②　) → (　③　) → 자가소화 → 부패

12. 어패류의 선도 판정법 3가지를 쓰시오.

13. 어패류의 저온 저장법 중 냉각 저장법 2가지를 쓰시오.

14. 활어의 수송방법 중 활어차 수송법 외에 3가지를 쓰시오.

15. 식중독 미생물 원인균으로 세균성 중 감염형, 독소형과 바이러스형에 해당하는 원인균을 각각 1개씩 쓰시오.

① 감염형(세균성)　② 독소형(세균성)　③ 바이러스형

16. 수산물의 훈제방법으로 각각에 알맞은 적정온도를 쓰시오.

① 냉훈법　② 온훈법　③ 열훈법

17. 염장품의 염장방법 3가지를 쓰시오.

18. 다음에서 설명하는 명칭을 쓰시오.

원료에서 채육하여 수세 및 탈수한 어육에 6% 정도의 설탕과 0.2-0.3% 정도의 중합인 삼염을 첨가하여 냉동한 것으로 계획적인 연제품 생산과 어체 처리시의 폐수 및 이취발생 등의 환경문제를 처리할 수 있는 장점을 가진다.

19. 다음은 통조림의 일반적인 가공공정이다. 빈칸에 알맞은 말을 쓰시오.

원료선별 → 조리 → (①) → (②) → 밀봉 → (③) → 냉각 → 포장

20. 다음은 HACCP의 7원칙이다. 빈칸에 알맞은 말을 쓰시오.

① 원칙1 : (①   )
② 원칙2 : (②   )
③ 원칙3 : 중요관리점 한계기준 결정
④ 원칙4 : 중요관리점 모니터링 체계 확립
⑤ 원칙5 : 개선조치 방법 수립
⑥ 원칙6 : 검증절차 및 방법 수립
⑦ 원칙7 : (③   )

21. 수산물도매시장(중앙도매시장 또는 지방도매시장)에서 개설자로부터 지정받아 시장을 운영하는 자와 개설자에게 신고하고 경매에 참여할 수 있는 자를 각각 쓰시오.

① 운영하는 자   ② 경매참여자

22. 수산물중앙도매시장의 출하자가 지정도매인에게 부담하는 수산부류의 위탁수수료 최고 한도와 매수인이 중도매인에게 부담하는 중개수수료의 최고한도를 각각 쓰시오.(거래금액에 대한 율로서 분수로 표시하시오)

① 위탁수수료   ② 중개수수료

23. 산지시장의 생산자가 부담하는 비용의 종류를 3가지 쓰시오.

24. 다음은 수산물의 대표적 유통구조이다. 빈칸에 알맞은 말을 쓰시오.

생산자 → (①) → (②) → 소비지 도매시장 → 소비지 중도매인 → 소매상 → 소비자

25. "고등어"의 표준거래단위를 쓰시오.

26. 수산물의 포장재료 5가지를 쓰시오.

27. 다음은 북어(10마리 포장)의 검사표이다. 등급을 판정하고 그 이유를 쓰시오.(단, 주어진 조건 이외의 사항은 고려하지 않음)

> ① 크기 : 38cm 1마리, 40cm 이상 9마리
> ② 색택 : 우량
> ③ 고유의 향미를 가지고 다른 냄새는 없음
> ④ 수분 : 18%

28. '멸치젓'의 등급규격 항목 중 공통규격을 제외한 3가지를 쓰시오.

29. 다음은 "굴비(10마리 포장)"의 등급항목별 검사표이다. 등급을 판정하고 그 이유를 쓰시오.

항목	검사결과
1마리 크기(전장, cm)	모두 15 이상
다른 크기의 혼입률	10 이하
색택	양호
공통규격	- 고유 향미 가짐 - 다른 냄새 없음 - 크기가 균일하게 엮임

30. 수산물의 관능검사 평점의 척도 중 "맛이 좋음"과 "맛이 아주 좋음"에 해당하는 평점을 각각 쓰시오.

> ① "맛이 좋음"   ② "맛이 아주 좋음"

31. '신선·냉장품' 수산물의 관능검사 항목 중 형태, 색택, 선도의 합격기준을 쓰시오.

32. 다음은 '마른김'의 검사항목 중 일부이다. "1등"에 해당하기 위한 기준을 각각 쓰시오.

> ① 형태(일반판)의 길이와 너비
> ② 색택(광택)
> ③ 청태의 혼입
> ④ 향미
> ⑤ 중량(100매 1속)

33. 다음은 '마른멸치(중멸)'의 검사항목이다. 각 항목별 '1등'의 기준을 쓰시오.

① 형태(크기)
② 형태(다른 크기의 것의 혼입률)
③ 색택(기름)
④ 향미(고유의 향미)
⑤ 선별(이종품의 혼입)
⑥ 협잡물 : 토사 및 그 밖의 협잡물이 없는 것

34. '새우젓'의 관능검사 항목을 모두 쓰시오.

35. 조미가공품(패류 간장)의 정밀검사 항목 중 염분의 기준을 쓰시오.

36. 다음은 식품공전 중 수산물에 대한 규격(식약처 고시)으로 '세균수'에 대한 설명이다. 빈칸에 알맞은 말을 쓰시오.

냉동 상태의 검체를 포장된 그대로 (① ℃ 이하)에서 가능한 한 단시간에 녹이고 용기.포장의 표면을 (② %) 알코올 솜으로 잘 닦은 후 일반 시험법, (③ 시험법), 일반 세균수에 따라 시험한다.

■■■ 정답 및 해설

1	① 항생물질 ② 잔류성 유기오염물질 ③ 병원성 미생물	2	① 형태 ② 건조도 ③ 선별상태
3	① 생산계획서 ② 제조공정 개요서 및 단계별 설명서	4	① 2년 ② 5년 ③ 2년
5	① 품질향상 ② 지역특화사업	6	① 시정명령 ② 판매금지 3개월 ③ 표시정지 1개월 ④ 시정명령
7	① 식품위생법 ② 식품의약품안전처장	8	① 생산단계 ② 저장단계 ③ 출하되어 거래되기 이전 단계
9	① 도면 ② 공정도 ③ 이행계획서	10	① 국가검역·검사기관에서 수산물 검사 관련 업무에 6개월 이상 종사한 공무원 ② 수산물검사 관련 업무에 1년 이상 종사한 사람
11	① 해당작용 ② 사후경직 ③ 해경	12	① 화학적 판정법 ② 관능적 판정법 ③ 세균학적 판정법
13	① 빙장법 ② 냉각해수 저장법	14	① 마취 수송법 ② 침술 수면 수송법 ③ 인공 동면 수송법
15	① 감염형(세균성) : 장염비브리오균, 살모넬라균 ② 독소형(세균성) : 황색포도상구균, 클로스트리	16	① 냉훈법 : 10~30℃(보통 25℃ 이하) ② 온훈법 : 30~80℃ ③ 열훈법 : 100~120℃

	듐 보툴리눔균 ③ 바이러스형 : 노로바이러스		
17	① 마른간법 ② 물간법 ③ 개량물간법	18	동결수리미
19	① 살쟁임 ② 탈기 ③ 살균	20	① 위해요소분석 ② 중요관리점 결정 ③ 문서화 및 기록유지
21	① 운영하는 자 : 도매시장법인, 시장도매인 ② 경매참여자 : 매매참가인	22	① 위탁수수료 : 60/1,000 ② 중개수수료 : 40/1,000
23	위판수수료, 양륙비, 배열비	24	① 산지위판장 ② 산지중도매인
25	5kg, 8kg, 10kg, 15kg, 16kg, 20kg	26	골판지 상자, P.E대, P.S대, P.P대, 그물망
27	등급판정 : 상 판정이유 : 다른 조건은 "특"에 해당하지만 다른 크기의 혼입률이 10%로 "상"	28	육질, 숙성도, 향미
29	등급판정 : 상 판정이유 : 공통규격만 등급규격 특, 상, 보통에 합당하고 나머지는 "상"	30	① "맛이 좋음" : 5점 ② "맛이 아주 좋음" : 6점
31	① 형태 : 손상과 변형이 없고, 처리상태가 양호한 것 ② 색택 : 고유의 색택으로 양호한 것 ③ 선도 : 선도가 양호한 것	32	① 형태(일반판)의 길이와 너비 : 같이 206mm 이상, 너비 189mm 이상 ② 색택(광택) : 광택이 우량하고 선명한 것 ③ 청태의 혼입 : 3% 이하 ④ 향미 : 고유의 향미가 우량한 것 ⑤ 중량(100매 1속) : 250g 이상
33	① 형태(크기) : 51mm 이상 ② 형태(다른 크기의 것의 혼입률) : 1% 이내 ③ 색택(기름) : 기름이 피지 않은 것 ④ 향미(고유의 향미) : 우량한 것 ⑤ 선별(이종품의 혼입) : 없는 것	34	형태, 색택, 협잡물, 향미, 액즙, 처리
35	15.0% 이하	36	① 40 ② 70 ③ 미생물

부록 2
기출문제

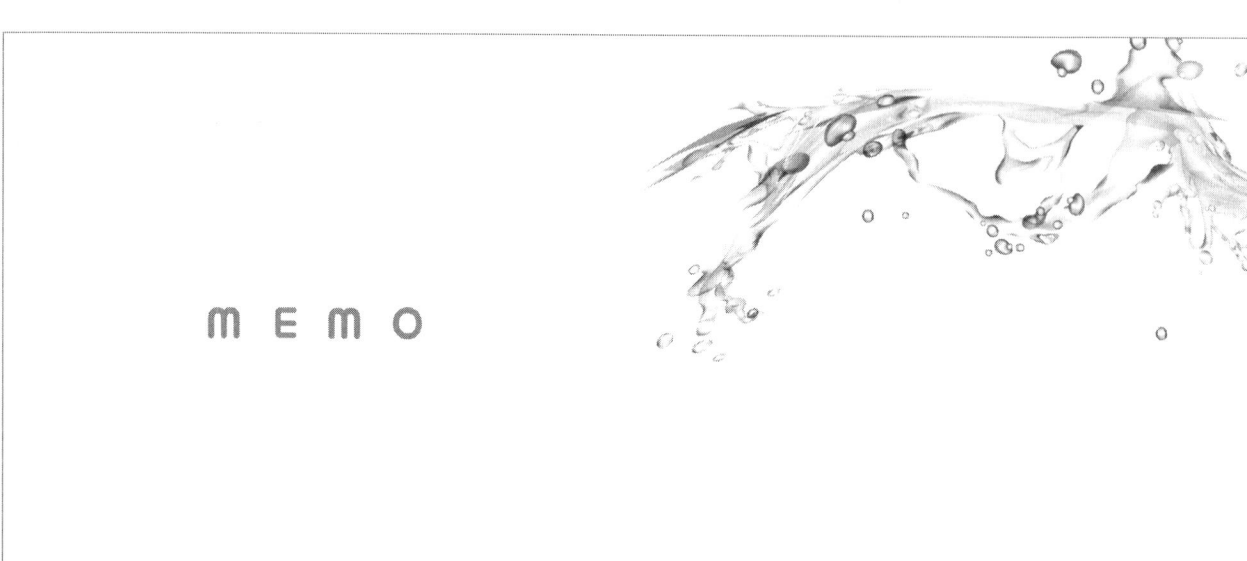

MEMO

제1회 기출 문제

*1회 문제지는 공개되지 않았으므로 각 문제를 통해 관련 본문 내용을 보시면 됩니다.

1. OX 문제
- 이력추적관리 등록을 하려는 자는 관리계획서와 사후관리계획서를 해양수산부장관에게 제출해야한다.
- 우편 등을 통하여 유통업체를 이용하지 아니하고 소비자에게 직접 판매하는 자는 이력추적관리 기준 준수 의무 면제자이다.
- 이력추적 관리 유효기간은 3년이고 양식수산물은 10년의 범위에서 해양수산부령으로 유효기간을 달리 정할 수 있다.

> **정답 및 해설** X, O, X

2. 과태료 부과기준 금액을 묻는 문제
양식시설에서 가축을 사육해서 총 3번 과태료 시간은 총 3번 모두 1년을 넘지 않은 동안에 발생했다면 각 위반에 따른 금액은?

> **정답 및 해설** 첫번째 위반 - 7만원, 두번째 위반 - 15만원, 세번째 위반 - 30만원

3. 아민류중에 대표적인 식중독 관련 물질과 화학반응?

> **정답 및 해설** 아미노산, histidine→histamine

4. 패류독 검사 대상 중금속과 함량?

> **정답 및 해설** 총수은 0.5mg/kg 납 2.0 카드뮴 2.0

5. 전자상거래 유형

> **정답 및 해설** 전자상거래의 유형
> 1. B2C : 기업과 소비자간의 거래

2. B2G : 기업과 정부간의 거래
3. B2B : 기업들간의 거래
4. B2E : 기업 내에서의 전자상거래
5. G2C : 정부와 소비자간의 거래
6. G2B : 정부와 기업간의 전자상거래
7. C2C : 소비자와 소비자간의 거래
8. C2B : 소비자와 기업 간의 전자상거래
9. P2P : 개인과 개인간의 전자상거래

6. 정밀검사 항목 중 식중독균으로 지정되어 있는 것 3개 기입

정답 및 해설 장염비브리오, 살모넬라, 황색포도상구균, 리스테리아모노사이토제네스

7. 사후경직에 관여하는 물질 2가지

정답 및 해설 젖산, ATP

8. 원산지 표시 관련 문제

몇 개월이 지나야 국내산으로 표시 가능한지 적으시오.

정답 및 해설 흰다리새우, ~가리비 - 4개월

미꾸라지 - 3개월

그 외 어류 - 6개월

9. 표준규격품 표시 사항

정답 및 해설 ① 품목 ② 산지 ③ 품종 ④ 생산 연도(곡류만 해당한다) ⑤ 등급 ⑥ 무게 ⑦ 생산자 또는 생산자단체의 명칭 및 전화번호

10. 수산물 수산가공품 검사기준에서 나온 용어 정의

- 수산동·식물에 조미료를 첨가하여 조림·건조 또는 구워서 만든 제품 및 패류 자숙시 유출되는 액의 유효성분을 농축하여 만든 간장류(쥬스류)등의 제품

- 어육에 소량의 소금 및 부재료를 넣고 갈아서 만든 고기풀을 가열·응고시켜 만든 탄성 있는 겔 상태의 가공품을

정답 및 해설 조미가공품, 어육연제품

11. 수산물 수산가공품 검사기준에서 마른 톳의 등급판정

정답 및 해설

항 목	1 등	2 등	3 등
원 료	산지 및 채취의 계절이 동일하고 조체발육이 우량한 것	산지 및 채취의 계절이 동일하고 조체발육이 양호한 것	산지 및 채취의 계절이 동일하고 조체발육이 보통인 것
색 택	고유의 색택으로서 우량하며 변질이 아니된 것	고유의 색택으로서 우량하며 변질이 아니된 것	고유의 색택으로서 보통이며 변질이 아니된 것
협잡물	다른 해조 및 토사 그 밖에 협잡물이 1%이하인 것	다른 해조 및 토사 그 밖에 협잡물이 3%이하인 것	다른 해조 및 토사 그 밖에 협잡물이 5%이하인 것

12. 수산물 수산가공품 검사기준에서 간미역(줄기포함)의 등급판정이다. 빈칸에 알맞은 말을 넣으시오.

항 목	합 격
원 료	조체발육이 양호한 것
색 택	고유의 색택이 양호한 것
선 별	1. 줄기와 잎을 구분하고 속줄기는 절개한 것 2. ( ) 및 황갈색엽의 혼입이 없어야 하며 15cm이하의 파치품이 ( )%이하인 것
협잡물	잡초·토사 및 그 밖에 협잡물이 없는 것
향 미	고유의 향미를 가지고 이취가 없는 것
처 리	자숙이 적당하고 염도가 엽체에 고르게 침투하여 물빼기가 충분한 것

정답 및 해설 노쇠엽, 5

13. 간고등어 염분 수치

정답 및 해설 5.0%이하

14. 시험방법 식품공전중 수산물에 대한 규격 중 복어독 관련 문제이다. 빈칸에 알맞은 말을 넣으시오.

( )추출법에 의하여 추출하고 마우스의 ( )주사에 의한 독력 시험법이다. 정밀검사기준의 기준치는 ( )이하 이다.

> **정답 및 해설** 초산, 복강, 10MU/g

15. 냉동 틸라피아 일산화탄소 관련 OX 문제
- 장치 : 액체크로마토그래프
- 칼럼 : HP-MOLSIV 캐필러리 칼럼 (30 m×0.53 mm ID, 25 ㎛) 또는 이와 동등한 것
- 이동상 : 산소 또는 수소
- 검출기 온도 : 150 ~ 200도

> **정답 및 해설** X, O, X, O

16. 관능검사 히스타민 시험법

> 식품 중 히스타민을 염산으로 추출하여 ( )로 유도체화한 후 고속액체크로마토그래프를 이용하여 분석한다.

> **정답 및 해설** 염화단실

17. 통조림 품질 검사 항목 및 일반검사 항목

> **정답 및 해설**
> 세균검사, 밀봉 부위 검사, 일반검사 항목 - 표시사항 및 외관 검사, 타관 검사, 가온 검사

18. T.T.T 품질저하율 계산문제

> **정답 및 해설** 품질저하율 = [100/실용저장기간(일수)]
> 1일 당 품질저하율 × 실용저장기간일수 = 각 단계 당 품질저하율(T.T.T)

19. 우리나라 표준형 상품 바코드 구성에 관한 내용이다. 빈칸에 알맞은 말을 넣으시오.

바코드 아래에는 13개의 숫자가 있는데, 그 중 앞쪽 3자리 숫자는 국가별 식별코드로 우리나라는 항상 ( )으로 시작된다. 다음의 4자리 숫자는 업체별 고유코드, 그 다음의 5자리 숫자는 ( )를 부여받은 업체가 자사에서 상품에 부여하는 코드이다.

> **정답 및 해설** 880, 제조업체 코드

20. 생략

21. 바지락 등급규격

> **정답 및 해설**

항 목	특	상	보 통
1개의 크기(각장, Cm)	4 이상	3 이상	3 이상
다른 크기의 것의 혼입율(%)	5 이하	10 이하	30 이하
손상 및 죽은 패각 혼입율(%)	3 이하	5 이하	10 이하
공통규격	○ 패각에 묻은 모래, 뻘 등이 잘 제거되어야 한다. ○ 크기가 균일하고 다른 종류의 것이 혼입이 없어야 한다. ○ 부패한 냄새 및 기타 다른 냄새가 없어야 한다.		

22. 수산물 수산가공품 검사기준에서 건제품 마른김에 대한 판정과 이유 서술

> **정답 및 해설** ④

항 목	검사기준				
	특 등	1 등	2 등	3 등	등 외
형 태	길이206㎜이상, 너비189㎜이상이고 형태가 바르며 축파지, 구멍기가 없는 것. 다만, 대판은 길이223㎜이상, 너비 195㎜이상인 것	길이206㎜이상, 너비189㎜이상이고 형태가 바르며 축파지, 구멍기가 없는 것. 다만, 재래식은 길이 260㎜이상, 너비 190㎜이상, 대판은 길이 223㎜이상, 너비195㎜이상인 것	좌와 같음	좌와 같음	길이 206㎜, 너비189㎜이나 과도하게 가장자리를 치거나 형태가 바르지 못하고 경미한 축파지 및 구멍기가 있는 제품이 약간 혼입된 것. 다만, 재래식과 대판의 길이 및 너비는 1등에 준한다.

색 택	고유의 색택(흑색)을 띄고 광택이 우수하고 선명한 것	고유의 색택을 띄고 광택이 우량하고 선명한 것	고유의 색택을 띄고 광택이 양호하고 사태가 경미한 것	고유의 색택을 띄고 있으나 광택이 보통이고 사태나 나부기가 보통인 것	고유의 색택이 떨어지고 나부기 또는 사태가 전체 표면의 20%이하인 것
청태의 혼입	청태(파래·매생이)의 혼입이 없는것	청태의 혼입이 3% 이내인 것. 다만, 혼해태는 20%이하인 것	청태의 혼입이 10%내인 것. 다만, 혼해태는 30% 이하인 것	청태의 혼입이 15% 이내인것. 다만, 혼해태는 45%이하인 것	청태의 혼입이 15% 이내인것. 다만, 혼해태는 50%이하인 것
향 미	고유의 향미가 우수한 것	고유의 향미가 우량한 것	고유의 향미가 양호한 것	고유의 향미가 보통인 것	고유의 향미가 다소 떨어지는 것

23. 수산물 및 수산가공품의 정밀검사 대상 3가지 서술

정답 및 해설 ① 검사신청인 또는 외국요구기준에서 분석증명서를 요구하는 수산물 및 수산가공품
② 관능검사 결과 정밀검사가 필요하다고 인정되는 수산물 및 수산가공품
③ 외국요구기준에 따라 수출된 수산물 및 수산가공품에서 유해물질이 검출된 경우 그 수산물 및 수산가공품의 생산·가공시설에서 생산·가공되는 수산물

24. 어떤 사람이 지리적표시를 등록을 받았는데 이미 상표권 출원중인 경우 기존 권리자가 청구할 수 있는 심판 종류와 이유

정답 및 해설 무효심판 : 등록거절사유임에도 불구하고 등록된 경우

25. 안전성 조사 결과에 대한 조치로 출하연기, 용도전환, 폐기를 할 수 있는데 출하 연기할 수 있는 경우를 서술

정답 및 해설 해당 수산물(생산자가 저장하고 있는 수산물을 포함한다. 이하 이 항에서 같다)의 유해물질이 시간이 지남에 따라 분해·소실되어 일정 기간이 지난 후에 식용으로 사용하는 데 문제가 없다고 판단되는 경우

26. 위해요소중점관리기준 중 수산물의 위해요소에 해당되는 것들을 적고 대처방법을 적으시오.

정답 및 해설 미생물학적, 화학적 또는 물리적인 요소
수산물에 위해물이 혼입 또는 잔류하거나 수산물이 오염되는 것을 방지하기 위하여 위해가 발생할 수 있

는 생산과정 등을 중점적으로 관리하는 것
중요관리점과 한계기준을 설정하고 모니터링한다.

27. 해조류 녹색색소 이름 및 적색육 어류 근육 색소 이름과 색이 변하는 이유

정답 및 해설 클로렐라, 미오글로빈, 산화

28. 생식용 생굴의 대장균 수와 생굴의 자연정화와 인공정화 차이점

정답 및 해설 230MPN/100g
자연정화 (미생물수치 감소)
인공정화 (병원체감소)

29. 수산물 동결장해 종류와 억제방법

정답 및 해설 동결화상(냉동고 문을 자주 여닫지 않는다.), 색소의 변화(온도변화를 주지 않는다)

30. 지리적표시권을 승계할 수 있는 경우 2가지

정답 및 해설 1. 법인자격으로 등록한 지리적표시권자가 법인명을 개정하거나 합병하는 경우
2. 개인자격으로 등록한 지리적표시권자가 사망한 경우

MEMO

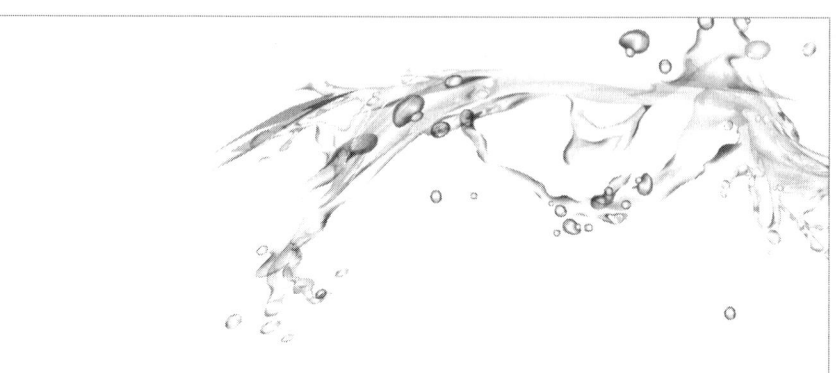

제2회 기출 문제

1. 농수산물품질관리법령상 '유전자변형수산물 표시의무자'가 유전자변형수산물 표시위반으로 공표명령을 받은 경우 지체없이 공표문을 전국을 보급지역으로 하는 1개 이상의 일반일간신문에 게재하여야 한다. 이 공표문의 내용에 포함되는 것을 보기에서 모두 골라 답란에 쓰시오.

> 수산물의 명칭, 수산물의 산지, 수산물의 가격, 위반내용, 영업의 종류

정답 및 해설 수산물의 명칭, 위반내용, 영업의 종류

2. 농수산물품질관리법령상 '지정해역의 지정'에 관한 설명이다. 괄호 안에 알맞은 용어를 답란에 쓰시오.

> 누구든지 지정해역 및 지정해역으로부터 (①)이내에 있는 해역에서 오염물질을 배출하는 행위를 하여서는 아니된다.
> 해양수산부장관은 (②)이상의 기간 동안 매월 1회 이상 위생에 관한 조사를 하여 그 결과가 지정해역위생관리기준에 부합하는 경우 '일반지정해역'으로 지정할 수 있다.
> 해양수산부장관은 1년 이상의 기간 동안 매월 1회 이상 위생에 관한 조사를 하여 그 결과가 지정해역위생관리기준에 부합하는 경우 (③)으로 지정할 수 있다.
> 국립수산과학원장은 위생조사를 한 결과 지정해역이 지정해역위생관리기준에 부합하지 아니하게 된 경우에는 지체없이 그 사실을 해양수산부장관, (④) 및 특별시장·광역시장·도지사·특별자치도지사에게 보고하거나 통지하여야 한다.

정답 및 해설 ① 1km ② 2년6개월 ③ 잠정지정해역 ④ 국립수산물품질관리원장

3. 농수산물품질관리법령상 검사나 재검사를 받은 수산물 또는 수산가공품에 대한 검사판정 취소에 관한 설명이다. 옳으면 ○, 틀리면 ×를 답란에 표시하시오.
- 검사 또는 재검사 결과의 표시를 위조하거나 변조한 사실이 확인된 경우에는 검사판정을 취소할 수 있다.
- 검사 또는 재검사의 검사증명서를 위조하거나 변조한 사실이 확인된 경우에는 검사판정을 취소할 수 있다.
- 검사 또는 재검사를 받은 수산물 또는 수산가공품의 포장이나 내용물을 바꾼 사실이 확인된 경우에는 검사판정을 취소하여야 한다.
- 거짓이나 그 밖의 부정한 방법으로 검사를 받은 사실이 확인된 경우에는 검사판정을 취소하여야 한다.

정답 및 해설 ×, ○, ×, ○

4. 다음은 수산물의 저장과 관련된 내용이다. 괄호 안에 알맞은 용어를 답란에 쓰시오.

수산물을 저장하기 위하여 온도를 낮추어 동결시키면 수산물 중 수분은 얼게 되어 빙결정(얼음결정)이 발생하게 된다. 이 때 수산물 중에 빙결정이 생기기 시작하는 온도를 (①)이라 한다. 또한, 수산물 중의 모든 수분이 얼게 되어 동결을 완료하는 온도를 (②)이라 한다. 이처럼 수산물을 냉각동결시킬 때 시간의 경과에 따라 수산물의 품온 변화를 나타낸 곡선을 (③)이라 한다.

정답 및 해설 ① 빙결점(동결점) ② 공정점 ③ 동결곡선

5. 농수산물(선어·냉동품)을 저온유통체계(Cold Chain System)로 유통하는 2가지 장점을 쓰시오.

정답 및 해설 변질방지, 부패방지

6. 다음은 수산물의 수확후 처리에 관련된 내용이다. 괄호 안에 알맞은 용어를 답란에 쓰시오.

냉동어류를 냉수 중에 수 초간 담그거나 냉수분무하면 냉동어체표면에 형성되는 얇은 얼음막을 입히는 처리를 (①)이라 하며, 이런 처리방법으로는 (②)와(과) (③)이(가) 있다.

정답 및 해설 글레이징, 쇄빙법, 수빙법

7. 다음은 수산물소비지도매시장 유통주체의 주된 역할을 제시하였다. 각 역할에 해당하는 유통주체를 아래의 〈보기〉에서 찾아 답란에 쓰시오.

도매시장개설자, 중도매인, 도매시장법인, 경매사, 산지유통인, 매매참가인

① 수산물의 사용 및 효용가치를 찾아내는 선별기능과 경매나 입찰을 통해 가격을 결정하는 역할
② 전국적으로 분산되어 있는 다양한 수산물을 수집하여 소비지 도매시장에 출하하는 역할
③ 도매시장 거래에 자유로이 참가하여 구매할 수 있는 자격을 가진 자로서 대형소매점 등과 직접 접촉을 통해 소비정보를 전달하는 역할
④ 수집상으로부터 출하 받은 수산물을 상장 및 진열하는 기능과 경매사를 통해 가격을 형성하는 역할

정답 및 해설 ① 경매사 ② 산지유통인 ③ 중도매인 ④ 도매시장법인

8. 다음은 연근해어획물 생산자가 수협에 수산물의 판매를 위탁하고, 수협의 책임 하에 공동 판매하는 일반적인 유통경로이다. 괄호 안에 알맞은 용어를 답란에 쓰시오.

생산자 → (①) → 산지중도매인 → (②) → 소비지중도매인 → 도매상 → 소매상 → 소비자

정답 및 해설 ① 위판장 ② 도매시장

9. 다음은 고등어 유통과정을 나타낸 것으로 전체 유통마진율과 소매 유통마진율을 계산하시오.

어업인 A씨는 부산공동어시장에서 고등어 20마리들이(10kg)의 100상자를 4,000,000원에 경매 받았다. 노량진수산물도매시장을 거친 이 고등어를 화곡동 재래시장의 식료품 가게주인 B씨가 중도매인으로부터 1상자를 60,000원에 구입하여, 소비자 C씨에게 1마리를 4,000원에 판매하였다. 단, 고등어의 규격과 품질은 동일한 것으로 가정한다.

정답 및 해설 전체 유통마진율 : 50%, 소매 유통마진율 : 25%

10. 수산물 유통은 수산물 생산자와 최종 소비자를 연결시켜주는 중간역할 기능을 지니고 있다. 다음 각 항목의 설명에 적합한 유통기능을 〈보기〉에서 찾아 답란에 쓰시오.

집적기능, 보관기능, 선별기능, 정보전달기능, 운송기능, 거래기능

① 수산물 생산자와 소비자간의 소유권 거리 및 가치의 거리를 연결시켜 주는 기능
② 수산물 생산시기와 소비시기 사이의 시간의 거리를 연결시켜 주는 기능
③ 소량 분산적으로 이루어지는 수산물을 대도시 소비자나 중간 가공수요대응을 위해 모으는 기능
④ 수산물의 원산지, 냉동·선어 등의 신선도 등 상품에 대한 인식의 거리를 연결시켜 주는 기능

정답 및 해설 ① 거래기능 ② 보관기능 ③ 집적기능 ④ 정보전달기능

11. 수산물 표준규격의 정의이다. 괄호 안에 올바른 용어를 답란에 쓰시오.

• (①)이란 거래단위, 포장치수, 포장재료, 포장방법, 포장설계 및 표시사항 등을 말한다.
• (②)이란 수산물의 품종별 특성에 따라 형태, 크기, 색택, 신선도, 건조도 또는 선별상태 등 품질구분에 필요한 항목을 설정하여 특, 상, 보통으로 정한 것을 말한다.

정답 및 해설 ① 포장규격 ② 등급규격

12. 수산물·수산가공품 검사기준에 관한 고시에서 규정하고 있는 염장품의 관능검사 합격기준에 관한 내용이다. 옳으면 ○, 틀리면 ×를 답란에 표시하시오.

- 성게젓의 형태는 미숙한 생식소의 혼입이 적고 이종품의 혼입이 거의 없으며 알모양이 대체로 뚜렷한 것
- 명란젓 및 명란맛젓의 형태는 크기가 고르고 생식소의 충전이 양호하고 파란 및 수란이 적은 것
- 새우젓의 액즙은 정미량의 50% 이하인 것

정답 및 해설 ○, ○, ×

13. 수산물 표준규격에서 규정하고 있는 굴비의 등급규격이다. 괄호 안에 올바른 규격을 답란에 쓰시오.

항목	특	상	보통
1마리의 크기(전장, cm)	(①) 이상	15 이상	15 이상
다른 크기의 것의 혼입율(%)	0	(②) 이하	30 이하
색택	우량	양호	(③)
공통규격	◆ 고유의 향미를 가지고 다른 냄새가 없어야 한다. ◆ (④)가 균일한 것으로 엮어야 한다.		

정답 및 해설 ① 20 ② 10 ③ 보통 ④ 크기

14. 수산물·수산가공품 검사기준에 관한 고시에서 규정하고 있는 해산이매패 및 그 가공품에 대한 마비성패독(PSP)의 정밀검사기준을 답란에 쓰시오.

정답 및 해설 80㎍/100g 이하

15. 수산물·수산가공품 검사기준에 관한 고시에서 규정하고 있는 수산물 등의 표시기준 중 제품명, 중량(또는 내용량), 업소명(제조업소명 또는 가공업소명), 원산지명 등의 표시를 생략할 수 있는 경우 3가지를 답란에 쓰시오.

정답 및 해설 무포장제품, 대형수산물, 수입국의 요구

16. 농수산물품질관리법령상 수산물 및 수산가공품에 대한 검사의 종류 및 방법에 관한 내용이다. 괄호 안에 올바른 용어를 답란에 쓰시오.

( )란 오관(五官)에 의하여 그 적합 여부를 판정하는 검사이다.

[정답 및 해설] 관능검사

17. 수산물·수산가공품 검사기준에 관한 고시에서 규정하고 있는 용어의 정의이다. 괄호 안에 올바른 용어와 내용을 답란에 쓰시오.

(①)이라 함은 얼음 등을 이용하여 신선상태를 유지하거나 동결되지 아니 하도록
(②)이하로 냉장한 수산동·식물을 말한다.

[정답 및 해설] ① 신선·냉장품 ② 10℃

18. 수산물·수산가공품 검사시준에 관한 고시에서 규정하고 있는 냉동품 중에서 어·패류의 관능검사 기준에 관한 설명이다. 괄호 안에 올바른 용어를 답란에 쓰시오.

항목	합격
온도	(①)온도가 18℃이하인 것 다만, (②) 참치류의 (③)온도는 -40℃이하인 것

[정답 및 해설] ① 중심 ② 횟감용 ③ 중심

19. 식품공전 중 수산물에 대한 규격에서 규정하고 있는 세균수 시험방법에 관한 내용이다. 괄호 안에 올바른 내용을 답란에 쓰시오.

냉동상태의 검체를 포장된 그대로 (①) 이하에서 가능한 한 단시간에 녹이고 용기·포장의 표면을 (②) 알콜솜으로 잘 닦은 후 제9. 일반시험법 3. 미생물시험법 3.5.1 일반세균수에 따라 시험한다.

[정답 및 해설] ① 40℃ ② 70%

20. 수산물·수산가공품 검사기준에 관한 고시에 규정하고 있는 정밀검사기준에서 건제 김(마른 김)의 수분 기준을 쓰시오.(단, 품질보장수단이 병행된 것은 고려하지 않는다.)

> **정답 및 해설** 15% 이하

21. 농수산물품질관리법령상 해양수산부장관이 품질인증기관의 지정취소를 반드시 해야 하는 3가지 경우를 서술하시오.

> **정답 및 해설** 1. 거짓·부정한 방법으로 기관지정
> 2. 업무정지기간 중에 인증 업무
> 3. 최근 3년간 2회 이상 업무정지처분 받은 경우
> 4. 폐업·해산·부도로 인한 인증업무 불가능

22. 농수산물품질관리법령상 지리적표시 등록을 받은 자가 1차 위반으로 지리적표시 등록취소에 해당하는 위반행위를 모두 서술하시오.(단, 경감사유가 없는 것으로 가정한다.)

> **정답 및 해설** 1. 생산·계획의 이행곤란, 2. 지리적표시품이 아닌 것에 지리적표시

23. 통조림 제조과정 중 가열공정 이후 냉각공정 시 급속냉각을 하는 3가지 이유를 서술하시오.

> **정답 및 해설** 1. 호열성 세균 발육억제
> 2. 스트루바이트 생성억제
> 3. 내용물의 과도한 분해방지

24. 지정해역주변수역에서 가두리 양식어업의 면허를 받은 A씨가 양식장에서 지정해역의 수질 및 서식패류에 직·간접적인 오염영향을 주지 않도록 행하는 3가지 위생관리방법을 서술하시오.

> **정답 및 해설** - 오염물질을 배출하는 행위
> - 어류 등 양식어업을 하기 위하여 설치한 양식어장의 시설(양식시설)에서 오염물질을 배출하는 행위
> - 양식어업을 하기 위하여 설치한 양식시설에서 가축(개와 고양이를 포함)을 사육(가축을 방치하는 경우)하는 행위

25. 마케팅 믹스는 표적시장의 욕구와 선호도를 효과적으로 충족시켜주기 위하여 기업이 제공하는 마

케팅 수단이다. 마케팅 믹스의 4가지 구성요소(4P)에 관하여 설명하시오.

> **정답 및 해설** 4P는 제품(product), 유통경로(place), 판매가격(price), 판매촉진(promotion)

26. 국립수산물품질관리원에서는 양식되고 있는 뱀장어를 대상으로 생산단계 안전성조사를 실시한 결과 말라카이트그린이 검출(검출치 0.1mg/kg)되었다. 이 때 조사기관장이 생산자 및 관할 관계기관장에게 통보해야 할 조치내용을 쓰고, 그 이유를 서술하시오.

> **정답 및 해설** 폐기처분, 말라카이트그린은 살균제로서 식품사용이 금지되어 있음

27. A수산물 공장이 국립수산물품질관리원에 검사를 신청한 고등어는 무포장 제품(단위 중량이 일정하지 않은 것)이며, 신청 로트(Lot)의 크기는 7톤이었다. 국립수산물품질관리원의 검사관은 A수산물 공장의 고등어를 농수산물품질관리법령상 수산물 및 수산가공품에 대한 검사의 종류 및 방법에서 정한 표본추출방법에 따라 관능검사를 실시하려고 한다. 이 때 검사 시료는 몇 마리를 채점해야 하는 지를 쓰고, 그 이유에 관하여 서술하시오.

> **정답 및 해설** 검사시료 : 5마리, 로트 5톤 이상 10톤 미만은 5마리

28. 수산물 가공업체에 근무하고 있는 수산물품질관리사가 마른멸치(중멸) 제품을 관능검사한 결과이다. 수산물·수산가공품 검사기준에 관한 고시에서 규정한 관능검사기준에 따라 이 제품에 대한 판정등급을 쓰고, 항목별로 그 판정이유를 서술하시오.(단, 협잡물은 제외하고 다른 조건은 고려하지 않는다.)

항목	검사결과
형태	중멸 : 51mm ~ 55mm, 다른 크기의 혼입 또는 머리가 없는 것이 5%
색택	자숙이 적당하여 고유의 색택이 양호하고 기름핀 정도가 적음
향미	고유의 향미가 양호함
선별	이종품의 혼입이 거의 없음

> **정답 및 해설** 판정등급 : 3등급
> 판정이유 : 형태 3등, 색택 2등, 향미 2등, 선별 3등

29. 수산물·수산가공품 검사기준에 관한 고시에서 규정하고 있는 관능검사기준 중 활어·패류의 외

관, 활력도, 선별의 합격기준에 관하여 서술하시오.

> **정답 및 해설**
>
> | 항목 | 합격기준 |
> |------|----------|
> | 외관 | 손상과 변형이 없는 형태로서 병·충해가 없는 것 |
> | 활력도 | 살아 있고 활력도가 양호한 것 |
> | 선별 | 대체로 고르고 이종품의 혼입이 없는 것 |

30. 식품공전 중 수산물에 대한 규격에서 규정하고 있는 냉동식용어류내장의 정의와 생식용 굴의 정의에 관하여 서술하시오.

> **정답 및 해설** 냉동식용어류내장이란 식용 가능한 어류의 알(복어알은 제외), 창난, 이리(곤이), 오징어 난포선 등을 분리하여 중심부 온도가 −18℃이하가 되도록 급속 냉동한 것으로서 식용에 적합하게 처리된 것을 말한다.

수산물품질관리사 2차

초판 인쇄 / 2017년 5월 5일
초판 발행 / 2017년 5월 10일
편저 / 김봉호
발행인 / 이지오
발행처 / 사마출판
주소 / 서울시 중구 퇴계로 49길 26
등록 / 제2011-000049호
전화 / 02)3789-0909, 070-8817-8883
팩스 / 02)3789-0989

저자와의 협의에 의해 인지 첩부를 생략합니다.

ISBN / 978-89-98375-45-4   13520
정가 25,000원

· 이 책의 모든 출판권은 사마출판에 있습니다.
· 본서의 독특한 내용과 해설의 모방을 금합니다.
· 잘못된 책은 판매처에서 바꿔 드립니다.